Aufgaben und Fortschritte

des

deutschen Werkzeugmaschinenbaues.

Von

Friedrich Ruppert,
Oberingenieur.

Mit 398 Textfiguren.

Berlin.
Verlag von Julius Springer.
1907.

Additional material to this book can be downloaded from http://extras.springer.com.

ISBN-13: 978-3-642-90329-8   e-ISBN-13: 978-3-642-92186-5
DOI: 10.1007/ 978-3-642-92186-5

Alle Rechte, insbesondere das Recht der Uebersetzung
in fremde Sprachen, vorbehalten.
Reprint of the original edition

Vorwort.

Wie entstand dies Buch.

Zwei Arten von Büchern gibt es: die eine Art, die Sammelwerke, kann ein und derselbe Verfasser vielemale in seinem Leben schreiben. Nur Bienenfleiß gehört dazu. Neues und Eigenartiges ist darin meist wenig oder gar nicht zu finden.

Die andre Art kann Jeder nur einmal in seinem Leben schreiben, denn der Inhalt des Buches ist die eigne Lebenserfahrung des Verfassers, die, bisher nur in seinem Gedächtnis aufgespeichert, im Buche festgelegt, geordnet und zum erstenmale für Andre dargestellt wird.

Dieses Büchlein ist von der zweiten Art; drum auch recht klein und dünn gegenüber andern dickleibigen Bänden. Es wäre auch nie gedruckt worden, wenn nicht der Beifall, den die einzelnen Vorträge des Verfassers im Chemnitzer Zweigverein des Vereins deutscher Ingenieure fanden, dazu aufgemuntert hätte, dieselben zunächst in der Zeitschrift des genannten Vereins zu veröffentlichen. Viele, dem Verfasser schriftlich und mündlich zugegangene Wünsche, die einzelnen in der Zeitschrift verstreuten Fortsetzungen in einem Sonderdruck zusammenzufassen, ließen die Herausgabe dieses Buches wagen.

Was das Buch will.

Nebensache ist ihm, Bilder und Beschreibungen von Maschinenteilen und Maschinen zu geben. Sie sind ihm nur Mittel zur Hauptsache, und diese ist, dem Leser Geist und Wesen des neuzeitlichen Werkzeugmaschinenbaues vor Augen zu führen und ihm zu zeigen, welch umfassendes und bis in den inneren Kern der Dinge eindringendes scharfes Durchdenken im Großen und im Kleinen zur Aufgabe eines Maschinenkonstrukteurs gehört, wenn er den Anspruch erheben will, ein selbständiger Konstrukteur nicht nur zu heißen, sondern zu sein.

Das Buch will mithelfen bei dem Streben unsrer besten deutschen Werkzeugmaschinenfabriken, daß nicht mehr die Worte: »Maschine amerikanischer Konstruktion« die gebräuchliche Empfehlung für eine gute Werkzeugmaschine seien, sondern daß an ihrer Stelle die von Nationalbewußtsein getragenen und durch die Tüchtigkeit eigner Leistungen berechtigten Empfehlungsworte künftig lauten: »Deutsche Werkzeugmaschine eigner Bauart«.

Die Leitsätze für den Inhalt.

Wie ein roter Faden zieht sich der Hauptleitsatz: »Die Erhöhung der Leistung der Werkzeugmaschine« durch das ganze Buch. Das ist der innerste Kern, um den sich der gesamte Fortschritt schart. Dann kommen die Mittel zum Zweck an die Reihe, beginnend mit der Erfindertätigkeit, daran anschließend die Einrichtungen zur unmittelbaren Erhöhung der Leistung, in der Fortsetzung die Einrichtungen zur mittelbaren Erhöhung derselben und schließlich die neuzeitlichen Grundsätze für die Zusammenstellung der Teile zur ganzen Maschine.

Ein guter Rat und ein Beispiel, wie eine Konstruktionsaufgabe am erfolgreichsten zu stellen sei, beschließt das Buch.

Der Verfasser ist weit entfernt davon, behaupten zu wollen, daß er sein Gebiet völlig erschöpft habe. Aber das ehrliche Bestreben hat ihn geleitet, die gegebenen Beispiele aus seiner eignen langjährigen Praxis möglichst so gewählt zu haben, daß der aufmerksame Leser aus ihnen heraus sich eigne zutreffende Schlüsse auf Verwandtes bilden kann.

Chemnitz im September 1907.

Friedrich Ruppert.

Inhaltsverzeichnis.

Einleitung.

	Seite
Die bestehenden Verhältnisse und die Vorbedingungen für den Fortschritt in Deutschland	1
Das Erfinden neuer Arten als höchste fortschrittliche Leistung	6
Die allgemeine Anordnung der Maschine	9
Die Arten der Bewegung	11
Konstruktive Aufgaben und Fortschritte innerhalb der gegebenen Art	18

I. Teil.

Einrichtungen für unmittelbare Erhöhung der Leistung.

Vervollkommnung der Maschinenantriebe	18
Riemenantrieb	19
Riemenantrieb durch Stufenscheibe	20
Mängel der Stufenscheiben-Antriebe	20
Ersatzmittel der Stufenscheibe	21
Verbesserung der Stufenscheiben-Antriebe	22
Vermehrung der verfügbaren Arbeitsgeschwindigkeiten	24
Ausstattung der Deckenvorgelege mit mehreren Umdrehungsgeschwindigkeiten	25
Einführung zwei- bis dreifacher anstelle einfacher Arbeitsgeschwindigkeiten	28
Herstellung ununterbrochener Geschwindigkeits-Reihen	29

	Seite
Elektrischer Einzelantrieb	30
Standpunkt des Elektrotechnikers	31
Standpunkt des Benutzers der Werkzeugmaschinen	31
Standpunkt des Werkzeugmaschinenfabrikanten	31
Zwischentriebe vom Motor zur Maschine	32
Grisson-Getriebe	33
Riemenlose elektrische Antriebe	33
Zahnräder-Wechselgetriebe	34
Erhöhung der Schnittgeschwindigkeit	36
Kühlung durch Flüssigkeit	38
Wiedergewinnung der Kühlmittel	39
Schärfen der Werkzeugschneiden	39
Fortschritte in den Vorschüben und Spanstärken sowie in deren Verhältnis zur Schnittgeschwindigkeit	40
Erhöhung der Leistung durch mehrere Werkzeuge in einer Maschine	40
Fräser	44
Fräsköpfe	44
Schleifen der Fräskopfmesser	44
Chemische Vorbehandlung der Frässtücke	45
Rundfräserei	46
Lang-Rund-Fräserei	46
Zahnradfräserei	48
Herstellung spielloser Zahneingriffe	48
Zusammengesetzte Fräser	50
Neuere Werkzeuge mit mehreren Schneiden	50
Breitmesser	52
Benutzung mehrerer arbeitsbereit eingespannter selbstständiger Werkzeuge nacheinander	53
Drehkopf oder Revolverkopf	53
Werkzeughalter	53
Stellbarer Anschlag	53
Verbindung von Drehkopf und Anschlag	53
Selbsttätige Drehung des Revolvers	56
Groß-Revolver-Dreherei	56
Große Drehköpfe für Gußdreherei	57
Fehlergrenzen der Revolverdreherei	58
Transportable Werkzeugmaschinen	58
Anwendung von Bohrlehren (Bohrkasten, Bohrformen)	59
Bedienung mehrerer Maschinen durch einen Arbeiter	59
Gegenseitige Ausschließung von Bewegungen	60

Seite

Selbsttätige Auslösungen von Bewegungen 61
Selbsttätige Mehrfach-Auslösung 63
Selbsttätig auslösende Werkzeuge 64

Zutatensystem 65

Halb-Automaten 65

Automaten 65
    Das Dreieck als Grundelement aller selbsttätigen Bewegung 66
    Der selbsttätige Werkstück-Nachschub 68
    Räderautomaten 70
    Anordnung des Schneckenfräsers zum Fräsen von Stirnrädern 72

Verstärkung und Verteilung der Massen in der Maschine 73
    Formen gleicher Festigkeit 74

II. Teil.

Einrichtungen für mittelbare Steigerung der Leistung der Werkzeugmaschinen durch Minderung der toten Arbeitszeit.

Allgemeine Kenntnis der zeitsparenden Einrichtungen 78

Arten der zeitsparenden Einrichtungen 79

Der schnelle Leerrücklauf 80
    Der Leerrücklauf der gradlinigen Schnittbewegung . . 80
    Ankündigung hoher Verhältniszahlen des Rücklaufes zum Arbeitslauf 80
    Ankündigung hoher Ersparniszahlen 81
    Geschwindigkeitssteigerung des Rücklaufes 81
    Theoretische und tatsächliche Erzeugung der Geschwindigkeiten 84
    Vor- und Rückwärtshobeln 87
    Einfluß von Geschwindigkeits- und Richtungswechsel des Riemens 88
    Schnelllaufende Antriebriemen 89
    Riemenwechsel mit Nacheilung 89
    Ausgleich der Geschwindigkeitsunterschiede 90
    Stoßfreie Tischumkehr 91
    Zahnstangentriebe von Stahl 91
    Einfluß des Rücklaufes auf die Triebkraft 92
    Abkürzung des toten Ueberweges 93
    Der schnelle Rücklauf des Kurbelantriebes 95

VIII

	Seite
Verhältnisse von Rück- und Arbeitslauf	95
Abkürzung der Rücklaufsdauer	97
Ankündigungen großen Hubes	98
Toter Ueberweg des Kurbelantriebes	99
Der Rücklauf des querliegenden Schnittes	101
Ausführungen des schnellen Rücklaufes	103
Augenblicksumsteuerung	105
Der tote Uebergang des Fräserschnittes	107
Nutzleistung von Hobelschnitt und Fräserschnitt	107
Schneller Rücklauf beim Gewindeschneiden auf Drehbänken	108
Wegfall des Rücklaufes beim Gewindeschneiden	109
Schneller Wechsel der Weggröße	110
Feineinstellung der Weggröße	112
Schneller Wechsel des Kurbeltriebes	113
Schneller Umlaufwechsel	115
Vergleich von Reibkupplung und Riemenüberführung am Deckenvorgelege	117
Ein- und Ausrückung der Werkzeugmaschinen mit elektrischem Betrieb	122
Schnelle Herstellung verschiedener Umlaufzahlen	123
Umlaufwechsel durch Ein- und Ausrückung von Rädern	124
Sonderanforderung der Großwerkzeugmaschinen	131
Vielfachwechsel von Geschwindigkeiten durch Räder und ohne Riemenumlegung	133
Riemenumleger	135
Reibräder-Wechselgetriebe	136
Zahnrädergetriebe zum Wechsel der Schnittgeschwindigkeiten	137
Stufenrädergetriebe	137
Verdopplung der Anzahl der Geschwindigkeiten	138
Schnellere Geschwindigkeitswechsel durch Stufenrädergetriebe mit wechselnder Uebertragungsverbindung und unveränderlichem Rädereingriff	139
Verbindung der Räder und Achsen durch lösbare Kupplungen	139
Bickford-Getriebe	139
Ruppert-Getriebe	141
Lösbare Keilverbindung der Räder und Achsen der Stufengetriebe	147
Lösbare Reibungsverbindung zwischen den Rädern und Achsen der Stufengetriebe	148

	Seite
Getriebe von William Gang	148
Nelson-Getriebe	150
Isler-Getriebe	153
Getriebe von Brown & Sharpe	153
Fosdick-Getriebe	155
Zweites Bickford-Getriebe	156
Bilgram-Getriebe	159
Stufenrädergetriebe mit wechselndem Zahneingriff und wechselnder Uebertragungsverbindung	160

Schneller Größenwechsel der Vorschübe 162

Schneller Größenwechsel des Dauervorschubes . 162

Wechselräder 162
Ziehkeil 164
Norton-Wechselgetriebe 165
Schneller Größenwechsel von Handvorschüben . . . 166

Schneller Richtungs- und Größenwechsel des Dauervorschubes 167

Schneller Richtungswechsel der Vorschübe durch Zahnräder 168
Mittel zur schnellen Betätigung der Kupplungen und Herzen 170
Schneller Richtungswechsel des Schaltvorschubes . . . 179
Richtigstellung des Zeitraumes der Schaltung 180

Der schnelle Uebergang von einer Vorschubart zur andern 182

Schneller Uebergang von der Wagerecht- zur Senkrechtschaltung der Maschinen 182
Schnelle Uebergänge zwischen den Dauervorschüben . 185
Räumliche Trennung der Uebergänge . . . . . . , . 187
Schneller Uebergang vom Drehen zum Gewindeschneiden 200
Schnelle Bewegungsübergänge an Bohrmaschinen . . 202

Der neuzeitige Kampf der Zahnstange gegen die Schraubspindel . . . . , ... 204

Ersatz der Schraubspindel durch die Zahnstange an der Senkrecht-Bohrmaschine 204
Einführung neuer Arbeitsbewegungen und Bewegungsübergänge an der Bohrmaschine 209
Ersatz der Schraubspindel durch die Zahnstange für die Vorschub- und Einstellbewegung der Bohrspindel der Wagerecht-Bohrmaschine 216

	Seite
Selbständige schnelle Einstellbewegung	218
Schnelle Einstellung des Bohrmaschinentisches	220
Neuzeitliche Einstellung des Bohrstangenlagers	226
Maßstäbliche Einstellung	227
Einstellung nach den Fluchtmaßen des Raumes	228
Anschläge und Richtkanten	228
Bohren von Werkstücken mit Richtkante	230
Freibohrverfahren nach maßstäblicher Einstellung	232
Beschaffenheit der Zeichnungen für die Anwendung der maßstäblichen Einstellung	232
Maßstäbliche Einstellung mittels Schraubspindel	237
Maßstäbliche Einstellung mittels Zahnstange	241
Maßstäbliche Einstellung nach festliegenden Millimeter-Maßstäben	242
Uebereinstimmende maßstäbliche Einstellungen	243
Die praktische Ausführung des Freibohrens nach maßstäblicher Einstellung	243
Maßstäbliche Tiefeinstellung	246
Maßstäbliche Einstellung nach Meßblock, Einstell-Lehre und Meßbolzen	246
Maßstäbliche Genaueinstellung des Parallelreißers	248
Das Anreißen auf der Reißplatte als vollständige Parallelprojektion nach den drei Ebenen des Raumes, System Fr. Ruppert	248
Schlußwort zum vorstehenden Abschnitt	253
Selbsttätige Einstellbewegung (Eilbewegung)	255
Unabhängigkeit der Eilbewegung	256
Gleichzeitige Einstellbewegung	258
Rund-Einstellbewegung	262
Rund-Einstellbewegung des Werkstückes	263
Selbsttätige Rund-Einstellbewegung des Werkstückes	264
Schnelleinstellung des Werkstückes im rechten Winkel	266
Teildrehung der Rundbewegung des Werkstückes	266
Kippeinstellung des Werkstückes	268
Rund- und Kippeinstellbewegung des Werkzeuges	269
Verbund-Einstellbewegungen	277
Erleichterung der senkrechten Einstellbewegung durch den Gewichtsausgleich der senkrecht bewegten Massen	284
Beispiele des Unterausgleiches	285
Beispiele des Ueberausgleiches	287

	Seite
Schonung der Werkzeugschneide	291
Aufhebung des toten Ganges in der senkrechten Schraubspindel des Hobelmaschinenschlittens	293

III. Teil.

Zusammenstellung der Einrichtungen für Antrieb, Vorschub und Einstellung zur ganzen Maschine	303
Der Einfluß der deutschen Arbeiterschutzgesetze auf die Konstruktion der Werkzeugmaschinen	308
Geschützte Innenlage der Betriebsteile der Werkzeugmaschinen	317
Schlußwort, Anhang	331
Ueber selbständige Konstruktion von Werkzeugmaschinen	336
Konstruktionsprogramm der Drehbank »Courier«	340

Einleitung.

Die bestehenden Verhältnisse und die Vorbedingungen für den Fortschritt in Deutschland.

Der deutsche Werkzeugmaschinenbau hat in den letzten Jahren infolge eines gewaltigen, durch die Entwicklung der Elektrotechnik, des Schiffbaues, des Eisenbahnwesens, der Fahrradindustrie usw. veranlassten Neubedarfes, zugleich mit dem Eindringen neuer Erscheinungen des amerikanischen Werkzeugmaschinenbaues auf den deutschen Markt, eine bisher ohne Beispiel dastehende Sturm- und Drangperiode durchzumachen gehabt.

So erfreulich dieser Zeitabschnitt erhöhten geistigen und materiellen Schaffens in den deutschen Werkzeugmaschinenfabriken gewesen ist, so giebt doch die Thatsache zu denken, dass sich zu Beginn desselben nicht der deutsche, sondern ein fremdländischer, nämlich der amerikanische Werkzeugmaschinenbau zeitweilig an die Spitze des Fortschrittes gestellt hatte, und es lohnt sich, der Ursache dieser Erscheinung nachzuspüren; umsomehr, als der deutsche Werkzeugmaschinenbau kein Jüngling mehr, sondern bereits über ein halbes Jahrhundert alt ist, also das Schwabenalter, in dem die Leute klug zu werden pflegen, längst überschritten hat. Man hätte somit erwarten können, dass er und nicht eine jüngere ausländische Industrie sich in die erste Reihe des Fortschrittes stellen und dauernd darin erhalten würde. Dass dies nicht geschah, steht in einem scharfen Gegensatz zu der in Deutschland so wohlgefällig gepflegten Ansicht von einer ohne weiteres aus der Entwicklung des deutschen technischen Schulwesens sich ergebenden Ueberlegenheit deutscher Technik und Techniker über Technik und Techniker außerdeutscher Länder.

In angesehenen amerikanischen technischen Zeitschriften wird kühler über die Ergebnisse unserer vorwiegend durch die Schule geleisteten technischen Erziehung geurteilt. Man sagt uns da ins Gesicht: Eure vielgerühmte technische Schulerziehung leistet, insonderheit auf dem Gebiete des praktischen Maschinenbaues, nicht das, was ihr davon erwartet. In der That muss, sobald man die nationale Empfindlichkeit in diesem uns heilig und unantastbar gewordenen Punkte der Schulerziehung beiseite lässt, zugestanden werden — wie es auch bereits unsere besten wissenschaftlich-technischen Gröfsen, und nicht zum wenigsten auch der Verein deutscher Ingenieure, unablässig mahnend thun —, dass die beste Schulerziehung des Ingenieurs minderwertig ist, wenn ihr nicht eine ebenbürtige praktische Ausbildung zur Seite steht, gleichviel ob sie lehrmäfsig oder durch spätere eigene langjährige geschäftsmäfsige Ausübung erlangt ist.

Es liegen nun freilich die Verhältnisse in Deutschland so, dass dem werdenden Ingenieur infolge des langen Studienganges und der Beanspruchung durch die vaterländische Waffenübung ein längerer Zeitaufwand für eine einigermafsen gründliche Werkstattpraxis herzlich erschwert ist. Wir leiden infolgedessen in Deutschland thatsächlich unter dem Mangel an tüchtigen Betriebsingenieuren. Wir überlassen die Leitung unserer Werkstätten immer noch zu sehr den aus der Arbeiterschaft hervorgegangenen Meistern. Die natürliche Folge ist oftmals ein zu langes Weiterführen altgewohnter Arbeitsweisen und die Schwerfälligkeit, neue Arbeitsweisen in die Werkstätten einzuführen; denn der Meister, der die Sache stets so und niemals anders gemacht hat, sieht meist nicht ein, warum nun auf einmal nicht mehr gut sein soll, was er bisher für richtig gehalten hat.

Die Amerikaner gehen in ihrem absprechenden Urteil über diese deutschen Verhältnisse, denen wir in anderer Richtung ja unendlich viel zu danken haben, zumteil so weit, über den bis in die zwanziger Jahre des deutschen Jünglings hineinragenden Schuldrill das Urteil abzugeben, dass die jungen Leute infolge der ihnen jahrelang mit dem Anschein der Unfehlbarkeit von Professoren vorgetragenen Bücherweisheit das eigene Denken viel zu sehr vernachlässigten, sodass sie in ihren besten Jahren, nachdem sie endlich die Schule verlassen haben und in das praktische Geschäftsleben eingetreten sind, ratlos in das von ihrem auf der Schule gepflegten Ideal vielfach abweichende Gesicht der Praxis schauten; dort müssten sie Dreiviertel des mühsam Gelernten als in der Praxis unbrauchbares Wissen durch ein bisher unbekanntes anderes Dreiviertel ersetzen, wogegen der junge Amerikaner aufgrund

der geringen Belastung seines Hirns mit Dingen, die in
Büchern viel, aber in der Praxis wenig vorkommen (z. B.
höhere Mathematik usw.), in demselben Alter wie sein deutscher Fachgenosse längst zum schneidigen »practical man«
und selbständig am Fortschritt arbeitenden Werkstättenleiter
emporgestiegen sei. Nicht lange dauere es dann, so wollten
die jungen Deutschen heiraten und säfsen dann fest auf einer
Stelle, ohne vorher anderes gesehen und kennen gelernt und
daran ihr technisches Urteil geschärft zu haben.

So sagen die Amerikaner in ihren angesehensten technischen Zeitschriften. Sie beweisen damit allerdings Unkenntnis des Grundzuges unseres technischen Schulwesens, der mindestens an den guten Schulen gepflegt wird, und welcher darin
besteht, die jungen Leute gerade zum selbständigen Denken
zu erziehen. Aber in dem Punkte eines durchschnittlichen
Mangels an gründlicher Praxis bei einer grofsen Zahl deutscher
Ingenieure haben sie vollständig recht. Das kann nicht oft und
laut genug dem heranwachsenden Geschlecht von Technikern
zugerufen werden.

Aus diesen für eine lehrmäfsige Pflege der Praxis ungünstigen deutschen Verhältnissen heraus, denen anerkanntermafsen auf andern Gebieten der Technik der Vorzug höherer
Wissenschaftlichkeit gegenübersteht, ergiebt sich für den einzelnen deutschen Ingenieur des praktischen Maschinenbaues
die Pflicht, die man eine nationale technische Pflicht nennen
kann, trotz aller Hindernisse ein praktischer »self made man«
zu werden und sich durch unentwegtes, lebenslang dauerndes
ernstes Streben selbst eine innige Vereinigung von Wissenschaft und Praxis so zu eigen zu machen, dass aus ihr
heraus eigene technische Schöpfungen erwachsen können.

Dass dieses ernste Streben trotz der geschilderten Hindernisse in der That erfolgreich besteht, dafür hat die Weltausstellung in Paris einen vollgültigen Beweis erbracht. Sie hat
gezeigt, dass der amerikanische Werkzeugmaschinenbau seit der
Ausstellung in Chicago nicht in demselben Mafse fortgeschritten
ist wie der deutsche. Wir haben den Vorsprung, den eine
zeitlang Amerika gewonnen hatte, im Durchschnitt eingeholt.

Amerika konnte in Paris nichts anderes zeigen, als
was in den Schaufenstern der Händler zu sehen ist. Deutschland dagegen führte verschiedene Neuheiten vor, sodass die
amerikanischen technischen Zeitschriften, um Berichtstoff zu
haben, gezwungen waren, deutsche Neuheiten in Wort und
Bild zu bringen. Ebenso ist von einer Ueberlegenheit der
amerikanischen Ausführungsweise nichts übriggeblieben.

Nachdem die Hochflut des Bedarfes, welche noch vor kurzem unerschöpflich schien, ein schnelles Ende genommen hat, gilt jetzt die Mahnung an die deutschen Fabriken: Wenn auch die Erzeugung eingeschränkt werden muss, der **Kopf der Erzeugung, das technische Bureau,** darf nicht ruhen, und die in solchen Zeiten gewöhnlich hervorgekehrte Sparsamkeit darf sich nicht darauf erstrecken, die technische Geistesarbeit sowie die auf neue verbesserte Erzeugnisse vorbereitende Thätigkeit lahmzulegen und die Anfertigung neuer Modelle zu hindern. Sonst könnten wir bald wieder wie in den vergangenen Jahren eine Ueberflutung des deutschen Marktes durch ausländische Erzeugnisse erleben. Das für alle Zukunft unmöglich zu machen, ist Pflicht aller Beteiligten.

Beschränkung auf ein umgrenztes Gebiet.

Wenn das Nachstehende zeigen wird, wie vielgestaltig und lehrreich das innere Wesen einer Werkzeugmaschine ist, und welcher Summe von Kenntnissen, Erfahrungen und geistiger Arbeit es bedarf, um nur eine einzige Werkzeugmaschine konstruktiv selbständig zu schaffen, so liegt darin mittelbar eine Aufforderung an unsere jüngeren Techniker und unsere technischen Schulen, neben den fast übermäfsig gepflegten Gebieten der Kraftmaschinen und der Hebemaschinen auch dem grofsen und vielgestaltigen Gebiete der sogenannten Arbeitsmaschinen, von denen die Werkzeugmaschinen ein kleiner Teil sind, vermehrte und ernste Aufmerksamkeit zuzuwenden.

Inbezug auf den heutigen Werkzeugmaschinenbau darf man wohl sagen, dass es nur wenige Zweige der Technik giebt, in denen eine solche Mannigfaltigkeit der Arten zutage tritt. Diese fast unerschöpfliche Vielseitigkeit hat längst dahin geführt, dass die — noch vor 50 Jahren gefeierte — That eines Johann Zimmermann, sich so zu spezialisiren, dass er in seiner Fabrik nichts anderes als Werkzeugmaschinen baute, ein überwundener Standpunkt ist. Und doch ist dieser Standpunkt in Deutschland noch lange nicht genug überholt. Unsere deutschen Werkzeugmaschinenfabriken bauen durchschnittlich jede immer noch zu vielerlei Arten von Werkzeugmaschinen.

Eine natürliche Folge davon ist, dass die einzelne Maschine innerhalb der Jahreserzeugung seltener wiederkehrt, und deshalb begegnet man öfter als Entschuldigung für unterlassene Verbesserungen der Ausrede, die das Kennzeichen einer verfehlten und veralteten Erzeugungsweise ist: Es lohnt sich nicht, neue Zeichnungen und Modelle anzufertigen.

Man darf heute wohl das wirtschaftliche Gesetz aufstellen: Das aus dem Gesamtgebiet des Werkzeugmaschinenbaues von einer Fabrik für ihre Thätigkeit erwählte Teilgebiet muss im Einklang mit der Gröfse der Fabrik stehen; jeder Aufwand an Kraft, Zeit und Kapital für eine über dieses Gebiet hinausgehende Mannigfaltigkeit ist ein wirtschaftlicher Fehler und bringt Verlust.

Diesem neuzeitlichen Standpunkt der Fabrikation im Werkzeugmaschinenbau entsprechend ist auch der Werkzeugmaschineningenieur zu einer Beschränkung des Gebietes seiner Thätigkeit gezwungen, um innerhalb des Teiles vom Ganzen seine Kenntnisse und Leistungen auf die Höhe der Zeit zu bringen und darauf zu erhalten. Gesuche von Konstrukteuren »mit gründlicher Kenntnis des Werkzeugmaschinenbaues«, wie sie noch hier und da veröffentlicht werden, sind daher nicht mehr zeitgemäfs; sie beweisen das geringe Verständnis für die neuzeitlichen Anforderungen.

Alles dies zusammengefasst ergiebt: Eine weise Beschränkung des Gebietes ist bei der Bethätigung der materiellen und der geistigen Kräfte eine der besten Waffen im Fortschrittskampf.

Auch bei der vorliegenden Arbeit hat die grofse Ausdehnung des Gebietes des Werkzeugmaschinenbaues notwendigerweise eine Beschränkung zur Folge. Das Gesamtgebiet des Werkzeugmaschinenbaues teilt sich in zwei grofse Hauptgruppen: Maschinen für spanbildende Bearbeitung und Maschinen für spanlose Bearbeitung (Schlagen, Ziehen, Drücken, Biegen, Pressen, Formen usw.). Ich beschränke meinen Stoff im Folgenden auf das mir geläufige Fach der Maschinen für spanbildende Bearbeitung. Es liegt aber in der Natur der Sache, dass vieles von dem zu Sagenden auch für die zweite Gruppe Gültigkeit hat.

Das Erfinden neuer Arten als höchste fortschrittliche Leistung.

Das Endziel für den Konstrukteur einer Werkzeugmaschine ist, eine Maschine zu schaffen, welche höchste Leistungsfähigkeit inbezug auf Umfang und Güte der in der Zeiteinheit auf ihr bearbeiteten Flächen besitzt. Am vollkommensten wird das gegenüber dem Bestehenden durch die Schaffung einer neuen Art erreicht werden, der eine erhöhte Leistungsfähigkeit innewohnt.

Die Schaffung neuer Arten ist demgemäfs als die höchste fortschrittliche Leistung des Konstrukteurs zu betrachten. Sie gelingt naturgemäfs nur selten, weit seltener als die Verbesserung einer vorhandenen Art. Dass sie dennoch möglich ist, dafür einige Beispiele aus den letzten Jahren:

1) die Revolverdrehbank und
2) die Horizontaldrehbank als neue Arten gegenüber der üblichen Drehbank;
3) die Gisholt-Drehbank, eine neue Art Revolverdrehbank wesentlich für Gussteile;
4) die Bilgram-Hobelmaschine, eine neue Art Hobelmaschine für Kegelräder;
5) die Fellow-Hobelmaschine, eine neue Art Hobelmaschine für Stirnräder.

Der Erfindungsgedanke.

Alle diese neuen Schöpfungen enthalten einen Grundgedanken, um den sich das übrige, ihm dienend und von ihm abhängig, gruppirt. Dieser Erfindungsgedanke ist

1) bei der Revolverdrehbank die gleichzeitige Arbeitsbereitschaft mehrerer Werkzeuge im Gegensatz zur bisherigen Einzelbereitschaft; aufserdem als fernere Neuheit die Begrenzung der Arbeitsbewegung dieser Werkzeuge durch bestimmte, den zu erzeugenden Durchmessern und Längen entsprechend

einstellbare feste Punkte, die an der gewöhnlichen Drehbank nicht vorhanden sind, sodass das Messen der vom Werkzeug auszuführenden Bewegungen nicht mehr Sache des Arbeiters, sondern in die Maschine verlegt ist.

2) Der Horizontaldrehbank liegt der Gedanke zugrunde, die Planscheibe durch wagerechte Anordnung tragfähiger zu machen als bei der üblichen Drehbank und hierdurch zugleich das Aufspannen und Ausrichten des Arbeitgegenstandes zu erleichtern. Auch während der Bearbeitung ist die unmittelbare Unterstützung des Arbeitstückes von unten zweckmäfsiger als die schwebende Aufhängung an der üblichen senkrechten Planscheibe.

3) Bei der Gisholt-Drehbank, Fig. 1, liegt, abgesehen von der Arbeitbereitschaft mehrerer Werkzeuge wie bei der Re-

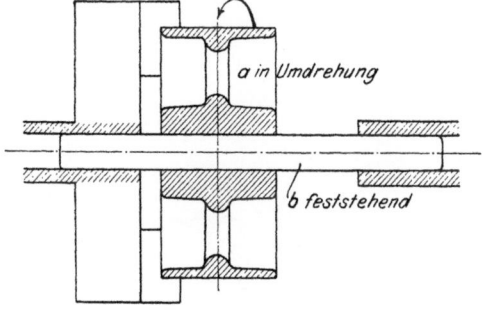

volverdrehbank, der neue konstruktive Gedanke darin, dass sich das Arbeitstück a um einen feststehenden Drehdorn b dreht, entgegen dem üblichen Umlauf mit dem Drehdorn, wobei es von den Klauen der Planscheibe festgehalten wird, und in der Benutzung von Formmessern für das Fertigdrehen. Dem steht bei der Dreherei auf dem Dorn die übliche mangelhafte Festhaltung durch Spannring und Mitnehmer, oder die minderwertige Festhaltung des Arbeitgegenstandes zwischen Spitzen, sowie schliefslich das Fertigdrehen mittels Handstahles gegenüber. Diese drei Fortschritte: Arbeitbereitschaft mehrerer Werkzeuge, die verbesserte Festhaltung des Arbeitgegenstandes und die Anwendung von Formstählen, ergeben die wesentlich höhere Leistungsfähigkeit der Gisholt-Drehbänke gegenüber gewöhnlichen Drehbänken. Da aber die Vorberei-

Fig. 2 und 3.
Bilgram-Hobelmaschine.

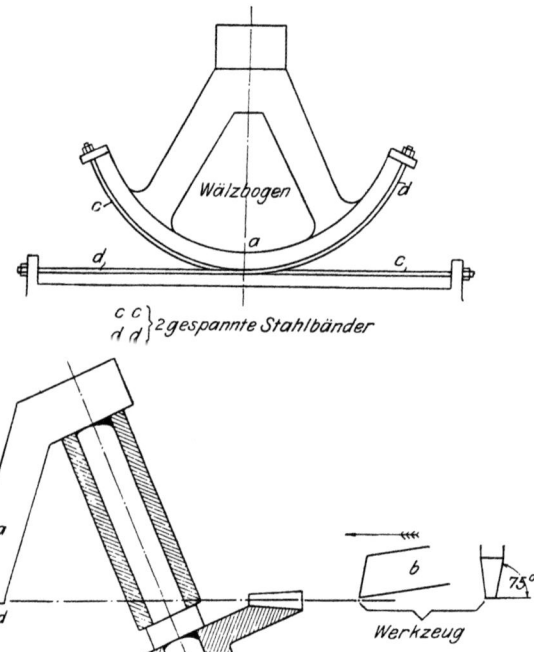

$\left.\begin{array}{c}c\ c\\d\ d\end{array}\right\}$ 2 gespannte Stahlbänder

Werkzeug

Fig. 4.

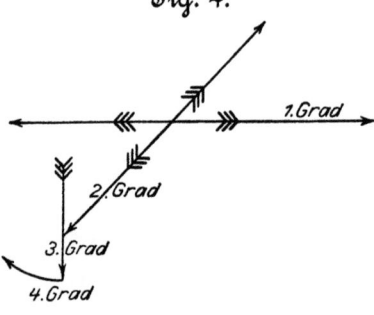

tungen für den Beginn der Arbeit infolge der Einstellung mehrerer Werkzeuge in genaue Arbeitlage und der Mafsnahmen zur Begrenzung ihres Arbeitweges wesentlich mehr Zeit erfordern als die einfache Werkzeugeinspannung bei einer gewöhnlichen Drehbank, so beginnt der Nutzen erst, nachdem eine Anzahl gleicher Teile mit der Gisholt-Bank hergestellt ist und noch weitere gleiche Teile für die Bearbeitung zur Verfügung stehen. Dasselbe gilt für die übliche Revolverbank.

4) Die Bilgram-Maschine zum Hobeln kegeliger Zahnräder erzeugt die Evolventen-Zahnform durch unmittelbare Abwicklung eines Wälzungskreises und durch ein für alle Teilungen und alle Zähnezahlen gleichbleibendes geradflankiges Werkzeug, statt der bislang gebräuchlichen Erzeugung durch gleichgeformten Fräser oder durch ein an einer Zahnform-Schablone geführtes Hobelwerkzeug (Fig. 2 und 3).

5) Bei der Stirnradhobelmaschine von Fellow ist der Kernpunkt die neue Erzeugung der Zahnform durch ein Werkzeug in Zahnradform mit Hobelbewegung, geeignet für unbeschränkte Zähnezahlen gleicher Teilung, im Gegensatz zu dem kreisenden Fräser für beschränkte Zähnezahlen.

Die allgemeine Anordnung der Maschine.

Wenn der Erfindungsgedanke, wie ich ihn in einigen Beispielen gekennzeichnet habe, gegeben ist, ist zunächst die allgemeine Anordnung der Maschine festzulegen.

Dieselbe hängt wesentlich ab von den von der künftigen Maschine zu vollführenden Bewegungen. Die ruhenden Teile haben in dieser Beziehung untergeordnete Bedeutung.

Für alle bewegten Teile einer Werkzeugmaschine gelten drei Grundsätze, die von erfahrenen Konstrukteuren stets beachtet werden.

Ihre Wortfassung dürfte indes nicht allzu bekannt sein.

Diese Grundsätze sind:

1) **Die Starrheit bewegter Teile steht im umgekehrten Verhältnis zum Grade der Bewegung.**

Was den letzteren betrifft, so nenne ich

eine Bewegung ersten Grades die einfache Bewegung eines Maschinenteiles an einem festen Teil;

» » zweiten » die Bewegung eines Maschinenteiles an einem bewegten Teil ersten Grades;

eine Bewegung dritten Grades die Bewegung eines Maschinenteiles an einem bewegten Teil zweiten Grades;

» » vierten » die Bewegung eines Maschinenteiles an einem bewegten Teil dritten Grades.

Ein einfaches Beispiel der letzten Bewegungsart verdeutlicht dies ohne viele Worte (Fig. 4).

Auf dem festen Bett einer Querhobelmaschine gleitet
deren Stöfselschlitten . . . . 1. Grad
im bewegten Stöfselschlitten gleitet der Stöfsel . . 2. »
am bewegten Stöfsel im bewegten Stöfselschlitten
gleitet der Werkzeugschlittenschieber . . . . 3. »
im bewegten Schlittenschieber am bewegten Stöfsel
im bewegten Schlitten bewegt sich die Zahnklappe . . . . . . , ... 4. »

Der nächste Grundsatz lautet:

2) **Ein höherer Grad als der 4. Grad der Bewegung bedeutet den Beginn eines Fehlers in der allgemeinen Anordnung einer Werkzeugmaschine.**

Der dritte besonders wichtige Grundsatz lautet:

3) **Das Mittel zur Herabminderung des Grades der Bewegung, mithin ein Mittel zur Erhöhung der Starrheit innerhalb der Maschine, ist die Aufsuchung der besten, unter den gegebenen Verhältnissen möglichen Verteilung der Bewegungen zwischen Werkzeug und Arbeitsstück.**

Davon hängt in den meisten Fällen der praktische Erfolg einer Werkzeugmaschinenkonstruktion ab. So lange es eine noch bessere Lösung dieser Aufgabe als die bisher bekannte giebt, ist der Höhepunkt des Fortschrittes nicht erreicht.

Begründung:

Die theoretische Aufgabe der Werkzeugmaschine ist die Erzeugung einer geometrischen Fläche (das Wort geometrisch in weitem Sinne als nach festen Regeln erfolgend aufgefasst),

die praktische Aufgabe die möglichst vollständige Annäherung der wirklich erzeugten Fläche an die theoretische. Man ist sich nun längst darüber klar, dass es unmöglich ist, in- und aneinanderlaufende Flächen zum völlig dichten Schluss zu bringen. Undichtheit ist aber gleichbedeutend mit Nachgiebigkeit eines oder beider beteiligter Körper, und diese Nachgiebigkeit bedingt wiederum die Abweichung der erzeugten Bewegung von der theoretischen. Es ist ohne weiteres klar, dass die Größe der schädlichen Abweichungen im Verhältnis zu dem Grade der Bewegung wachsen muss. Daraus folgt die Richtigkeit unserer Behauptung, dass die Verteilung der Bewegungen, gleichbedeutend mit Vermeidung hoher Bewegungsgrade, unter Umständen über den ganzen praktischen Erfolg einer Werkzeugmaschinengattung entscheidet.

Die Verteilung der Bewegungen zwischen Arbeitstück und Werkzeug setzt die Kenntnis aller in einer Werkzeugmaschine notwendigen Bewegungen voraus.

Die Arten der Bewegung.

Es giebt fünf Arten von Bewegungen in den Werkzeugmaschinen:

1) die Arbeit- oder Schnittbewegungen . . . . kurz Schnitt;
2) die Vorschub- oder Schaltbewegungen . . . . . . » Vorschub;
3) die Größenanpassungs- oder Einstellbewegungen . . . » Einstellung;
4) die spangebenden oder Anstellbewegungen . . . . » Anstellung;
5) die Werkzeug schonenden oder Abhubbewegungen beim Rücklauf . . . . » Abhub.

Manche dieser Bewegungen können unter Umständen die einfache Fortsetzung einer andern sein.

Beispiel: Die Einstellung der Bohrerspitze des Bohrers einer Bohrmaschine bis in die Nähe der Bohrstelle und der Vorschub während des Bohrens sind eine fortgesetzte Bewegung der Bohrspindel in deren Achsenrichtung.

Zusammenhang zwischen Schnitt und Vorschub.

Von den oben genannten fünf Bewegungsarten stehen die ersten beiden, der Schnitt und der Vorschub, stets in einem inneren Zusammenhange. Der Zusammenhang ist derselbe wie bei der Bewegung eines Punktes, wenn er eine geometrische Fläche erzeugt. Demgemäß ist die Verteilung der Bewegungen zumteil abhängig von den Gesetzen für die Erzeugung geometrischer Flächen.

Beispiele für die Verteilung der Bewegungen.

Die Drehbank erzeugt eine Cylinderfläche, indem an der äufsersten Spitze der Werkzeugschneide eine Drehbewegung und dazu eine rechtwinklig geradlinige Bewegung stattfindet (Fig. 5). Entsprechend dem Grundsatz von der Verteilung der Bewegungen kommen diese beiden die Fläche erzeugenden Bewegungen nicht einem Maschinenteil zu, sondern sie sind verteilt, und zwar auf die den Arbeitgegenstand bewegende Spindel oder Planscheibe und den das Werkzeug tragenden Schlitten. Eine ebenso gute Verteilung zeigt die Bewegung zur Einstellung der Gröfse. Der Länge des Cylinders folgt der verschiebbare Reitstock, dem Durchmesser des zu bearbeitenden Cylinders folgt die rechtwinklig zur Erzeugungsbewegung liegende Querbewegung des Schlittens. Beim Plandrehen tauschen die Erzeugungsbewegung und die Einstellbewegung ihre Rollen. Stets ist also eine vorzügliche Verteilung vorhanden.

Fig. 5.

Drehbankbewegung.

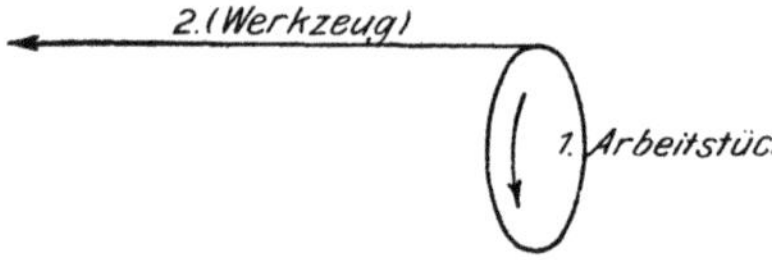

Die Hobelmaschine dagegen ist die Maschine zur Herstellung einer Ebene. Die Erzeugung erfolgt nach einem der möglichen Vorgänge für diesen Zweck, und zwar dadurch, dass sich an dem äufsersten Punkte der Werkzeugschneide zwei geradlinige Bewegungen abspielen, nämlich eine Längs- und eine Querbewegung. Von diesen beiden Bewegungen wird nach dem Gesetz der Verteilung eine vom Tisch, die andere vom Werkzeugschlitten der Maschine ausgeführt (Fig. 6). Letzterem liegt zugleich die Anstell- und Abhubbewegung ob. Zwar giebt es auch Hobelmaschinen, sogenannte Grubenhobelmaschinen (Fig. 7), bei denen das Werkzeug alle Bewegungen ausführt; jedoch hat diese Gattung nie eine einigermafsen bemerkenswerte Einführung gefunden. Und doch haben diese Maschinen den grofsen Vorzug, dass sie nur die einfache Länge des Arbeitstückes im Werkstättenraume beanspruchen, während die üblichen Hobelmaschinen die doppelte Länge brauchen. Die Erklärung liegt in der ungünstigen Verteilung der Bewegungen; denn dem Werkzeug liegen **fünf** Bewegungen: die Schnitt-, Vorschub-, Einstell-, Anstell- und Abhubbewegung, ob. Dazu kommt, dass dem

Fig. 6.
Hobelmaschine.

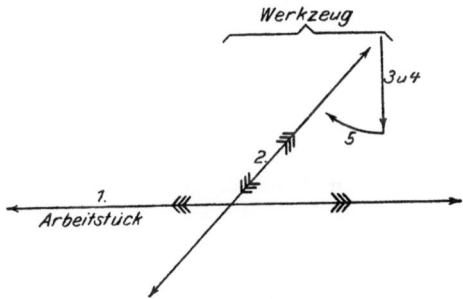

Fig. 7.
Grubenhobelmaschine.

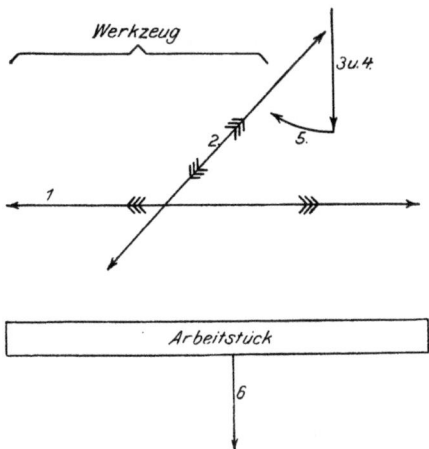

Tisch eine Bewegung zugemutet wird, die Höheneinstellung, die sich schwer mit seinen übrigen Eigenschaften grofser Länge, Breite und grofsen Gewichtes vereint, und die bei der üblichen Hobelmaschine vollständig in Wegfall kommt.

Die bessere Verteilung der Bewegungen bei der üblichen Hobelmaschine ergiebt somit auch eine Ersparung in der **Anzahl der Bewegungen**.

Daraus ist als Regel zu entnehmen, dass die bei grofsen Arbeitstücken durch die Raumersparnis bedingte Stilllegung des Arbeitstückes nur dann den praktischen Erfolg nicht gefährdet, wenn sie nicht durch eine Steigerung des Bewegungsgrades über den zulässigen vierten hinaus und nicht durch eine Vermehrung der Anzahl der Bewegungen erkauft werden muss.

Es giebt schöne Beispiele von immer mehr in Aufnahme kommenden Werkzeugmaschinen mit stillliegendem Arbeitstück, die das Gesagte voll bestätigen; z. B. die **Horizontalbohrmaschine** mit ruhender Aufspannplatte und wagerecht und senkrecht bewegter Spindel für gröfsere Arbeitstücke (Fig. 8). Trotz der Stilllegung des Arbeitstückes geht die Bewegung des Werkzeuges bei diesen Maschinen nicht über den dritten

Fig. 8.

Horizontalbohrmaschine.

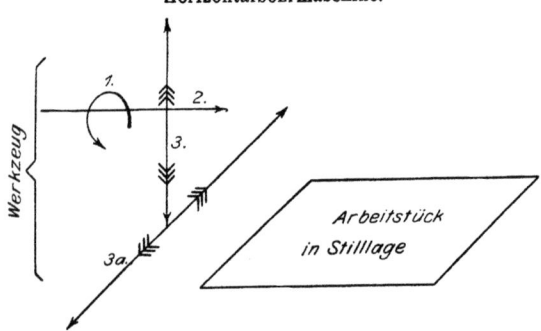

bezw. vierten Grad hinaus: eine schraubenförmige Bohrbewegung (bezw. eine kreisende und zugleich fortschreitende Bewegung) an einer senkrechten Bewegung des Bohrschlittens, und diese wieder an einer wagerechten Bewegung des Bohrständers.

Als zweites Beispiel finden wir auch an der **Blechkanten-Hobelmaschine** das Arbeitstück zum Zwecke der Raumersparnis stillgelegt und im Werkzeug eine Bewegung vierten Grades: den wagerechten Schnitt, den senkrechten Vorschub, die Anstellung und den Abhub des Werkzeuges im Halter (Fig. 9).

Ein drittes Beispiel, welches die Richtigkeit unserer Forderung möglichst guter Verteilung der Bewegung vorzüglich bestätigt, bietet die neuere Gestaltung der Querhobelmaschine. Während früher das Arbeitstück, nachdem der

Fig. 9.
Blechkanten-Hobelmaschine.

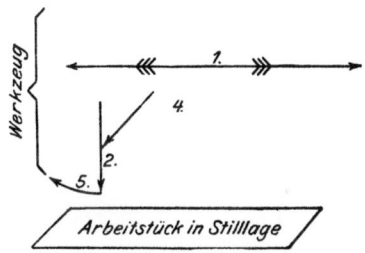

Tisch eingestellt war, in der Regel stilllag, unterscheidet die Neuzeit Querhobelmaschinen für grofse und für kleinere Arbeitstücke, insofern nur noch an denjenigen Maschinen, wo Raumersparnis oder bequemere Unterstützung langer Arbeit-

Fig. 10.
Grofse Querhobelmaschine.

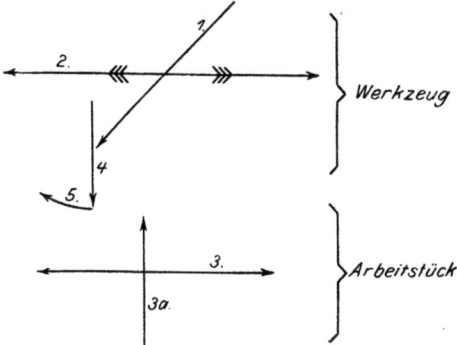

stücke infrage kommt, das Arbeitstück stillliegt, also auch die gröfsere Häufung der Bewegungen im Werkzeug üblich ist (Fig. 10). Bei den kleineren neueren Querhobelmaschinen hat man dagegen die Vorschubbewegung dem Werkzeug abgenommen und in den Tisch verlegt, sodass jetzt 3 Bewegungen auf das Werkzeug und 2, nämlich wagerechter Vorschub und senkrechte Einstellung, auf den Tisch kommen (Fig. 11). Die bessere Verteilung der Bewegungen hat also den Sieg über die frühere Konstruktion mit der gröfseren Häufung der Bewegungen auf einen Maschinenteil davongetragen.

Fig. 11.
Kleine Querhobelmaschine.

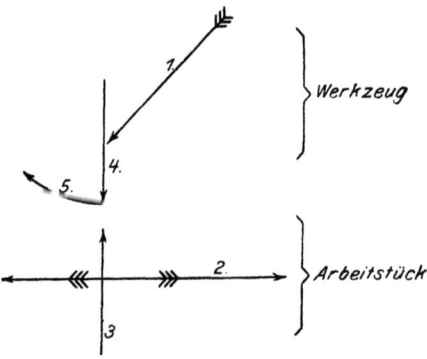

So liefsen sich viele Beispiele für die Richtigkeit des Grundsatzes von der Verteilung der Bewegungen anführen. Es sei nur noch eines aus der allerneuesten Zeit: die Verteilung der Bewegungen an der Stirnradstofsmaschine von Fellow, Fig. 12, erwähnt. Das Werkzeug, der zahnradähn-

Fig. 12.
Stirnradstofsmaschine von Fellow.

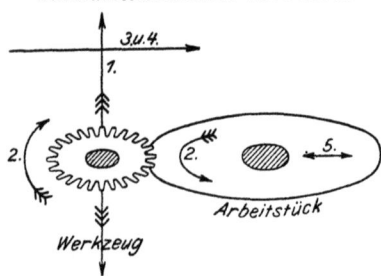

liche Stofszahn, macht eine kreisende Bewegung an einem senkrecht bewegten Werkzeugschlitten, und dieser seine Einstellbewegung, die zugleich die Anstellbewegung ist, an einem wagerechten Prisma. Somit hat das Werkzeug eine Bewegung dritten Grades. Das zu fräsende Rad erhält eine kreisende Bewegung durch Wechselräder, die in Zusammenhang mit der kreisenden Bewegung des Werkzeuges steht, und aufserdem macht es vor Beginn jedes Rücklaufes des Werkzeuges eine wenige Millimeter betragende Abhubbewegung. Somit entfällt auf das Arbeitstück eine Bewegung zweiten Grades; eine bessere Verteilung der Bewegungen ist also nicht denkbar. Die Verlegung des Abhubes in das Arbeitstück ist ein neuer und, wie wir sehen, vorzüglicher Erfindungsgedanke. Es ist sogar anzunehmen, dass hierdurch erst der praktische Erfolg der ganzen Maschine erreicht wird; denn das fräserartige kreisende und stofsende Werkzeug würde aller Voraussicht nach noch eine Bewegung nicht vertragen und durch eine solche die notwendige Starrheit derart einbüfsen, dass dieses ganze Verfahren zur Erzeugung von Zähnen praktisch untauglich würde.

Ich verlasse diesen Abschnitt nicht, ohne darauf hinzuweisen, dass die Kenntnis des Konstruktionsgrundsatzes von der möglichst guten Verteilung der Bewegungen und des damit zusammenhängenden Grundsatzes der Herabminderung des Bewegungsgrades nicht nur einen unmittelbaren Nutzen gewährt, sondern auch den mittelbaren Vorteil herbeiführt, dass der Konstrukteur, sobald er sich zur Anwendung höherer Bewegungsgrade gezwungen sieht, zu vermehrter Sorgfalt in der Gestaltung der Führungen der bewegten Maschinenteile veranlasst wird.

Konstruktive Aufgaben und Fortschritte innerhalb der gegebenen Art.

Auch hier ist die Hauptaufgabe Erzielung höchster Leistungsfähigkeit der Maschine, womöglich einer höheren, als sie die bisher bestehenden Maschinen gleicher Art besitzen.

Da die mechanische Leistung der Maschine in der Spanabnahme besteht, so ist eine Erhöhung der Leistung in zwei Richtungen möglich: in der Verstärkung des Spanes, die zugleich eine Verringerung der zur endgültigen Bearbeitung nötigen Anzahl von Spanabnahmen ergiebt, und in der vergröfserten Schnelligkeit der Spanabnahme in der Zeiteinheit.

In beiden Fällen sind die Mittel dazu als **Einrichtungen für unmittelbare Erhöhung der Leistung** zu bezeichnen. Da aber eine Werkzeugmaschine nicht ununterbrochen arbeitet, sondern vor Fertigstellung eines Werkstückes Aufspannen und Einstellen, während der Fertigstellung Umstellen, und nach der Fertigstellung Abspannen und Fortnehmen erfordern, so ergeben sich auch **Einrichtungen für mittelbare Erhöhung der Leistung**.

Deren Hauptzweck ist die **Minderung der Dauer der toten, durch die vorgenannten Zwischenarbeiten ausgefüllten Arbeitszeit.**

Dementsprechend teilen sich die folgenden Darlegungen in zwei Teile.

I. Teil.
Einrichtungen für unmittelbare Erhöhung der Leistung.

1. Vervollkommnung der Maschinenantriebe.

Die Widerstände, welche der Antrieb zu überwinden bestimmt ist, setzen sich bei der spanbildenden Werkzeugmaschine aus dem Widerstand gegen das Abheben des Spanes und aus den Reibungswiderständen aller in der Maschine vorhandenen Bewegungen zusammen.

Versuche, die absoluten Gröfsen dieser Widerstände zahlenmäfsig zu bestimmen, sodass sie als Grundlage zuverlässiger Stärkenberechnungen dienen können, sind bislang erfolglos gewesen. Einen Ausblick auf künftige glücklichere Lösung gewähren die Kraftmessungen an Maschinen mit elektrischem Einzelantrieb.

Berechnungsformeln aufgrund der bisherigen Versuche beruhen auf so vielen und unsicheren Annahmen, dass es für den geübten Konstrukteur weit einfacher und zuverlässiger ist, die Annahme unmittelbar in die Gröfse und Stärke des betreffenden Maschinenteiles zu verlegen. Nur wo nach Annahme des die Leistung der Maschine bestimmenden Antriebes, also z. B. nach Annahme der Breite und Geschwindigkeit des Antriebriemens, hiervon abhängige Teile, wie Räderübersetzungen usw., infrage kommen, kann die Rechnung in ihr Recht treten. Tüchtige Praxis und dadurch anerzogenes praktisches Gefühl sind also bis jetzt die zuverlässigsten Führer des Werkzeugmaschinenkonstrukteurs.

Riemenantrieb.

Der Riemenantrieb ist bisher die gebräuchlichste Art des Antriebes. Seine Vervollkommnung äufsert sich in verschiedener Form, zunächst als Verstärkung der Antriebe. Ihr dient die Vergröfserung der Durchmesser der Antriebriemenscheiben, wo angängig auch die Vermehrung ihrer Umlaufzahl. Daneben geht zuweilen die Verbreiterung der Scheiben her. Das Mittel der erhöhten Riemengeschwindigkeit wird oft in solchem Grade angewandt, dass trotz der sich ergebenden Verstärkung des Antriebes die Antriebriemen schmaler werden. Der Vorzug dieses Mittels ist offenkundig, denn es verringert zugleich die seitliche Anpressung der angetriebenen Welle an die Lagerwandungen, da die absolute Gröfse der Riemenspannung im Verhältnis zur Riemenbreite abnimmt. Das augenfälligste Beispiel in dieser Hinsicht bietet die Hobelmaschine. An ihr sind die Antriebriemen wesentlich schmaler geworden, dagegen die Geschwindigkeit der Riemen bedeutend gröfser. Die vermehrte Riemengeschwindigkeit unterstützt zugleich die vollkommnere Ausführung des Wechsels der Bewegungsrichtung. Die älteren Hobelmaschinen begnügten sich mit einer Riemengeschwindigkeit gleich der 20- bis 30 fachen Tischgeschwindigkeit, bei neueren Hobelmaschinen arbeitet der Riemen mit 40- bis 50 facher

Tischgeschwindigkeit; und dabei ist auch die letztere im Laufe der Zeit noch gestiegen.

Dies kann als ein Beispiel der auf die Leistung wesentlichen Einfluss ausübenden, äufserlich wenig wahrnehmbaren inneren Wandlung vieler Werkzeugmaschinen gelten. Zugleich liegt darin eine Mahnung an die Käufer von Werkzeugmaschinen, eine Maschine nicht nur flüchtig nach dem kräftigen Aussehen und dem billigen Preise zu beurteilen.

Riemenantrieb durch Stufenscheibe.

An die Stelle der einfachen Riemenscheibe muss im Werkzeugmaschinenbau eine Stufenantriebscheibe in allen den Fällen treten, wo es sich um kreisende Schnittbewegungen mit wechselndem Durchmesser des Werkstückes oder um Kurbelantriebe mit wechselndem Hub für geradlinige Bewegungen handelt. Die Stufenscheibe hat hierbei kaum oder garnicht den Zweck, verschiedene Geschwindigkeiten herzustellen, sondern ihre einzelnen Stufen sollen nur bei sich änderndem Durchmesser des Werkstückes oder der Treibkurbel die Arbeitsgeschwindigkeit gleichbleibend erhalten.

Eine Betrachtung darüber, wie die Stufenscheibe diesen Zweck erfüllt, ist von Nutzen.

Mängel der Stufenscheiben-Antriebe.

Nimmt man an, dass eine bestimmte Schnittgeschwindigkeit zur Abhebung von Spänen eines bestimmten Stoffes die vorteilhafteste ist, so müsste man an die Stufenscheibe die theoretische Anforderung stellen, dass sie für alle möglichen Werkstückdurchmesser und für alle Kurbelwege imstande sei, diese günstigste Schnittgeschwindigkeit herzustellen. Da sie aber nur 3, 4, 5, im höchsten Falle 6 Stufen hat, so ist klar, dass nur in 3, 4, 5, 6 Fällen die günstigste Arbeitsgeschwindigkeit wirklich erreicht wird. In allen andern Fällen liegt die erzielte Arbeitsgeschwindigkeit mehr oder weniger unterhalb der vorteilhaftesten. Da ferner die durch eine Stufenscheibe von der üblichen gleichmäfsigen Abstufung erzielte Geschwindigkeitszunahme nicht stetig ist, sondern wächst, so macht sich das Fehlen der Zwischengeschwindigkeiten in steigendem Mafse mit der wachsenden Umlaufzahl der getriebenen Scheibe fühlbar.

Das Diagramm Fig. 13 zeigt die Abweichungen von der angenommenen vorteilhaftesten Geschwindigkeit »100« bei der im Werkzeugmaschinenbau viel gebräuchlichen 4 fachen Stufenscheibe mit 2 : 1 Durchmesserverhältnis. In der Werkstatt kann sich die Sache noch ungünstiger gestalten. Denn der Werkzeugmaschinenkonstrukteur legt zwar dem Arbeiter durch die Anbringung einer Stufenscheibe die Pflicht auf, den Riemen rechtzeitig umzulegen; ob aber der Mann, sei es durch eigenen Trieb, durch Aufsicht oder durch den Zwang des Akkordes, diese Pflicht auch wirklich erfüllt, dafür besteht keine Gewähr. Offenbar ist dies kein Idealzustand. Aeltere erfahrene Konstrukteure haben deshalb häufig ihre gute Meinung von der Stufenscheibe wesentlich herabgesetzt.

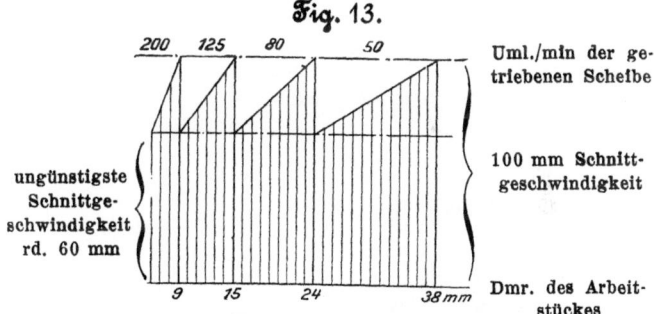

Fig. 13.

Ersatzmittel der Stufenscheibe.

Die Unvollkommenheit der Stufenscheibe hat veranlasst, dass der Kurbelantrieb für Werkzeugmaschinen mit hin- und hergehender Arbeitsbewegung immer mehr verschwindet und sich nur noch auf kleinere Hübe beschränkt. Dafür tritt für hin- und herbewegte Teile der Zahnstangenantrieb allgemeiner auf, nachdem es gelungen ist, sanfte und dabei scharf begrenzte Umkehr durch augenblicklich wirkende Reibung oder durch verbesserte Riemensteuerung mithülfe der schon erwähnten vergröfserten Riemengeschwindigkeit zu erzielen.

Fig. 14 zeigt den neuzeitlichen Querhobelmaschinentrieb mit sehr einfacher Reibkupplung und eben so einfachem selbstthätigem Wechsel der Kupplung.

Ein anderes Beispiel für den Ersatz der Stufenscheibe bietet die immer mehr in Aufnahme gekommene Abstechmaschine zum Zerteilen von rundem Walzeisen anstelle des früheren kalten oder warmen Abhauens. Durch das altbekannte Mittel des flachen Reibtellers mit wanderndem Trieb ist bei ihr eine mit dem Eindringen des Stahles nach der Achse der zu durchstechenden Stange zu selbstthätig wachsende Umlaufzahl, also eine gleichbleibende Schnittgeschwindigkeit erzielt.

Der natürliche Fehler des Reibtellers: die theoretisch auf einen Punkt beschränkte Haftfläche zwischen Teller und Trieb, muss durch hohe Umlaufzahl möglichst unschädlich gemacht werden. Eine allgemeinere Anwendung dieses Mittels zur Erzielung gleichbleibender Schnittgeschwindigkeiten verbietet sich aus diesem Grunde und wegen der grofsen Reibungsverluste in den Lagern der stark seitwärts angepressten Achsen. Der flache Reibteller wird dagegen, weil er umgekehrt auch eine stetige Reihe verschiedener Geschwindigkeiten ergiebt, in steigendem Mafse zur Erzeugung von Vorschüben an Werkzeugmaschinen benutzt.

Fig. 14.

Querhobelmaschinentrieb.

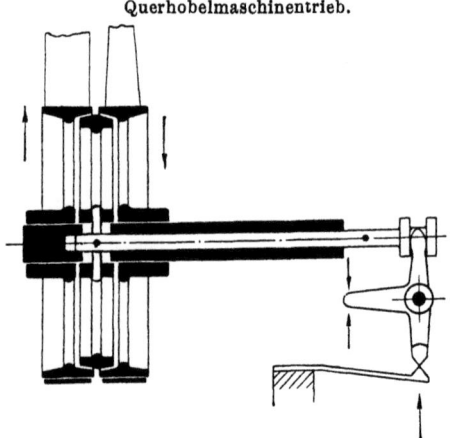

Verbesserung der Stufenscheiben-Antriebe.

Für die Antriebe der Maschinen bleibt immerhin die Stufenscheibe in vielen Fällen das einzige Mittel, und es gilt, dieses Mittel nach Möglichkeit zu verbessern. Das geschieht zunächst durch Vergröfserung der Stufendurchmesser und der Stufenbreiten. So zeigen z. B. gute Drehbänke im Verhältnis zu ihrer Spitzenhöhe jetzt vergröfserte Durchmesser und Breiten der Spindelstock-Stufenscheibe. Diesen Gröfsenverhältnissen trägt eine neue Form des Spindelstockes und eine gegen früher oft wesentlich gröfsere Länge Rechnung. Die Figuren 15a und 15b stellen die alte und die neue Form einander gegenüber. Selbst wenn die übrigen Abmessungen einer Drehbank dieselben bleiben, wird schon allein durch diese

Verstärkung des Antriebes der Vorteil erreicht, dass die Drehbank fähig ist, ihre Spitzenhöhe vollständiger auszunutzen, d. h. auch bei den gröfseren Durchmessern noch eine vorteilhafte Bearbeitung mit angemessener Spanstärke zu gestatten. Kurz gesagt: die Grenze der vorteilhaften Bearbeitung ist erweitert.

Dasselbe gilt von Querhobel- und Stofsmaschinen mit Kurbelhub. Während bei den älteren Maschinen dieser Gattungen die Schnittleistungen für das Höchstmafs des Hubes wesentlich sanken, ist es jetzt möglich, bis in die Nähe des gröfsten Hubes stärkere Späne abzuheben.

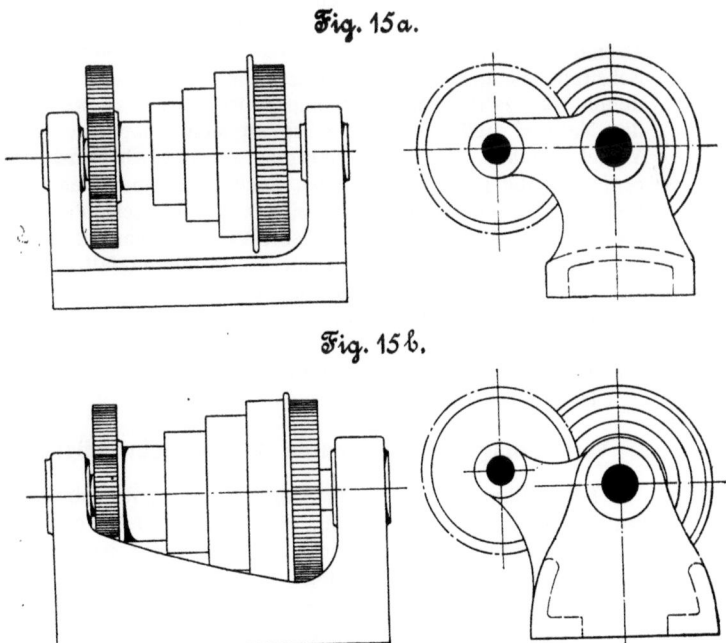

Fig. 15a.

Fig. 15b.

Noch einer Leistungsverminderung durch einen technischen Fehler der Stufenscheibe, nämlich durch die wechselnde Gröfse der Anlagefläche des Riemens, ist zu gedenken. Nur bei den Mittelstufen sind die Anlageflächen des Riemens auf der treibenden und der getriebenen Scheibe gleich oder annähernd gleich grofs. Bei den äufsersten Riemenlagen, also einmal in dem Falle, wo gerade die gröfste Umlaufzahl herzustellen ist, das anderemal, wo gerade die höchste

Leistung erzielt werden soll, ist die Haftfläche der Scheiben ungleich, also die übertragbare Leistung im Verhältnis der Verminderung geringer.

Der Fortschritt bei den Stufenscheiben äufsert sich daher auch in einer Verminderung des Unterschiedes der Durchmesser von gröfster und kleinster Stufe. Da aber hiermit eine Beschränkung der Grenzwerte der durch das Stufenscheibenpaar zu erzielenden Umlaufzahlen eintritt, so ist dieser Fortschritt nur möglich in Verbindung mit der allmählich steigenden Verwendung besonderer Werkzeugmaschinen für besondere Arbeiten. Die Fälle werden immer seltener, dass man z. B. auf einer Drehbank alle möglichen Dreharbeiten an Guss-, Schmiedeisen- und Stahlteilen und dabei Schrupp-, Schlicht- und Schmirgelarbeit an diesen verschiedenen Materialien verrichtet, und es ist klar, dass, wo durch das Material und die Arbeitsweise an sich schon eine grofse Verschiedenheit der Umdrehungen erforderlich wird, die Stufenscheibe nicht imstande ist, auch noch einen den wechselnden Durchmessern der Arbeitstücke entsprechenden Ausgleich der Geschwindigkeit in der Nähe ihrer vorteilhaftesten Gröfse herbeizuführen. So kann durch Mannigfaltigkeit in der Benutzung einer Werkzeugmaschine die ungünstigste Arbeitsleistung in der Zeiteinheit entstehen, weil es der Technik bisher an einem Mittel fehlt, eine genügend grofse Mannigfaltigkeit der Umlaufzahlen zu erzeugen.

Dies leitet über zu

2. Vermehrung der verfügbaren Arbeitsgeschwindigkeiten.

Die früher für Antriebe häufig angewandte dreifache Stufenscheibe ist verschwunden, die 4- und die 5fache Stufenscheibe sind die Regel geworden. Gleichzeitig hat das altbekannte Mittel zur Verdopplung der Anzahl der verfügbaren Geschwindigkeiten: das ein- und ausrückbare Rädervorgelege, die allgemeinste Anwendung gefunden. Selbst sehr kleine Maschinen, bei denen man früher mit Stufenscheibe ohne Rädervorgelege auszukommen meinte, zeigen jetzt auch ein solches. So z. B. würde heute eine Vertikalbohrmaschine ohne Rädervorgelege schon bei einer Bohrgrenze von etwa 30 mm gröfstem Lochdurchmesser nicht mehr auf der Höhe der Zeit stehen.

Das ein- und ausrückbare Rädervorgelege als Zusatz zur Stufenscheibe kann sowohl die Grenzwerte der Geschwindigkeit erweitern als auch die Geschwindigkeitsunterschiede bei gleichbleibenden Grenzwerten vermindern. Die folgende Zusammenstellung zeigt beispielsweise an der 3-, 4- und 5 fachen vielgebräuchlichen 2:1-Stufenscheibe (gröfste Stufe doppelt so grofs wie die kleinste) die Abnahme des Geschwindigkeitsunterschiedes vom Faktor 1,6 (rd.) bei der 4 fachen auf 1,4 bei der 5 fachen und auf 1,3 bei der 6 fachen Stufenscheibe. Zugleich ist die Verminderung des gröfsten absoluten Geschwindigkeitsunterschiedes von 75 auf 60 und 50 ersichtlich, 100 Umdr. der Treibscheibe vorausgesetzt.

Dieser durch die Vermehrung der Stufenzahl gewonnene Vorteil der Vermehrung der Arbeitsgeschwindigkeiten muss leider durch die Notwendigkeit häufigerer Riemenumlegung erkauft werden. Man ist bemüht, auch diesen Uebelstand zu beseitigen.

die 2:1-Stufenscheibe mit 100 Umdr.	giebt Uml./min.		demnach kleinster | gröfster Unterschied der Umlaufzahl von einer Stufe zur nächsten	
	ohne Rädervorgelege	mit Rädervorgelege		
4 fach	200 125 80 50	30 18 11 7	4	75
5 »	200 140 100 70 50	35 25 17 12 8,5	3,5	60
6 »	200 150 115 87 65 50	38 29 22 16 12 9	3	50

Ausstattung der Deckenvorgelege mit mehreren Umdrehungsgeschwindigkeiten.

Ein einfaches, mehr und mehr angewandtes Mittel ist die Ausstattung der Deckenvorgelege der Maschinen mit mehreren Geschwindigkeiten. Während dieses Mittel früher ausschliefslich zur Erhöhung der Grenzwerte der Umlaufzahlen diente, findet es jetzt vielfach eine neue Verwendung. Es stellt dem Arbeiter durch einfache Riemeneinrückung mehrere Arbeitsgeschwindigkeiten zur Verfügung, ohne dass der Riemen umgelegt zu werden braucht. Dadurch wird die Bedeutung der Stufenscheibe völlig verändert. Während nun das Deckenvorgelege den schnellen und häufigen Wechsel der Geschwindigkeiten besorgt, übernimmt die Stufenscheibe an der Maschine die nur zeitweilig nötig werdende Einstellung der durch das Deckenvorgelege zur Verfügung gestellten Geschwindigkeiten auf einen höheren oder niedrigeren Grad.

Das ist wieder ein Beispiel der zuvor besprochenen Verteilung der Bewegungen und eine wiederholte Bestätigung ihres technischen Nutzens. Die nötige Zahl von Bewegungen ist jetzt nicht mehr allein von der Stufenscheibe zu bewältigen, sondern zwischen Deckenvorgelege und Stufenscheibe verteilt, sodass das Deckenvorgelege aus der grofsen Reihe aller für die betreffende Maschine vorhandenen Umlaufzahlen schnell und bequem eine kleine Teilreihe solcher Geschwindigkeiten erzeugt, die zur Bearbeitung eines und desselben Werkstückes ausreichen, während die Stufenscheibe und die Riemenumlegung erst dann in Gebrauch treten, wenn ein Werkstück anderer Gröfse in Arbeit genommen wird.

Die kleine schnell herstellbare Reihe der durch das Deckenvorgelege erzeugten Geschwindigkeiten kann durch das ein- und ausrückbare Rädervorgelege verdoppelt werden, dessen Ein- und Ausrückung man schnell vollziehbar und bequem gestalten muss. Hat das Deckenvorgelege drei Geschwindigkeiten, so stehen dann dem Arbeiter 6 Arbeitsgeschwindigkeiten ohne die lästige, auch mit Gefahren verbundene Riemenumlegung stets zur Verfügung. Ist eine Anzahl gleicher Arbeitsstücke hintereinander zu bearbeiten, so entfällt somit auf längere Zeit die Notwendigkeit, den Riemen umzulegen, gänzlich.

Drei Arbeitsbeispiele sollen die Sache noch besser verdeutlichen.

1) Es seien eine Anzahl Teile mittleren Durchmessers auf einer so ausgestatteten Drehbank zu drehen. Der Riemen der Stufenscheibe wird auf Mittelgang gelegt. Dadurch sind die sechs durch das Deckenvorgelege augenblicklich verfügbaren Umlaufzahlen im Durchschnitt auf Mittelgeschwindigkeit eingestellt und reichen zur Ausführung aller an den Arbeitstücken dieser Gröfse nötigen Dreh- und Schlichtarbeiten bis zur völligen Fertigstellung aus.

Nun soll eine Reihe gröfserer Werkstücke bearbeitet werden. Jetzt wird der Riemen der Stufenscheibe auf Langsamgang umgelegt, und damit ist die ganze Reihe der sechs schnell herstellbaren Geschwindigkeiten entsprechend herabgesetzt, sodass die Drehbank nun zur völligen Fertigstellung der gröfseren Werkstücke passt. Kommen jetzt Werkstücke mit durchschnittlich kleinen Durchmessern an die Reihe, so wird die sechsfache Geschwindigkeitsreihe durch Riemenumlegung hinaufgesetzt.

Von dieser Einrichtung machen z. B. die in der Neuzeit mehr und mehr in Aufnahme kommenden Revolverdrehbänke den ausgiebigsten Gebrauch. Die anfänglich nur für kleine Massenarbeiten in Benutzung gewesene Revolverdrehbank hat sich nach und nach auch der Mittel- und Grofsdreherei bemächtigt. Für Gussarbeiten ist die nach ihrem Erbauer genannte Gisholt-Revolverdrehbank bereits eine unentbehrliche Maschine geworden. Die auf einer solchen Bank dem Arbeiter zur Verfügung stehende Geschwindigkeitsreihe ist beachtenswert, da sie deutlich den grofsen Fortschritt gegenüber der kleinen Zahl und der beschränkten Möglichkeit der Abstufung der Geschwindigkeiten auf den gewöhnlichen Drehbänken zeigt.

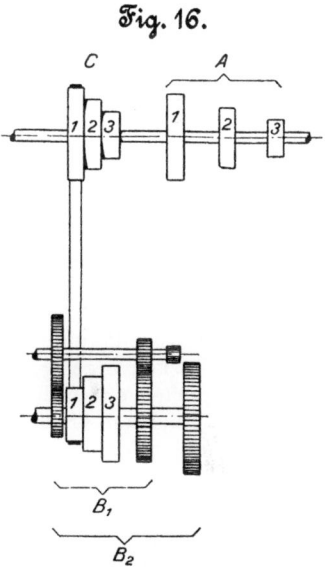

Fig. 16.

Es sind vorhanden, Fig. 16:

$A_{1,2,3} = 3$ Geschwindigkeiten des Deckenvorgeleges,
$B_{1,2} = 2$ verschiedene Räderübersetzungen,
$C_{1,2,3} =$ dreifaches Stufenscheibenpaar.

Riemenlage C_1 ⎧ 200 300 400 ⎫ Umdr. ohne Rädervorgelege
(Schnellgang) ⎨ 20   30   40 ⎬ »   mit   » B_1
ergiebt   ⎩ 9   13,5 18 ⎭ »   »   » B_2

mithin Reihe der ohne Riemenumlegung verfügbaren Geschwindigkeiten:

9 13,5 18 20 30 40 200 300 400.

Riemenlage C_2 ⎧ 100 150 200 ⎫ Umdr. ohne Rädervorgelege
(Mittelgang) ⎨ 10   15   20 ⎬ »   mit   » B_1
ergiebt   ⎩ 4,5 6,75 9   ⎭ »   »   » B_2

mithin Reihe der ohne Riemenumlegung verfügbaren Geschwindigkeiten:

4,5 6,75 9 10 15 20 100 150 200.

Riemenlage C_3 ⎧ 50   75   100 ⎫ Umdr. ohne Rädervorgelege
(Langsamgang) ⎨ 5   7,5 10 ⎬ »   mit   » B_1
ergiebt   ⎩ 2,25 3,3 4,5 ⎭ »   »   » B_2

mithin Reihe der ohne Riemenumlegung verfügbaren Geschwindigkeiten:

2,25 3,3 4,5 5 7,5 10 50 75 100,

letztere ausreichend zur volltständigen Bearbeitung für Gegenstände bis etwa 400 mm Dmr.

Solchen Fortschritten der Spezialdrehbänke gegenüber darf auch die übliche Drehbank für allgemeine Arbeiten nicht gleichgültig bleiben, sondern muss in den Grenzen der Möglichkeit davon Nutzen ziehen. So zeigte die auf der Weltausstellung in Paris zum erstenmal an die Oeffentlichkeit gebrachte und seitdem gut eingeführte Drehbank »Courier« der Werkzeugmaschinenfabrik Union vorm. Diehl in Chemnitz, wie durch Hinzufügung einer einzigen Riemenscheibe zu dem üblichen Deckenvorgelege (Fig. 17) 2 verschiedene Arbeitsgeschwindigkeiten aufser dem zum Gewindeschneiden dienenden schnellen Rücklauf erzielbar sind.

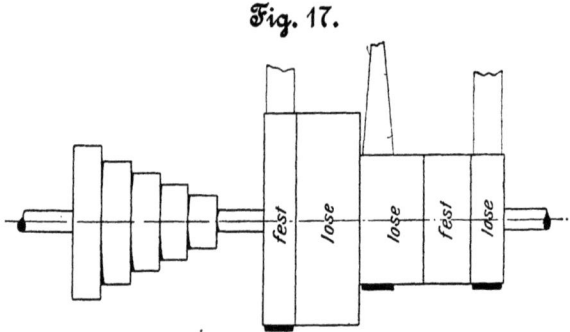

Fig. 17.

Einführung zwei- bis dreifacher anstelle einfacher Arbeitsgeschwindigkeiten.

Nicht allein bei Maschinen mit Stufenscheibenbetrieb, sondern auch bei solchen, für deren Betrieb die einfache Riemenscheibe genügt und bisher üblich war, findet sich in der Neuzeit der Fortschritt, dass mehrere Arbeitsgeschwindigkeiten angewendet werden. So werden jetzt Hobel- und Querhobelmaschinen mit 2 oder auch 3 verschiedenen, mit Hüife eines Deckenvorgeleges schnell herstellbaren Schnittgeschwindigkeiten gebaut, welche die vorteilhaftesten Geschwindigkeiten für verschiedene Baustoffe hergeben und auch Geschwindigkeitsunterschiede für Schruppoder Schlichtarbeit ermöglichen, alles zum Zweck der Erhöhung der Leistung.

Herstellung ununterbrochener Geschwindigkeits-Reihen.

Bemerkenswert, wenn auch nicht von größerem Erfolg begleitet, sind die Versuche, mittels des Deckenvorgeleges eine ununterbrochene Geschwindigkeitsreihe herzustellen. Dahin gehören die Deckenvorgelege mit 2 konischen Riementrommeln, zwischen denen ein kurzer geschlossener Riemen gepresst läuft, Fig. 18. Nachteile sind die Beschränkung der theoretischen Reibfläche auf eine Linie von der Länge der Riemenbreite und die durch den Anpressungsdruck wesentlich gesteigerte Achsenreibung in den Lagern. Durch einen trapezförmigen Riemen, Fig. 19, der in der Furche eines Wirtelpaares läuft und bei Auseinanderrückung oder Zusammenschiebung der Wirtelseiten verschieden große Uebersetzung erzeugt, wird eine zusammenhängende Reihe von Geschwindigkeiten ebenfalls, aber nur mit teuren und der Abnutzung ausgesetzten Mitteln erreicht.

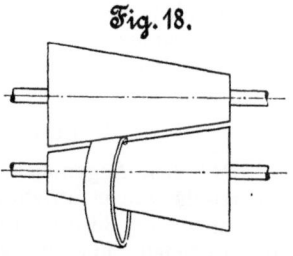

Fig. 18.

Eine der neuesten Vorrichtungen zur Erzielung zu- und abnehmender Umlaufzahlen zeigt Fig. 20. Auf der Treibachse d ist die Hohlschüssel a befestigt, in ihr laufen die Reibrollen c_1 und c_2, die anderseits in der gleichen Hohl-

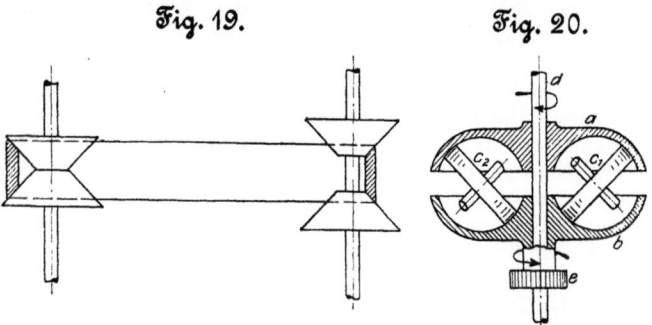

Fig. 19. Fig. 20.

schüssel b laufen, mit welcher das die Geschwindigkeit übertragende Getriebe e verbunden ist. Die Ebenen der Reibrollen c_1 und c_2 können durch Zahnsegmente um etwa $90°$ gedreht werden, und zwar gleichzeitig. Stehen sie parallel zur Achse d, so laufen a und b gleich schnell um. Je nachdem sie nach aufsen oder nach innen geneigt werden, läuft b schneller oder langsamer als a. Es ist ohne weiteres ersichtlich, dass diese Treibvorrichtung inbezug auf Reibungsverluste nicht günstiger arbeitet als die bisher bekannten, dem gleichen Zweck dienenden Vorrichtungen. Die tote Reibungsarbeit ist am geringsten bei Erzeugung der gleichen Umlaufzahl; sie wächst, je mehr die beiden Umlaufzahlen sich von einander entfernen.

Alle drei Fälle kennzeichnen sich als Fortschrittsversuche, aber noch nicht als endgültige Fortschritte.

3. Elektrischer Einzelantrieb.

Mit dem Augenblick, wo ein neues Antriebelement, der elektrische Einzelantrieb, im Werkzeugmaschinenbau auftrat, begannen die Bestrebungen, das Deckenvorgelege gänzlich zu umgehen, um der elektrisch betriebenen Werkzeugmaschine einen in die Augen fallenden Vorzug dadurch zu verschaffen, dass ihre Aufstellung in der Werkstatt, unbeeinflusst von Lage und Richtung örtlicher Zwischentriebe, ausschliefslich durch die Anforderungen des Arbeitzweckes bedingt ist.

Das Eindringen des Motors in beinahe das gesamte Arbeitsfeld des Werkzeugmaschinenkonstrukteurs, während früher nur Betriebe aufsergewöhnlich grofser oder vereinzelt stehender Werkzeugmaschinen (Scheren, Durchstöfse usw.) infrage kamen, führte in den letzten Jahren zu vielfachen neuen Konstruktionen. Im allgemeinen ordnet man den Motor und den das Deckenvorgelege ersetzenden Zwischentrieb nicht mehr als Anhängsel, sondern als Bestandteil der Gesamtkonstruktion an. Einen wesentlichen Anstofs, solchen Bauarten erhöhte Aufmerksamkeit zuzuwenden, bot die Weltausstellung in Paris. Der Besucher konnte versucht sein, aus der Werkzeugmaschinenabteilung einen vollständigen Sieg des elektrischen Einzelantriebes über den Transmissions- und Gruppenantrieb zu folgern. Aber dieser Sieg war nur ein scheinbarer, ein künstlich mit Anstrengung aller Kräfte zugunsten der Elektrotechnik herbeigeführter. Wäre nicht der Transmissionsantrieb durch das Verbot, irgend welche Gebäudeteile als Tragpunkte zu benutzen, behindert worden, so wäre das Bild ein wesentlich anderes gewesen. Die Weltausstellung hat indes dadurch, dass den Freunden und Gönnern des elektrischen Antriebes jede nur mögliche Gelegenheit und Unterstützung geboten war, die nützliche Wirkung gehabt, alles Erreichbare zu zeigen.

Standpunkt des Elektrotechnikers.

Es ist nur natürlich, dass der Elektrotechniker dem elektrischen Einzelantrieb künftige weitgehendste Anwendung wünscht und voraussagt.

Zur Zeit bleibt derselbe noch den Beweis der unbedingten Wirtschaftlichkeit gegenüber dem Transmissionsantrieb schuldig.

Ein bedingter Nachweis der Wirtschaftlichkeit des elektrischen Einzelantriebes für Werkzeugmaschinen lässt sich nur ermöglichen durch Zuhülfenahme der gerade bei Werkzeugmaschinen vorkommenden gröfseren Arbeitspausen, die durch die Vorbereitungsarbeiten (Aufspannen, Richten, Wenden usw.) bedingt sind. Der Prozentsatz dieser von der Tagesarbeitszeit verloren gehenden Zeit ist mit 30 bis 40 anzunehmen.

Standpunkt des Benutzers der Werkzeugmaschinen.

Der Benutzer der Werkzeugmaschinen steht der Frage des elektrischen Einzelantriebes in der Mehrzahl der Fälle kühler gegenüber als der Elektrotechniker, und zwar schon um eines Hauptpunktes willen. Selbst die eifrigsten Verfechter des elektrischen Einzelantriebes unter den Elektrotechnikern müssen zugeben, dass der elektrische Gleichstrom weniger für den Einzelantrieb geeignet sei als der Drehstrom. Nun trifft aber die Voraussetzung, dass Drehstrom vorhanden ist, mindestens für die grofse Zahl der mittleren und kleineren Maschinenfabriken nicht zu; denn der Gleichstrom hat Vorzüge für die Lichterzeugung, die seine Wahl hierfür rechtfertigen. Zwei verschiedene Stromarten in einer Fabrikanlage zu erzeugen und zu verteilen, bedeutet aber eine abschreckende Verteuerung der Anlage. Eine dankbare Aufgabe für die Elektrotechniker wäre es daher, den Zwiespalt in den Vorzügen der verschiedenen Stromarten nach Möglichkeit zu beseitigen.

Standpunkt des Werkzeugmaschinenfabrikanten.

Anders ist der Standpunkt des Werkzeugmaschinenfabrikanten zum elektrischen Einzelantrieb.

Der Werkzeugmaschinenfabrikant ist selten in der Lage, auf den Entschluss des Bestellers einer Werkzeugmaschine, ob Transmissions- oder Einzeltrieb, Einfluss auszuüben. Die Bestimmung des Bestellers hierüber liegt zumeist unabänderlich vor, ebenso über Stromart und Stromstärke, und schliefslich sogar auch sehr oft die Vorschrift der Bezugquelle des Motors. Dadurch wird in der Mehrzahl der Fälle eine fabrikmäfsige Erzeugung der Werkzeugmaschinen mit elektrischem

Antrieb unmöglich gemacht und der wenig wirtschaftliche Einzelbau zur Notwendigkeit. Solche Vorschriften der Besteller werden als Eingriffe in die technische und kaufmännische Willensfreiheit des Werkzeugmaschinenfabrikanten empfunden. Die daraus hervorgehende Erschwerung der fabrikmäfsigen Herstellung der Werkzeugmaschinen wird um so fühlbarer, je gewissenhafter die immer strenger auftretende

Konstruktionsforderung einheitlicher Angliederung des Elektromotors an die Werkzeugmaschine genommen wird.

Diese Forderung bedeutet in vielen Fällen eine grundlegende Neukonstruktion und Neumodellirung von Hauptteilen der Maschine und Maschinengattung, sodass sich die Notwendigkeit von zweierlei Modellen (eines für Transmissionstrieb, eines für Einzeltrieb) für gewisse Hauptteile der Werkzeugmaschinen ergiebt.

Zwischentriebe vom Motor zur Maschine.

In den meisten Fällen ist es nicht damit abgethan, einfach an die Stelle des Deckenvorgeleges eine Räderübersetzung mit Gegenstufenscheibe zu setzen. Deshalb kann der Werkzeugmaschinenfabrikant auch nicht der Ansicht zustimmen, dass die Einrichtung einer Werkzeugmaschine für Einzelantrieb, abgesehen von den Motorkosten, kaum mehr kostet als das in Wegfall kommende Deckenvorgelege. Wo sich eine Mannigfaltigkeit der Geschwindigkeiten des Deckenvorgeleges als Fortschritt eingebürgert hat, ist deren Ersatz beim Einzelantrieb zumeist eine recht schwierige und bisher kaum glücklich gelöste Konstruktionsaufgabe. Beispiele davon waren auf der Weltausstellung in Paris in gutem und schlechtem Sinne genug zu sehen.

Einige Richtungen des Fortschrittes in der Anordnung der Zwischentriebe haben bereits gesicherte Bahn gewonnen. Zur Herabminderung der hohen Umlaufzahl des Motors auf die Arbeits-Umlaufzahl der Werkzeugmaschine wird der Schneckentrieb verlassen, an dessen Stelle zunehmende Anwendung des Stirnrädertriebes tritt. Die Fortschritte der Elektrotechnik und der Rädererzeugung reichen einander dabei die Hand. Die Umlaufzahl der Motoren strebt der Verminderung zu, die Herstellung von schnell und dabei ruhig laufenden Rädern ist bereits gelungen. Einigermafsen überraschend ist die Thatsache, dass die Erzeugung vollendet ruhig laufender Zahnräder am besten der Räderhobelmaschine für

Kegelräder, und zwar in der Konstruktion von Bilgram, die in Deutschland von J. E. Reinecker gebaut wird, gelingt. Keine andere Zahnerzeugungsweise, weder für Stirn- noch für Kegelräder, auch nicht die mittels Fräsers, ist imstande, die Feinheiten praktischer Berichtigung der üblichen theoretischen Teilkreisdurchmesser und der Ausgleichung der Zahnstärken im Zusammenhang mit dem wachsenden Uebersetzungsverhältnis eines Räderpaares so zutreffend zum Ausdruck zu bringen wie diese Maschine. Eine lohnende, für die Erzeugung tadellos laufender Stirnräder des elektrischen Einzeltriebes geradezu vorgeschriebene Aufgabe des Werkzeugmaschinenbaues wäre die Uebertragung dieser Zahnerzeugungsweise auf die Stirnräder. Es sei hier noch der Thatsache gedacht, dass die Fabriken elektrischer Motoren neuerdings Konstruktionen von Motoren auf den Markt bringen, die ein Stirnrädervorgelege am Motorgehäuse enthalten. Durch die hiermit schon am Elektromotor gebotene verminderte Umlaufzahl wird die Anbringung des elektrischen Einzelantriebes an den Werkzeugmaschinen in manchen Fällen erleichtert.

Grisson-Getriebe.

Eine unmittelbare starke Herabminderung hoher Umdrehungszahlen wird durch den von Ingenieur Grisson in Hamburg erfundenen und demselben patentirten Trieb erzielt. Derselbe besteht aus einem Hebedaumenpaar, das die Stelle eines zweizähnigen Zahnrades vertritt, und einem zu demselben passenden grofsen Rad, dessen Zähne von stählernen Laufrollen gebildet werden.

Sorgfältige Konstruktion und Ausführung der Daumenflanken ermöglicht verhältnismäfsig ruhigen Lauf selbst bei sehr hohen Umlaufzahlen des Daumenpaares.

Durch diese Einrichtung werden unmittelbare Uebersetzungen bis 1 : 30 und mehr möglich gemacht.

Riemenloser elektrische Antriebe.

Eine andere Fortschrittsrichtung ist die, dass das Zwischenglied eines Riementriebes in Gestalt von Stufenscheiben- oder Stufenwirteltrieb mehr und mehr als lästig, die gedrungene Anordnung des Einzelantriebes an der Maschine störend empfunden wird. Daraus entsteht mit ziemlicher Deutlichkeit die Zukunftsforderung: **riemenloser elektrischer Einzelantrieb.** Die Fälle mehren sich bereits jetzt, wo solche Antriebe vom Besteller verlangt werden. Die Berechtigung dieser Anforderung kommt am klarsten mit wachsender Größe und Leistung der elektrisch betriebenen Werkzeugmaschinen zum Ausdruck. Denn im Elektromotor des Einzelantriebes ist ein Krafterzeugungsmittel gegeben, dessen Leistungsgrenzen sich ohne Schwierigkeit beliebig erweitern lassen. Ebenso ist im Rädertrieb der bewegten Teile der Werkzeugmaschinen ein Mittel vorhanden, jede wünschenswerte Größe der Uebertragung mit Leichtigkeit herzustellen. Aber das Zwischenglied vom Motor zum Rädertrieb: der mit der notwendigen Eigenschaft des Geschwindigkeitswechsels ausgestattete Stufenscheibentrieb mit Riemenübertragung, besitzt nicht die Eigenschaft gleich bequemer Steigerung seiner Uebertragungsfähigkeit. Demnach wird es künftig nötig sein, den Stufenscheiben-Riementrieb durch ein anderes Mittel zu ersetzen, das die gleiche Steigerung der Leistung wie Motor und Zahnräder bequem zulässt.

Zahnräder-Wechselgetriebe.

Dieselben ermöglichen den Wechsel von Umdrehungsgeschwindigkeiten durch Ein- und Ausschalten von Räderpaaren verschiedener Uebersetzungsverhältnisse.

Ein Zahnräderwechselgetriebe, das mit nur drei Räderpaaren 4 verschiedene Geschwindigkeiten erzeugt, ist das patentirte Zahnräderwechselgetriebe von Siegfried und Friedrich Ruppert in Chemnitz, D. R.-P. Nr. 122 824, mit folgendem Wortlaut:

»Die Stirnräderpaare AB, CD, EF (Fig 21) von gleichem Achsenabstand, aber mitirgend einem oder mehreren Unterschieden in den Zähnezahlen, sitzen nebeneinander auf zwei parallelen Achsen.

Ein aufsenliegendes Rad auf der einen Achse bildet in dieser Räderreihe das treibende, das entgegengesetzte aufsenliegende Rad der andern Achse das getriebene Rad.

Jedes Rad jeder Achse kann mit seinem Nachbarrade gekuppelt werden. Die Kupplung kann auf beliebige Weise, z. B. wie gezeichnet, einfach durch eine verschiebbare Mutterschraube, deren Kopf in der einen Stellung irgend einen Vorsprung im Nachbarrade erfasst und in der andern loslässt, oder durch Einsteckbolzen, oder durch Einlegklinke oder durch lösbare Reibung erfolgen.

Auf diese Weise sind vier Kupplungen vorhanden, mittels deren eine Reihe verschiedenartiger Zusammenkupplungen der sechs Räder erfolgen kann. Von dieser Reihe ergeben vier bestimmte Kupplungsarten verschiedene Uebersetzungen.

Nimmt man z. B. an, A sei das treibende und F das getriebene Rad, so ergeben die beiden Kupplungen b und d die Uebersetzung $A:B$, die beiden Kupplungen a und d die Uebersetzung $C:D$, die beiden Kupplungen a und c die Uebersetzung $E:F$ und die beiden Kupplungen b und c die Uebersetzung
$$A:B \times C:D \times E:F.$$

Durch geeignete Wahl der Zähnezahlenverhältnisse der drei Räderpaare, z. B. für $A:B$ 1:1, für $C:D$ 2:1 und für $E:F$ 1:2 erhält man mittels der vorgenannten vier Kupplungsarten die Uebersetzungsreihe:
1:1, 2:1, 1:2 und $(1:2 \times 1:2) = 1:4$
oder in Reihenfolge gebracht 2:1, 1:1, 1:2, 1:4.

Eine solche Reihenfolge entspricht der Reihenfolge des Geschwindigkeitenwechsels mittels Riemenumlegung auf einem vierstufigen Stufenscheibenpaar. Somit ist diese neue wechselbare Räderübertragung ein guter Ersatz für vierstufige Stufenscheiben und die umständliche, auch mit Gefahren verbundene Riemenumlegung auf denselben. Die

Fig. 21.

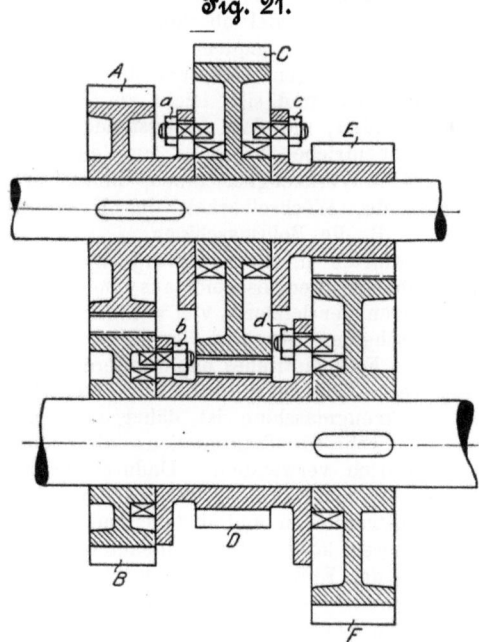

Räderpaarreihe könnte noch weiter vermehrt werden, doch büfst dann die Sache die Eigenschaft der Einfachheit ein und bildet nur eine Wiederholung des Erfindungsgedankens.«

Das vorstehende Patent liefert zufällig den Beweis dafür, dass die Fortschritte im deutschen Werkzeugmaschinenbau den amerikanischen Fortschritten jetzt unmittelbar, nicht mehr wie früher erst nach mehreren Jahren, folgen. »American Machinist« bringt nämlich in seiner Nummer vom 9. Nov. d. J. als eine der ersten Neuheiten der Panamerikanischen Ausstellung in Buffalo ein Räderwechselgetriebe, welches ebenso wie das vorstehende aus den Beobachtungen der Unvollkommenheiten der Stufenscheibe hervorgegangen ist. Es ist somit gleichzeitig in Amerika und in Deutschland eine neue Richtung des Fortschrittes im Werkzeugmaschinenbau eingeschlagen worden, und es steht zu erwarten, dass sich die Erfinder in Zukunft hier wie dort eifrig mit der Vervollkommnung der Antriebe der Maschinen beschäftigen werden.

Die amerikanische Zeitschrift kleidet diese vom Verfasser vertretene Ansicht in folgende fast gleichlautende Worte:

It is quite possible, that this arrangement may turn out to be the first step in a widespread abandonment of cone pulley.

Durch das in Fig. 21 dargestellte Zahnräderwechselgetriebe ist der Stufenscheibenriementrieb für alle, selbst die stärksten Triebe, gleichviel ob vom Einzelmotor oder von der Transmission aus, bequem und vorteilhaft ersetzbar. Weil es dabei die Eigenschaft schnellen Wechsels der Geschwindigkeiten hat und sich leicht an Stellen der Maschinen anbringen lässt, die dem Arbeitstande näher liegen als die Stufenscheibentriebe, so ist es auch ein wertvoller Fortschritt für solche Werkzeugmaschinen, die auf bequeme, weil oft vorkommende, Wechselbarkeit der Umlaufzahlen angewiesen sind, z. B. die Bohrmaschinen.

Da der Antrieb dieses Rädervorgeleges von einer frei fliegenden einfachen Riemenscheibe aus erfolgen kann, so sind die Abmessungen der letzteren viel weniger eingeschränkt als die der Stufenscheiben. Auch ist diese Riemenscheibe im Falle des elektrischen Einzelantriebes ohne weiteres durch ein Stirnrad zu ersetzen. Jede mit diesem Räder-Wechselgetriebe ausgestattete Werkzeugmaschine ist daher ohne nennenswerte Umänderung sowohl für Transmissions- als auch für elektrischen Einzelantrieb verwendbar. Dadurch entfällt für den Werkzeugmaschinenfabrikanten die Notwendigkeit zweier verschiedener Konstruktionen und Modelle und für den Besteller die Sorge späterer kostspieliger Umbauten, wenn er dazu schreiten sollte, den Einzelantrieb wegen seiner fortschreitenden Vervollkommnung einzuführen. Diese wird aber kaum ausbleiben, wenn Elektrotechniker und Werkzeugmaschinenkonstrukteure fortgesetzt Hand in Hand arbeiten.

4. Erhöhung der Schnittgeschwindigkeit.

Die Bestrebungen zur Erhöhung der Schnittgeschwindigkeit sind eines der bemerkenswertesten Kennzeichen des neuzeitlichen Fortschrittes. Die Stahlwerke, welche sich mit der Erzeugung von Werkzeugstählen befassen, wetteifern förmlich darin, neue Stahlsorten an den Markt zu bringen, die inbezug auf standfeste Schneide und Arbeitsgeschwindigkeit die bisherigen Erfahrungen und Gewohnheiten umstofsen.

Die neuen Stähle treten in 2 Hauptarten auf. Die eine beschränkt sich auf eine Verbesserung des bisherigen Stahles. Die daraus gefertigten Werkzeuge werden nach der Formgebung gehärtet, teilweise mit Abweichungen im Härtverfahren (Härtung im Wasser, in der Luft, im Dampfstrahl). Das Ergebnis ist ein Werkzeug, dessen Schneide stärkste Späne und Bearbeitung selbst sehr harter Materialien gestattet, jedoch ohne wesentliche Erhöhung der Schnittgeschwindigkeit. Demgemäfs beeinflusst die Einführung dieser neuen Stahlarten die Konstruktion der Werkzeugmaschinen nur insofern, als starke Abmessungen verlangt werden, wie sie im allgemeinen bei gröfseren Nummern einer Gattung genügend vorhanden sind.

Die zweite der neuen Stahlarten ist ein durch besondere Geheimverfahren erzeugter naturharter Stahl, dessen Schneide starke Erhitzung bei der Arbeit verträgt, ohne sich wesentlich abzunutzen. Dieses Ergebnis tritt aber nur bei Arbeitsgeschwindigkeiten ein, die das drei- bis vierfache, unter Umständen bei weichen Materialien noch mehr, der jetzt üblichen Arbeitsgeschwindigkeiten, d. h. 400 bis 900 mm/sk, betragen. Diese neue Art der Dreherei lässt sich als trockene Schnellgrobdreherei kennzeichnen. Naturgemäfs erhitzt sich das Arbeitsstück an der Schnittstelle in gleichem Grade wie der Stahl. Die Folge davon ist, dass die abgetrennten spiralförmig gewundenen Späne dunkelblau anlaufen. Das günstigste Verhältnis zwischen Spanstärke und Vorschub wechselt mit der verschiedenen Härte und Zähigkeit des Arbeitsmaterials. Die Stahlfabriken geben zumeist bestimmte tabellarische Vorschriften darüber.

Eine eigentümliche Erfahrung mit diesen Stählen ist die, dass ihre Leistungsfähigkeit wesentlich sinkt, wenn Feinspäne und auch wenn kleinere Arbeitsgeschwindigkeiten genommen werden. Ihre Anwendung beschränkt sich somit auf Schrupp- und Vorschlichtarbeit, und es ergiebt sich zur vollen Ausnutzung der Vorteile dieser Schnelldreherei die Notwendigkeit, Schrupp- und Fertigdreharbeit strenger als bisher auf verschiedenen Werkzeugmaschinen vorzunehmen, und grofse Geschwindigkeit, stärkste Antriebe und massigste Bauart bei den betreffenden Maschinen zu vereinigen. Die letzteren werden in einer bisher ungewohnten Weise beansprucht, sodass die heute üblichen Konstruktionen einer solchen Dauerleistung nicht gewachsen erscheinen. Auf diese Weise eröffnet sich in demselben Augenblick, wo sich Schwächen in der Bauart der jetzigen Maschinen (insbesondere der Drehbänke) zeigen, der Ausblick auf künftige besondere Arten für Schnellschruppdreherei, und die deutschen Werkzeugmaschinenfabriken und Konstrukteure sollten nicht zögern, dieses Feld zu bearbeiten, bevor die Amerikaner ihnen zuvorkommen.

Das im vorigen Abschnitt beschriebene Zahnräder-Wechselgetriebe ist wie geschaffen für stärkste schnelle Antriebe. Durch die Möglichkeit gröfsten Durchmessers und gröfster Breite seiner Antriebriemenscheibe wird einfachste Ausführung der Schnellstarkbetriebe erzielt, und die jetzt nötige kraftverzehrende Hintereinanderschaltung von Vorwärtsübersetzung zwischen Transmission und Stufenscheibe und Rückwärtsübersetzung von der Stufenscheibe zur Arbeitspindel, die nur durch die mangelhafte Uebertragungsfähigkeit der Stufenscheibe geboten ist, wird vermieden oder mindestens wesentlich herabgesetzt.

Dem doppelten Zweck, die Schnittgeschwindigkeit zu erhöhen und die Stahlschneide länger zu erhalten, dient bei gewissen Arbeiten in Schmiedeisen und Stahl auch die **Kühlung durch Flüssigkeit**.

Kühlung durch Flüssigkeit.

Die seit alten Zeiten angewandte Kühlung durch einfaches Auftropfen von Wasser auf die Schnittstelle ist längst als wenig wirksam erkannt; deshalb wird an vielen Maschinen Flüssigkeit in grofser Menge aufgepumpt, unter Umständen auch mit hohem Druck, bis zu mehreren Atmosphären. Letzteres geschieht bei Innenarbeiten, insbesondere bei langen Bohrungen, mit dem Nebenzwecke, die Späne kräftig aus dem Bohrloche herauszuspülen, wodurch die Leistungen gegenüber der gewöhnlichen Bohrweise aufserordentlich gesteigert werden. Die Kühlpumpe macht es in erhöhtem Mafse erforderlich, die Kühlflüssigkeit zu wiederholter Verwendung durch Wasserrinnen, Sammelkasten mit Einrichtung zum Abscheiden eingedrungener Späne usw. aufzufangen, mit einem Worte: es muss ein Kreislauf der Kühlflüssigkeit für wiederkehrende Benutzung hergestellt werden. Diese Vorrichtungen, die auf die Gestaltung der Maschine oft wesentlichen Einfluss ausüben, müssen um so vollkommener sein, je wertvoller das Kühlmittel ist. Es giebt eine ganze Stufenleiter bekannter und geheimer Kühlmittel, das blofse Wasser als billigstes, das beste Oel als teuerstes, letzteres insbesondere in Anwendung an Revolver- und Automatmaschinen, die ein fertiges genaues Massenerzeugnis zu liefern bestimmt sind.

Wiedergewinnung der Kühlmittel.

Die Anwendung solchen Oeles, das nicht allein die Schneide kühlt, sondern gleichzeitig auf die Bearbeitungsfläche glättend einwirkt, indem es die Schneide in vorzüglicher Weise erhält und den Span an der Abreifsstelle geschmeidig macht, hat eine Nebenmaschine notwendig gemacht: die Zentrifuge zur Wiedergewinnung des an den Spänen haftenden Oeles.

Schärfen der Werkzeugschneiden.

Als eine weitere in neuerer Zeit erforderlich gewordene Nebenmaschine ist die Werkzeug-Schleifmaschine zu nennen, die durch eine schnell umlaufende Schmirgelscheibe schärft und gestattet, das zu schleifende Werkzeug einzuspannen und es nach messbaren Winkeln zu wenden. Mit ihrer Hülfe tritt an die Stelle der Freihandschleiferei nach Gefühl des Arbeiters eine auf Beobachtungen und Erfahrungen gestützte, tabellarisch geregelte Herstellung der Schneiden. Daraus ergiebt sich von selbst eine Arbeitsteilung beim Schleifen der Werkzeuge in der Weise, dass dieses nicht mehr von dem die Werkzeugmaschine bedienenden Arbeiter, sondern von einem besonders dafür angelernten Manne besorgt wird. Der hierdurch weit öfter als früher notwendig werdende Werkzeugumtausch an bestimmter Stelle der Fabrik setzt freilich eine Anlage der Werkstätten voraus, die eine solche Vereinigung der Werkzeugschärferei an einem Punkt ohne den gröfseren Nachteil von viel verlaufener Zeit gestattet.

Leider hat die Schleiferei auf dem Schmirgelrade, die unter starkem Wasserzufluss und mittels grobscharfkörnigen Schmirgels stattfindet, eine unangenehme Beigabe. Gerade die feinsten Werkzeugstahlsorten sind nämlich gegen das plötzliche Abreifsen durch die schnell vorübersausenden Schmirgelteilchen der Schleifscheibe, wobei eine augenblickliche Erwärmung stattfindet, und gegen die unmittelbar darauf folgende Abkühlung durch den aufspritzenden Wasserstrahl sehr empfindlich und erhalten feine, oft mit blofsem Auge nicht sichtbare Haarrisse, die sich erst später während der Schnittarbeit durch Fehler in der Glätte der erzeugten Fläche oder gar durch kleine Ausbrechungen der Schneide bemerkbar machen. Aus diesem Grunde sind die deutschen Schmirgelwerke bemüht, Schmirgelschleifscheiben herzustellen, die durch feineres Korn eine glimpflichere Behandlung des Stahles bei dem mechanischen Vorgang des Schleifens herbeiführen und dabei doch in solchem Mafse in den Stahl eingreifen, dass das Schärfen in verhältnismäfsig kurzer Zeit möglich wird.

5. Fortschritte in den Vorschüben und Spanstärken sowie in deren Verhältnis zur Schnittgeschwindigkeit.

Die Grenzen der Vorschübe und Spanstärken haben sich allmählich erweitert, und daraus ergiebt sich für den Erbauer von Werkzeugmaschinen die Notwendigkeit, Vorrichtungen für weitgehende Veränderlichkeit der Vorschübe zu schaffen. Namentlich die Einfügung von 4 bis 15 mm breiten Schlichtgänge, welche den Zweck haben, der Dreh- oder Hobelarbeit das Ansehen fertiger Arbeit, die keiner oder nur geringer Ueberarbeitung vonhand bedarf, zu verleihen, erfordert weit gröfsere Verstellungsmöglichkeiten als früher, wo die Grenzen nur wenige Millimeter betrugen. Die Spanstärke beim Breitschlichtgang ist gering, nur gerade so grofs, dass die Schneide in die Materialfläche eingreift. Die Schnittgeschwindigkeit bleibt dabei wie üblich, 100 bis 130 mm/sk.

Bei den Schruppgängen finden sich Spananstellungen bis etwa 20 mm unter Aufsenfläche des Arbeitsstückes. Das dabei angewandte Werkzeug ist der sogen. Schälzahn, ein Schneidstahl mit geradlinig seitwärts etwa unter 45° geneigter Schneide. Die Späne heben sich demzufolge unter gleichem Seitenwinkel vom Material ab.

Ein zum Breitschlichtgang entgegengesetztes Verhältnis zwischen Spanbreite und Spanstärke tritt bei der in der Neuzeit immer mehr ausgebildeten nassen Schnellfeindreherei ein. Bei ihr wird die Schnittgeschwindigkeit bis auf etwa das vier- und fünffache der üblichen, also bis 400 und 500 mm/sk, die Spanstärke bis auf etwa 7 bis 10 mm gesteigert. Das Drehen geschieht unter starkem Wasserzulauf, und der Vorschub wird bis auf ein sonst nicht angewendetes Mafs vermindert, bis herab zu etwa $1/10$ mm. Das Arbeitsergebnis ist eine glatte Oberfläche, die für manche Zwecke einer weiteren Nachschlichtung nicht bedarf. Bei einfach geformten Werkstücken ermöglicht dieses Verfahren das Fertigdrehen in einem Durchgang. Daraus ergiebt sich der Vorteil, dass das Werkzeug für eine Reihe nacheinander zu drehender mafsgleicher Teile nicht verstellt zu werden braucht.

Eine solche Drehbank, bekannt unter dem Namen Bolzendrehbank, ist dann eine mit nur einem Werkzeug arbeitende Massenanfertigungsmaschine.

6. Erhöhung der Leistung durch mehrere Werkzeuge in einer Maschine.

Die Benutzung mehrerer Werkzeuge kann in zweierlei Art erfolgen: entweder gleichzeitig oder nacheinander.

Die gleichzeitige Benutzung mehrerer Werkzeuge ergiebt für den Konstrukteur zwei Hauptforderungen:

1) möglichste Unabhängigkeit der gleichzeitig arbeitenden Werkzeuge voneinander, sodass für jedes die Richtung, unter Umständen auch die Gröfse des Vorschubes geändert werden kann;

2) die Notwendigkeit, die durch die gleichzeitige Arbeit beanspruchten Maschinenteile nach Mafs und Masse zu verstärken. Nur wenn dieser Forderung genügt wird, ist die Anbringung mehrerer Werkzeuge gleichbedeutend mit einer entsprechenden Leistungserhöhung; sonst übertragen sich die elastischen Schwingungen des einen Werkzeuges in so hohem Grade auf die übrigen, dass unter Umständen die Möglichkeit gleichzeitiger Benutzung ausgeschlossen wird.

Die Erfahrung hat gelehrt, dass trotz solcher Verstärkung fast nur das Schruppen und Vorarbeiten mit mehreren Werkzeugen zugleich möglich ist, nicht aber zugleich das Schlichten und Schruppen. Ein Beispiel bietet die Hobelmaschine.

An Hobelmaschinen findet man jetzt zuweilen, dass die Zahl der Werkzeugsupporte von früher höchstens 3 auf 4, bei sehr grofsen Maschinen oder solchen für bestimmte Arbeiten auch auf 5 gesteigert wird, und zwar dann 3 am Querschlitten, je einer an den beiden Ständern.

Bei der mit 3 Werkzeugen zugleich arbeitenden Wellendrehbank ist der jedem Werkzeuge zukommende Span so klein und die gegenseitige Beeinflussung so gering, dass eine gute Fertigarbeit in einem Durchgange erzielbar ist. Solche Bänke sind unentbehrlich für alle Transmissions- und andere Fabriken, wo lange Wellen gleichbleibenden Durchmessers gefertigt werden. Die Wellen können dann bis ans Ende ohne Umspannen abgedreht werden, da durch eine längs der Wange liegende Uebertragungswelle auch der Reitstock einen Antrieb erhält, der beim Abdrehen des letzten Stückes an die Stelle des Antriebes durch den Spindelstock tritt. Wasserkühlung, Wasserpumpe, Wasserauffangung und Rückführung sind notwendige Bestandteile. Durch das Abschälen der äufseren Walzkruste von langen Wellen entstehen infolge innerer Materialspannungen oftmals Abweichungen von der durch die Drehbank tadellos hergestellten Cylinderfläche, insbesondere solche, die eine Rückbildung von vorher durch Geraderichten erzeugten Streckungen darstellen. Dieses Geraderichten langer Rohwellen vor dem Drehen ist in gröfseren Fabriken besonderen Wellenrichtmaschinen zugewiesen, die als nicht zu den spanbildenden Werkzeugmaschinen gehörig aus dieser Besprechung entfallen.

Ein Teil der Arbeiten, die sonst auf Plandrehbänken ausgeführt wurden, ist auf die **Drehbänke mit liegender Planscheibe**, die sogenannten Karusseldrehbänke, übergegangen. Die Anordnung von 2 Werkzeugen am Querschlitten ist bei ihnen die Regel. Für die Bearbeitung von Ankern und Dynamogehäusen grofser Abmessungen sind Drehbänke dieser Art unentbehrlich geworden. Weil der Tisch oder die Planscheibe nicht allein von der Spindel gehalten wird, sondern am Umfange in einer Rundbahn läuft, sind sie als Rundhobelmaschinen zu betrachten. Dem entsprechen auch das Ständerpaar und der Querschlitten.

Unter den Maschinen mit gleichzeitiger Benutzung mehrerer Werkzeuge nehmen ferner die **mehrspindligen Vertikalbohrmaschinen** einen wichtigen Platz ein. Es ist bei ihnen sowohl die geradlinige als auch die kreisförmige Anordnung der Spindeln zu finden, letztere besonders zum Bohren von Flanschen. Die Möglichkeit, auf gröfsere oder kleinere Halbachsen einzustellen, wird durch Einschaltung eines Universalgelenkes zwischen Spindelkopf mit Bohrer und Spindelantrieb erreicht. Die geradlinige Anordnung in einer Linie oder im Viereck findet sich an Maschinen für verschiedene Massenarbeiten.

Mehrspindlige Horizontalbohrmaschinen sind unentbehrliche Werkzeuge, insbesondere im Dampfmaschinenbau zur Bearbeitung von Cylindern und Grundrahmen. Die Spindeln sind hier im rechten Winkel angeordnet, um gleichzeitig die Kolbenstangenführung und das Schwungradlager oder Cylinder- und Steuerungslöcher am Cylinder bohren zu können.

Sehr grofse Horizontalbohrmaschinen haben auch zuweilen eine dritte Spindel, entweder parallel zu einer der beiden andern auf gleichem Bett oder auf einem Parallelbett gegenüber.

Die Benutzung mehrerer Werkzeuge in einer Maschine nacheinander.

Die einfachste Art solcher Benutzung ist die Auswechslung eines Werkzeuges gegen ein anderes.

Diese Benutzungsart gewinnt nur dann Einfluss auf die Bauart der Maschine, wenn die verschiedenen nacheinander an die Reihe kommenden Werkzeuge verschiedene Ansprüche an Schnittgeschwindigkeit und Vorschub oder bezüglich der

Verteilung der Massen stellen. Auch Fortschritte in der Gestaltung einzelner Werkzeuge können in gewissem Grade Anpassungen der Maschinen verlangen.

Als ein solcher Fortschritt ist die in den letzten Jahren schnell allgemein gewordene Anwendung des Spiralbohrers zu bezeichnen. Mit ihr sind die Anforderungen an die Mannigfaltigkeit der Umlaufzahlen der Bohrmaschinen gewachsen, sodass die bereits erwähnte allgemeine Ausrüstung der Bohrmaschinen mit Rädervorgelege an den Stufenscheiben allgemein geworden ist.

Die Arbeit auf der Bohrmaschine hat ferner eine Ergänzung erfahren durch das nach dem Bohren erfolgende Ausreiben mittels der sogenannten Maschinen- oder Hohlreibahle, einer etwa 100 mm langen, zum Aufstecken auf eine mehr oder weniger lange Bohrstange mit einem Mittelloch versehenen feinzahnigen Reibahle, die nur mit ihrem vorderen Ende schneidet.

Ferner tritt das Gewindeschneiden als eine dritte Art der Arbeit von Bohrmaschinen mehr und mehr auf.

Alles dies beeinflusst und erhöht die Anforderungen an die Antriebe und Vorschübe in Hinsicht auf Gröfse und Veränderlichkeit.

Bei Horizontalbohrmaschinen gesellt sich zu den bereits genannten eine weitere Arbeit: das Fräsen, unter Umständen auch das Drehen, sei es mittels kreisenden oder feststehenden Stahles. Im ersteren Fall erfolgt die Ausführung durch den sogenannten Flanschensupport. Bei diesem genügt die altbekannte Fortschaltung des Stahles durch Stern und Anstofs den jetzigen Anforderungen nicht in allen Fällen. Es wird zuweilen ein Vorschub des Stahles verlangt, der vom Innern der Bohrspindel aus beliebig selbstthätig oder zum Zwecke schneller Verstellung von Hand im vollen Gange der Maschine erfolgen kann. Ein Mittel dazu bildet das Differenzialgetriebe.

Einen Schritt weiter inbezug auf Erhöhung der Leistung geht

die Anwendung mehrerer arbeitsbereiter Werkzeuge
für nacheinander erfolgende Bearbeitung.

Auch diese weist zwei Arten auf:

1) die Aneinanderreihung von Schneiden an einem Werkzeug (Fräser), oder

2) die Nebeneinanderreihung selbständiger Werkzeuge im Revolverkopf.

Fräser.

Als Fortschritt an Fräsern ist die allgemein gewordene Anwendung des hinterdrehten Fräsers, d. h. des ohne Formveränderung nachschleifbaren Fräsers, zu nennen. In dieser Beziehung hat sich in Deutschland J. E. Reinecker dauernde Verdienste erworben. Ferner ist das Bestreben bemerkbar, den Fräser aufser für Kleinarbeit, auf welchem Gebiete seine Ueberlegenheit über die Kleinhobelei unbestritten ist, mehr und mehr auch anstelle der Grofshobelei anzuwenden.

In der Grofsform verliert leider der Fräser seine beste Eigenschaft: die leichte Herstellung mannigfacher Formen, durch die immer gröfser werdenden Schwierigkeiten des Härtens und den immer mehr fühlbaren Uebelstand, dass schon eine geringe Verletzung einer Schneide zeitraubendes und aufzehrendes Nachschleifen des ganzen Fräsers nötig macht. Dem zu begegnen dienen einerseits die zusammengesetzten Fräser, anderseits die Fräser mit auswechselbaren Einzelmessern in gemeinschaftlichem Körper, die sogenannten

Fräsköpfe.

Auf diesem Gebiete finden sich die verschiedensten Konstruktionen, verschieden sowohl inbezug auf den Querschnitt der verwendeten Stähle (rund, dreikantig, rechtwinklig), als auch inbezug auf die Anordnung und die Befestigung im Körper, entweder an seiner Cylinderfläche (Walzenfräser), oder an seiner Stirnfläche (Stirnfräser), in letzterem Falle im Kreise, in Spirale oder in mehreren konzentrischen Kreisen. Der Stirnfräser hat den Nachteil, dass er nur die einfachste Fläche, eine Ebene, herstellen kann; dagegen ist er fast unempfindlich gegen Beschädigungen einzelner Schneiden, da die folgende Schneide anstelle der beschädigten die Arbeit übernimmt.

Die Verschiedenheit der Arbeitskreise des Stirnfräsers mit Spiral- oder Parallelkreisanordnung bewirkt eine Teilung der Spanstärke, sobald man die einzelnen Messer auf verschiedene Höhe über die Planfläche des Fräsers einstellt. Dadurch werden Spananstellungen bis 20 mm und mehr ermöglicht. Da aber zugleich jedem Messer eine Einzelleistung im Bereiche seines Arbeitskreises zugewiesen ist, so mindert sich die Vorschubgröfse durch diese Anordnung.

Schleifen der Fräskopfmesser.

In neuerer Zeit ist man bestrebt, das Messer des Fräskopfes im Fräskopf zu schleifen, um das zeitraubende Herausnehmen und Wiedereinsetzen zu sparen. Dazu sind Einspannvorrichtungen für die Schmirgelschleifmaschine nötig, die den Fräser genau zentrisch und rundlaufend festhalten. Das geringste Werfen des Kopfes in der Schleifmaschine und später in der Fräsmaschine bringt durch die ungleiche Arbeitsbelastung der einzelnen Messer ungleiche Fräsgänge hervor.

Um diesem Uebelstand zu begegnen, wird auch das Schärfen der Messer am Fräskopf in der Fräsmaschine selbst vorgenommen. Dadurch wird aber die betreffende Maschine in ihrer Tagesleistung beschränkt. Trotz dieser mit wachsender Gröfse der Fräsköpfe wachsend fühlbar werdenden Schwierigkeiten ist die Stirnfräserei für Flächen, an deren Feinheit nicht allzugrofse Ansprüche gestellt werden, eine wertvolle Errungenschaft der Neuzeit. Sie hat besondere Bedeutung in Stahlgiefsereien zur Bearbeitung der Giefskopfflächen, nachdem die Giefsköpfe mittels Kaltsäge abgeschnitten sind.

Chemische Vorbehandlung der Frässtücke.

Bei der Gusseisenfräserei ist in manchen Fabriken eine chemische Behandlung der Gussoberfläche vor dem Fräsen eingeführt. Die Teile werden in Bleikasten gehängt, die mit verdünnter Schwefelsäure gefüllt sind, nachher in Wasser gespült und in Oefen getrocknet. Dadurch sind sie für das Fräsen insofern vorbereitet, als die Oberfläche möglichst gereinigt und etwas weich gemacht ist. Infolgedessen werden die Fräser trotz erhöhter Leistung in Hinsicht auf Schnittgeschwindigkeit und Vorschub geschont. Dieses Verfahren ist natürlich nur für kleinere und mittelgrofse Teile möglich, wie sie z. B. in Transmissionsfabriken die Regel bilden.

In gut eingerichteten Fabriken dieses Zweiges des Maschinenbaues wird ein fast vollendetes mafsgleiches Massenerzeugnis hergestellt, dessen zusammengehörige Teile ohne irgendwelche Nachhülfe austauschbar sind.

Diese Austauschbarkeit bearbeiteter Maschinenteile ist allgemein als ein Kennzeichen neuzeitlicher Fabrikationsbestrebungen zu bezeichnen. Sie beginnt auch im Grofsmaschinenbau langsam Fufs zu fassen, während sie bekanntlich in der Kleinbearbeitung (Gewehr-, Nähmaschinen-, Fahrradbau) längst zu hoher Vollkommenheit gebracht ist. Oft bedeutet ein Erfolg in dieser Richtung zugleich eine Erhöhung der Ausfuhrfähigkeit einer Maschine, insofern dadurch die Möglichkeit leichten Ersatzes schadhaft gewordener, am Verwendungsorte nicht oder schwer zu beschaffender Teile geschaffen wird.

Rundfräserei.

Eine neue Erweiterung des Anwendungsgebietes der Fräserei ist die Rundfräserei. Sie dient als Ersatz für gewisse Dreharbeiten. Der Zweck ist erhöhte Leistung, also Verbilligung, und Mafsgleichheit der Arbeitstücke.

Die Konstruktion der Rundfräsmaschine ist verhältnismäfsig einfach: der Fräser macht die Schnittrundbewegung, das Arbeitstück die Vorschubdrehung. Schnurwürtel, Riemenscheiben, Zahnradkörper für Räder mit gefrästen Zähnen und ähnliche Werkstücke eignen sich für diese Bearbeitung. Meist werden mehrere derselben nebeneinander auf einem Dorn zugleich gefräst.

Eine Sonderart der Rundfräserei ist das

Lang-Rund-Fräsen

oder Wellenfräsen, welches ganz neuerdings der Dreherei ein weiteres Gebiet zu entreifsen bestrebt ist. Probemaschinen

Fig. 22.

Wellenfräsmaschine von Kabisch.

sind mehrfach aus amerikanischen Fabriken nach Deutschland geliefert worden. Das Ergebnis ist aber, soweit mir bekannt, bisher nicht befriedigend gewesen.

Durch langjährige Bemühungen eines deutschen Ingenieurs, Bernhard Dreyer in Böblingen, ist es, wie ein Gutachten des verstorbenen Oberbaurats Prof. Zeman und des Civilingenieurs Hirth in Stuttgart aussagt, der Maschinenfabrik von Emil Kabisch in Sindelfingen (Württemberg) gelungen, eine nach Art und Menge vorzüglich leistungsfähige Wellenfräsmaschine herzustellen.

Diese Maschine verdient als selbständige deutsche Konstruktion besondere Erwähnung.

Fig. 22 bringt ein Schaubild, Fig. 23 die Zeichnung des Vorschubes. Der Fräskopf ist ein Messerkopf mit 5 nach dem Mittelpunkt gerichteten Messern. Diese Messer allein

Fig. 23.

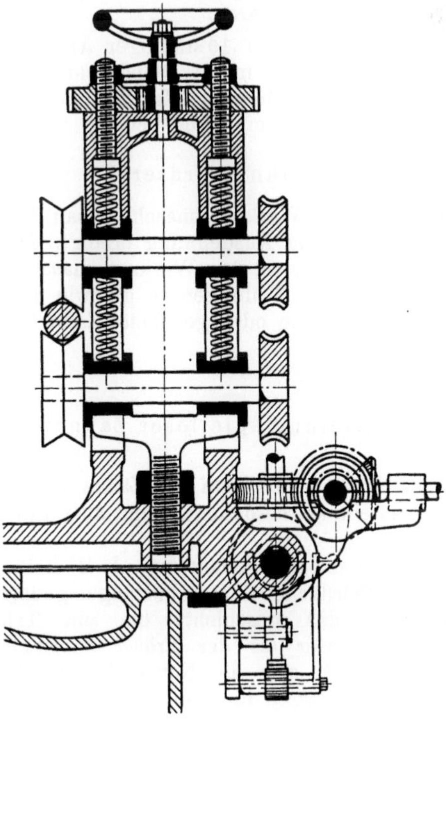

würden keine genügende Rundung ergeben; deshalb ist der Kopf noch mit gleich vielen Anlegebolzen versehen, die eine Art Setzstocklager dicht neben den Messern bilden. Sowohl hierdurch wie durch die Art der Wellenzuführung, Fig. 23, ist das durch Versuche festgestellte Ergebnis hoher Genauigkeit der bearbeiteten Wellen, sowohl in Richtung der Gleichheit des Durchmessers als der Geradheit in der Längsrichtung, erreicht werden.

Beliebig aus einem Vorrat herausgegriffene Wellen stimmten bei den Messungen seitens der Materialprüfungsanstalt der Technischen Hochschule in Stuttgart im Durchmesser auf $1/100$ mm überein, sowohl in verschiedenen Durchmesserrichtungen als an den verschiedensten Stellen der Länge der Welle gemessen.

Die Untersuchungen auf Abweichungen von der Geradlinigkeit ergaben nur Fehler bis 0,15 mm, wobei ausdrücklich bemerkt wird, dass nur längere Bogen, dagegen keine kurzen Knickungen vorhanden waren.

Die Mengenleistung in 10 stündiger Arbeitszeit wird mit etwa 60 m bei 15 bis 25 mm Wellendurchmesser und etwa 30 m bei den größten für die Maschine geeigneten Durchmessern von 60 bis 80 mm angegeben.

Zahnradfräserei

Dieselbe hat im Werkzeugmaschinenbau in den letzten Jahren eine bedeutende Ausdehnung erlangt. Der gegossene Zahn ist aus dem Bereich des Werkzeugmaschinenbaues bis hinauf zu den größten Teilungen so gut wie vollständig verschwunden; der gefräste oder gehobelte Zahn hat die Alleinherrschaft erlangt.

Damit ist zugleich

die Herstellung spielloser Zahneingriffe

erreicht.

Dies bezieht sich auch auf die Zähne der Zahnstangen, zu deren Herstellung besondere Zahnstangen-Fräsmaschinen dienen.

Eine Art derselben, gebaut von J. E. Reinecker, wendet eine zur Oberfläche der Zahnstange geneigt liegende Fräserachse an; das geschieht, um ein Triebrad von größerem Durchmesser als der Fräser anbringen zu können. Hieraus ergiebt sich die Notwendigkeit, den arbeitenden Fräsquerschnitt gegen die Umdrehungsebene des Fräsers schräg zu stellen, zugleich aber auch eine solche Verstärkung des Antriebes, dass Teilungen bis etwa 6 Modul in einem Durchgang gefräst werden können.

Die Vorschaltung von Vorfräsern vor den Fertigfräser erweitert diese Grenze bis zu Modulteilungen jeder Gröfse.

Die Vorfräser zeigen in neuerer Zeit die Form der Stufenzahnung, Fig. 24, die durch die Teilung des Spanes an den Stufenkanten hohe Leistungen giebt. Bei kleinen Teilungen, wo der Vorfräser nicht nötig ist, kann durch Nebeneinanderreihung von zwei oder drei Fertigfräsern die gleichzeitige Herstellung von zwei oder drei fertigen Zahnlücken erzielt werden. Die Praxis lehrt aber, dass es fast unmöglich ist, die Entfernungen der einzelnen Fertigfräser der Teilung entsprechend so genau gleichmäfsig herzustellen, dass wirklich gleiche Teilung in der gefrästen Zahnstange entsteht.

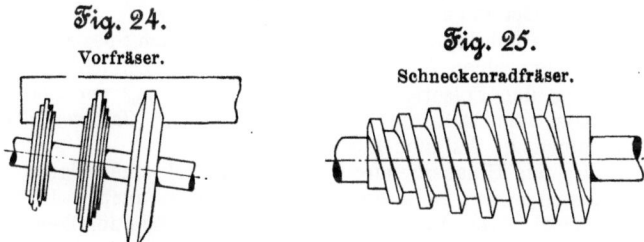

Fig. 24. Vorfräser.

Fig. 25. Schneckenradfräser.

Schraubenräder und Schneckenräder werden, erstere auf der Universalfräsmaschine, letztere auf der Schneckenrad-Fräsmaschine, in wünschenswertem Mafse genau mit Zähnen versehen. Bei der Schneckenrad-Fräsmaschine dringt der Fräser nicht mehr wie früher in radialem, sondern in tangentialem Fortschreiten unter steter Einhaltung der künftigen Achsenentfernung in den Radkörper ein (Konstruktion von J. E. Reinecker). Dementsprechend ist der Anfang des Fräsers ein mit hinterdrehten Zähnen besetzter Kegel; erst seine Fortsetzung ist ein Schneckencylinder, Fig. 25. Letzterer muss genau den Durchmesser der künftig eingreifenden Schnecke haben.

Der Herstellung solcher Fräser musste eine Vervollkommnung der Fräser-Hinterdrehbank in der Richtung vorangehen, dass die Hinterdrehung auch an schraubenförmig gewundenen Fräszahnreihen möglich wurde. Diese Einrichtung ist der Firma J. E. Reinecker patentirt.

Zusammengesetzte Fräser.

Der einfache hinterdrehte Fräser verliert seine wertvolle Eigenschaft unveränderlicher Form beim Schärfen, wenn er mit parallelen Seitenflächen ausgestattet ist. Die durch das Nachschleifen entstehende Minderung der Fräserbreite ist durch den zusammengesetzten Fräser vermeidbar. Die Zusammensetzung muss so beschaffen sein, dass keine Lücke in der Richtung der Fräserbreite entsteht, wenn die den zusammengesetzten Fräser bildenden Einzelfräser zur Herstellung der ursprünglichen Gesamtbreite auseinander gerückt werden. Das ist nur dadurch möglich, dass die einzelnen Fräser segmentartig übereinander greifen. Herstellung und Härtung können infolgedessen schwierig werden.

Aus dem Gesagten ist ersichtlich, dass die Fräserei versucht, immer mehr in die Gebiete der Hobelei und Dreherei einzudringen. Es gelingt ihr dies, soweit ein wirtschaftlicher oder ein Genauigkeitserfolg damit erreichbar ist.

Das Hindrängen des Maschinenbaues nach Spezialisirung in den einzelnen Fabriken bildet eine wesentliche Unterstützung der Fräserei; ebenso die Entwicklung von Sonderfabriken, die sich die Ausbildung und den Bau von Fräsmaschinen als Aufgabe gestellt haben.

Da das Hinausschiefsen über das Ziel eine allgemeine Erscheinung bei Neuerungen ist, so ist es auch nicht verwunderlich, dass unter den Ingenieuren Fräs-Fanatiker aufgetreten sind, die, an einer förmlichen Hobelscheu leidend, alles fräsen wollen, koste es, was es wolle.

Neuere Werkzeuge mit mehreren Schneiden.

Ein eigentümliches mehrschneidiges Werkzeug ist ein Gewindeschneidstahl in Form eines hinterdrehten Fräsers, Fig. 26, bei dem jeder einzelne Schneidzahn um ein bestimmtes Mafs nach aufsen vom Mittelpunkt abrückt. Die Anordnung ist gleichbedeutend mit einer Verlegung der Spananstellung in das Werkzeug. Dem entspricht die Benutzungsweise. Nachdem mit der dem Mittelpunkt des Werkzeuges zunächst liegenden Schneide der erste Span des auf der Drehbank herzustellenden Gewindes genommen ist, wird dieses Werkzeug in seinem Werkzeughalter um soviel um seine wagerechte Achse gedreht, dass der nächste, um das Mafs einer Spanstärke weiter vorstehende Schneidzahn an die Arbeit kommt.

Nach mehrmaliger Wiederholung dieses Vorganges ist

das Gewinde auf die Endtiefe eingeschnitten. Sicherheitshalber sind die einzelnen Schneiden fortlaufend beziffert.

In ähnlicher Weise ist die Vorschubgröfse in den folgenden beiden neuen Werkzeugen, die zur Flächenbearbeitung dienen, in das Werkzeug verlegt.

Fig. 26.
Gewindeschneidstahl.

Fig. 27.
Werkzeug zur Bearbeitung von Flächen von Meischner.

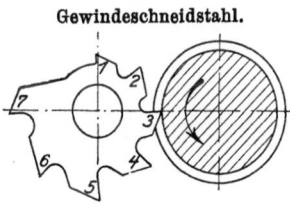
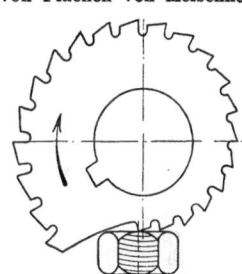

Das erste Werkzeug, Fig. 27, ist kürzlich im Deutschen Reiche patentirt worden. Erfinder ist der Ingenieur Meischner der Sächsischen Schrauben- und Mutternfabrik Gebr. Hübner in Chemnitz. Dieses Werkzeug hat die Form des vorigen, aber die Schneiden sind zur Bearbeitung einer ebenen Fläche bestimmt. Jeder Zahn steht um die übliche Vorschubgröfse nach aufsen weiter vom Mittelpunkt entfernt als der vorhergehende. Mit einer Umdrehung des Werkzeuges werden somit die von den Schneiden bestrichenen Flächen fertig bearbeitet.

Zwei solche einander gegenüberstehende Werkzeuge können als leistungsfähiges Bearbeitungsmittel für Sechskantflächen an Muttern und Schraubenköpfen dienen.

Das andere Werkzeug ist in einer der neueren Nummern des American Machinist beschrieben. In ein starkes Kreuz sind 4 Reihen Schneidzähne eingesetzt, deren Schneiden sämtlich verschiedene Entfernungen vom Mittelpunkt haben. So ist eine Verteilung aller Schneiden mit gleichem, einer Vorschubgröfse entsprechendem radialem Zwischenraum möglich. In einer Umdrehung dieses Werkzeuges oder bei stillstehendem Werkzeug in einer Umdrehung des dagegen gedrückten Werkstückes wird die ganze von den Messerschneiden bestrichene Fläche bearbeitet.

Diese Arbeit ist als Vorschrupparbeit an einer Revolverdrehbank für Gussarbeit gedacht. Ihr folgt die Schlichtarbeit durch Breitmesser.

Breitmesser.

Auch die Breitmesser sind ein Fortschritt der Neuzeit. Man benutzt sie zu der vorstehend erörterten Flächenarbeit; auch stellt man mittels geeigneter Formen von Breitmessern nach geringer Vorarbeit oder auch unmittelbar aus gewalzten Rundstangen Handgriffe oder die bekannten amerikanischen Dreikugel-Kurbeln, Fig. 28, und andere Formteile her. Die Breitmesserarbeit ist als die gleichzeitige Arbeit unendlich vieler kleinster Schmalschneiden nebeneinander aufzufassen. Die Konstruktion der betreffenden Maschine ist sehr einfach, sobald sie ausschliefslich für solche Arbeit bestimmt ist.

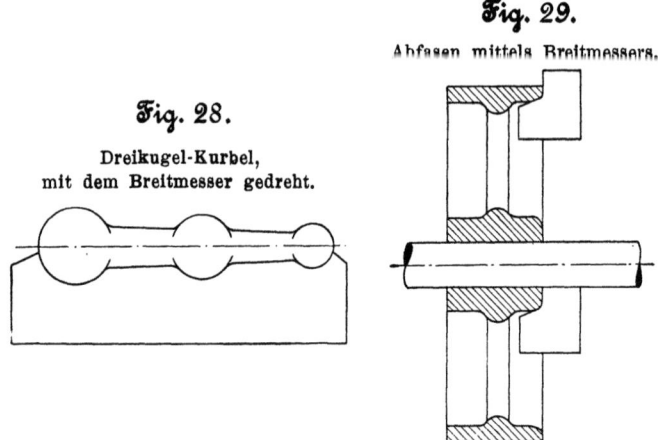

Fig. 28.
Dreikugel-Kurbel, mit dem Breitmesser gedreht.

Fig. 29.
Abfasen mittels Breitmessers.

Es genügt kräftiger Rundantrieb und kleinste Vorschubbewegung rechtwinklig zur Drehachse. Der Vorschub kann durch eine Schlittenschraube oder auch durch einen Handhebel bewirkt werden, da die Erfahrung lehrt, dass der auszuübende Anpressdruck nicht so grofs ist, wie man nach der Breite des abgeschälten Spanes anzunehmen geneigt wäre.

Die Breitmesserarbeit tritt auch als Teilarbeit an Formstücken auf, und zwar als Fertigschlichtarbeit nach dem Vorschruppen bei Revolverdrehbänken für Gussarbeit. Ein Beispiel des gleichzeitigen Abfasens von Kranz und Nabe einer Riemenscheibe durch Breitmesser zeigt Fig. 29.

Benutzung mehrerer arbeitsbereit eingespannter selbständiger Werkzeuge nacheinander.

Der Arbeitzweck ist ein doppelter:
1) Ausführung verschiedener Bearbeitungen (Schruppen, Schlichten, Abstechen, Gewindeschneiden, Bohren, Abfasen, Abrunden usw.) in unmittelbarer Folge und mit den gehörigen Schnittgeschwindigkeiten und Vorschüben;
2) Erzielung von Maſsgleichheit der fertigen Werkstücke.

Zur schnellen Herstellung einer bestimmten Arbeitslage der Werkzeuge dient der

Drehkopf oder Revolverkopf.

Zwischen Werkzeug und Drehkopf ist das Mittelglied des Werkzeughalters nötig. Ihm ist die eigentliche Anpassung des an sich meist sehr einfachen, weil nur zu je einer Arbeit dienenden Werkzeuges an die Arbeitsfläche zugewiesen.

Werkzeughalter.

Die Werkzeughalter des Drehkopfes können die verschiedenartigsten Gestalten annehmen, alle mit dem Doppelzweck, das Werkzeug sicher festzuhalten und es in eine bestimmte Maſslage zum Arbeitstück einzustellen. Da groſse Abmessungen und Ausladungen des Werkzeughalters schädliche Nachgiebigkeit hervorrufen, so entsteht eine gewisse Beschränkung in der Anwendung der Revolverdreherei auf kleinere und mittelgroſse Arbeiten. Die Feineinstellung des Werkzeuges im Werkzeughalter ist zudem auf eine bloſse Verschiebung des Werkzeuges vonhand beschränkt, sie ist also unvollkommener als in der Maschine mit Einzelwerkzeug, wo das Werkzeug im Kreuzschlitten ruht und durch diesen fein einstellbar ist.

Deshalb bedarf es an der Revolvermaschine eines andern Feineinstellmittels. Dies ist

der stellbare Anschlag

für die einzelnen Werkzeuge, der ihnen durch seine Feineinstellung (meist durch Drehung einer Stellschraube) eine bestimmte, der zu erzielenden Länge oder dem zu erzielenden Durchmesser entsprechende Bewegungsgrenze steckt.

Verbindung von Drehkopf und Anschlag.

Eine Vervollkommnung der Revolvermaschine besteht darin, den Drehkopf und die stellbaren Anschläge so in Verbindung zu bringen, dass dem Einschwenken des Werkzeuges in die Arbeitstellung die selbstthätige Einschwenkung seines Anschlages folgt, sodass Irrtümer seitens des Arbeiters ausgeschlossen sind. Zu dem Zwecke werden auch die stellbaren Anschläge in einem Drehkopf vereinigt, dessen Drehung von der Drehung des Werkzeugkopfes abhängig ist.

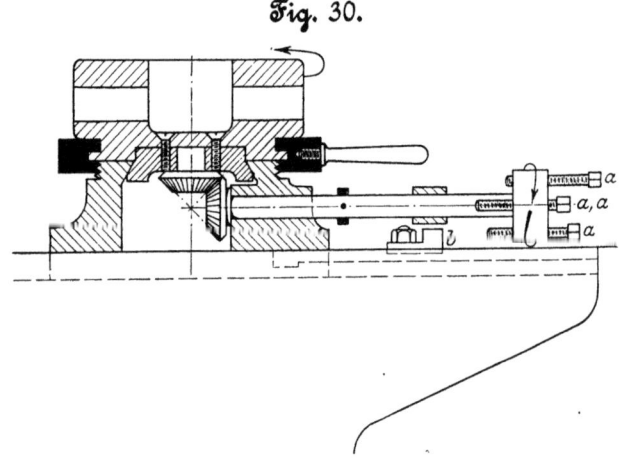

Fig. 30.

Ein Beispiel solcher Verbindung der Bewegung des stellbaren Anschlages mit der des Drehkopfes zeigt Fig. 30. Bei der Arbeitstellung jedes Werkzeuges kommt eine der in gleicher Zahl mit den Werkzeugen vorhandenen Anschlagschrauben a in diejenige Stellung, in der sie beim Vorwärtsbewegen des Drehkopfes das Hindernis b treffen muss.

Die Stellschraube gestattet nur verhältnismäfsig kleine Längenabweichungen der einzelnen Anschläge. Weit gröfsere Längenunterschiede lassen sich durch eine Reihe nebeneinander im Bett der Maschine liegender ausziehbarer quadratischer Stäbe von etwa 15 mm Seitenlänge erzielen, Fig. 31 und 32. Jeder dieser Stäbe hat eine Einkerbung a von der Gröfse, dass das Ende eines Federbolzens b hineinpasst. Die Anzahl der Werkzeuge, der verschiebbaren Stäbe und der Federbolzen ist gleich grofs. Die Stellung jedes Federbolzens weicht um eine Stabbreite mehr als die vorhergehende von der zugehörigen Revolverdrehstellung ab, sodass zu jedem Federbolzen nur ein bestimmter Anschlagstab gehört.

In den Figuren 31 und 32 ist die Lage gezeichnet, in

welcher Revolverstellung 1 mit Federbolzenstellung 1 und Anschlagstab 1 übereinstimmt. Folglich wird bei der Vorwärtsbewegung des Drehkopfes während der Arbeit der Feder-

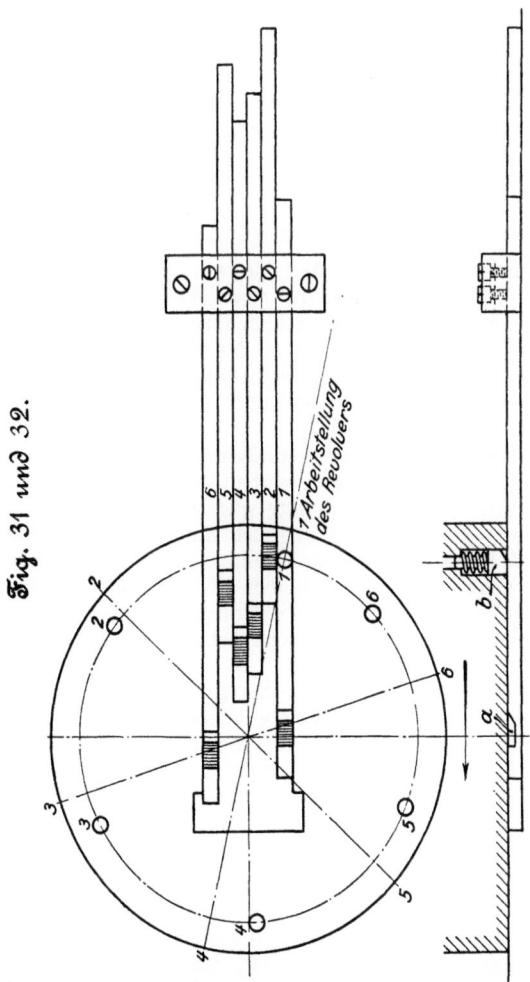

Fig. 31 und 32.

bolzen 1 in die Einkerbung *a* von Stab 1 einfallen und dadurch die Weiterbewegung des Werkzeuges hindern. Beim Zurückgehen des Drehkopfes hebt sich der Federbolzen infolge der schrägen Fläche von *a* wieder aus, sodass der Drehkopf unbehindert in eine andere Arbeitstellung gedreht werden kann.

Selbstthätige Drehung des Revolvers.

Die Drehung des Werkzeugkopfes kann in gewissem Grade selbstthätig gemacht werden, insofern sie nach beendeter Teilarbeit durch das Zurückziehen des Kopfes bewirkt wird. Das Mittel zur Drehung ist in diesem Fall die Sperrklinke mit Rad.

Grofs Revolver-Dreherei.

Das Bestreben, die Revolverdreherei auf gröfsere Arbeiten auszudehnen, führte dazu, das Ueberhängen der Werkzeughalter über ihre Befestigungsgrundfläche durch tellerförmige Gestaltung des Revolverdrehteiles zu vermeiden. Die Werkzeughalter hängen nicht mehr seitwärts am Drehkopf, sondern sind auf kräftiger Grundlage auf den Drehteller aufgeschraubt.

Gleichzeitig ist eine Feineinstellung der Werkzeuge eingeführt, indem die Werkzeughalter eine schwingende Bewegung mit einem Stützpunkte gegen ein Exzenter ausführen können. Diese Einrichtung ist an der Revolverbank von Jones & Lamson (deutsche Lizenz: Ducommun in Mülhausen) angebracht. Neuerdings taucht der Sechskant-Hohlrevolverkopf auf, auch mit breiter Drehgrundfläche, bei dem die Werkzeughalter an den senkrechten Sechskantflächen gut befestigt sind.

Das Fehlen einer Reitstockspitze an der Revolverbank war bisher ein Hindernis, die letztere auch für das Drehen längerer Teile zu benutzen. Beide erörterten Revolverbänke ermöglichen dies dadurch, dass in jedem Werkzeugkasten gegenüber der Schneide des Werkzeuges ein gehärtetes stählernes Gegenlager enthalten ist, gegen welches sich der gedrehte Teil des Werkstückes stützt. Dadurch wird die mögliche Drehlänge der Revolverarbeit bis auf etwa 600 mm gebracht.

In den Anweisungen zur Handhabung dieser Werkzeughalter mit Gegenhalter wird gesagt, und die Erfahrung bestätigt es, dass das Anpressen des Arbeitstückes mit dem Drehstahl an die harte fein geschliffene Gegenstützfläche zugleich den Nebenzweck erfüllt, die gedrehte Fläche zu polieren. In der That wird dieser Zweck unter Vermittlung des bei dieser Maschine als Kühlmittel benutzten feinsten Oeles in bester Weise erreicht, sodass die erzielten Drehflächen tadellos glatt erscheinen.

Es ist noch der in **senkrechter** Ebene drehbare Revolverkopf zu nennen, an dessen Planfläche die Werkzeuge angebracht sind (Konstruktion von Hasse, Berlin, u. a. m.), der schon länger in Anwendung steht und sich für Kleindreherei gut bewährt hat.

Grofse Drehköpfe für Gussdreherei.

Ein Drehkopf gröfster Abmessungen, der mit den an ihm angebrachten Werkzeugen: Bohrern, Reibahlen, Gewinde-

Fig. 33.

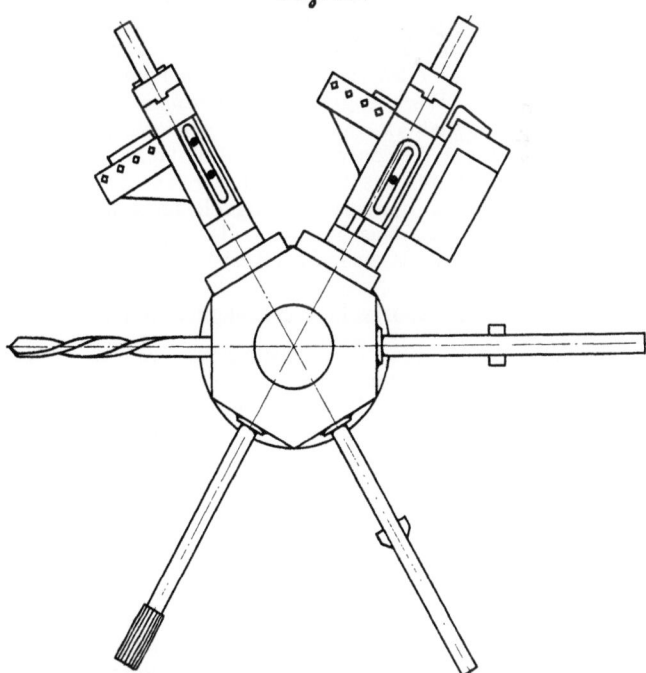

schneidern, Schrupp- und Schlichtmessern, letztere zumteil in besonderen Werkzeughaltern, bis zu einem Umkreis von 2 m anwachsen kann und dadurch fast das Aussehen eines Windmühlenflügels erhält, ist der Kopf der in den letzten Jahren stark in Aufnahme gekommenen Gisholt-Revolverdrehbank für Gussarbeiten, Fig. 33. Der Gedanke liegt nahe, diesen unförmigen Flügelkopf, statt wie bei Gisholt nahezu wagerecht, in die senkrechte Ebene zu legen (Konstruktion einer englischen Firma) und so an Raum zu sparen und gleichzeitig die Bedienung bequemer zu machen.

Diese Guss-Revolverdreherei ist ebenso wie die Schnelldreherei noch grofser Ausdehnung in der Anwendung fähig und verdient die volle Aufmerksamkeit der deutschen Werkzeugmaschinenfabrikanten und Konstrukteure.

Fehlergrenzen der Revolverdreherei.

Lehrreich sind Messungen der Revolverdreherei inbezug auf die Mafsgleichheit der gedrehten Durchmesser. Die Abweichungen vom gewollten Normaldurchmesser sind nicht so klein, wie man aus der Feststellung der Werkzeuge während einer längeren Arbeitsperiode schliefsen könnte. Allmähliche Abnutzung der Werkzeugschneide, geringe Nachgiebigkeit in den Werkzeughaltern und Lagern, Ungleichmäfsigkeiten im Material, geringes Werfen der Materialrohstange, Spannungen im Material, die durch das Abdrehen frei gemacht werden, summiren sich, sodass $^1/_{20}$ mm Genauigkeit für mittlere Arbeitstücke, wie sie im Maschinenbau die Regel bilden, schon als sehr gute Leistung einer Revolverbank zu bezeichnen ist.

7. Transportable Werkzeugmaschinen.

Die Bestrebungen, die Leistung zu erhöhen, kommen auch auf völlig von den bisher geschilderten abweichenden Wegen zum Ausdruck. In dieser Beziehung ist die transportable Werkzeugmaschine zu nennen, die zum Werkstück gebracht wird. Insbesondere der elektrische Antrieb hat die Ausbildung und Anwendung solcher transportabler Werkzeugmaschinen gefördert; denn das Leitungskabel gewährt die leichteste Möglichkeit, den Ort der Werkzeugmaschine zu verändern, mehr noch als die auch für diese Art der Bearbeitung benutzte Welle mit Universalgelenk oder die biegsame Welle. Meist wird eines dieser mechanischen Mittel mit dem elektrischen Betriebe vereinigt. Der Vorteil dieses Arbeitsverfahrens wächst mit der Gröfse und Schwere des Arbeitstückes und mit der Kleinheit der Bearbeitungsfläche; infolgedessen ist die Bohrmaschine die am häufigsten angewandte transportable Werkzeugmaschine für spanbildende Bearbeitung.

Die Hobel- oder Fräsmaschine für die Schieberkastenflächen an Dampfmaschinen und Lokomotiven und die Cylinder-Nachbohrmaschine sind schon seit langer Zeit benutzte transportable Maschinen. Für die Herstellung von Keilnuten in schweren oder aus irgend einem Grunde schwer an eine Maschine zu bringenden Wellen haben sich die transportabeln Keilnutenstofs- und -fräsmaschinen eingeführt.

Der Zeitgewinn, der aus der Ersparung des Werkstücktransportes zur Maschine entsteht, wird in vielen Fällen, insbesondere bei Bearbeitung gröfserer Flächen, durch die wegen der Transportfähigkeit erforderliche Einfachheit und Leichtigkeit der Teile der transportabeln Maschine geschmälert; denn dadurch wird die Leistungsfähigkeit der Maschinen gegenüber der feststehender Werkzeugmaschinen verringert.

8. Anwendung von Bohrlehren (Bohrkasten, Bohrformen).

Emil Capitaine hat den Wert der transportabeln Werkzeugmaschinen dadurch gesteigert, dass er sie in Verbindung mit der Bohrlehre bringt, indem er zwischen Arbeitstück und Bohrer die Bohrlehre einschaltet. Die Maschine wird nun nicht mehr am Arbeitstück befestigt und verstellt, sondern auf der Bohrlehre, die zu dem Zwecke das Arbeitstück, soweit nötig, umhüllt und an ihm befestigt wird. Gleichzeitig trägt die Bohrlehre Erhöhungen oder Vertiefungen zum Feststellen, die für jedes einzelne zu bohrende Loch der transportabeln Maschine ohne weiteres Probiren den richtigen Platz anweisen.

Da aber die Bohrlehre in der Neuzeit ganz allgemein, also auch für die feststehende Werkzeugmaschine angewandt wird, so bleibt die geringere Arbeitsleistung der transportabeln Maschine für einigermafsen gröfsere Bohrungen in vollem Mafse als Nachteil bestehen.

Die Bohrlehre dient nicht nur dazu, Zeit zu sparen (in den meisten Fällen erspart sie das Vorzeichnen der Löcher), sondern auch dazu, gleiche Mafse zu erzielen und die Genauigkeit der Bohrungen und ihrer gegenseitigen Lage zu erhöhen.

9. Bedienung mehrerer Maschinen durch einen Arbeiter.

Diese Mafsnahme ergiebt eine vom Vorhergehenden gänzlich verschiedene Art der Leistungserhöhung in Gestalt einer Verminderung der Bedienungskosten für die gleiche Leistung. Dadurch treten gewisse Anforderungen an die Konstruktion der Werkzeugmaschinen auf.

1) Die vorbereitenden Einstellbewegungen jeder Maschine müssen in thunlichst kurzer Zeit ausführbar sein, damit dem Arbeiter genügend Zeit zur Bedienung der übrigen Maschinen verbleibt. Weiteres hierüber folgt später.

2) Da die Aufmerksamkeit des Arbeiters geteilt ist, so sind Vorkehrungen, welche verhindern, dass Bewegungen irrtümlich eingerückt werden, von Wichtigkeit. Die Blockirung oder

gegenseitige Ausschliefsung von Bewegungen

ist daher eine Anforderung der Neuzeit geworden. Sie ist meist mit überraschend einfachen Mitteln erzielbar. Oft genügt schon eine besondere Form oder Lage zweier Handgriffe, um zu erreichen, dass der eine nur dann in eine andere Lage gebracht werden kann, wenn vorher der andere so eingestellt ist, dass die im Gange befindliche Bewegung aufhört. Hierfür 2 Beispiele.

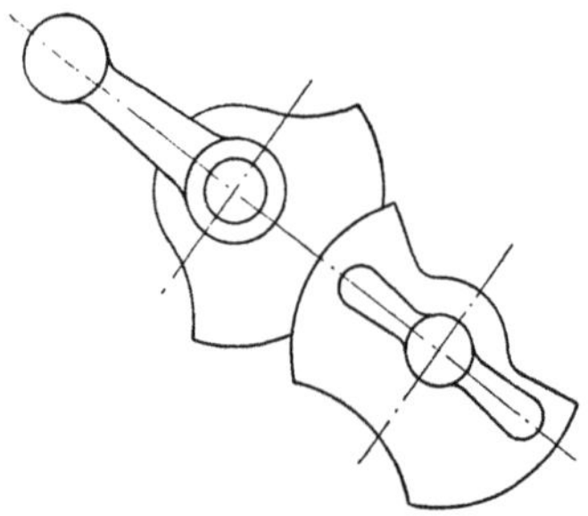

An der Drehbank von Reinecker schliefsen sich der Langzug durch Leitspindel und der Langzug durch Zahnstange gegenseitig aus, wie Fig. 34 zeigt. Nur wenn eines der beiden aufsen am Schlittenschild angebrachten Segmente so gedreht ist, dass das andere in seine Aussparung hineingeht, ist eine Umschaltung der Bewegungen möglich. In solcher Stellung ist aber stets der eine der beiden Selbstgänge ausgerückt.

Fig. 34.

2) An der Drehbank »Courier« der »Union« schliefsen sowohl die Langzüge durch Leitspindel und durch Zahnstange als auch der Planzug einander aus, sodass stets nur eine dieser drei Bewegungen möglich ist. Die Einrichtung zeigt Fig. 35. Die parallel zur Leitspindel im Schlittenschild liegende Hebelwelle a bethätigt die Kupplung b, sodass sie entweder den Langzug oder den Planzug ein- und ausrückt. Der Handhebel c der Welle a kann aber nur dann bewegt werden, wenn der Mutterschlossgriff d niedergelegt, d. h. das Mutterschloss geöffnet ist; denn in der Hochstellung greift d in einen Schlitz an c ein und hält somit a in Mittelstellung, d. h. Langzug durch Zahnstange und Planzug ausgerückt. Die

einfach geschlitzte Hebelform von c genügt somit zur Erreichung der Ausschliefsung.

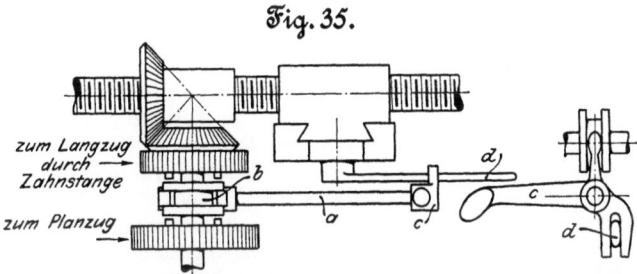

Fig. 35.

Eine besondere Gefahr für die Bedienung mehrerer Werkzeugmaschinen bildet stets der Zeitpunkt der Beendigung einer Bewegung für den Fall, dass der Arbeiter in diesem Augenblick an einer andern von ihm zu bedienenden Maschine beschäftigt ist. Daher gewinnen eine immer gröfsere Bedeutung

selbstthätige Auslösungen von Bewegungen,

die in vollkommenster Weise die altbekannte blofse Signalgebung am Ende einer Bewegung durch Klingeln oder sonstiges Geräusch ersetzen.

Durch die selbstthätige Auslösung wird nicht nur dem Anstofsen von Maschinenteilen oder der Ueberschreitung der Arbeitsgrenze vorgebeugt, sondern sie kann auch zur Herstellung mafsgleicher Teile benutzt werden und dadurch doppelte Wichtigkeit erlangen.

Das Mittel zur Abstellung irgend eines Selbstganges an einer bestimmten Arbeitsgrenze ist, wie bei der Revolverdreherei, der stellbare Anschlag. Seine Wirkung ist aber hier eine andere; denn er bildet nicht mehr ein blofses Hindernis irgend einer Bewegung, sondern er erzeugt mithülfe des fortschreitenden Vorschubes des Werkzeuges eine Nebenbewegung, die, wenn genügend weit ausgeführt, diesen Vorschub plötzlich ausrückt.

Die einfachste Art solcher selbstthätiger Auslösung: die allmähliche Auseinanderziehung zweier Klauenkupplungshälften, hat den Nachteil, dass die Kuppelhälften in den der Auslösung vorhergehenden Augenblicken nur noch ganz wenig eingreifen. Dies wird vermieden durch die Augenblicksausrückungen mithülfe eines durch den Selbstgang gehobenen Umfallgewichtes, das nach geringer Ueberschreitung seiner höchsten Stellung plötzlich kippt und auslöst. Einfach und in der Neuzeit deshalb vielfach angewandt ist ferner die Feder mit Dreieckansatz. Sie bewirkt ebenfalls, sobald die selbstthätige Bewegung den Anschlag um ein geringes über die Dreieckspitze geführt hat, eine plötzliche Auslösung oder auch eine plötzliche Umsteuerung der Bewegung (s. das Beispiel der Querhobelmaschine, S. 23). Will man Auslösung und Umkehr zugleich vorsehen, so erhält das Dreieck an der Feder eine Mittelrast, welche die Auslösung bedeutet, während die Ueberführung auf die entgegengesetzte Dreieckfläche die Umkehr veranlasst. Diese Konstruktion wird angewandt, wenn dem Arbeiter nach geschehener Auslösung irgend eine Verstellungsarbeit obliegt, bevor die nächste Schnittbewegung oder der

Fig. 36 und 37.

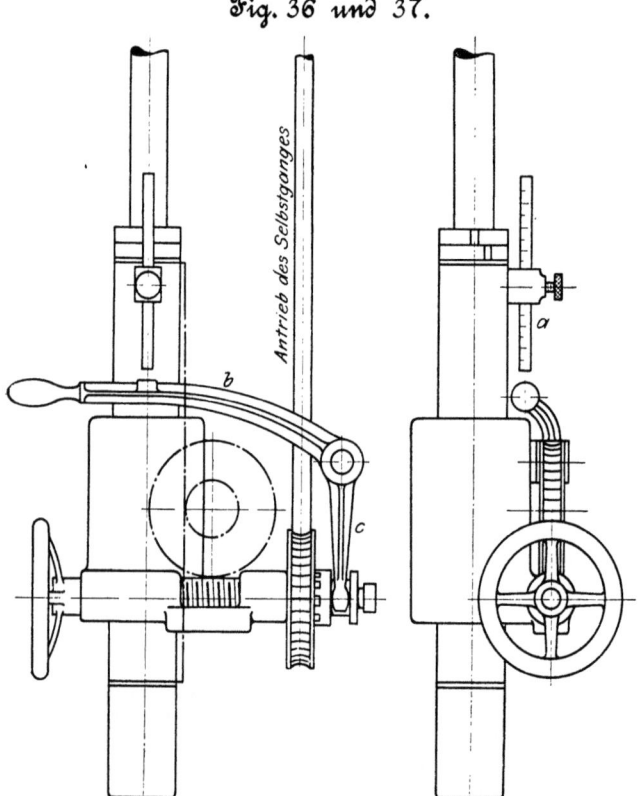

Rücklauf beginnen darf, z. B. beim Weiterdrehen von Wechselrädern bei Räder- oder Zahnstangen-Fräsmaschinen. Ein etwa dabei entstehendes, durch den Druck der Feder veranlasstes geräuschvolles Anschlagen des Dreieckanschlages an seine Hubbegrenzungen ist ein willkommenes Signal für den Arbeiter, alsbald seine Handzwischenarbeit vorzunehmen.

Um bestimmte Bohrtiefen einzustellen, hat die selbstthätige Auslösung des Bohrspindelvorschubes an Vertikalbohrmaschinen vielfach Eingang gefunden.

Fig. 36 und 37 zeigen ein Beispiel solcher Einrichtung. Der stellbare Anschlag a, der zugleich als Mafsstab für die Bohrtiefe dient, löst durch Auftreffen auf den Kupplungshebel b beim selbstthätigen Niedergang der Bohrspindel die Kuppung c aus.

Selbstthätige Mehrfach-Auslösung.

Die selbstthätige Auslösung ist einer Vervollkommnung durch Vervielfachung fähig. Sollen z. B. an einer Welle mehrere Durchmesserabsätze in gewissen Abständen hintereinander gedreht werden, so ist es für nacheinander folgende Wiederholungen dieser Arbeit ein wesentlicher Zeit- und Genauigkeitsgewinn, wenn an jedem solchen Absatz eine selbstthätige Auslösung stattfindet, sodass Messungen mittels Mafsstabes seitens des Arbeiters überflüssig werden. Die Einrichtung nur einer Auslösung an einer solcher Arbeit dienenden Drehbank hätte dagegen wenig Zweck, denn es wäre nötig, den Anschlag dieser Auslösung fortwährend zu verstellen. Das ist der Grund, weshalb solche an Drehbänken vorhandene einfache Auslösungen so selten benutzt werden. Ist dagegen eine Einrichtung vorhanden, nach der z. B. 5 selbstthätige Auslösungen an beliebigen vorgeschriebenen Punkten nacheinander erfolgen können, so genügt eine einmalige Einstellung der fünf die Auslösung bethätigenden Anschläge, um alle nacheinander zu drehenden Wellen mit bis zu 5 genau gleichlangen Ansätzen zu versehen.

Diese die Herstellung von mafsgleicher Massenarbeit vorzüglich unterstützende Einrichtung ist zum erstenmal an der bereits mehrfach genannten Drehbank »Courier« angebracht worden. Die Konstruktionsaufgabe ging dahin, diese Selbstauslösung so zu gestalten, dass sie eine beliebig wegzulassende und nachträglich anzubringende Zuthat bildet.

Das einfache Mittel zur Erzielung von 5 Auslösungen nacheinander ist eine treppenförmige Anordnung der 5 Anschläge und eine entsprechende stufenförmige Gestaltung des an die Anschläge antreffenden Widerstandes, Fig. 38. Eine Fünfteldrehung des Widerstandes nach jeder selbstthätigen Auslösung genügt, um das Ueberschreiten des eben

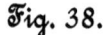

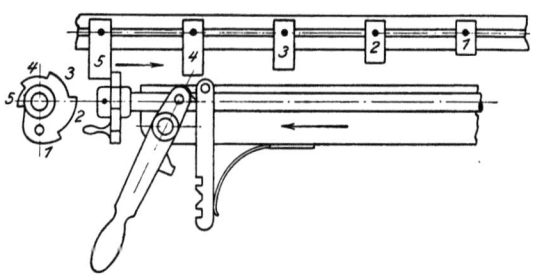

berührten Anschlages zu erreichen. Der Schlitten kann infolgedessen weiter bis zum nächsten Anschlag vorrücken, wo sich dasselbe Spiel wiederholt.

Selbstthätig auslösende Werkzeuge.

Auch in das Werkzeug selbst kann die selbstthätige Auslösung verlegt werden. Ein Beispiel dafür bieten die neuerdings sehr in Aufnahme gekommenen selbstthätig auslösenden Gewindeschneidwerkzeuge. Der Hauptzweck der Auslösung ist hier, das Abbrechen des Schneidbohrers infolge zu grofsen Widerstandes zu verhüten. Zu dem Zweck ist ein in der Stärke mittels einer Feder regelbarer Widerstand angebracht, der gerade hinreicht, die Arbeit des Gewindeschneidens unter normalen Verhältnissen, d. h. bei gehöriger Lochweite und gehöriger Schneidschärfe des Bohrers, auszuführen, der aber sofort ausweicht, sobald der Bohrer auf einen gröfseren Widerstand, z. B. auf den Grund eines nicht durchgebohrten Loches stöfst.

Ich nenne beispielsweise die Vorrichtungen von Schebeck und von Payton. Bei der ersteren, welche von der Leipziger Werkzeugmaschinenfabrik vorm. W. v. Pittler erzeugt wird, öffnen sich die Schneidbacken, bei der letzteren ist die Einrichtung getroffen, dass im Augenblick des gefährlichen Widerstandes der Schneidbohrer augenblicklich rückwärts gedreht werden kann.

10. Zutaten-System.

Die Gepflogenheit, Werkzeugmaschinen konstruktiv so vorzubereiten, dass an ihnen jederzeit, sei es bei der Ablieferung, sei es nachträglich, gewisse Einrichtungen mit leichter Mühe hinzugefügt werden können, welche die Maschine zur Ausführung bestimmter Arbeiten besonders befähigen, hat in der Neuzeit eine wesentliche Ausbildung erfahren. Sie setzt allerdings voraus, dass die liefernde Fabrik die Arbeitsverfahren zur Herstellung mafsgleicher, daher austauschbarer Teile ausübt und bis zu einem gewissen Grad von Vollkommenheit gebracht hat. Das Angebot von solchen Zuthaten in einem Preisbuch wird daher meist als gutes Zeichen für eine auf der Höhe der Technik stehende Leistung angesehen werden können.

Die mehrfach genannte Drehbank »Courier« besitzt ein Zuthatensystem von 16 einzelnen Stücken, darunter Einrichtungen für Konischdrehen, Balligdrehen, Drehen mit 2 und 3 Werkzeugen zugleich.

Das Zuthatensystem mag der besonderen Aufmerksamkeit unserer deutschen Fabriken angelegentlich empfohlen sein. Auf ihm beruht manche bedeutsame Erhöhung der Leistungsfähigkeit gegenüber einer sonst gleichen Werkzeugmaschine, die nicht mit Zuthaten versehen ist.

11. Halb-Automaten.

Werkzeugmaschinen, bei denen dem Arbeiter nur noch untergeordnete Zwischenbedienung zukommt, nennt man meist Halb-Automaten; denn sie verrichten ihre wiederkehrenden mafsgleichen Bearbeitungen innerhalb der Zeitgrenze von der Ingangsetzung der Maschine beim Arbeitsanfang bis zur Abstellung beim jeweiligen Arbeitschluss selbstthätig, sodass nur noch die Besorgung der andern kleineren Hälfte der Gesamtarbeit, nämlich die Wiederherstellung der Anfangs-Arbeitstellung und die Wiederingangsetzung, nicht selbstthätig, sondern durch den Arbeiter erfolgt.

Zu hoher technischer Vollkommenheit sind in der Neuzeit

12. die Automaten

gebracht worden. Sie werden zum Unterschied von den Halb-Automaten auch Ganz-Automaten genannt und umfassen die Werkzeugmaschinen, welche auch die kleinere restliche Hälfte der Vorbereitungen zur Wiederholung einer und derselben

Bearbeitung an einem folgenden Werkstück selbstthätig ausführen und daher des allergeringsten Aufwandes an Bedienung bedürfen.

Es liegt in der Natur der Sache, dass Konstruktion und Bau solcher Automaten nur von einzelnen Fabriken, die sich diesem Fache ganz besonders widmen, ausgeführt werden können.

Die Automaten (ich finde keinen geeigneten deutschen Ausdruck für dieses Wort) dienen zur Fertigbearbeitung von Werkstücken aus Stangen oder zur Teilbearbeitung von Einzelwerkstücken. Die Stangen sind meist nicht nur gewalzt, sondern nachher noch gezogen, um der Automatmaschine ein möglichst gleichmäfsiges und von unreiner Kruste freies Werkstück vorzulegen.

Das Dreieck als Grundelement aller selbstthätigen Bewegung.

Ich verdanke die überraschend einfache Erklärung der Bewegung der Automaten, die sich in wenige Worte kleidet, dem bereits genannten Ingenieur Meischner, der besonders bewandert in diesem Fache ist. Sie lautet: Das Grundelement aller Automatbewegungen ist das Dreieck.

Die natürliche Erklärung ist bald gefunden. Jede Bewegung muss von der Gröfse null ausgehen, denn sie muss aus dem Ruhezustande heraus erzeugt werden. Sie kann auch nicht bis ins Unendliche wachsen, sondern nur bis zu einer endlichen Gröfse, und wenn sie sich wiederholen soll, so muss sie nach Erreichung der gewollten Grenze wieder zu null zurückkehren. Die graphische Darstellung ist das Dreieck, welches die verschiedensten Verhältnisse zwischen Höhe und Grundlinie haben kann. Innerhalb des Dreiecks bedeuten die Ordinaten die Gröfsen der Bewegungen, die Abszissen die Geschwindigkeiten bezw. die Zeiten, in denen sie erreicht werden.

Solche Dreiecke sind am Automaten für jede einzelne seiner notwendigen Bewegungen, soweit sie Vorschübe und Rückläufe betreffen, vorhanden.

Soll z. B. dem Drehstahl eines Automaten eine bestimmte Vorschubgröfse und -geschwindigkeit gegeben werden, so ist der Teil abc des Bewegungsdreiecks, Fig. 39, dementsprechend zu gestalten. Sofort nach Beendigung der Arbeit soll der Drehstahl schnell in seine Anfangstellung zurückgeführt werden; dazu ist ein möglichst steiles Bewegungsdreieck bce nötig, das sich an abc anlehnt. Möglichst steil muss es deshalb sein, weil die Gröfse be verlorene Zeit darstellt. Das Verhältnis $ab:be$ ist also zugleich die Nutzleistung des Drehstahles in Hundertteilen der Gesamtzeit von einem Arbeitsbeginn zum andern.

Fig. 39.

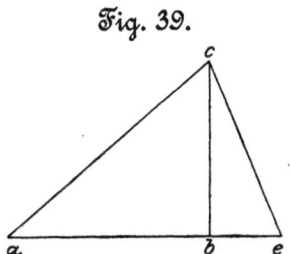

Soll nunmehr die Bearbeitung wiederholt werden, so ist nur nötig, ein zweites gleiches Bewegungsdreieck ace an das erste anzureihen usw.

Die Aneinanderreihung der Dreiecke kann aber dadurch ersetzt werden, dass das erste Dreieck auf eine umlaufende Walze aufgewickelt wird (Trommel des Automaten). Dann ergiebt jede Umdrehung der Trommel die Ausführung der gewünschten Bearbeitung und die Zurückführung in die Anfangstellung.

Sind nach Ausführung einer Art der Bewegung erst noch andere Arten der Bearbeitung nötig, bevor sich die erste wiederholen darf, z. B. nach dem Drehen das Abstechen, so darf das Dreieck für das Drehen nicht den ganzen Umfang der Trommel einnehmen, sondern dieser muss soviel gröfser sein, dass noch ein zweites Dreieck für das Abstechen Raum hat. Da aber das Abstechen winkelrecht zur Drehfläche erfolgt, muss auch sein Bewegungsdreieck winkelrecht zum Drehdreieck liegen; dadurch erscheint es in der Gestalt eines Hebedaumens, im Gegensatz zu dem in zwei entgegengesetzten Schraubenlinien sich darstellenden Drehdreieck.

Die Achse der alle Bewegungsdreiecke tragenden Trommel liegt zweckmäfsig parallel unterhalb der Hohlspindel, welche die Werkstückstange trägt. Es ist selbstverständlich gleichgültig, ob sich alle Bewegungsdreiecke auf einer oder auf mehreren nebeneinander liegenden Trommeln befinden.

Zur Ausführung veränderter Bearbeitungen müssen entweder die Dreiecke auf den Trommeln, oder, was meist vorzuziehen ist, die Trommeln mit den Dreiecken ausgewechselt werden.

Eine am Automaten notwendige, bisher noch nicht erwähnte Bewegung ist

der selbstthätige Werkstück-Nachschub.

Zur Ausführung dieses Nachschubes muss die Werkstückstange in der hohlen Spindel aus ihrer Feststellung selbstthätig losgelassen, um ein bestimmtes Mafs vorwärts geschoben und wieder festgespannt werden. Die Stange wird durch eine mehrfach gespaltene kegelförmige Büchse (Klemmkegel) festgehalten, die durch Hebeldruck in den Hohlkegel der Spindel gepresst und dadurch zusammengedrückt wird. Anpressen und Loslassen geschieht während des Weiterlaufes der Spindel selbstthätig.

Ein Beispiel für die Einrichtung des selbstthätigen Werkstück-Nachschubes zeigen Fig. 40 bis 42. Der Nachschub erfolgt während des Ganges der Maschine wie folgt:

Die zu bearbeitende Stange Walzmaterial a (rund, quadratisch oder sechseckig) ist in der hohlen Spindel b festgespannt. 2 Rollen g werden durch Federn h fortwährend an die Stange angepresst. Diese Rollen mit ihrem Gehäuse laufen mit der Spindel um, aber ohne eigene Achsendrehung. Die Arbeitsweise des selbstthätigen Nachschubes besteht darin, nach Oeffnung der Festspann-Einrichtung des Werkstückes den beiden Rollen zeitweilig eine Achsendrehung zu geben, sodass sich die Stange a vorwärts nach dem Werkzeugschlitten zu schiebt.

Dies geschieht in folgender Weise: Der auf der Spindel drehbar sitzende Teil c ist ein Planzahnrad mit spiraligen Zähnen, dessen Umfang eine Anzahl Vorsprünge hat. Sobald dieses Rad durch eine Hemmung l festgehalten wird, drehen seine Zähne die eingreifenden Schraubenräder d, die ihrerseits 2 Schneckenpaare e und durch diese die Rollen g ingangsetzen, sodass sich die Stange a so lange vorwärts schiebt, bis sie an einen vor ihrem Vorderende liegenden Anschlag anstöfst, der zugleich das Mafs der Länge des zu fertigenden Werkstückes bestimmt.

Da die Rollen nur federnd angepresst sind, schadet der Anstofs ihrem Weiterlaufe nicht, der alsbald durch Zurückziehen der Hemmung l in Stillstand verwandelt wird. Im gleichen Augenblick wird das Arbeitstück festgeklemmt, und die nächste Bearbeitung beginnt. Die vier Stellschrauben k sind nicht festgezogen, sondern nur so angestellt, dass sie die Stange in der hohlen Spindel zentrisch tragen. (Konstruktion von Jones & Lamson an der bereits erwähnten Flach-Revolverbank.)

— 69 —

Dass auch das ruhende Dreieck eine Bewegung hervorbringen kann, zeigt das Dreieck der schiefen Ebene. Wie es als einfachstes, im Betrieb billigstes Bewegungselement einer Automatmaschine dienen kann, zeigt die selbstthätige Mutternschneidmaschine, Patent Meischner, die bei Gebrüder Hübner in Chemnitz arbeitet und auch von dieser Firma an andere geliefert wird.

Fig. 40.

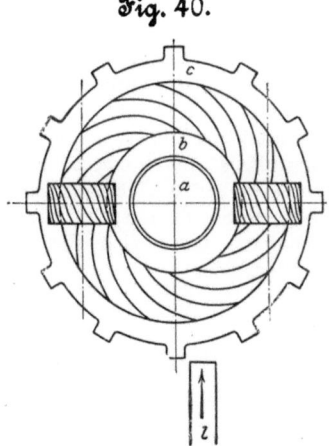

Fig. 41.   Fig. 42.

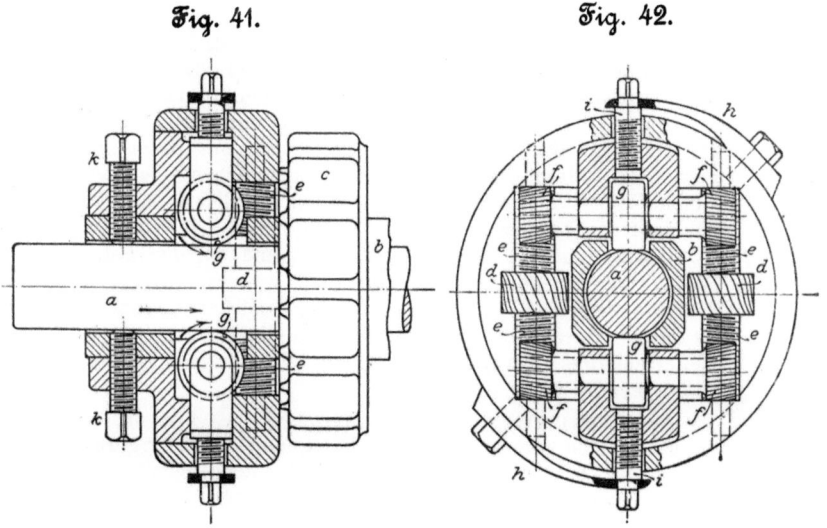

Die schiefe Ebene führt die ungeschnittene Mutter schrittweise aus der ungeordneten Haufenlage in die geordnete Einzellage und aus dieser zum Gewindeschneidvorschub bis zum Freifall aus der Maschine. Die erste schiefe Ebene ist als Trichter ausgebildet, in den die ungeschnittenen Muttern korbweise eingeschüttet werden. Am Fuße des Trichters erfolgt die erste vorläufige Ordnung dadurch, dass dort nur eine einzelne Mutter aus der Masse ausscheidet; diese erhält mittels einer zweiten schiefen Ebene eine Geschwindigkeit, die imstande ist, sie am Fuße dieser Ebene in die wagerechte Ebene umzukanten, und in dieser Lage erfolgt die weitere Senkung auf den senkrecht nach oben gerichteten Schneidbohreranfang. Damit die Mutter nach dem Schneiden über den festgehaltenen Hals des Bohrers herunter und aus der Maschine gleiten kann, muss sich eine Klemmung des Halses über ihr schließen, wenn sie auf der Mitte des Halses angelangt ist, und danach muss sich die bisherige Klemmung unterhalb der Mutter lösen.

Eine besondere Bedeutung haben neuerdings die

Räderautomaten,

d. s. vollständig selbstthätig arbeitende Räderfräsmaschinen, erhalten.

Zu der seit langem üblichen Halb-Selbstthätigkeit bedurfte es nur der Hinzufügung des selbstthätigen Rücklaufes des Fräsers und der selbstthätigen Fortschaltung des zu fräsenden Rades um den Betrag der Teilung. Für die erstere Bewegung waren Vorbilder an anderen Maschinen vorhanden. Erwähnenswert ist die neuerliche Bevorzugung des Planetengetriebes, das durch Stillstellen oder Mitlauf eines Rades einen wesentlichen Geschwindigkeitswechsel, entsprechend dem langsamen Vorschub und dem zeitsparenden thunlichst schnellen Rücklauf des Fräsers, bewirkt. (Konstruktion Löwe, Berlin.)

Die so einfache Weiterdrehung vonhand um den Betrag der Teilung hat der Umwandlung in eine selbstthätige Konstruktion manche Schwierigkeit entgegengesetzt, hauptsächlich veranlasst durch die beiden Notwendigkeiten, dass diese Weiterschaltung zuverlässig gleich groß erfolgt und rechtzeitig beendet wird.

Bemerkenswert ist eine Ausführungsform, Fig. 43, bei der ein Riemen zur Anwendung gelangt, der beständig gerade nur so viel von der losen Scheibe auf die feste Scheibe hinübergeschoben ist, dass er imstande ist, nach Beseitigung eines festen Widerstandes die Teilschaltung auszuführen. In der ganzen übrigen Zwischenzeit ist er dagegen gezwungen, wegen des Widerstandes auf der festen Scheibe zu gleiten.

Fig. 43.

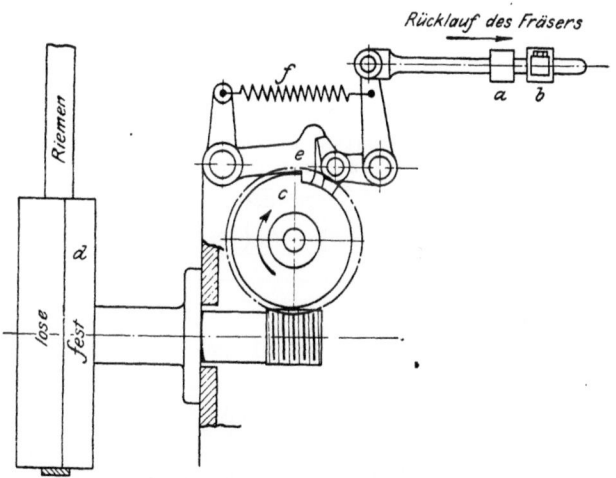

Da die Hinüberführung auf die feste Scheibe nur etwa 10 bis 20 mm beträgt, so hat dieses theoretisch eigentlich sehr wenig einwandfreie Mittel nur in geringem Mafse den Nachteil verlorener Arbeit durch Reibungsüberwindung.

Der Riemen ist durch Vermittlung von Schnecke und Rad bestrebt, fortwährend die Exzenterscheibe c an ihren Hemmungspunkt e fest anzudrücken. Sobald nach erfolgtem selbstthätigem Rücklauf des Fräsers aus der soeben geschnittenen Zahnlücke der am Fräserschlitten befindliche Ansatz a den eingestellten Anschlag b trifft, wird die Hemmungsnase e ausgehoben, und die feste Scheibe d fängt augenblicklich an, sich zu drehen, ohne dass der Riemen weiter auf sie hinübergeschoben wird. Hierdurch dreht sich auch c in der Pfeilrichtung. Durch die Feder f wird e alsbald wieder auf den Umfang des Exzenters c gedrückt, sodass dem letzteren nur genau eine Umdrehung gestattet ist. Durch diese eine Umdrehung wird mittels aufgesteckter Wechselräder das zu fräsende Zahnrad um den genauen Betrag einer Teilung weitergeschaltet.

Anwendung des Schneckenfräsers zum Fräsen von Stirnrädern.

Die Anwendung eines Fräsers mit Zahnreihen in Schraubenanordnung hat in der Neuzeit vielfach Eingang gefunden.

Der Arbeitsvorgang ist folgender:

Die Achse des Fräsers wird um den Betrag des Steigungswinkels der Schraubengänge gegen die Ebene des zu fräsenden Stirnrades schräg gestellt. Dadurch stellen sich

Fig. 44.

Darstellung des Arbeitens eines Schneckenfräsers beim Fräsen eines Stirnrades.

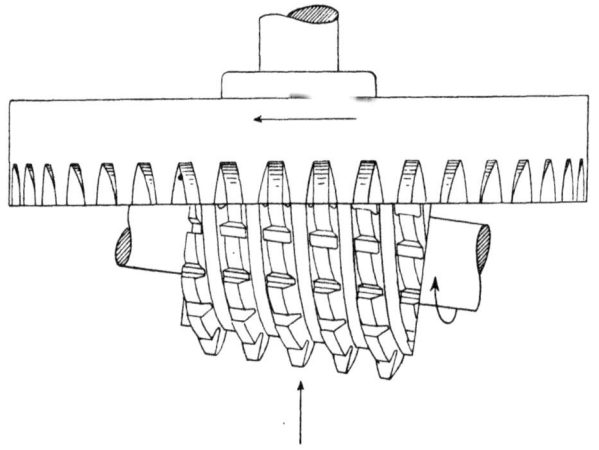

Die Pfeilrichtungen geben die gleichzeitig und ununterbrochen bis zur Fertigstellung aller Zähne des Rades stattfindenden Bewegungen an.

Die beiden gradlinigen Pfeile bedeuten den aus Drehung des zu fräsenden Rades und aus gradlinigem Vorrücken des Fräsers bestehendem Vorschub.

Der gebogene Pfeil gibt die kreisende Schnittbewegung des Fräsers an.

die Schraubengänge rechtwinklig zur Radebene. Der Fräser erhält gleichzeitig mit seinem Umlauf eine langsame Vorschubbewegung, und das zu fräsende Rad eine der Teilungsgröfse entsprechende zwangläufige Umdrehung.

So entsteht ein allmähliches seitliches Eindringen des Fräsers in das Rad und hiermit eine allmählich wachsende

Breite der gefrästen Zahnlücken, bis schliefslich diese Breite die Radbreite erreicht hat.

Die ununterbrochene Gleichmäfsigkeit aller Arbeitsbewegungen bewirkt den Wegfall aller aussetzenden Schaltungen und damit eine hohe Zuverlässigkeit und Einfachheit der Maschine.

Infolge der, durch die Drehung des zu fräsenden Rades erfolgenden Abwicklung der Fräserflanken an den erzeugten Zahnflanken ist für alle Zähnezahlen einer Teilungsgrösse nur ein Fräser, und zwar mit der Evolventenform der Zahnstange, nötig, was einen weiteren Vorzug dieses Systems bedeutet.

Die letzte Vorkehrung für unmittelbare Erhöhung der Leistungsfähigkeit einer Werkzeugmaschine ist

13. Verstärkung und Verteilung der Massen in der Maschine.

Die Widerstand leistenden Massen so an jedem einzelnen Orte zu bemessen und zu verteilen, dass bei der Inanspruchnahme der Maschine eine thunlichst gleiche Anstrengung aller Teile das Ergebnis ist, bildet eine der wichtigsten Aufgaben des Werkzeugmaschinenkonstrukteurs; denn gerade bei der Werkzeugmaschine hängt hiervon mehr als bei andern Maschinengattungen die Arbeitsleistung ab.

Diese Aufgabe ist nur lösbar bei völligem Vertrautsein des Konstrukteurs mit der Arbeitsweise der Maschine im Betriebe und dadurch gewonnenem Feingefühl für die Arten, Richtungen und Gröfsen der Kräfte und Widerstände.

Die Ausbildung und gestiegene Anwendung von Feinmessgeräten, welche die in der Maschine überall stattfindenden Nachgiebigkeiten klar vor Augen führen, gewährt eine gute Unterstützung der Konstruktionsthätigkeit.

In welcher Weise die wachsende Erkenntnis dieser kleinsten Bewegungen anscheinend ruhender Teile ihren Einfluss ausübt, dafür einige Beispiele.

Die Betten von Hobelmaschinen haben wesentlich gröfsere Wandungshöhen erhalten. Sobald es die Gröfse der Maschine zulässt, ruht das Bett in seiner ganzen Länge auf der Grundplatte auf, nicht mehr auf einzelnen Füfsen. Diese hohe Bettform hat auch für andere Maschinengattungen, z. B. Langfräsmaschinen, immer mehr Eingang gefunden.

Der V- oder Schwalbenschwanzschlitz zur Befestigung von Maschinenteilen oder von Werkstücken auf Aufspanntischen ist fast völlig durch den T-Schlitz verdrängt, trotz seines Vorteiles geringerer Tiefe. Der Grund dafür liegt ausschliefslich in den Formveränderungen, die der Schraubenanzug im V-Schlitz an der Aufspannfläche hervorbringt.

Die wissenschaftliche Rechnung vermag dem Werkzeugmaschinenkonstrukteur bislang noch keine oder nur sehr geringe Unterstützung bei der Bekämpfung der natürlichen Elastizität der Baustoffe zu bieten. Das, was er in einzelnen Fällen von der Festigkeitslehre benutzen kann, sind nur die allbekannten einfachen Formeln der Zug-, Druck-, Biegungs- und Verdrehungsfestigkeit, in welche die sogen. Erfahrungskoëffizienten gar nicht hoch genug eingesetzt werden können.

Dagegen ist von um so gröfserer praktischer Wichtigkeit die sich auf die Festigkeitslehre aufbauende Lehre von den

Formen gleicher Festigkeit.

Ihr Einfluss auf den Werkzeugmaschinenbau ist deutlich wahrnehmbar an Formenwandlungen wesentlicher Teile, die sich nach und nach vollzogen haben. Besser als Worte zeigen dies einige Figurenbeispiele.

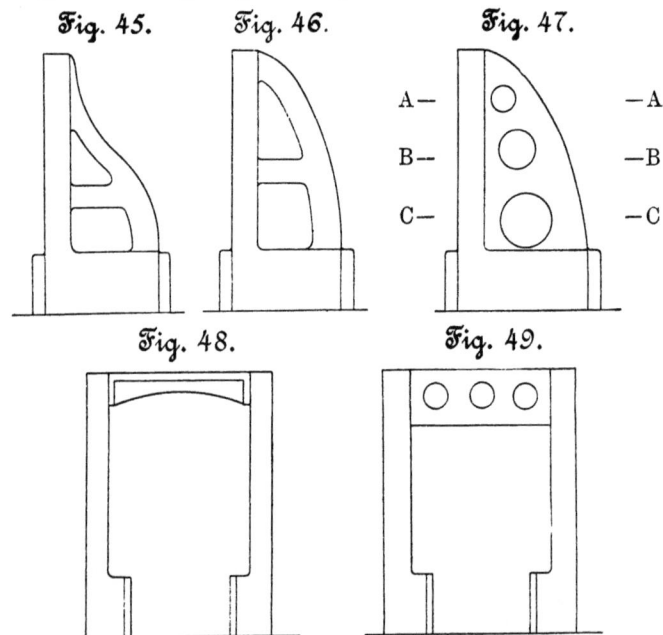

Fig. 45. Fig. 46. Fig. 47.

Fig. 48. Fig. 49.

1) **Wandlung der Form der Hobelmaschinenständer.**
Die früher allgemein angewandte Harfenform, Fig. 45, ist der Parabelform, Fig. 46, gewichen. Aus der Erkenntnis, dass Hobelmaschinenständer nicht allein in Richtung des Tischlaufes, sondern infolge des seitlichen Schnittes des Hobelstahles auch rechtwinklig dazu in Anspruch genommen werden, ergab sich die Notwendigkeit, dem Parabelständer nicht nur die Umgrenzungsform der Parabel, sondern auch nach unten wachsende Querschnitte, Fig. 47, zu verleihen.

2) Das Querstück des Hobelmaschinenständers, das früher in einer der Festigkeitsform gerade entgegengesetzten Hohlbogenform, Fig. 48, nur für die Verbindung der freien Ständerenden und zum Tragen der Querwellenlager bestimmt war, hat durch wesentliche Vergröfserung seiner Höhe die Bedeutung eines Spannwerkes für seitliche Versteifung des Ständerpaares gegen den Arbeitsdruck erhalten, s. Fig. 49.

3) Das Gestell der Stofsmaschinen war in früherer Zeit die deutlich wahrnehmbare Zusammensetzung eines Bettes, einer anschliefsenden Säule und zweier darangesetzter Tragarme, Fig. 50. Es hat sich nunmehr zur Einheitsform des Hakens von gleicher Festigkeit gewandelt, Fig. 51, unter gleichzeitigem Gewinn gröfserer Ausladung.

Fig. 50. Fig. 51.

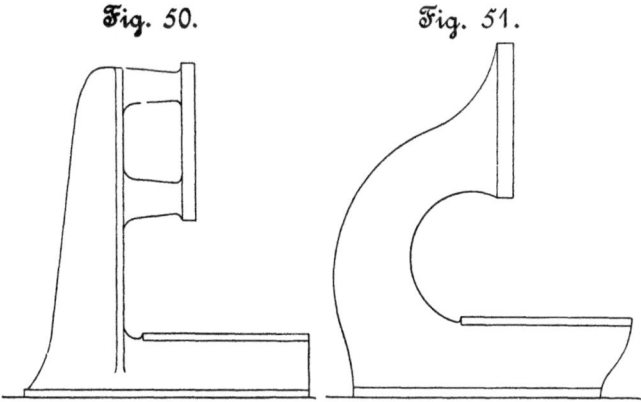

Als Schluss des Abschnittes über die unmittelbaren Mittel zur Erhöhung der Leistung der Werkzeugmaschinen seien folgende Konstruktionsgrundsätze ausgesprochen:

1) **Die günstigste Ausnutzung der aufgewandten Materialmasse für den Zweck der Arbeitsleistung erfolgt durch die Formen gleicher Festigkeit.**

Letztere in den einzelnen Teilen einer Werkzeugmaschine thunlichst geschickt zur Anwendung zu bringen, ist eine ebenso wichtige wie das Auge befriedigende Aufgabe.

2) Innerhalb der zweckmäfsigsten Umgrenzungsform eines Maschinenteiles erfolgt die beste Ausnutzung der Widerstandsfähigkeit des Materiales durch thunlichste Verlegung seiner Masse in die Oberfläche.

Hierin liegt die Berechtigung der

Hohlguss-Formen.

3) Quer-Rippen und deren bestmögliche, den auftretenden Beanspruchungen entsprechende Verteilung zwischen den Wandungen der Hohlgussform verleihen diesen die Eigenschaften gegenseitiger Kräfteaufnahme und Versteifung.

Der Hobelmaschinenständer, Fig. 47, ist durch die, die kreisrunden Oeffnungen umgebenden, als Rippen dienenden Wände auch inbezug auf beste Versteifung seiner Seitenwände vorbildlich und den beiden andern Ständerformen, Fig. 45 und 46, überlegen.

II. Teil.

Einrichtungen für mittelbare Steigerung der Leistung der Werkzeugmaschinen durch Verringerung der toten Arbeitszeit.

Die nicht durch Verrichtung von Arbeit ausnutzbare Zeit beträgt 40 bis 25 vH der Gesamtarbeitszeit. Hieraus folgt die Wichtigkeit aller Vorkehrungen an Werkzeugmaschinen, die zur Herabminderung der für die Spanabnahme verloren gehenden Zeit dienen. Gerade diese Einrichtungen sind es, welche in den letztvergangenen Jahren die gröfste Umwälzung im deutschen Werkzeugmaschinenbau hervorgerufen haben. Sie haben so tiefgreifend und umfassend eingewirkt, dafs man ihre Einführung als den endgültigen Schlufs des Whitworth-Zeitalters und als den Anfang eines neuen, amerikanischen Zeitabschnittes des Werkzeugmaschinenbaues bezeichnen kann.

Nahezu 50 Jahre lang ist der europäische Markt nach dem von Whitworth vertretenen Grundsatz befriedigt worden, »mit wenigen, einfachen, soliden Konstruktionselementen eine eng begrenzte Reihe von Werkzeugmaschinen zu schaffen, die zur Oberflächenbearbeitung geometrisch gesetzmäfsiger Formen genügen«.

Es war das mit verhältnismäfsig wenig Unterbrechungen eine goldene, nun für immer vergangene Zeit für die Werkzeugmaschinenfabriken: »Wenig Kopfarbeit, viel Werkstattarbeit.« Die Ansprüche des Kunden und die Absicht des Fabrikanten deckten sich in der einfachen Forderung, dafs die Werkzeugmaschine »die verlangte Arbeit gut verrichte«. Heute ist der Begriff »gut« durch das dem menschlichen Auge die kleinsten Abweichungen von der theoretischen Genauigkeit blofslegende Feinmessung zehnfach enger gefafst, und die Frage ist nicht mehr, ob die Maschine die gute Arbeit leistet, sondern in welcher Zeit sie sie leistet. Das neue amerikanische Zeitalter verkörpert die schärfste Betonung des Satzes: »Zeit ist Geld.« Infolgedessen wird nicht nur die Zeitdauer der Bearbeitung selbst, sondern auch die Zeitdauer jeglicher Unterbrechung der Bearbeitung auf das erreichbar kleinste Maſs verringert.

Alle dem letzteren Zwecke dienenden Einrichtungen an den Maschinen sind kurz als

zeitsparende Einrichtungen

zu bezeichnen. Die hierher gehörigen Mittel sind fast unzählbar, und fortwährend tauchen neue auf. Sie besitzen nicht immer die Dauerhaftigkeit, die der Werkzeugmaschine bisher ein Lebensalter von 20 bis 30 Jahren gewährte.

Die oft überraschenden, auf schärfster Beobachtung der Arbeitsvorgänge beruhenden amerikanischen Mittel und Mittelchen, irgend eine Zwischenarbeit (Umstellung, Gröſsenwechsel usw.) noch ein wenig schneller als bisher zu verrichten, haben ihren Ursprung meist nicht in Konstruktionstätigkeit, sondern sind in freier Probeausführung geschaffen, bei der die sorgsame Abwägung der Gröſse der künftigen Beanspruchung leicht vernachlässigt wird und das zufällige Vorhandensein irgend einer verwendbaren Materialstange oder dergl. den Ausschlag für die gewählte Stärke gibt. Schwächliche Ausführungen an sich guter Gedanken sind infolgedessen nichts Seltenes an amerikanischen Werkzeugmaschinen. Daher die Tatsache, daſs der anfänglichen Begeisterung über den Schneid der neuen Gedanken in einzelnen Fällen schon nach 2- bis 3jähriger Benutzung eine Ernüchterung wegen der in so kurzer Zeit entstandenen Abnutzung der Maschinenteile folgt.

Sind deshalb die Gedanken zu verwerfen? Nein! Aber solche für den vom Käufer mit Recht beanspruchten Dauerdienst unfähige Ausführungen dürfen vom deutschen Konstrukteur nicht blindlings nachgeahmt, sondern müssen in gute deutsche Formen übersetzt werden. Das geschieht schon vielfach, ist aber zum guten Teil auch noch Konstruktionsaufgabe der nächsten Zukunft. Von der rechtzeitigen und richtigen Erfüllung dieser Aufgabe wird es mit abhängen, ob ein drittes Zeitalter kommen wird, in dem der deutsche Werkzeugmaschinenbau den fortgeschrittensten Standpunkt einnimmt.

Allgemeinere Kenntnis der zeitsparenden Einrichtungen.

Damit das eben genannte Ziel erreicht werde, hat auch die Kundschaft des Werkzeugmaschinenfabrikanten eine Aufgabe und eine Pflicht zu erfüllen, und zwar die Aufgabe, von den wirklich guten Fortschritten allgemeiner Kenntnis zu nehmen, und die Pflicht, die mit derartigen Neuerungen ausgestatteten Maschinen höher einzuschätzen als die wohl äufserlich und nach flüchtigem Augenschein ungefähr gleichen, aber noch auf dem alten Standpunkt verbliebenen und daher meist etwas billigeren Maschinen. Solche allgemeinere Kenntnis der hundertfältigen neuzeitlichen Fortschritte auch aufserhalb des Kreises der Werkzeugmaschineningenieure fördern zu helfen, ist auch eine Aufgabe dieser Arbeit. Die meist geübte Gegenüberstellung einer kennzeichnenden älteren und einer entsprechenden neuen Anordnung, möglichst in der Reihenfolge der Entstehung, erhöht die Uebersicht für den Nichtfachmann.

Arten der zeitsparenden Einrichtungen.

Im folgenden ist zum erstenmal der Versuch gemacht, die Fülle der in den letzten Jahren bekannt gewordenen zeitsparenden Neuerungen in eine gewisse systematische Ordnung zu bringen und durch eine Auswahl kennzeichnender Beispiele in Wort und Bild vorzuführen.

Bei dem vielfachen Ineinandergreifen der Arbeitszwecke dieser Einrichtungen ist die Zerlegung des Stoffes in umgrenzte Abteilungen nicht leicht. Ich erhebe nicht den Anspruch auf beste Lösung.

Die tote, d. h. verloren gehende Arbeitszeit kennzeichnet sich allgemein als Unterbrechung der Schnittbewegung.

Die Unterbrechungen sind mehrfacher Art:

1) regelmäfsig wiederkehrende Unterbrechungen, wie sie durch Umkehr und Leerrücklauf jeder geradlinigen Vorwärtsbewegung erfolgen;

2) zeitweilig nötige Unterbrechungen, welche erfolgen durch:

Geschwindigkeitswechsel der Schnittbewegung,
Gröfsen- oder Richtungswechsel des Vorschubes,
Ortswechsel des Werkzeuges oder Werkstückes,
feste Einstellung nach geschehenem Ortswechsel,
Ausspannen, Schärfen und Einspannen des Werkzeuges und
Aufspannen, Umspannen und Abspannen des Werkstückes.

Dieser Einteilung entspricht die folgende Ordnung der zeitsparenden Einrichtungen.

— 80 —

Der schnelle Leerrücklauf.

Der Leerrücklauf ist ein notwendiges Uebel jeder geradlinigen Arbeitsbewegung einer Werkzeugmaschine. Letztere kann Schnittbewegung oder Vorschubbewegung sein. Danach ordnet sich das Folgende.

Der Leerrücklauf der geradlinigen Schnittbewegung

kommt vor an der Hobelmaschine in ihren verschiedenen Bauarten, als Langhobelmaschine, Querhobelmaschine (Shapingmaschine) und Hochhobelmaschine (Stofsmaschine). Die Bewegungsteile der Schnittbewegung dienen auch dem Rücklauf, nur in entgegengesetzter Richtung und mit erhöhter Geschwindigkeit. Den Einfluss des Rücklaufes auf die Arbeitsleistung der Maschine in der Zeiteinheit zeigt folgende Zahlentafel:

der Arbeitsgang erfolge mit	100	100	100	100	100	mm/sk Geschwindigkeit
der Rücklauf sei . .	2	3	4	5	6	fach
dann kommen auf . .	100	100	100	100	100	sk Arbeitsgang
rund	50	33	25	20	17	» Rücklauf
also beträgt die Gesamtzeitdauer . . .	150	133	125	120	117	sk
die Nutzleistung . .	$66^2/_3$	75	80	83	85	} vH der Arbeitszeit
die tote Zeit	$33^1/_3$	25	20	17	15	}

Da der schnelle Rücklauf der Hobelmaschinen vom früher üblichen 2- bis $2^1/_2$ fachen des Vorlaufes nach und nach bei kleineren und mittleren Maschinen auf das 4-, 5- und 6fache, bei gröfseren Maschinen auf das 3- und 4fache gesteigert worden ist, so ist ein Fortschritt in der Nutzleistung von 66 bis 70 auf 80 bis 85 vH bei kleineren, auf 75 bis 80 vH bei gröfseren Maschinen zu verzeichnen; das ist die Steigerung der Tagesleistung um rd. 15 bis 10 vH.

Ankündigung hoher Verhältniszahlen des Rücklaufes zum Arbeitslauf.

Der Käufer von Hobelmaschinen tut gut, nicht nur nach dem Verhältnis von Arbeits- und Rücklaufgeschwindigkeit, sondern auch nach den tatsächlichen Gröfsen beider zu fragen; denn mit Leichtigkeit läfst sich ein hohes Rücklaufverhältnis nennen, wenn man die Einheit, d. h. die Schnittgeschwindigkeit, möglichst mäfsig bemifst. 300 mm bedeuten vierfachen Rücklauf bei 75 mm Schnittgeschwindigkeit, aber nur zweifachen Rücklauf bei 150 mm Schnittgeschwindigkeit. Nur die tatsächlichen Gröfsen geben dem Käufer einer Hobelmaschine die Gewifsheit hoher Leistung.

Ankündigung hoher Ersparniszahlen.

Ebenso wie angekündigte hohe Rücklaufverhältnisse sind angekündigte hohe Ersparnisse, die durch irgend eine Hobelmaschinenkonstruktion erzielt werden sollen, wertlos für den Käufer einer Maschine; denn es ist ein gewaltiger Unterschied, ob mit der veröffentlichten Ersparniszahl in Hundertteilen eine Ersparnis gegenüber einer alten Hobelmaschine oder gegenüber einer andern neuzeitlichen Hobelmaschine aus guter Fabrik gemeint ist. Ich bin der Ansicht, dafs die Zeitungsankündigung und das Preisbuch nicht den Schein von Vorzügen der darin empfohlenen Maschinen erwecken, sondern wirkliche Vorzüge klar und sachlich darlegen sollen.

Geschwindigkeitssteigerung des Rücklaufes.

Diese Steigerung stellt bestimmte Ansprüche an Konstruktion und Ausführung der Hobelmaschinen.

Der in Fig. 52 und 53 dargestellte, früher allgemein übliche Tischantrieb mittels eines Treibriemens, der von der Vorlaufscheibe über die lose Scheibe zur Rücklaufscheibe und umgekehrt geführt wird, ist den jetzigen hohen Rücklaufgeschwindigkeiten hauptsächlich deshalb nicht gewachsen, weil während des schnellen Tischrücklaufes sämtliche dem Vorlauf des Tisches dienenden Uebersetzungszahnräder infolge der (durch die Zahlen in den Figuren gekennzeichneten) Eingriffanordnung zwecklos mit in schnelle Rücklaufbewegung gesetzt werden.

Das vermeidet der doppelte (offene und gekreuzte) Antriebriemen, Fig. 54, bei dem die auch der Zahl nach verringerten Zahnräder beim Vor- und beim Rücklauf in Arbeitstätigkeit bleiben.

Die Riemenscheiben können ihren Platz an der rechten oder linken Seite der Maschine haben. Die Amerikaner bevorzugen die rechte, also die Bedienungsseite, wodurch sie zwar eine oder einige Verbindungsstangen für die Riemen-Umsteuervorrichtung ersparen, aber die Rücksicht auf Gefahr für den Arbeiter aufser acht lassen.

Zufolge dieser Anordnung findet man selbst an manchen Hobelmaschinen von amerikanischen Firmen ersten Ranges, dafs der Arbeiter, um die selbsttätige Auf- und Abwärtsbewegung des Querschlittens ein- oder auszurücken, durch den schmalen Zwischenraum, welchen der offene und der gekreuzte Antriebriemen frei lassen, hindurchgreifen mufs, um zu dem betreffenden Handgriff zu gelangen.

Fig. 52 und 53.

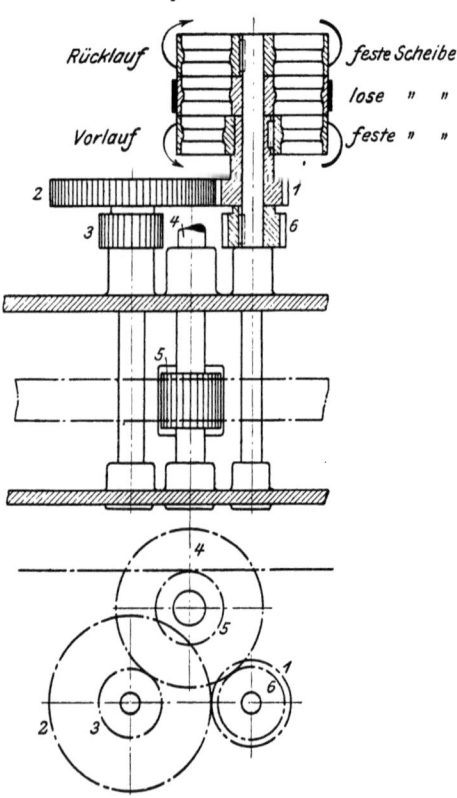

Der amerikanische Konstrukteur kennt die Fürsorge und die strengen Bestimmungen der deutschen Arbeiterschutzgesetzgebung nicht, von deren in der Neuzeit sehr bemerkbarem Einflufs ein späterer besonderer Abschnitt handeln wird;

der Käufer der Maschine muſs daher oft nachträglich anbringen, was der Lieferer drüben versäumt hat.

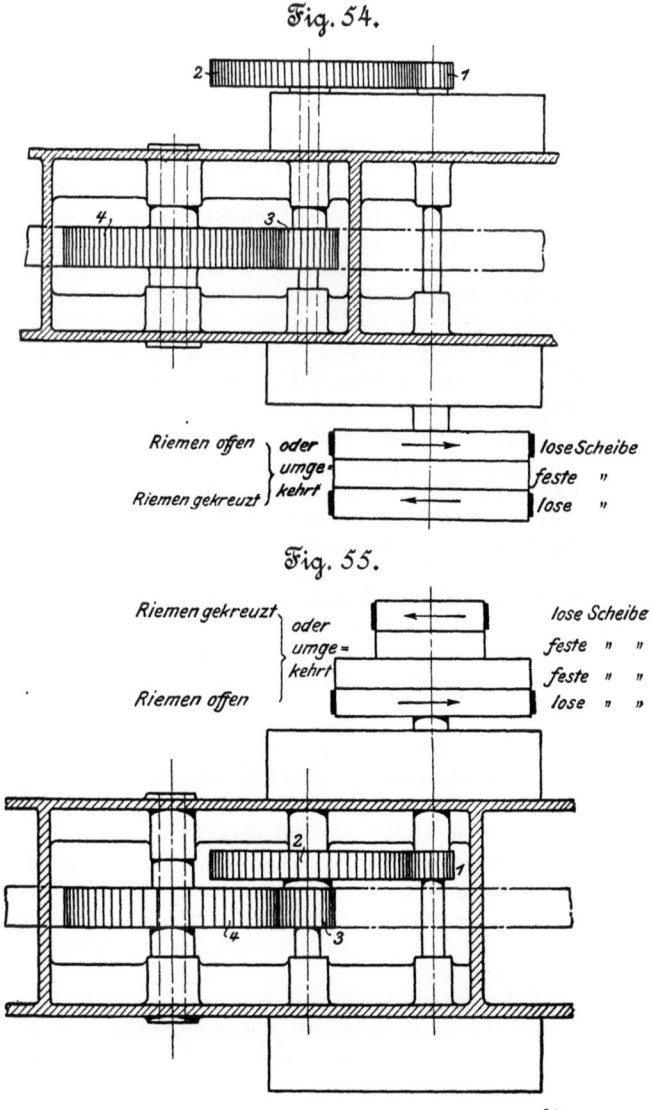

Fig. 54.

Fig. 55.

— 84 —

Der Geschwindigkeitsunterschied zwischen Vor- und Rücklauf mufs bei der Anordnung von Fig. 54 ausschliefslich von den Riemenscheiben des Deckenvorgeleges erzeugt werden. Für die Rücklaufscheibe des Deckenvorgeleges ergeben sich dadurch leicht übergrofse Durchmesser, wenn die gröfste Rücklaufgeschwindigkeit, das sind unter heutigen Verhältnissen etwa 500 m/sk, erreicht werden soll.

Dem begegnet die Anordnung je zweier fester und loser Scheiben, wobei die ersteren als Stufenscheibe ein Ganzes bilden können; s. Fig. 55 (u. a. von der Werkzeugmaschinenfabrik Union durchgängig ausgeführt). Hier ist ein Teil des Geschwindigkeitsunterschiedes bereits in den Riemenscheiben der Maschine vorhanden, sodafs das Deckenvorgelege nur den übrigen Teil mittels mäfsiger Gröfsenabstufung der Antriebscheiben erzeugt.

Wie Fig. 54 und 55 zeigen, ist ferner das kleine in die Zahnstange greifende Triebrad, Fig. 52, durch ein grofses die Zahnstange treibendes Stirnrad ersetzt. Dadurch ist gleichzeitiger Eingriff mehrerer Zähne erreicht.

Grofse Hobelmaschinen erhalten ein Räderpaar mehr als gezeichnet. Es dient zumteil dazu, die Räderübersetzung noch etwas zu vergröfsern, also das Verhältnis zwischen Tischlauf und Riemengeschwindigkeit zu steigern, zumteil aber geschieht es auch in Rücksicht darauf, dafs die Räder nicht zu grofs werden, demnach nicht so tief in den Fufsboden greifen.

Theoretische und tatsächliche Erzeugung der Geschwindigkeiten.

Die Steigerung der vom Hobelmaschinentisch auszuführenden Vor- und Rücklaufgeschwindigkeiten ergibt zugleich eine vermehrte Abweichung zwischen der theoretischen und der wirklichen Ausführung dieses Laufes, die durch die folgenden Figuren in Diagrammform dargestellt ist.

Das Diagramm der theoretischen Geschwindigkeiten stellt Fig. 56 dar. Durch die in der Praxis unvermeidlichen Geschwindigkeitsübergänge vom Vorlauf über den Ruhepunkt zum Rücklauf und umgekehrt entsteht das Diagramm der Wirklichkeit wie folgt:

a) bei der älteren Hobelmaschine mit etwa 100 mm/sk Vorlauf und 250 mm/sk Rücklauf wie in Fig. 57;

b) bei der neueren Hobelmaschine mit etwa 130 mm/sk Vorlauf und 500 mm/sk Rücklauf wie in Fig. 58.

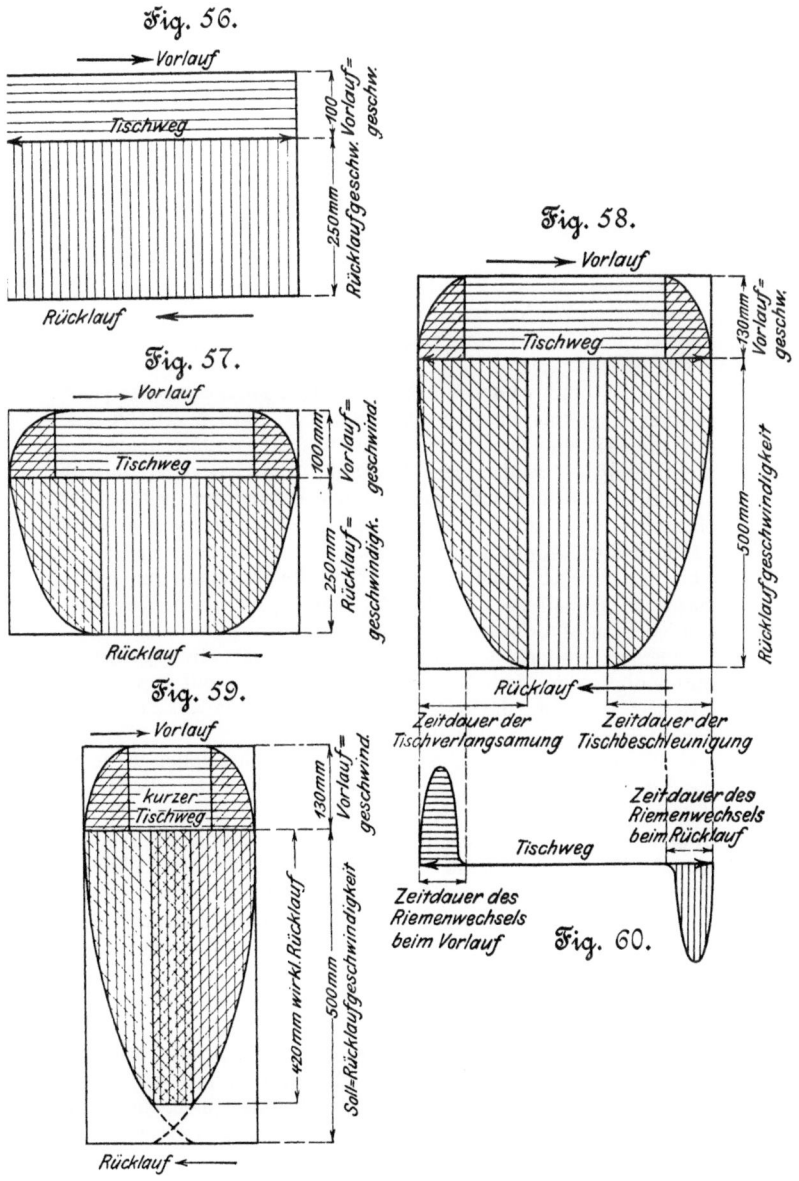

In den Figuren zeigen die schraffierten Teile die Zeitdauer des Tischlaufes bezw. den Teil des Tischweges, wo die Sollgeschwindigkeit nicht voll vorhanden ist. So entsteht in Wirklichkeit ein Zusatzverlust zu den früher angegebenen Zeitverlusten in Hundertteilen.

Die Diagramme geben nur Annäherungswerte. Genaue Versuche mit geeigneten Mefsgeräten über die Gröfsen der Verluste bei den verschiedenen Laufgeschwindigkeiten von Hobelmaschinen wären wünschenswert. Vielleicht nimmt der Verein deutscher Ingenieure diese Anregung auf, um auch einmal einen Betrag zur Anstellung derartiger und ähnlicher Versuche im Werkzeugmaschinenfache auszuwerfen, wie er es bereits seit Jahren auf andern Gebieten in dankenswerter Weise tut.

Es ist ohne weiteres ersichtlich und stimmt mit den praktischen Ergebnissen überein, dafs bei kurzen Tischwegen die theoretische Geschwindigkeit des Rücklaufes überhaupt nicht erreicht wird. Das Diagramm Fig. 59 sagt, dafs in der Mitte des Rücklaufweges die den Antriebverhältnissen der Maschine entsprechende Geschwindigkeit noch nicht erreicht ist, und doch nimmt die Geschwindigkeit bereits wieder ab, weil der Antrieb nicht imstande ist, die Trägheit der Tischmasse so schnell zu überwinden, wie es die kurze Zeitdauer des Rücklaufes erfordern würde.

Einer weitergehenden Steigerung der Bewegungsgeschwindigkeiten der Hobelmaschine sind somit natürliche Grenzen gezogen, die mit der Rücksichtnahme auf Erhaltung der Stahlschneide nichts zu tun haben.

Wenn es daher schon schwer ist, die hohen Arbeitsgeschwindigkeiten, welche die neuen Schnelldrehstähle gestatten, auf der Drehbank voll auszunutzen, so liegt für die Hobelmaschine bis heute überhaupt noch keine Möglichkeit vor, die aufserordentliche Widerstandsfähigkeit der Schneide solcher Stähle in vollem Umfange nutzbar zu machen.

Das erinnert lebhaft an den früheren Kampf zwischen Geschofs und Panzer, bei dem einer Zeit der Ueberlegenheit des einen stets eine Zeit der Ueberlegenheit des andern folgte.

Früher war jede gewöhnliche Markt-Werkzeugmaschine inbezug auf Ausdauer dem Werkzeug überlegen; jetzt ist eine Zeit, wo das Werkzeug der Maschine Anlafs gibt, neue Fortschritte in Konstruktion und Ausführung zu machen, um die dem neuen Stahl innewohnenden Eigenschaften praktisch verwerten zu können.

Vor- und Rückwärtshobelei.

Das durchgreifendste Mittel wäre, den Rücklauf der Hobelmaschine überhaupt abzuschaffen und vor- und rückwärts zu hobeln. Es sind in dieser Hinsicht, weil es so nahe liegt, schon seit etwa 40 Jahren immer wieder Versuche mit verschiedenen Ausführungsformen gemacht worden. Alle sind bisher daran gescheitert, daſs es nicht möglich war, die für genaue Arbeit notwendige Uebereinstimmung der Vorwärtsschneide und der Rückwärtsschneide zuverlässig, dauernd und für alle Hobelarbeiten zu erzielen. Wenn die Uebereinstimmung auch für einfache Planarbeiten unter Umständen erreicht werden konnte, so blieb beim Hobeln einigermaſsen zusammengesetzter Formen viel zu wünschen übrig. Schon das Vor- und Rückwärtsbearbeiten einer Seitenschräge macht Schwierigkeiten. Auch die zu Anfang dieses Aufsatzes aufgestellte Theorie von den 4 Graden der Bewegung darf bei Neukonstruktionen von Vor- und Rückwärtshobel-Einrichtungen nicht vernachläſsigt werden.

Jede Erhöhung des Grades der Bewegung bildet ein Hindernis des Erfolges, weil durch sie die Starrheit der Stahlschneide gegenüber dem Werkstück leidet. Es bleibt daher abzuwarten, ob die technisch interessante Vereinigung von Kipp- und Wendevorrichtung (D. R. P. 119 847 der A.-G. für Schmirgel- und Maschinenfabrikation und von J. Sobotka in Bockenheim-Frankfurt) sich als endliche praktische Lösung des bisher so vielfach versuchten und immer bald wieder fallengelassenen Gedankens bewähren wird. Die Besucher der Düsseldorfer Ausstellung hatten Gelegenheit, hierüber Beobachtungen anzustellen[1]).

Inzwischen sind in der Werkzeugmaschinenfabrik »Union« (vorm Diehl) in Chemnitz eingehende Versuche mit einer von der vorgenannten völlig abweichenden Konstruktion gemacht worden, durch die ohne Erhöhung der jetzt an jeder Hobelmaschine vorhandenen Zahl von Bewegungsteilen alle Arten von Flächen vor- und rückwärts gehobelt werden können. Diese Versuche haben ergeben, daſs der Schwerpunkt der Sache darin liegt, eine völlige oder mindestens sehr angenäherte praktische Gleichwertigkeit des Rückwärtsschnittes mit dem bisherigen Vorwärtsschnitte zu erzielen.

Zu diesem Zwecke sind nach den bereits gewonnenen Erfahrungen durchgreifendere Veränderungen der Konstruktion der Hobelmaschinen nötig, als eine bloſse Umgestaltung der

---

[1]) Vergl. H. Fischer, Z. 1902 S. 1617.

Hobelstahlform und der Hobelstahleinspannung. Nähere Angaben darüber behalte ich mir bis zu dem Zeitpunkte vor, wo die gewissenhafteste Prüfung der Ausführungen beendigt sein wird.

Das Verdienst, die zweifellos wichtige Frage der Ersparnis des Leerrücklaufes wieder einmal in Anregung gebracht zu haben, ist der oben genannten Aussteller-Firma bereitwillig zuzuerkennen.

Einfluſs von Geschwindigkeits- und Richtungswechsel des Riemens.

Bereits in einem früheren Abschnitt war gesagt, daſs die Riemengeschwindigkeit der neuzeitlichen Hobelmaschine bis auf das 40 bis 50fache der Tischgeschwindigkeit gesteigert ist. In diesem Augenblicke interessiert aber nicht die Geschwindigkeit selbst, sondern wir betrachten die Zeiten, in welchen die Vorlaufgeschwindigkeit der die Tischbewegung erzeugenden festen Scheibe in die Rücklaufgeschwindigkeit — und umgekehrt — verwandelt wird.

Da hier nicht wie beim Tisch erhebliche Massenbeschleunigung infrage kommt, so wird die praktische Ausführung dieses Geschwindigkeits- und Richtungswechsels nicht von der theoretischen Ausführung abweichen. Es entsteht ein Diagramm etwa von der Form Fig. 60.

Ein Vergleich dieses Diagrammes mit dem in Fig. 58 zeigt, daſs die Zeitdauer für den Riemenwechsel bedeutend geringer ist als für die Umwandlung der Tischbewegung aus der vollen Vorlaufgeschwindigkeit über den Ruhepunkt zur entgegengesetzten Rücklaufgeschwindigkeit (und umgekehrt). Der Tisch kann dem Antriebwechsel zeitlich nicht folgen. Ein Versuch, den letzteren zu verlangsamen, würde nur die Wirkung haben, daſs sich auch der Tischwechsel entsprechend verlangsamte, sodaſs der Zeit- und Diagrammunterschied bliebe. Ein gewisser Mehrbetrag der Antriebgeschwindigkeit über die Tischgeschwindigkeit in den Entstehungszeiten der letzteren ist somit das einzige Mittel, eine rasche Beschleunigung der Tischmasse zu erzwingen und dadurch die Zeitdauer der minderwertigen Tischgeschwindigkeiten (vergl. die Diagramme Fig. 57 bis 59) abzukürzen.

Schnelllaufende Antriebriemen.

Dem genannten Zweck dient eine schnelle Verschiebung der Antriebriemen in Verbindung mit schnellem Ablauf ihrer anliegenden Riemenfläche; denn erst nach dem Ablauf der letzteren ist die Riemenüberführung durch die Verschiebung vollständig erfolgt und mit voller Zugkraft wirksam.

Dem entsprechen schmale schnelllaufende Riemen, und solche sind daher ein Kennzeichen der neuzeitlichen Hobelmaschine geworden.

Riemenwechsel mit Nacheilung.

Zwei Riemen — ein offener und ein gekreuzter — erfordern bei gleichzeitiger Verschiebung doppelte Breite der losen Scheiben, also eine dementsprechende Gröfse der seitlichen Verschiebung, um einzeln auf die feste Scheibe zu ge-

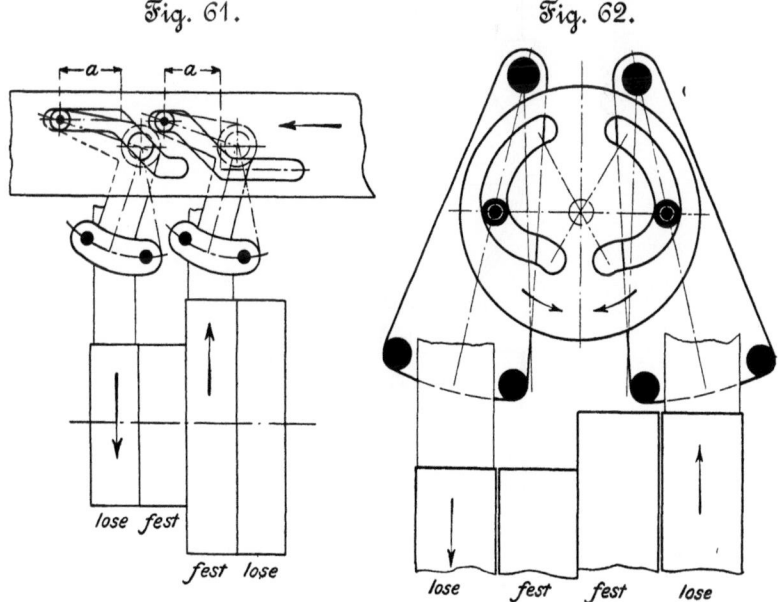

Fig. 61. Fig. 62.

langen. Demgegenüber benutzt die Hobelmaschine durchgängig eine Einrichtung, welche nur einfache Breite der losen Scheibe nötig macht; es werden nämlich die Riemen nicht gleichzeitig, sondern nacheinander übergeführt. Das allgemein dazu angewandte Mittel ist der Schlangen- oder S-Schlitz. Die Einrichtung selbst hat in der Neuzeit verschiedene Formen angenommen, die durch die Figuren 61 bis 64 gekennzeichnet sind. In allen Fällen erfolgt die Nacheilung durch die verschiedene Länge der beiden S-Enden. Infolgedessen bleibt ein Riemen noch in der alten Lage, während der andere bereits in Bewegung gesetzt wird.

Ausgleich der Geschwindigkeitsunterschiede.

Die oben dargelegten Geschwindigkeitsunterschiede verlangen notwendigerweise einen Ausgleich, welcher nur mög-

Fig. 63 und 64.

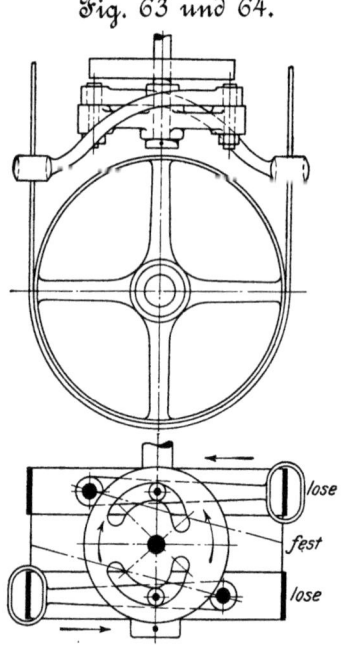

lich ist durch einen Ausgleich der beiden beteiligten Kraftquellen: der Trägheit der bewegten Tischmasse in der Zeit ihrer Beschleunigung und Verlangsamung, und der Reibung der treibenden Riemenfläche auf ihrer Scheibe. Beide müssen sich notgedrungen einander anpassen. Bei kleineren Maschinen, also solchen mit leichterem Tisch, wird der Einfluſs des Riemens überwiegen, bei groſsen Maschinen mit schwerem Tisch der Einfluſs des letzteren.

Der schmale schnelllaufende Riemen besitzt die nötige Eigenschaft, bei mäſsiger Riemenanspannung genügende Zugkraft auszuüben und doch in den Augenblicken der widerstreitenden Geschwindigkeiten ein Gleiten auf der Triebscheibe zuzulassen. An Maschinen, wo das Gleiten nicht genügend leicht vor sich geht, tritt der bekannte schrille Riemenpfiff im Augenblick des gröfsten Widerstreites der Geschwindigkeiten ein.

Stofsfreie Tischumkehr.

Wenn auch die neuere Zahnerzeugung durch genaueste Herstellung der Zahnflanken nur ganz geringe Zahnzwischenräume (spiellose Zähne) ergibt, so geht doch mit dem Richtungswechsel des Tisches der Druck auf die entgegengesetzten Zahnflanken der den Tisch bewegenden Zahnstange über. Aus der durch die Diagramme Fig. 58 und 60 gekennzeichneten geringeren Zeitdauer des Riemenwechsels gegenüber dem Tischbewegungswechsel folgt, dafs dieser Wechsel der Zahnanlageflächen sich nicht erst im Augenblick der Tischumkehr, wo er nicht ohne Stofs erfolgen könnte, sondern bereits vorher vollzieht. Dies ist die Erklärung des Geheimnisses stofsfreier Tischumkehr der neuzeitlichen schnelllaufenden Zahnstangen-Hobelmaschine.

Die früher weit mehr als jetzt angewandten Tischtriebmittel der Schraube mit Mutter und der Schnecke mit Zahnstange besitzen bei den gesteigerten neuzeitlichen Geschwindigkeiten nicht in gleichem Mafse die Eigenschaft der Erzeugung so sanfter Tischumkehr; denn beide Mittel geben dem Tisch eine zwangläufigere Bewegung, sodafs der Ausgleich der Geschwindigkeitsunterschiede zwischen Riemen und Tisch kurz vor und nach den Umkehrpunkten nicht so gut stattfindet wie bei einem unmittelbar vom Riemen betätigten Stirnrad- und Zahnstangentrieb. Die Anwendung des Schraubentriebes ist daher fast nur noch für sehr grofse und schwere Tische, welche eine wesentliche Steigerung der Laufgeschwindigkeit an sich nicht gestatten, bevorzugt. Meines Erachtens liegt kein Grund vor, nicht auch für solche zum Zahnstangentrieb überzugehen, wie es zumteil auch geschieht.

Zahnstangentriebe von Stahl.

Die Ausführung der Tischzahnstange und ihres Triebrades aus Stahl statt aus Gufseisen (u. a. neuerdings von der Werkzeugmaschinenfabrik Union in Chemnitz angewandt) ist ein weiterer bedeutsamer Fortschritt, der den letzten noch möglichen Einwand gegen den Zahnstangentrieb — den etwaigen Zahnbruch — benimmt und die Aufsuchung irgend eines andern Ersatzmittels überflüssig macht. Ein dehnbares Geflecht (Drahtseil) z. B. ist unmöglich als Fortschritt gegenüber einem Stahlkörper von fast unbegrenzter Dauerbrauchbarkeit zu bezeichnen.

Einfluſs des Rücklaufes auf die Triebkraft.

Die normale, für die Ausführung der Schnittbewegung nötige Betriebskraft steigert sich in den Augenblicken der Tischumkehr, insbesondere beim Beginn des schnellen Rücklaufes, durch die vom Treibriemen erzwungene, schnell ansteigende Beschleunigung der Tischgeschwindigkeit ungefähr auf das Doppelte, auch darüber. Beobachtungen am Ampèremesser bei elektrischem Gruppenantrieb ergeben, daſs für Augenblicke zufälligen Zusammentreffens des Rücklaufbeginnes mehrerer gröſserer Hobelmaschinen Steigerungen bis auf das Vier- und Mehrfache vorkommen. Die Ausstattung elektrischer Antriebe für Hobelmaschinen mit einem schnelllaufenden, genügend groſsen, stets im selben Sinne laufenden Schwungrade ist daher sowohl für Gruppen- wie Einzelantrieb zu empfehlen (für ersteren einfach durch ein Schwungrad auf der Transmission), um Augenblicksüberlastungen des Motors zu vermeiden. Ein mir bekannt gewordener, mit dem Ampèremesser ermittelter Fall, in dem die höchste Beanspruchung einer gröſseren Hobelmaschine nicht bei Beginn des Rücklaufes, also bei Beschleunigung der Tischbewegung, sondern am Ende des Tischrücklaufes, also bei der Abnahme der Tischgeschwindigkeit stattfand, ist ein Beispiel zu starker Drosselung der Tischbewegung durch die Riemensteuerung.

Derartig gewaltsames Totbremsen einer wenige Sekunden später durch die Trägheit der Masse von selbst zur Ruhe kommenden Bewegung ist ein unnötige Kraftvergeudung. Es kann unter Umständen entstehen durch eine allzuschnelle Riemenüberführung bei stark gesteigerter Rücklaufgeschwindigkeit. Dem beugt die neuzeitliche Hobelmaschine vor durch die Umgestaltung des früher gleichschenkligen sogenannten Stiefelknechtes, Fig. 65, der die Riemenüberführung einleitet, in einen ungleichschenkligen, Fig. 66, dessen Schenkel a und b im Verhältnis oder mindestens annähernd im Verhältnis der Tischvorlauf- zur Tischrücklaufgeschwindigkeit stehen. Der beim Rücklauf wirksame Schenkel wird öfter mit einer Klappe c versehen, die, wenn umgelegt, ermöglicht, dafs die beim Arbeiten benutzte Grenze des Tischrücklaufes zum Zwecke der Vornahme irgend einer aufser dem Bereich des Querschlittens bequem auszuführenden vorbereitenden Zwischenarbeit verschoben wird.

Fig. 65 und 66.

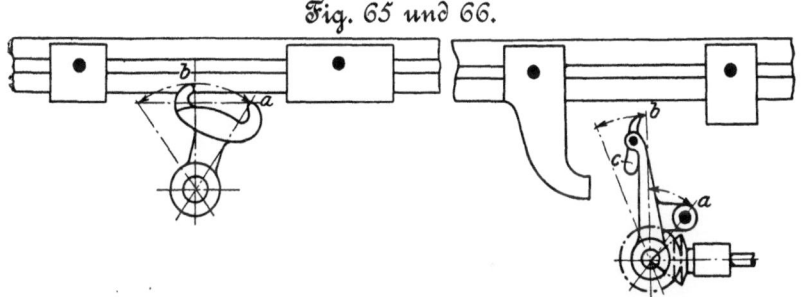

Durch solche ungleichschenklige Anordnung wird der Riemen bei Vor- und Rücklauf mit der gleichen günstigsten Geschwindigkeit übergeführt. Die zweite, eine lange Reihe von Jahren beliebt gewesene Einrichtung für die Tischumkehr: die Steuerkurve, auch Kurvenmuff genannt, ist jetzt vollständig verschwunden. Sie, ebenso wie der frühere gleichschenklige Stiefelknecht, Fig. 65, vollzog aufser der Riemensteuerung auch noch die Weiterschaltung des Werkzeugschlittens, die somit auch von der Zu- und Abnahme der lebendigen Kraft des Tisches in seinen Endwegen abhängig war.

Die Schlittensteuerung hat man jetzt fast allgemein dem Tische abgenommen und nach amerikanischen Vorbildern einer der Antriebwellen der Maschine übertragen (s. w. u.). Durch diese Trennung von Tisch- und Schlittensteuerung ist einesteils ein unmittelbarerer Betrieb des Werkzeugvorschubes geschaffen, andernteils die Ingangsetzung und Stillstellung der Maschine für den bedienenden Arbeiter erleichtert. Früher mufste, wenn die Schaltklinke des Schlittens noch eingelegt war, die ganze Schlittensteuerung, oft unter grofsem Kraftaufwand, mitbewegt werden. Es gelang daher in eiligen Fällen nicht immer, den Tisch rechtzeitig zum Stehen zu bringen, und der Bruch eines Bewegungsteiles war infolgedessen nichts Seltenes.

Abkürzung des toten Ueberweges.

Bei jedem Arbeits- und Rücklauf durchläuft der Hobelmaschinentisch einen etwas gröfseren Weg, als die Hobellänge des Werkstückes beträgt, wodurch sich der Anteil der toten Arbeitszeit vergrößert ($l_1 + l_2$ in Fig. 67). Dieser Mehrbetrag ist zumteil zur Erzielung gleichmäßig langen Tischauslaufes, zumteil zur rechtzeitigen Ausführung der Schlittenschaltung vor Beginn des Schnittes nötig (s_1 in Fig. 68).

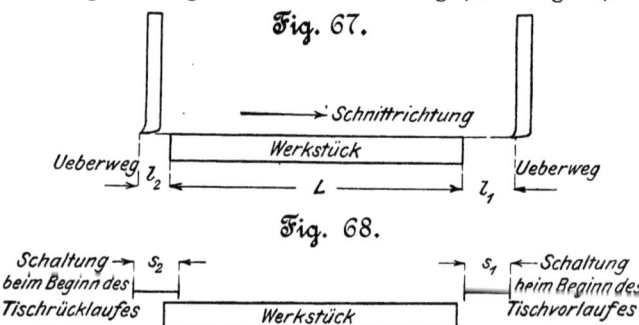

Wollte man den Hobelzahn bis zum letzten Augenblick des Tischvorlaufes schneiden lassen, so würde die Auslauflänge des Tisches durch jede größere Veränderung der Spanstärke mit verändert werden, da der Riemenwechsel dort bereits vollzogen ist und der Tisch nur noch durch seine abnehmende lebendige Kraft läuft. Bei stärker werdendem Span würde daher der Ruhepunkt früher eintreten und der Zahn vor Beendigung des Schnittweges stecken bleiben.

Bei Beginn des Tischarbeitsweges dagegen ist zumeist die Weiterschaltung des Werkzeuges zu besorgen, und zwar derart, daß sie vollständig beendet ist, sobald der Hobelzahn den Anfang der zu bearbeitenden Fläche erreicht. Gute Schlittensteuerungen beanspruchen hierzu wenig Zeit, also auch wenig verlorenen Tischweg. Etwa 100 mm des letzteren können als das erreichbare Mindestmaß gelten.

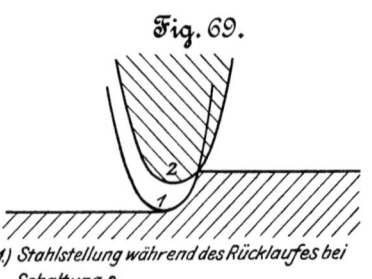

Man könnte diesen verlorenen Weg fast ganz ersparen, wenn man die Weiterschaltung des Schlittens bereits vorher, also noch während des

Rücklaufes besorgte (Schaltung s_2 in Fig. 68); allein dann schleift der Rücken der Stahlschneide auf der Kante des vorigen Schnittes, Fig. 69, und bald ist es dann um den guten Zustand der Schneide geschehen. Davon später bei den zeitsparenden Mitteln zur Schonung der Stahlschneide und zur Vermeidung häufigen Stahlwechsels.

Der schnelle Rücklauf des Kurbelantriebes.

Die beiden altbekannten Mittel, den Kurbelantrieb mit schnellem Rücklauf zu versehen: die Umdrehschleife (Whitworth-Schleife) und die Schwingschleife (Kulisse), lassen eine Steigerung des Gröfsenverhältnisses von Rück- zu Arbeitslauf wie bei den Langhobelmaschinen nicht zu. Wahrscheinlich würde man sich mit ihnen schon lange nicht mehr begnügt haben, wenn man erstens etwas Besseres gehabt hätte, und wenn nicht zweitens der Rücklauf beider Schleifen beim Gange infolge der grofsen Augenblicksgeschwindigkeit in der Mitte des Hubes das Bild eines recht beträchtlichen Zeitgewinnes böte und dadurch das Auge des Beobachters befriedigte.

Nur die Diagramme dieser Betriebsart, Fig. 70 und 71, geben Aufschlufs über den Wert dieses schnellen Rücklaufes, d. h. über den durch ihn erzielten Zeitgewinn.

Verhältnisse von Rück- und Arbeitslauf.

Das übliche Verhältnis zwischen Rück- und Arbeitslauf ist bei der Umdrehschleife etwa 7:4, bei der Schwingschleife etwa 5:2, und die erreichbaren Höchstmafse sind etwa 2:1 und 3:1. Beide Verhältnisse werden ausschliefslich durch das Verhältnis der Umfangswinkel $A_1 C_1 B_1 : ACB$ für Vor- und Rücklauf bestimmt. Die grofse Geschwindigkeit in der Mitte des Rücklaufes hat nicht den geringsten Einflufs darauf und ist weiter nichts als eine hochgradige Ungleichmäfsigkeit des letzteren, die weit eher schädlich als nützlich wirkt, insofern durch sie die Betriebskraft während des Rücklaufes auch sehr ungleichmäfsig wird.

Bei der Schwingschleife bleibt das Verhältnis von Rück- und Vorlauf nicht gleich, sondern nimmt mit dem Kleinerstellen des Hubes ab, sodafs bei sehr kleinen Hüben ein Einflufs dieser Schleife auf die Kurbelbewegung fast nicht mehr zu spüren ist. Dagegen gewährt sie den Vorteil, gröfsere Hübe als mit der Umdrehschleife bequem erreichen zu können.

Die Diagramme zeigen noch eine fast nie in den Preisbüchern oder Empfehlungen der Fabrikanten genannte, gute Eigenschaft der Schleife, die darin besteht, die Ungleichförmigkeit der Kurbelbewegung während des zum Hobeln bestimmten Verlaufes gleichmäfsiger zu machen.

Fig. 70. Diagramm der Umdrehschleife.

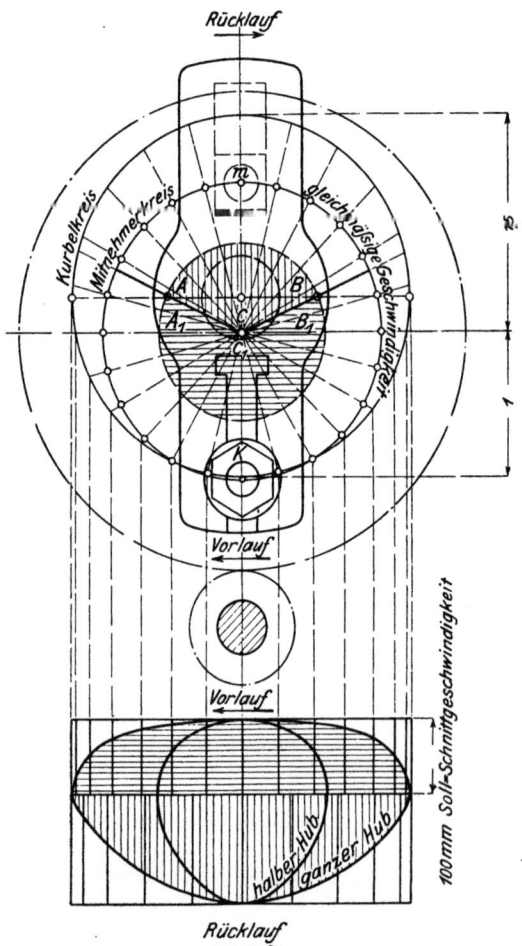

Abkürzung der Rücklaufdauer.

Die Hintereinanderschaltung von Umdreh- und Schwingschleife erscheint als ein gangbares Mittel, das Rücklaufverhältnis zu vergrößern. Sie wird in der Tat hier und da

Fig. 71. Diagramm der Schwingschleife.

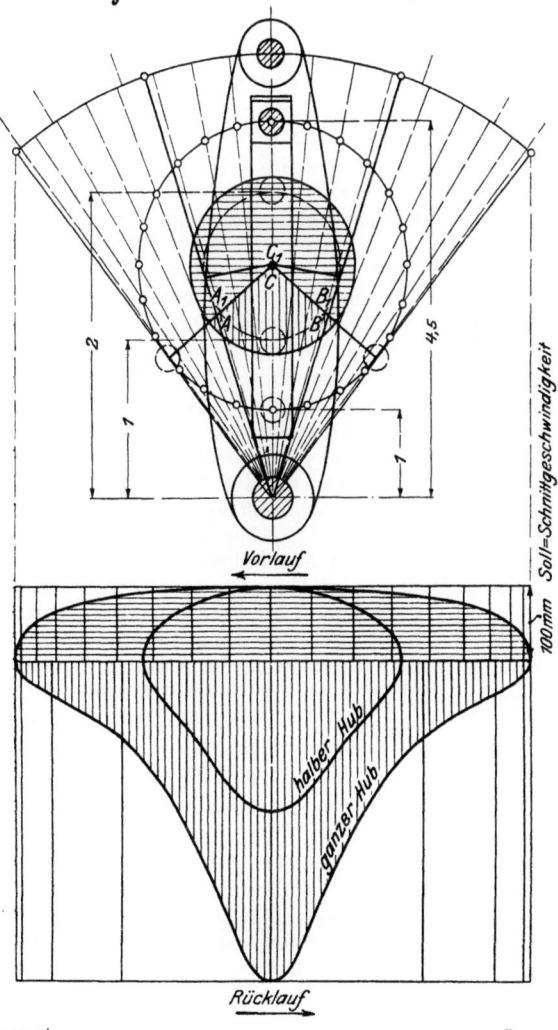

versucht und empfohlen. Leider wächst dabei die Ungleichmäfsigkeit des Rücklaufes in solchem Grade, dafs die schnell zu- und abnehmende Beschleunigung der bewegten Massen einen schädlichen Einflufs auf die Dauerhaftigkeit dieser Anordnung ausübt.

Hierauf läfst sich das im Anfang dieser Arbeit entwickelte Gesetz von den Graden der Bewegung anwenden. Danach ist durch die Häufung der Bewegungsteile auf einen Arbeitszweck die Dichtheit und Starrheit der Anordnung gemindert. Der einfache Zweck geradliniger Schnittbewegung mit beschleunigtem Rücklauf ist demnach zu teuer erkauft[1]).

Eine lästige Beigabe des Kurbelschleifenantriebes ist die Stufenscheibe, deren Riemen bei jedem Hubwechsel umgelegt werden mufs. Die neueren Bestrebungen, die Stufenscheibe durch Räderwechselgetriebe zu ersetzen, werden daher sicher auch diesem Betriebe zugute kommen.

Wie in dem Abschnitt von der Verteilung der Bewegung angeführt, hat sich inzwischen ein Wandel in der Anordnung der Querhobelmaschinen vollzogen, der darin besteht, dafs man bei allen Querhobelmaschinen zur Bearbeitung kleinerer Werkstücke, bei denen es keinen Vorteil bringt, wenn sie während der Arbeit vollständig still liegen, dem Tisch der Maschine die Ausführung des Vorschubes zuweist. Dadurch ist eine ruhende Gleitbahn für den das Werkzeug tragenden Stöfsel geschaffen, und die Anbringung der Schwingschleife gestaltet sich sehr einfach. Aber auch Zahnstangenantrieb ist an deren Stelle leicht einzuführen.

In beiden Fällen wird dadurch zugleich die Vergröfserung des Hubes erleichtert. Beim Zahnstangenantrieb genügt dazu in der Hauptsache die Verlängerung des Stöfsels, bei der Schwingschleife die Vergröfserung des Ausschlages der Schleife mittels einfacher Vergröfserung ihrer Baulänge. Der Hohlraum des Maschinengestelles bietet den Raum dafür.

Ankündigungen grofsen Hubes.

Das haben die findigen Amerikaner sofort erkannt. Sie geben daher diesen kleinen Querhobelmaschinen einen recht grofsen Hub, ohne aber die übrigen Hauptteile der Maschine, den Aufspanntisch und den Einspann-Schraubstock, zugleich mit zu vergröfsern. Der nicht technisch geschulte Käufer von Querhobelmaschinen fragt regelmäfsig nach dem Hub als dem ihm geläufigen Mafsstabe für Gröfse und Stärke der

---

[1]) Vergl. dasselbe Urteil von H. Fischer, Z. d. V. d. I. 1902 S. 826.

Maschine. So kommt es, daſs er eine solche Maschine recht billig findet und sie gern kauft. Meist liegen in den Werkstätten nicht immer Arbeiten vor, bei denen es nötig ist, die Werkzeugmaschine bis zur Grenze ihrer Gröſsenleistung zu benutzen. Es stellt sich daher erst später heraus, daſs die gekaufte Querhobelmaschine mit z. B. 430 Hub nur 200 mm lange Stücken bearbeiten kann, bei Wendung des Parallelschraubstockes um 90° schmale Teile allenfalls bis 300 mm Länge (s. Fig. 72, die eine Aufnahme einer amerikanischen Maschine ist). Der Kauf ist trotzdem in Ordnung, denn man hat ja nur nach dem Hub gefragt, nicht danach, ob man auch so lang hobeln kann. So ist denn die Hubgröſse der Querhobelmaschinen teilweise zu einer Reklamezahl von den in den Abschnitten »Ankündigungen von Verhältnis- und Ersparniszahlen«, genannten fragwürdigen Gattungen geworden. Man erkundige sich daher auch stets nach Tischgröſse und Spannweite des Schraubstockes oder, noch besser, man erhebe bei Maschinenkäufen allgemein zur Regel, das maſsgebende Urteil in die Hand eines Fachmannes zu legen, der sowohl die Fortschritte des Werkzeugmaschinenbaues als auch die Bedürfnisse der eigenen Werkstatt genau kennt.

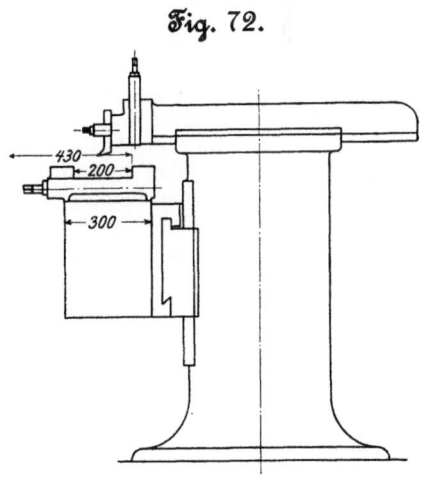

Fig. 72.

Selbstverständlich können die Querhobelmaschinen der genannten Bauart innerhalb ihrer wirklichen Leistungsgrenze ganz vorzügliche Maschinen sein. Sie werden in der Tat von einigen deutschen Fabriken als Sondermaschinen in bester Weise hergestellt.

Toter Ueberweg des Kurbelantriebes.

Infolge der zwangläufigen Hubbegrenzung kann der Auslauf des Werkzeuges über das Werkstück hinaus verschwindend klein gemacht werden. Während des Anlaufes dagegen muſs die Schaltung geschehen. Da die hierzu nötige Schwingung der Schaltklinke von einem Exzenter oder einem Hubdaumen veranlaſst werden muſs, so geht ein Teil der Kurbelumdrehung dafür hin, und zwar $^1/_8$ bis $^1/_6$, also auch ein Anteil des Werkzeughubes. Daſs dieser für die Schaltung nötige tote Anlaufweg mit der Gröſse des Hubes wächst, ist auch einer der Nachteile des Kurbelantriebes.

Der Stöſselantrieb durch Zahnstange oder Schraube ist frei davon. Hier werden nur die die Schaltung einleitenden Anschläge weiter oder enger gegeneinander gestellt. Der zur Betätigung der Schaltung nötige Weg des werkzeugtragenden Stöſsels bleibt dabei gleich groſs; also wird das Verhältnis vom Nutzweg zum toten Weg mit wachsendem Hub in gleichem Grade günstiger.

Der Rücklauf des querliegenden Schnittes.

Während die Hobelmaschine den längslaufenden Schnitt darstellt, ist die Fräsmaschine die Vertreterin des querliegenden Schnittes. Hier ergeben sich andere Forderungen an den Rücklauf. Er ist nicht mehr ein Rücklauf der Schnittbewegung, sondern des Vorschubes. Deshalb ist seine Ausführung verwandt mit den in einem späteren Abschnitt zu betrachtenden Einstellbewegungen, die auch zumteil in der entgegengesetzten Richtung des Vorschubes erfolgen können.

Der nicht selbsttätige Fräserrücklauf kann ohne weiteres zu diesen Einstellungen gerechnet werden. Der selbsttätige Fräserrücklauf dagegen sei hier besonders behandelt, weil er die Zweckverwandschaft mit dem im Vorigen behandelten Rücklauf des Längsschnittes hat, daſs die beendete Schnittarbeit in gleicher Weise und Gröſse, nur in umgekehrter Richtung, wiederholt wird.

Da der Fräservorschub möglichst zwangläufig erfolgen muſs, um wünschenswerte Gleichmäſsigkeit zu erzielen, so ist für ihn der nachgiebige, unmittelbare Riemenwiderstand, der bei der Zahnstangenbewegung der Hobelmaschine nützlich war, nicht am Platze. Hier treten die Treibmittel: Schraube mit Mutter und Schnecke mit Zahnstange, in ihr Recht. Demnach ist auch der selbsttätige schnelle Rücklauf auf sie angewiesen.

Von beiden Mitteln ist der Schraubenantrieb der einfachere, daher zumeist angewandte. Aus einem Nebengrunde wird dennoch der Schneckenbetrieb neuerdings vielfach bevorzugt. Es ist dies die Möglichkeit vollkommnerer Oelung der Schnecke gegenüber der Schraube. Gleichmäfsige und genügende Oelung der letzteren wird, je länger der Fräsweg ist, desto schwieriger. Die Schnecke dagegen kann in einem Oelbehälter fortwährend in Oel tauchen, sodafs wachsende Länge des Fräsweges ohne Einflufs ist. Dazu kommt neuerdings ein Fortschritt in der Form der in die Schnecke eingreifenden Zahnstange, der z. B. von J. E. Reinecker, Chemnitz, besonders gepflegt wird; nämlich die Ausstattung

Fig. 73.

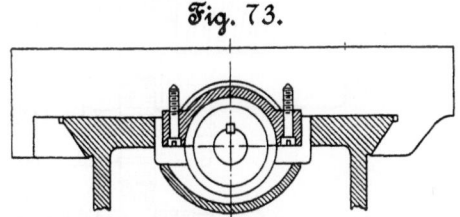

der Zahnstange mit halbkreisförmigen Schraubengängen als Zähnen, s. Fig. 73. Solcher Zahnstange kann der Name Schrauben-Zahnstange gegeben werden.

Ein geringer Nachteil beim Schneckenantrieb ist die Kleinheit des die Schnecke in Umdrehung versetzenden Triebrades (Stirn- oder Kegelrad), das notwendigerweise einen kleineren Teilkreisdurchmesser als die Schnecke haben mufs,

Fig. 74.

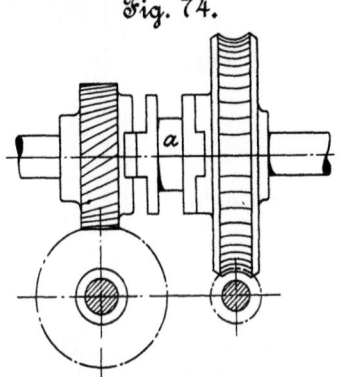

da die Zahnstange ohne Berührung darüber hinweglaufen mufs. Legt man aber beim Leitspindelantrieb die Leitspindel möglichst dicht unter den Tisch, wie es zur Vermeidung eines langen Hebelarmes in der Mutter nötig ist, so liegt der

Fall genau ebenso. Die Anwendung von Stahl für die Triebräder ist daher empfehlenswert. Außerdem hilft man sich durch entsprechend großen Schneckendurchmesser (etwa 100 bis 140 mm).

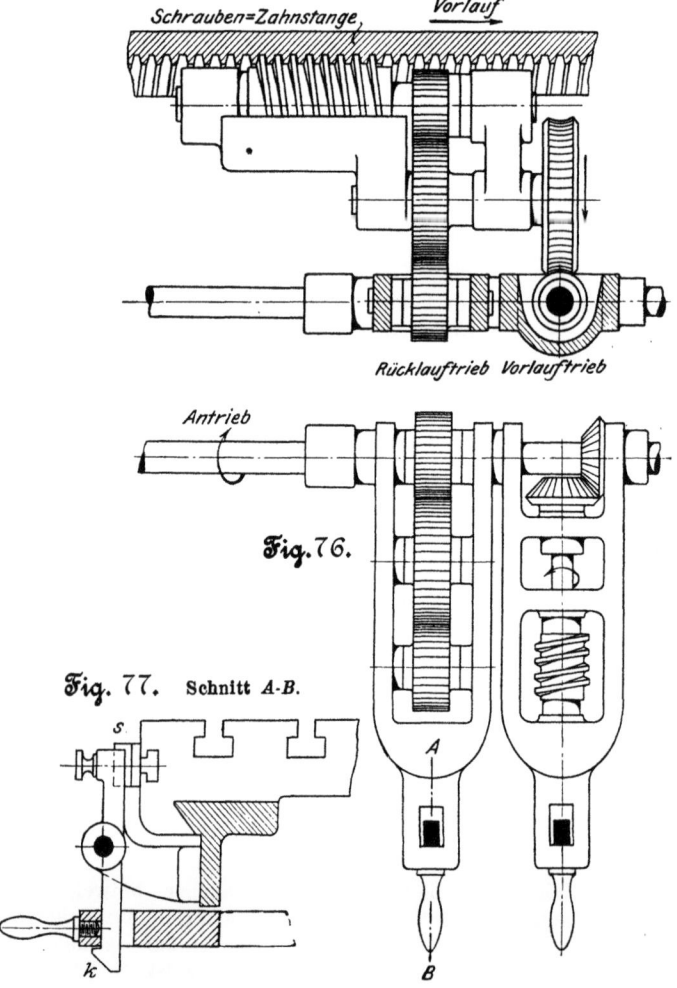

Fig. 75.

Fig. 76.

Fig. 77. Schnitt A-B.

Ausführungsarten des schnellen Rücklaufes.

Zur möglichsten Verminderung der durch den Fräserrücklauf verursachten toten Arbeitszeit ist eine hohe Steigerung des Fräservorschubes für die Rücklaufbewegung nötig. Diese Steigerung beträgt das 40- bis 60 fache, unter Umständen noch mehr, des Vorlaufes.

Das einfachste Mittel zur Erzielung dieses Unterschiedes ist, einen Schnecken- und einen Schraubenradtrieb neben einander anzuordnen, Fig. 74. Der Geschwindigkeitswechsel erfolgt durch Verschiebung eines Klauenmuffes a selbsttätig oder vonhand. Da die Rückbewegung eines Werkzeuges nach erfolgtem Vorschub an den Anfang seiner Arbeitstelle eine Einstellbewegung darstellt, so ist es erklärlich, dafs die Einrichtung Fig. 74 auch vielfach für letztere angewandt wird (s. später).

Eine andere Konstruktion für den Geschwindigkeitswechsel ist an Reineckers Langfräsmaschinen zu finden. Sie besteht in der schwingenden Anordnung zweier getrennter Triebe anstelle einer Kupplung; s. Fig. 75 bis 77. Die beiden Triebe werden abwechselnd durch Aufhängung an einer Klinke mit Hakennase k zum Eingriff gebracht. Die Auslösung kann durch einen keilförmigen stellbaren Anschlag s leicht selbsttätig gemacht werden.

Auch der Planetenrädertrieb dient neuerdings der Herstellung grofser Geschwindigkeitsunterschiede im Werkzeugmaschinenbau, in diesem Falle unter gleichzeitiger Erzeugung von Richtungswechsel; s. Fig. 78. Festhaltung und Loslassung eines Rades b der Hauptspindel sind die einfachen Mittel zur gleichzeitigen Ausführung beider Wechsel (D. R. P. Löwe, z. B. an selbsttätigen Räderfräsmaschinen angewandt). Festhaltung und Loslassung können durch gleichzeitige Verschiebung eines feststehenden Kuppelmuffes (a_1) und eines mitgehenden (a_2) selbsttätig erfolgen. Beider Verbindung liegt innerhalb der Welle in Gestalt eines verschiebbaren langen Bolzens mit einem durch die Wellenwandung ragenden Keil an jedem Ende. Einer dieser Keile dreht sich in einer innerlich ringsum laufenden Nut des festliegenden Muffes, der andere dient als Mitnehmer für den laufenden Muff. Die Verschiebung eines der beiden Muffe ergibt gleichzeitige Verschiebung des andern. Die Anordnung ist ebenso einfach wie gut.

Eine der einfachsten Anordnungen des Planetengetriebes zur Ausführung langsamen Vorschubes und schnellen Rücklaufes, wie sie an Automatdrehbänken zu finden ist, zeigen Fig. 79 und 80. Die Antrieb-Riemenscheibe r_1 setzt einen Doppeltrieb $b_1 b_2$ mit geringem Unterschied der Zähnezahlen in Umlauf um

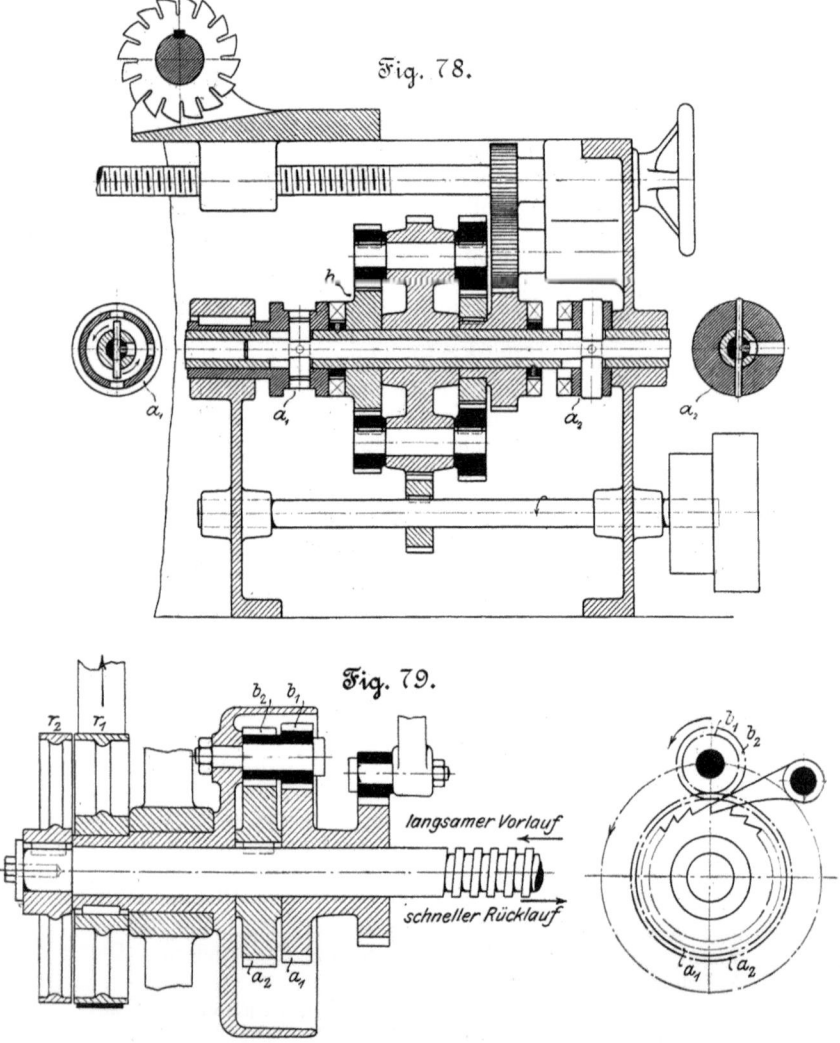

Fig. 78.

Fig. 79.

langsamer Vorlauf
schneller Rücklauf

ein Stirnräderpaar $a_1\,a_2$. a_2 muſs kleiner als a_1, b_2 entsprechend gröſser als b_1 sein. Hiernach ist die Figur richtig zu stellen. Die Wirkung ist nun folgende: a_2 betätigt die den Werkzeugschlitten bewegende Leitspindel, a_1 ist durch ein Sperrrad und Klinke am Umlauf gehindert. So kommt nur der Unterschied der Zähnezahlen zur Geltung, und das Werkzeug der Maschine wird langsam vorgeschoben. Wird aber der Riemen soweit seitlich verschoben, daſs er auch die nur etwa 20 mm breite zweite Riemenscheibe r_2 mitnimmt und wird gleichzeitig die Sperrklinke aus den Zähnen des Sperrrades ausgehoben, so drehen sich nun alle Räder gemeinsam. Dadurch ist die Geschwindigkeit der Schlittenleitspindel auf das 40- bis 60 fache (je nach dem gewählten Unterschied der Zähnezahlen) gesteigert, ihre Umdrehrichtung wird umgekehrt. Der Schlitten erhält daher schnellen Rücklauf. Die Riemenüberführung und das gleichzeitige Ausheben der Sperrklinke werden von einem stellbaren Anschlag aus selbsttätig besorgt.

Augenblicksumsteuerung.

Bevor die Bewegungsrichtung umgesteuert wird, müssen die Klauen des Kuppelmuffes (a, a_1, a_2 in Fig. 74 und 78) aus den mit ihnen in Eingriff befindlichen Triebradklauen herausgezogen werden. Dies kann selbsttätig durch einen durch den Vorschub bewegten Anschlag s vollzogen werden, der gegen einen auf die Bewegungsgrenze eingestellten Anschlag m_1 oder m_2, Fig. 81, stöſst.

Da die Klauen langsam auseinandergezogen werden, so muſs in den letzten Augenblicken ihres Ineinandergreifens nur noch eine ganz schmale Kante den fortschreitenden Vorschub betätigen. Das führt eine allmähliche Abnutzung dieser Klauenkanten herbei, und der Ausrückpunkt wird dadurch nicht mehr scharf begrenzt. Deshalb ist diese einfachste Anordnung auf die Dauer nur bei geringen Kraftübertragungen gut.

Anders die Augenblicksausrückung, Fig. 81 bis 83. Hier bewegt der Anstoſs s nicht unmittelbar den Klauenmuff a, sondern einen Schubklotz k, an den ein Ueberfall-Dreieck u stets durch eine Spiralfeder angepreſst ist. Damit bei dem allmählichen Vorrücken von s der Klauenmuff a unbeeinfluſst bleibt, ist ein Spielraum l geschaffen. Wenn dieser allmählich durchschritten ist, steht Schneide auf Scheide, d. h. die Dreiecksspitze u auf einer der Dreiecksspitzen k_1 oder k_2, Fig. 83. Beim geringsten Weiterschreiten erfolgt der augen-

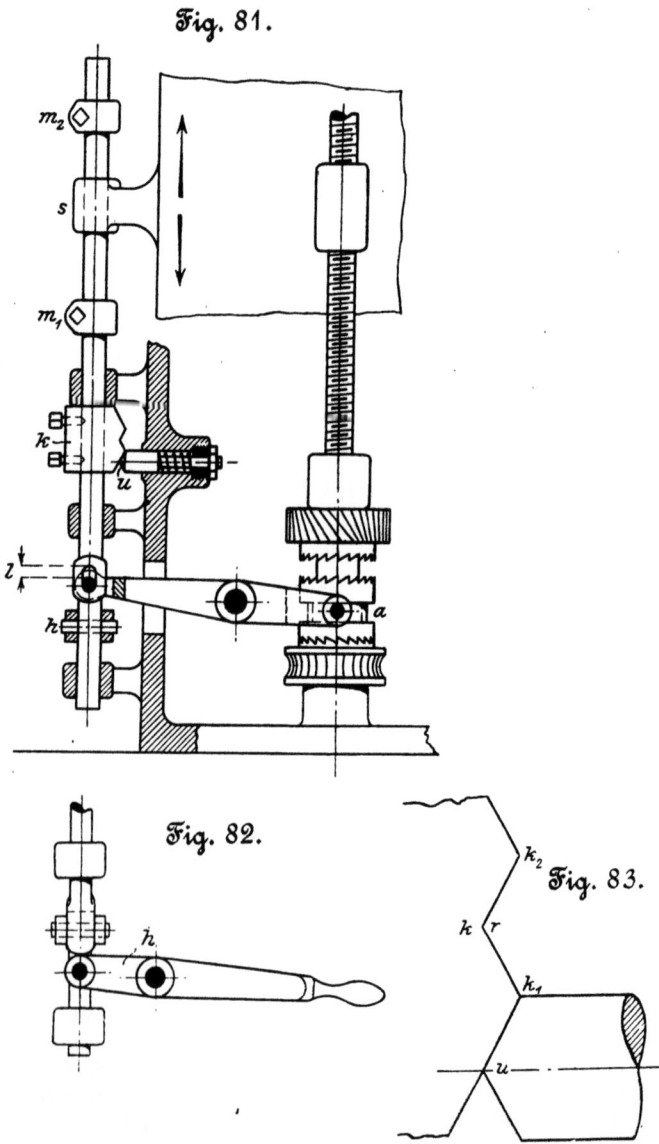

Fig. 81.

Fig. 82.

Fig. 83.

blickliche Ueberfall mithülfe der Feder, und zwar bis zur möglichen Grenze; die Klauenzähne werden mithin plötzlich auseinandergezogen. Wäre die Mittelrast r nicht da, so würden im selben Augenblick die Klauen in das entgegengesetzte Rad eingreifen, also die Bewegung umgesteuert werden. In dieser Weise wird diese Einrichtung ebenfalls benutzt.

Bei der Einrichtung Fig. 81 wird infolge der Mittelrast r nicht umgesteuert, sondern nur ausgelöst, d. h. der Vorschub stillgestellt, was zur Vornahme irgend einer Zwischenarbeit an der Maschine nötig sein kann. Nachdem diese beendet ist, wird mittels des Handhebels h, Fig. 82, die zweite Hälfte der Bewegung ausgeführt, und nun erst erfolgt der Wechsel des Vorschubes in schnellen Rücklauf. In solcher Weise ist diese gute Einrichtung z. B. an Zahnstangen-Fräsmaschinen von Reinecker angewendet, wo die Stillstellung zur Weiterschaltung des Tisches vonhand um eine Zahnteilung benutzt wird.

Der tote Ueberweg des Fräserschnittes

ist verhältnismäfsig klein. Er wächst mit der Tiefe des Eindringens des Fräsers in das Werkstück und kommt zur Geltung vor jedem nächsten Schnitte am selben Werkstück, z. B. beim Zähnefräsen. Dort kommt zu dem mit vollem Schnitte erfolgenden Vorschubwege noch ein Stück vom Weg zum Herausbringen des Fräsers aus der von ihm geschnittenen Lücke hinzu, um das Werkstück weiterschalten zu können. Beim Anschnitt wird auf diesem Zusatzwege zwar auch ein Span abgenommen, der aber nur allmählich von null bis zum Vollschnitt anwächst. Das ist in gewissem Grade tote Arbeitszeit.

Nutzleistung von Hobelschnitt und Fräserschnitt.

Vorausgesetzt, dafs ein Hobelzahn und ein Fräser in der Zeiteinheit ein gleich grofses Spangewicht entfernen, ergibt sich aus der Gegenüberstellung der dabei vorkommenden toten Arbeitszeiten 'ein wesentlich günstigeres Nutzleistungsverhältnis für den Fräserschnitt.

Bei dem vielgebrauchten guten Rücklaufverhältnis von 4 : 1 beim Hobelschnitt ist die Nutzleistung 80 vH, bei dem üblichen Rücklaufverhältnis von 50 : 1 beim Fräserschnitt 98 vH.

Käme es allein hierauf an, so wäre auch die Grofshobelei längst von der Fräserei überflügelt, wie es die Kleinhobelei in hohem Grade bereits ist. Aber die mit der Gröfse des Fräsers und seiner Schnittfläche schnell anwachsenden vielen Schwierigkeiten des Härtens, des Rundlaufens, des gleichmäfsigen Scharferhaltens aller Schneiden usw. stecken der Grofsfräserei so enge Grenzen, dafs die Hobelei, die mit den einfachsten Werkzeugen die gröfste Mannigfaltigkeit der Bearbeitungen in tadelloser Ausführung herzustellen vermag, für alle Zeiten ein grofses Feld behalten wird.

Schneller Rücklauf beim Gewindeschneiden auf Drehbänken.

Dieser nach jedem einzelnen Arbeitslauf des Schlittens nötige Rücklauf wird fast allgemein durch eine schnelle gegensätzliche Umdrehung des Deckenvorgeleges hergestellt. Das Verhältnis von Rück- und Vorlauf liegt in den Grenzen 2:1 bis 4:1. Beim Schneiden von Gewinden gröfserer Durchmesser bedeutet dies nur eine geringe Rücklaufgeschwindigkeit des Schlittens, da hier der Arbeitslauf sehr langsam ist. In solchen Fällen befördert der Arbeiter den Schlitten weit schneller vonhand zurück, mithülfe der jetzt an jeder Drehbank am Bett angebrachten Zahnstange und ihres Getriebes am Schlitten.

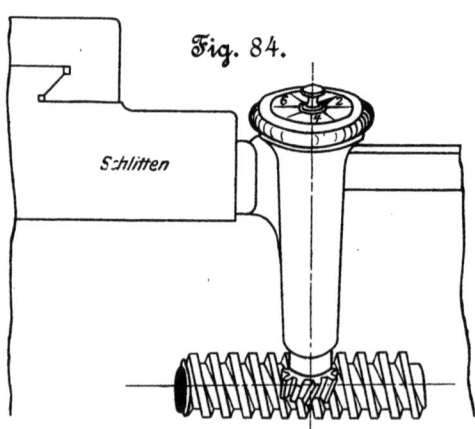

Fig. 84.

Um ohne Zeitverlust die richtige Stelle zu ersehen, wo der Gewindeschneidzahn nach dem Zurückkurbeln wieder in den angefangenen Gewindegang eingeführt werden kann, liefert die Werkzeugmaschinenfabrik Union als an jeder Drehbank anbringbare billige Zutat eine sogenannte Gewindeuhr, Fig. 84. Diese hat ein mit Teilstrichen versehenes Zifferblatt, dessen Zeiger sich beim Schlittenrücklauf infolge des Eingriffes eines mit ihm verbundenen kleinen Getriebes in das Leitspindelgewinde dreht. Sobald gegen Ende des Schlittenrückweges der Arbeiter sieht, dafs der Zeiger einen Strich des Zifferblattes bedeckt, hat er die Gewifsheit, dafs in diesem Augenblick die Gewindegänge der Leitspindel und der geöffneten Leitspindelmutter seiner Drehbank einander gegenüberstehen, sodafs nun die Mutter augenblicklich geschlossen werden kann.

Je nach dem Verhältnis der Steigung des zu schneidenden Gewindes zum Leitspindelgewinde sind nicht alle Teilstriche des Zifferblattes gleichwertig. Nur bei einfachen Verhältnissen kann bei jedem Teilstrich eingerückt werden, bei weniger einfachen nur mit Ueberspringung von Strichen. Auf einer kurzen Tabelle ist dies angegeben.

Gewindeschneidbänke, welche den Rücklauf und die Wiederholung des Schnittes ganz selbsttätig verrichten, sind als neueste Versuche zu bezeichnen. Sie setzen geeignete Massenarbeit voraus.

Wegfall des Rücklaufes beim Gewindeschneiden.

Erspart kann der Rücklauf werden durch Vor- und Rückwärtsschneiden mittels zweier einander gegenüberstehender Gewindeschneidstähle. Nur wenn diese Arbeitsweise auf einer Drehbank stets angewandt und die Leitspindel auch nie für den Drehselbstgang benutzt wird, sodafs ihre Gewindegänge auf beiden Seiten in tadellosem oder mindestens ganz gleichmäfsig abgenutztem Zustand erhalten werden, kann durch Vor- und Rückwärtsschneiden ein gleichmäfsiges Gewinde hergestellt werden. Daher kommt es, dafs nur selten von diesem Doppelschnitt Gebrauch gemacht wird.

Die Ersparnis des Rücklaufes durch Fräsen der Gewindegänge anstelle des Einzelschnittes durch Drehzahn wird neuerdings auch in Einzelfällen benutzt. Eine Gefahr, dafs die vorgeschriebene Steigung des zu fräsenden Gewindes nicht genau innegehalten wird, bietet dabei die schwer vermeidliche Streckung der Materialstange.

An Schraubenschneidmaschinen, bei denen das Werkzeug aus mehreren Schneidbacken statt eines Schneidzahnes besteht, ist der Rücklauf ein völlig überwundener Standpunkt.

Die Gewinde werden jetzt durchgängig mit einem Schnitt der Backen hergestellt.

Zur Gewährleistung gut rundlaufender Gewinde auf vorgedrehten Bolzen liefern Droop & Rein in Bielefeld eine Genau-Schraubenschneidmaschine, bei welcher der Gewindebolzen nicht nur wie üblich in einem Schraubstock eingespannt ist, sondern auf ganzer Länge geführt wird.

Die meisten der neuzeitlichen zeitsparenden Einrichtungen sind an den vorbereitenden Einstellbewegungen für die Bearbeitung zu finden. Auch der im vorigen behandelte Rücklauf kann diesen Bewegungen zugezählt werden, aber mit der Einschränkung, dafs er stets dem Zwecke dient, die eben vor ihm geschehene Arbeitsbewegung zu wiederholen.

Die eigentlichen Einstellbewegungen sind frei von dieser Einschränkung. Die auf sie folgende Arbeit kann eine gröfsere oder kleinere derselben Art, oder von einer andern Art derselben Gröfse, oder auch von anderer Art und verschiedener Gröfse sein.

Schon hieraus ergibt sich die Mannichfaltigkeit der unter diese Abteilung fallenden Einrichtungen, die sich in drei Hauptarten ordnen:

in Einstellbewegungen mit dem Hauptzweck, die Schnittbewegung zu beeinflussen;

in solche mit dem Hauptzweck, den Vorschub zu beeinflussen, und

in solche mit dem Hauptzweck, den Ort irgend eines Teiles der Maschine zu wechseln.

Auch die ersten beiden Beeinflussungen bewirken Wechsel und Veränderungen, und zwar an Gröfsenmafsen, Umlaufzahlen und Geschwindigkeiten.

Schneller Wechsel der Weggröfse.

Bei allen nicht unmittelbar durch eine Umdrehung (Kurbeltrieb) bewirkten Hin- und Herläufen äufsert sich der Wegwechsel für den bedienenden Arbeiter in einer Verstellung der Endpunkte der Bewegung. Das Mittel dazu ist der verstellbare Anschlag, der durch Auftreffen auf eine Auslösvorrichtung den Grenzpunkt der Bewegung bestimmt. Er wird fast ohne Ausnahme einfach von Hand verschoben, nachdem eine Befestigungsschraube oder Mutter gelockert ist, die nachher wieder festgezogen wird.

Diese Einrichtung ist von jeher angewandt und kaum verbesserungsfähig. Eine kleine Zeitersparnis erzielt man, wenn man, wie das jetzt öfter geschieht, die zur Befestigung dienende Sechskantmutter durch einen Handgriff mit Muttergewinde ersetzt, wie in Fig. 93, 94 und 98. Die Zuverlässigkeit der Feststellung durch diese Handgriffe steht hinter dem kräftigen Anzug mittels einer Mutter und eines Schraubenschlüssels etwas zurück, und daher beschränkt sich die Anwendung auf kleinere Ausführungen.

Die Anschläge selbst haben infolge der Mannichfaltigkeit der Auslös- und Umkehrbewegungen ebenfalls verschiedene Gestalten angenommen, von denen die hauptsächlichsten in den folgenden Figuren dargestellt sind (vergl. auch Fig. 77, 81, 83):

Fig. 85 und 86: Anschläge mit Schlitz zum Festklemmen auf einer runden oder vierkantigen freiliegenden Stange;

Fig. 87 und 88: Anschläge mit Schlitz zum Festklemmen auf einem T- oder V-Prisma.

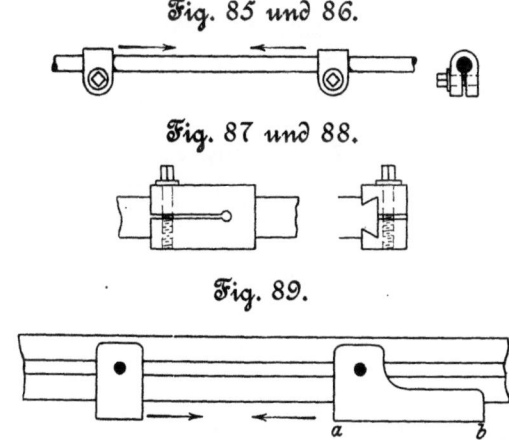

Fig. 85 und 86.

Fig. 87 und 88.

Fig. 89.

Die Feststellung mittels Zusammenziehung eines teilweise gespaltenen Körpers verdrängt die Feststellung durch seitliche Anpreſsschrauben immer mehr.

Fig. 89 zeigt die bekannten Anschläge am Hobelmaschinentisch, die in einem T-Schlitz festgestellt sind. Der früher ebenfalls angewandte V-Schlitz ist nur noch für kleine Ausführungen, und wo für genügende Schlitztiefe kein Raum ist, in Gebrauch; denn bei ihm treten durch das Anziehen der Befestigungsschraube Verbiegungen ein.

Die Länge des Rücklaufanschlages ab muſs mit der Erhöhung der Geschwindigkeit bei der Tischrückkehr wachsen, und zwar so, daſs sie der Zeitdauer vom Anstoſs des Anfangspunktes a an den Widerstand der Umsteuerung bis zum Stillstellpunkt des Tisches entspricht; auſserdem ist eine Längenzugabe nötig, um zu verhindern, daſs die Steuerteile zurückschlagen, ehe der Tisch vollständig zur Ruhe gekommen ist. Daher ist diese Anschlaglänge durchschnittlich gröſser geworden.

Zwei im Kreise auf einer T-Nut verstellbare Anschläge dienen auch zuweilen als Grenzanschläge, z. B. an gröſseren Stoſsmaschinen mit Schrauben- oder Zahnstangenbewegung.

Eine keilförmige Gestalt des Anschlages, Fig. 90, wird zur Hervorbringung von Umsteuerbewegungen benutzt, die rechtwinklig zur Bewegungsebene des Anschlages liegen.

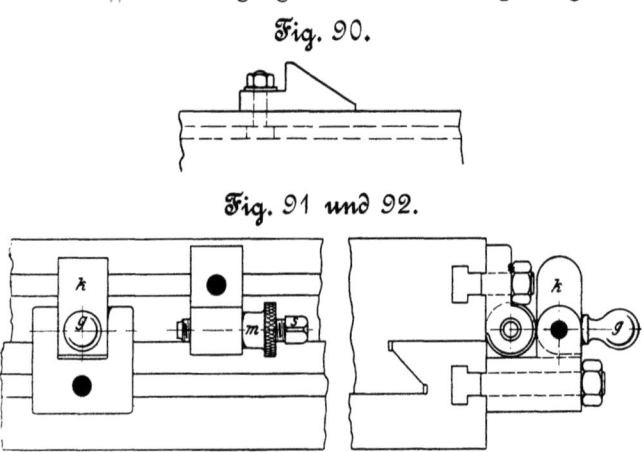

Fig. 90.

Fig. 91 und 92.

Einen Anschlag, der nach beendeter Wirkung das Weiterschreiten auf dem unterbrochenen Wege gestattet, ohne daſs er verschoben zu werden braucht, zeigen Fig. 91 und 92. Es wird zu dem Zweck die Klappe k an ihrem Griff g aus der wagerechten Lage in die senkrechte gebracht.

Feineinstellung der Weggröſse.

Fig. 91 und 92 zeigen zugleich die Einrichtung einer Feineinstellung mittels Schraube s und Gegenmutter m. Es wird dadurch zeitraubendes Lösen und Wiederfestziehen der

Befestigungsmutter des Anschlages vermieden, wenn der Grenzpunkt der Bewegung nicht gleich bei der ersten Feststellung getroffen worden ist.

Eine solche Feineinstellung ist auch für den Stöfsel von Querhobelmaschinen mit Zahnstangentrieb in Anwendung, s. Fig. 93. Sie besteht in einem durch Schraube verschiebbaren Keil k und ist während des Ganges zu betätigen, so dafs der Auslauf der Arbeitsbewegung in engen Grenzen richtiggestellt werden kann, ohne dafs die Maschine angehalten zu werden braucht.

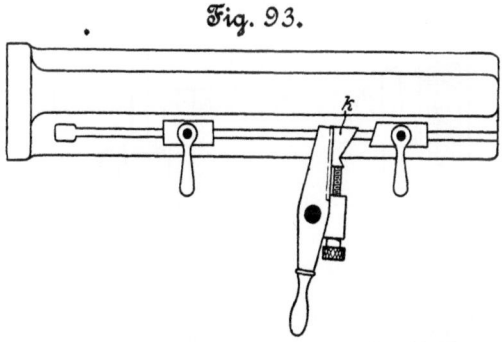

Fig. 93.

Bei gröfseren Stofsmaschinen mit Schrauben- oder Zahnstangenbewegung des Stöfsels wird die Hubgröfse durch selbsttätige Umdrehung einer Steuerschraube s, Fig. 94, bestimmt. Die Länge l ist der Nutzweg, während die beiden Wegteile w der Mutter als minderwertige Teile des Hubes zu betrachten sind; denn sie dienen dem Richtungswechsel und als Ueberweg zum Zwecke der Fortschaltung, ähnlich wie bei den früher dargestellten Diagrammen. Die Einrichtung wirkt in der Weise, dafs die auf den Anschlag a_2 auftreffende Mutter die Umsteuerstange c um den Weg w verschiebt. Infolge der Umsteuerung kehrt sich auch die Drehrichtung der Steuerschraube um, so dafs sich dasselbe Spiel bei a_1 wiederholt.

Schneller Wechsel des Kurbelhubes.

Dieser Wechsel erfolgt in den meisten Fällen einfach dadurch, dafs der Kurbelzapfen gelockert, von Hand verschoben und wieder festgezogen wird. Der Zapfen besteht zu diesem Zweck aus einer Büchse mit durchgehender Befestigungsschraube, Fig. 95 und 96. Die Reibung des Büchsenbundes auf der Verstellfläche der Kurbel genügt indes für starke Beanspruchungen nicht. Dann wird der Einstellpunkt mittels einer Schraubspindel gesichert; zur Befestigung dienen in diesem Falle zwei Muttern, s. Fig. 97. Diese widerstandsfähige Feststellung ist zeitraubender, daher als notwendiges Uebel, hervorgerufen durch wachsende Größe der Maschine und ihrer Widerstände, anzusehen; weitere derartige Fälle werden später in dem Abschnitt über den Einfluß der Größe der Maschinen auf die zeitsparenden Einrichtungen besprochen werden.

Fig. 94.   Fig. 95 und 96.   Fig. 97.

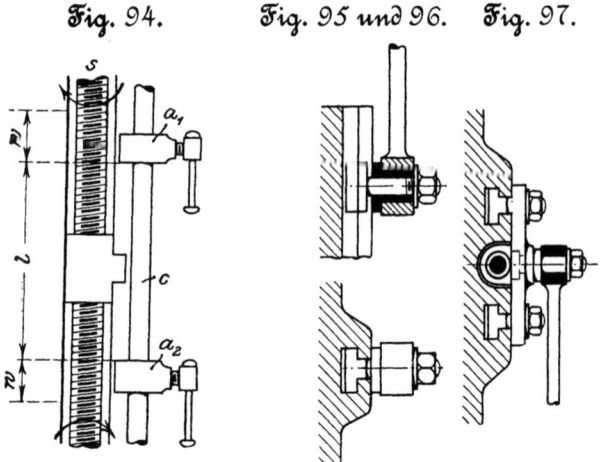

Eine schnelle Einstellung des Kurbelhubes an neuen amerikanischen Querhobelmaschinen, die auch auf deutsche übertragen worden ist, zeigen Fig. 98 und 99. Das Kurbelrad r mit seiner Schwingschleife s liegt innerhalb des Gestelles der Maschine. Die Welle des Kurbelrades ist durchbohrt, so daß eine Welle b mit kleinem Trieb c von außen mittels eines Vierkantzapfens gedreht und nachher durch ein eine Gegenmutter bildendes Handrad m festgehalten werden kann. So kann ein Segment dd eingestellt werden, das den Kurbelzapfen k trägt. Diese Hubverstellung ist nicht nur bei Stillstand, sondern auch bei Leerlauf der Maschine ausführbar. Das durch die Verstellung erreichte Maß des Hubes wird durch den Zeiger z ersichtlich gemacht.

Diese zeitsparende Einrichtung ist eines der Mittel, welches der Schleife den ferneren Wettbewerb mit der neueren Zahnstangenbewegung des Stößels der Querhobelmaschine ermöglichen.

Schneller Umlaufwechsel.

Der Umlaufwechsel kann allen drei vorgenannten Arten der Einstellbewegung, also der Veränderung von Schnitt, Vorschub und Ort, dienen.

Fig. 98 und 99.

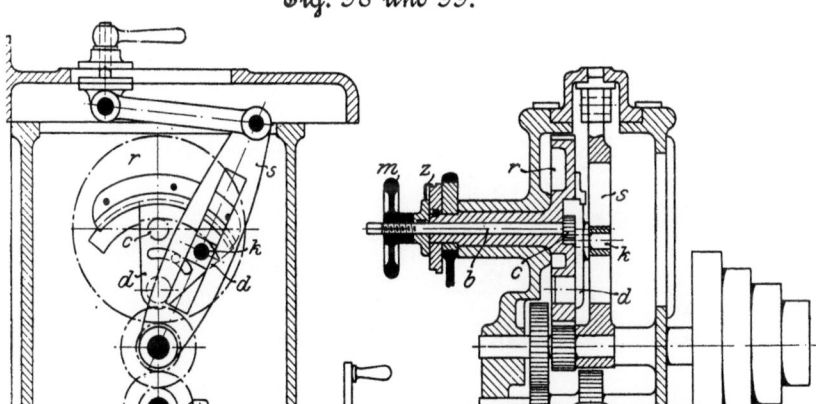

Beim Umlaufwechsel zur Beeinflussung der Schnittbewegung kann es sich um Veränderung oder um Beibehaltung der bislang benutzten Schnittgeschwindigkeit handeln. Letzteres ist der Fall bei der Bearbeitung aller Umdrehungskörper nach oder bei dem Uebergang der Bearbeitung auf einen andern Durchmesser, und bei der Hin- und Herbewegung mittels Kurbel nach deren Hubwechsel. Die Ausführung des Umlaufwechsels bleibt in beiden Fällen dieselbe, braucht demnach nicht gesondert besprochen zu werden.

Einer der häufigsten Umlaufwechsel ist die Ingangsetzung und Stillstellung der Maschine (Wechsel zwischen null und bestimmten endlichen Größen). Das bis heute dazu angewandte Mittel ist, soweit nicht elektrischer Einzelantrieb vorliegt, die Ueberführung des Antriebriemens von einer festen auf eine lose Scheibe.

Die Dauer der Ueberführung ist fast ohne Ausnahme gleich der Handhabung von Ein- und Ausrückung durch den Arbeiter. Das trifft selbst für ziemlich langsame Umdrehung der Riemenscheiben und breite Riemen noch zu.

Feste und lose Scheibe sitzen fast nur bei Maschinen ohne Größenwechsel der Schnittgeschwindigkeit an der Werkzeugmaschine selbst, in allen übrigen, also den meisten Fällen auf der Welle eines Deckenvorgeleges.

In den letzten Jahren ist die einfache lose Riemenscheibe mit Reibkupplung mit der festen und losen Scheibe in stärkeren Wettbewerb getreten. Diese Einrichtung amerikanischen Ursprunges wird fast regelmäßig mit denjenigen amerikanischen Maschinen, zu denen ein Deckenvorgelege mitgeliefert zu werden pflegt, unbesehen ebenfalls nachgeahmt.

Fig. 100. Reibkupplungsvorgelege von Gisholt.

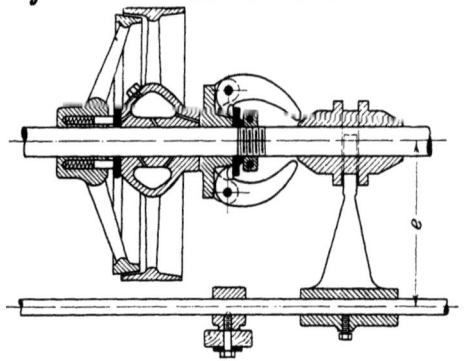

Fig. 101. Reibkupplungsvorgelege von Brown & Sharpe.

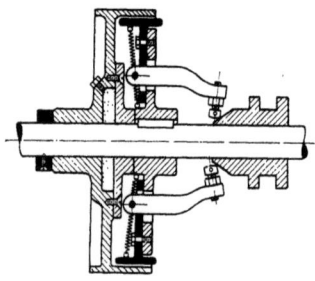

Fig. 100 und 101 kennzeichnen die beiden Hauptausführungen der Reibkupplung an Deckenvorgelegen. Fig. 100 ist eine Konstruktion von Gisholt, Fig. 101 von Brown & Sharpe; bei ersterer werden zur Erzeugung der Umfangsreibung zwei Reibkegel in Richtung ihrer Achse ineinander geprefst; bei letzterer wird ein zweiteiliger Aufsenzylinder,

der bei der Losstellung etwa 1 mm Spielraum hat, in einem Innenzylinder auseinander gepreſst, bis er mit genügender Reibung anliegt. Einige andere Konstruktionen sind so schneller Abnutzung unterworfen, daſs sie zu verwerfen sind.

Vergleich von Reibkupplung und Riemenüberführung am Deckenvorgelege.

In Fig. 102 und 103 ist ein amerikanisches Reibkupplungs-Deckenvorgelege nach den Maſsen einer der besten amerikanischen Firmen einem Deckenvorgelege mit festen und losen Scheiben gegenübergestellt. Als Beispiel ist ein Vorgelege mit mehreren Umlaufgeschwindigkeiten gewählt, um sowohl die einfache (A, A_1) als auch die Doppelverschiebung (B, B_1) für Reibkupplung und Riemen vergleichsweise vorzuführen.

Die Vorteile, welche zur Einführung des Reibkupplungs-Deckenvorgeleges berechtigen, könnten nur folgende sein:

für den Käufer und Verbraucher

1) bessere Kraftübertragung,
2) schnellere Erzielung der Bewegung oder des Stillstandes,
3) geringere Reibung beim Leerlauf,
4) geringeres Raumbedürfnis,
5) gröſsere Dauerhaftigkeit des Vorgeleges und der Riemen;

für den Fabrikanten:

6) billigere Herstellung,
7) gröſsere Zuverlässigkeit;

für den Arbeiter:

8) leichtere und bequemere Ein- und Ausrückung,
9) geringere Wartung (Schmierung, Nachstellung usw.).

Welche von diesen Vorteilen sind in Wirklichkeit vorhanden?

1) Vorteil bei gleicher Breite, Geschwindigkeit und Spannung der Riemen ausgeschlossen; Nachteil des Nachlassens der Reibung in der Kupplung vorhanden;

2) geringer Zeitgewinn unter Umständen möglich, s. weiter unten;

3) Leerlaufreibung gleich groſs wie beim alten Vorgelege, da die Riemenscheibe des neuen Vorgeleges nichts anderes als eine lose Scheibe ist;

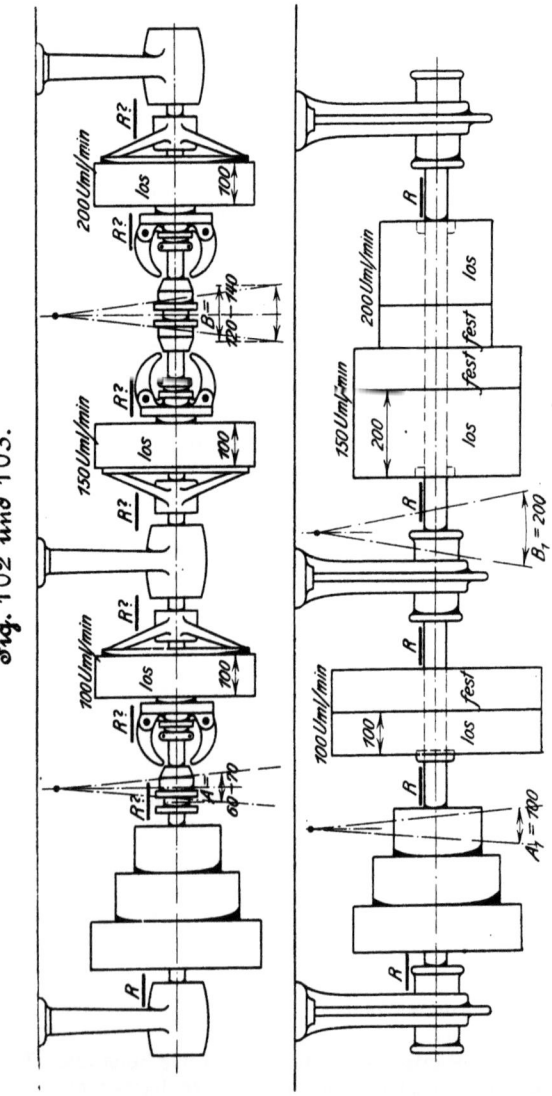

Fig. 102 und 103.

4) Raumbedarf eher etwas gröfser; s. die mafsstäblichen Figuren;

5) infolge von mehr Teilen im gleichen Verhältnis mehr Abnutzung als beim alten Vorgelege (über die Schonung des Riemens infolge Freilaufes s. weiter unten);

6) nicht unwesentlich höhere Herstellungskosten des Reibkupplungsvorgeleges;

7) infolge des Einflusses von 1 und 5 geringere Zuverlässigkeit;

8) eher etwas mehr Kraftaufwand als bei der Riemenverschiebung von der festen zur losen Scheibe und umgekehrt, bedingt durch die Erzeugung des nötigen Reibungsdruckes;

9) mit dem Alter des Vorgeleges steigende Wartung und Nachhülfe zur Erhaltung der Reibfähigkeit und Reibstärke.

Das Reibkupplungsvorgelege hat nach obigem mehr Nachteile als Vorteile. Eine Prüfung läfst die Vorteile zudem als recht mäfsig erscheinen, wie folgt:

Zu 2. Für die Ein- und Ausrückung ist, wie schon oben bemerkt, die Zeitdauer mafsgebend, die der Arbeiter zur Schwingbewegung der Ausrückstange braucht. Die Figuren 102 und 103 zeigen für 100 mm breite Riemen ein Verhältnis von 60 bis 70 zu 100 zugunsten des Reibkupplungsvorgeleges. Bei etwa $^1/_2$ sk Dauer der Schwingbewegung gäbe das eine Zeitersparnis von 0,15 sk gegenüber dem alten Vorgelege. Das ist kaum der Rede wert; zudem gibt es für das letztere in der Anbringung eines Armes a, Fig. 104, ein einfaches Mittel, den Angriffpunkt der Einrückstange tiefer zu legen, so dafs er sich etwa um die Entfernung e (vergl. Fig. 100) von der Riemenführerstange entfernt. Dadurch läfst sich der Stangenausschlag auf ein ebenso kleines Mafs wie beim Reibkupplungsvorgelege herabmindern.

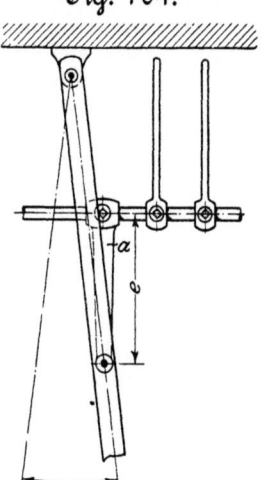

Fig. 104.

Zu 5) betreffend Riemenschonung. Zuweilen findet man die Behauptung aufgestellt, die Riemenkanten nutzten sich durch die Führung zwischen Riemengabeln und durch seitliche Verschiebung rasch ab; demgegenüber soll das Reibkupplungsvorgelege die Riemenkanten schonen. Da ist die Frage erlaubt: Weshalb fängt man mit dieser Schonung bei den Deckenvorgelegen an, bei denen der Riemen oft stundenlang nicht verschoben wird, und nicht z. B. bei den Hobelmaschinen, wo er nach jedem Hube mit einer Schnelligkeit, welche die Handverschiebung weit übertrifft, durch die Riemenführer verschoben wird? Hat man hier je von einer merkbaren Zerstörung der Riemenkanten etwas gehört? Sicher nur dort, wo man Versuche mit billigeren Ersatzmitteln für Riemenleder angestellt hat, oder wo fehlerhafte Wellenlage den Anlaſs gab, daſs sich der Riemen fortwährend an einen Riemengabelarm anpreſste. Bei richtiger Wellenlage und richtig eingestellter Riemenführerweite läuft der Riemen stets frei zwischen den Gabeln und liegt nur in der kurzen Zeit der Ueberführung und auf die kurze Strecke des halben Scheibenumfanges an einer Gabelseite an.

Somit stehen die Vorteile auf recht schwachen Füſsen. Zu den Nachteilen treten aber noch folgende: Mit wachsendem Riemenscheibendurchmesser muſs die Entfernung e, Fig. 100, wachsen. Das ergibt eine Vergröſserung des Biegungsmomentes der Schubstange, daher vermehrte Reibung in deren Lagerung und erschwerte Ein- und Ausrückung der Reibkupplung, und ist auch der Hauptgrund, weshalb diese Vorgelege nie groſse Riemenscheibendurchmesser im Verhältnis zur Riemenbreite haben. Bei dem alten Vorgelege ist die Entfernung e ohne Einfluſs auf die Ein- und Ausrückteile.

Der schon erörterte geringe Zeitvorsprung verschwindet völlig, wenn die Riemengabeln des alten Vorgeleges nicht mittels der beim Reibkupplungsvorgelege wegen ihrer Hebelübersetzung unentbehrlichen langen Ausrückstange, sondern mittels eines bequem gelegenen Handgriffes an der Werkzeugmaschine selbst verschoben werden. Dann ist die Schnelligkeit und Bequemlichkeit der Ein- und Ausrückung derjenigen des Reibkupplungsvorgeleges mindestens ebenbürtig, wenn nicht überlegen.

Die Bewegung der Riemengabel kann nach der Maschine durch eine Zugstange von Flacheisen oder eine senkrechte Welle übergeführt werden; man kann auch Drahtseilleitung, die sich vorzüglich bewährt hat, vom Deckenvorgelege nach der Maschine wählen, wie sie z. B. an allen gröſseren Wagerecht-Bohrmaschinen der Werkzeugmaschinenfabrik Union in Chemnitz eingeführt ist. Diese Uebertragung gestattet, die Anbringung des Deckenvorgeleges in weitestem Maſse den örtlichen Verhältnissen anzupassen.

Die Riemenverschiebung von der festen zur losen Scheibe und umgekehrt bietet gegenüber dem Schluſs und der Lösung einer Reibkupplung noch einen Vorteil, der bei manchen Gattungen von Werkzeugmaschinen ausschlaggebend für die Beibehaltung der Riemenverschiebung ist. Es ist dies die mit einfachsten Mitteln herstellbare selbstthätige Stillstellung von Werkzeugmaschinen, Fig. 105 und 106. Eine kräftige Spiralfeder a, deren gröſste Zusammenpressung nur etwa $1/3$ der ungespannten Länge beträgt, zieht die Riemengabel-

Fig. 105 und 106.

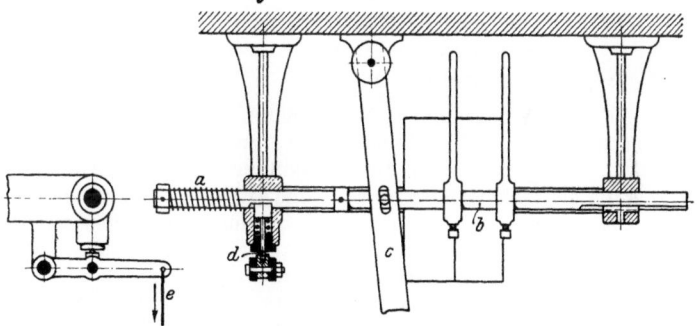

stange b fortwährend nach einer Seite. Durch entgegengesetzte Schwingung der Ausrückstange c wird die Feder gespannt und in ihrer Endstellung durch einen Federbolzen d festgehalten.

Ein geringer Zug an dem dünnen Draht e, veranlaſst durch irgend einen stellbaren Anschlag an der Werkzeugmaschine, zieht den Federbolzen um etwa 6 bis 10 mm nach unten. Dadurch ist die Spiralfeder a freigegeben und schnellt die Riemenführerstange mitsamt den Riemenführern seitwärts, dadurch zugleich die Riemenüberführung bewirkend. Ein solches Deckenvorgelege spart durch diese einfache bewährte Einrichtung zusammengesetzte Auslösvorrichtungen an der Maschine. (Anwendung u. a. an Rundfräsmaschinen der Wanderer-Fahrradwerke in Schönau-Chemnitz.)

Der schlimmste Nachteil des Reibkupplungsvorgeleges aber ist die durch die unrunden Bewegungsteile hervorgerufene Gefahr für den Arbeiter, für das Vorgelege und seinen Riemen selbst; wenn jemand eine Riemenfangvorrichtung konstruieren wollte, er könnte keine bessere Vorlage dafür finden als dieses Vorgelege.

Die in Fig. 102 und 103 mit R bezeichneten Striche geben die Riemenlagen bei beiden Vorgelegen nach dem Abwurf oder dem durch irgend ein Hindernis während des Laufes verursachten Abfallen des Riemens. Ein Blick darauf zeigt ohne weiteres die Ueberlegenheit des alten Vorgeleges. Dieser, unter deutschen Verhältnissen schwere Verantwortlichkeiten in sich schliefsende Nachteil der üblichen Aufsenform des Reibkupplungsvorgeleges berechtigt zu dem Wunsche, dafs es künftig aus dem Werkzeugmaschinenbau verschwinden möchte, wenn nicht eine andere gefahrlose Form zu schaffen ist[1]).

Ein- und Ausrückung der Werkzeugmaschinen mit elektrischem Antrieb.

Für die Werkzeugmaschinen, deren Arbeit seltener unterbrochen wird, z. B. Fräsmaschinen, gröfsere Bohrmaschinen usw., genügt fast stets die Stillstellung und Wiederingangsetzung des Elektromotors durch seine Anlasser und Ausschalter.

Maschinen mit häufiger Unterbrechung wie auch solche mit Umkehr der Bewegungsrichtung, z. B. Drehbänke beim Gewindeschneiden, machen die Ein- und Ausrückung ohne Unterbrechung des Motorlaufes nötig oder wenigstens wünschenswert, sowohl der Zeitersparnis als auch der Schonung des Motors halber. Hier läfst sich die Reibkupplung gefahrlos anordnen, ohne dafs ein Riemen in der Nähe ist. Ein Beispiel einer Maschine mit zwei verschieden grofsen Umlaufgeschwindigkeiten für den Arbeitsgang und einer schnellen Rücklaufgeschwindigkeit zeigt die aus der Zeitschrift d. Vereines deutsch. Ing. [2]) herübergenommene Figur 107 (Drehbank der Werkzeugmaschinenfabrik Union in Chemnitz). Die Reibkupplung für die Arbeitsläufe (links) hält fest, nachdem sie eingerückt ist, indem die Kuppelhebel auf den zylindrischen Ansatz des kegelförmigen Kuppelmuffes auflaufen; die Rücklaufkupplung (rechts) hat dagegen wegen der kurzen Zeitdauer des Rücklaufes nur einen durch Handhebel einprefsbaren einfachen Kegel, dessen Steigung so gewählt ist (etwa 5°), dafs sie ohne weitere Sicherung zur Festhaltung auf kurze Zeit ausreicht.

---

[1]) Der aus dem Vorstehenden ersichtliche Einflufs der deutschen gesetzlichen Arbeiterfürsorge auf die Maschinenkonstruktion wird in einer späteren Abteilung dieser Arbeit behandelt werden.
[2]) H. Fischer, Die Werkzeugmaschinen auf der Weltausstellung in Paris. Z. d. V. d. I. 1900 S. 1054.

Bei allen dem elektrischen Einzelantrieb dienenden Ein- und Ausrückvorrichtungen macht sich der Wegfall der langen Schwingstange des Deckenvorgeleges, die durch bequem gelegene Handhebel an der Maschine ersetzt ist, angenehm geltend.

Fig. 107.

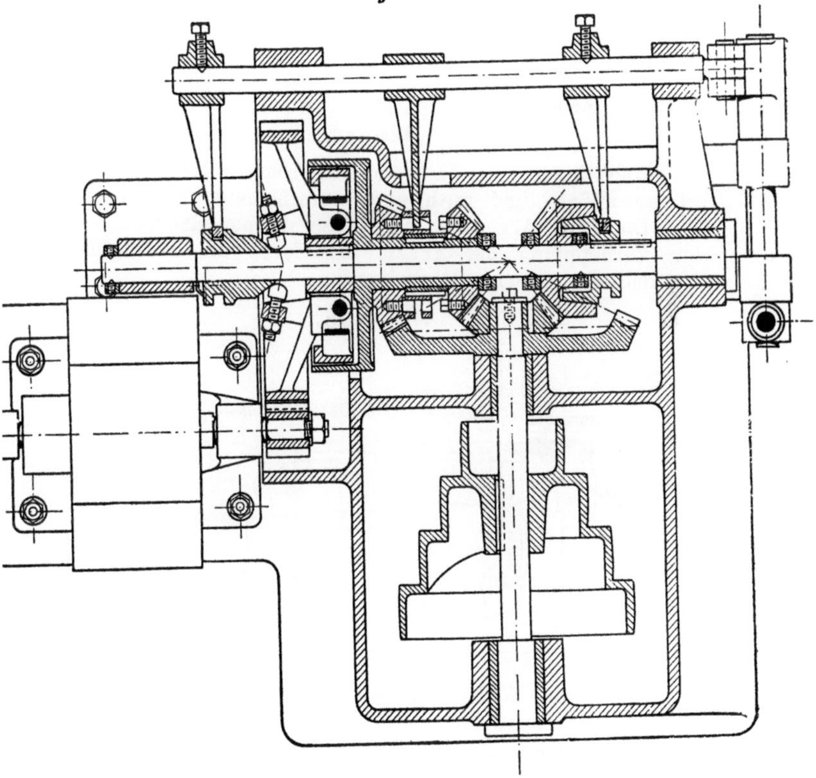

Schnelle Herstellung verschiedener Umlaufzahlen.

Hier handelt es sich nicht mehr um die Herstellung der Umlaufzahl null, wie bei den bislang besprochenen Ausrückungen, sondern um die Herstellung verschiedener Umlaufgeschwindigkeiten bestimmter endlicher Größe.

Die in Fig. 102 und 103 dargestellten Konstruktionen für Ein- und Ausrückung enthalten auch hierfür bereits

Beispiele. Die verschiedenen Umlaufzahlen werden erzielt durch Riemenverschiebung oder Reibkupplung in Verbindung mit Riemenscheiben verschiedenen Durchmessers. Ein drittes Mittel: die Umlegung des Riemens auf den Stufen der Stufenscheiben, ist bereits bei den Antrieben besprochen und dort als ein in vielen Beziehungen unvollkommenes, eines Ersatzes dringend bedürftiges Mittel für den Geschwindigkeitswechsel bezeichnet worden. Das Ersatzmittel ist der

Umlaufwechsel durch Ein- und Ausrückung von Rädern.

Hier liegen zwei Fälle vor: die schnelle Herstellung nur einer andern und mehrerer verschiedener Umlaufzahlen.

Die erste Art dient unter dem Namen Rädervorgelege zur Verdopplung der Anzahl der durch die Stufenscheibe herstellbaren Geschwindigkeiten.

Fig. 108.

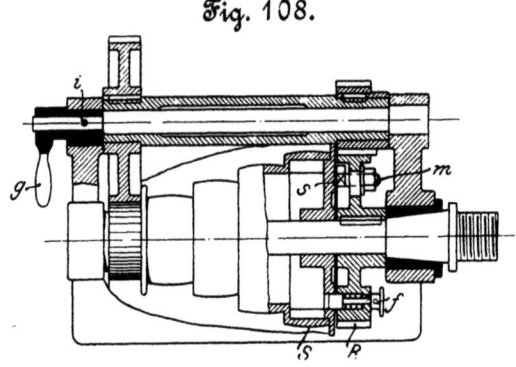

Das älteste Rädervorgelege an Stufenscheiben benutzte als Ein- und Ausrückmittel die Verschiebung der Nebenwelle (Vorgelegewelle) mit dem lästigen Aufsuchen zweier gleichzeitiger Zahneingriffe. Danach verschaffte sich das Vorgelege mit exzentrischer Ein- und Ausrückung allgemeinen Eingang. Es hat etwa 30 Jahre lang die Alleinherrschaft gehabt; erst die letzten 5 Jahre haben eine Aenderung herbeigeführt, und es ist schon jetzt zu sagen, daſs dieses Vorgelege immer mehr verschwinden wird. Der Grund dafür liegt allein in der Zeitersparnis durch seine Mitbewerber. Daſs die Möglichkeit, Zeit zu sparen, naheliegt, zeigt die Zahl der für eine Einrückung nötigen Handgriffe:

1) Lockerung der Mutter m, Fig. 108;
2) Verschiebung der Mitnehmerschraube s nach der Achsenmitte zu;
3) Wiederanziehen der Mutter;
4) Ausziehen des die Nebenwelle an der Drehung hindernden Stiftes i;
5) Teildrehung des Exzentergriffes g, bis die 4 Räder eingreifen;
6) Wiedereinstecken des Stiftes.

Fig. 109.

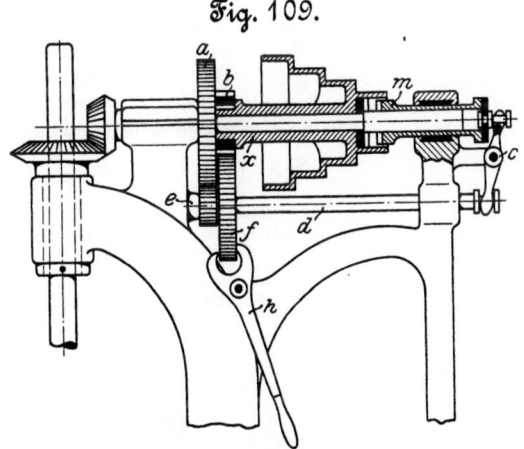

Zur Vornahme des Umschaltens muſs bei gröſseren Maschinen der Arbeiter von deren Vorderseite zur hinteren Stirnseite oder zur Rückseite und wieder zurücklaufen.

Eine kleine Zeitersparnis ist mit dem Ersatz der Mutter m durch den Federbolzen f (in der Figur gezeichnet, aber nicht an dasselbe Rädervorgelege gehörend) erzielbar. Er wird einfach am herausragenden Knopfe zurückgezogen und um 180° gedreht, sodaſs sich der schwarz gezeichnete Keil auf die Stirnfläche des Führungsloches aufsetzt und den Bolzen hindert, zurückzugehen. Bis zu mittelgroſsen Ausführungen ist diese Einrichtung brauchbar.

Die Umständlichkeit des exzentrischen Ein- und Ausrückens zur Erzielung einfachen Geschwindigkeitswechsels konnte die Erfinder unmöglich ruhen lassen. Insbesondere die lange unbeachtet gelassene Tatsache, daſs jede Vereinigung einer Stufenscheibe mit einem Rädervorgelege eine Stelle besitzt, an der eine einfache Verschiebung zur Ein-

und Ausrückung genügt, hat in der Neuzeit eine ganze Reihe schnell zu betätigender Ersatzmittel geliefert.

Diese Stelle ist der Ort zwischen Stufenscheibe S und grofsem Rade R, Fig. 108, nach Auseinanderrückung von S und R.

Es ist merkwürdig, dafs dies eine so lange Reihe von Jahren unbeachtet geblieben ist. Auch heute noch suchen mehrere Schnellausrückungen auf Umwegen zu erreichen, was so einfach und nahe liegt.

Ein Beispiel dafür, zugleich ein Beispiel für die Kühnheit der Mittel amerikanischer Konstrukteure, zeigt Fig. 109. Beide Spindelräder a und b sind vor die grofse Stufe der Stufenscheibe gesetzt, wodurch der ebengenannte beste Platz für die Kupplung verloren geht. Die Kupplung m mufs nun hinter die kleine Stufe der Stufenscheibe gelegt und durch einen Doppelhebel c mit der Vorgelegewelle d verbunden wer-

Fig. 110.

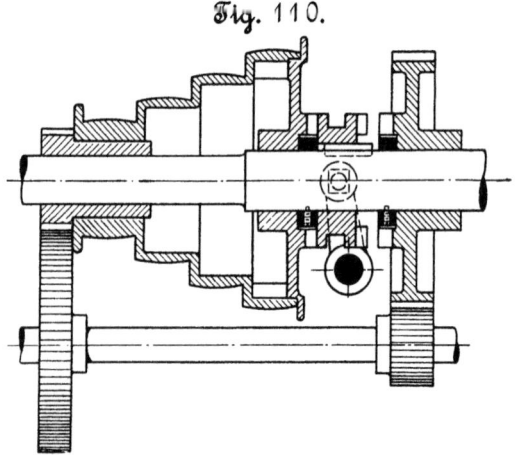

den. Diese und mit ihr das zweite fest aufgekeilte Räderpaare, f sind in der Achsenrichtung verschiebbar. Der deutsche Konstrukteur würde nun diese Welle mit den Rädern verschieben; der amerikanische verschiebt die Räder mit der Welle, weil ihm gerade die Lage des Handhebels h seitlich am Gestell dazu pafst. Dieser in die Form einer geöffneten Zange gebrachte Hebel packt das grofse Rad f zu beiden Seiten des Umfanges und überträgt von da die einheitliche Verschiebung auf die Welle des Rades. Es wäre indessen leicht gewesen, die Welle selbst mit 2 Bundringen und einem Hebel zu packen und zu verschieben.

Die Anordnung erfordert übereinstimmende Lage der Zähne des Räderpaares. Das Aufsuchen der Zahnlücken beim Wiedereinschieben der Räder bedingt zudem einen Zeitaufwand, der mit der Benutzung des obengenannten günstigsten Kupplungspunktes von selbst wegfällt. Die meisten neueren Ein- und Ausrückungen für Rädervorgelege machen von dieser günstigsten Stelle Gebrauch. Ihre Hauptarten sind durch die folgenden Ausführungsbeispiele gekennzeichnet.

Die einfachste, unter allen Umständen zuverlässige, für leichte bis stärkste Beanspruchungen geeignete Art ist die in Fig. 110 dargestellte mit Klauenkupplung. Sie kann bis zu mittleren Umlaufzahlen auch im Gange betätigt werden, entspricht daher der grofsen Mehrzahl der vorkommenden Bedarfsfälle.

Sehr häufig tritt bei Ein- und Ausrückungen, die im Gange zu betätigen sind, wie sie z. B. bei Revolverdrehbänken vorkommen, an die Stelle der Klauenkupplung die Reibkupplung. Hiervon gibt es drei verschiedene Arten, von denen Fig. 111 und 112 die einfachste zeigen: einen durch

Fig. 111 und 112.

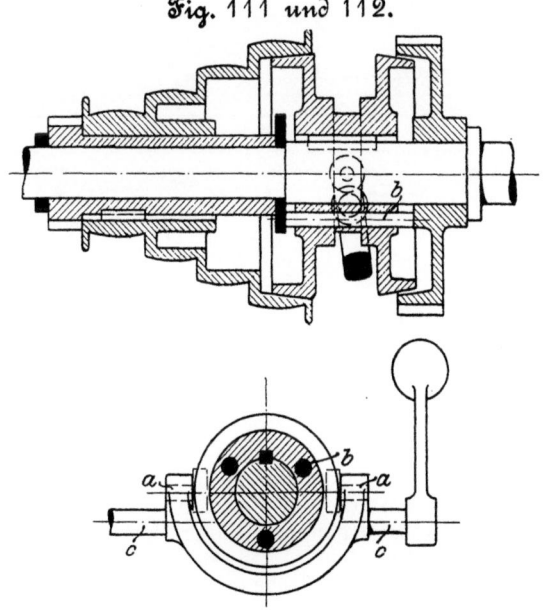

einen Handhebel in zwei Gegenkegel eindrückbaren Doppel-Reibkegel mit 4 bis 6° Neigung.

Um die notwendige Ineinanderpressung dieser Kegel ohne erheblichen Kraftaufwand zu erzielen, sind der Drehpunkt c und der Angriffspunkt a des Handhebels, Fig. 111 und 112, einander nahe gerückt; ferner ist aus den Figuren der gut erdachte Ersatz der sonst erforderlichen beiden Stellringe (s. Fig. 110) zum Auseinanderhalten der beiden Getriebehälften durch drei lose eingesteckte, die Kupplung durchdringende Stifte b ersichtlich.

Bei dieser Art Kupplung ist keine andere Festhaltung vorhanden als durch die Reibung selbst. Voraussetzung ist demnach, dafs die Kegel möglichst kräftig eingedrückt werden; diese Kupplung ist daher nur für kleinere Uebertragungen geeignet.

Sicherer ist es, die Kegelkupplung mit besonderem Kuppelschlufs, d. h. mit zwangläufiger Festhaltung auszuführen. Ziemlich einfach und dabei gut ist der in Fig. 113 darge-

Fig. 113.

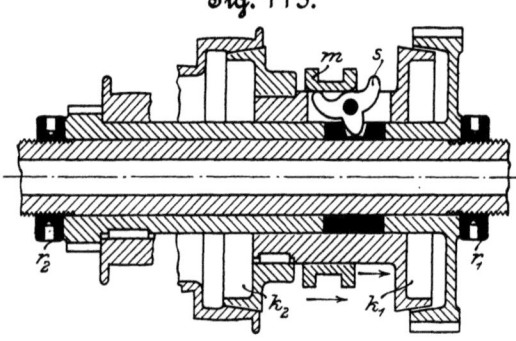

stellte Kuppelschlufs. Das Schliefsmittel ist die Sichel s, der wir auch später nochmals begegnen werden. Die Einrückung wird hier in der Weise gesichert, dafs das eine Sichelende unter den Schiebemuff m schlüpft. Dabei verursacht die Sichel s eine gegen die Bewegung des Schiebemuffs verhältnismäfsig kleine Verschiebung des Doppelreibkegels $k_1 k_2$. Jede Abnutzung der Kegelflächen bedingt daher eine Verminderung in der Stärke der Festhaltung. Um dem zu begegnen, sind beide Gegenkegel durch Muttern r_1, r_2 mit feinem Gewinde nachstellbar.

Mit zylindrischer Reibfläche arbeitet die dritte Art dieser Ein- und Ausrückungen, s. Fig. 114 bis 118. In beiden dargestellten Formen sind aufgeschlitzte, aufsen zylindrische Bremsringe b und in die Schlitze einschiebbare Keile a das Mittel, die Reibung herzustellen. In Fig. 114 liegt der Schiebekeil a parallel zur Drehachse, in Fig. 117 und 118

Fig. 114 bis 116.

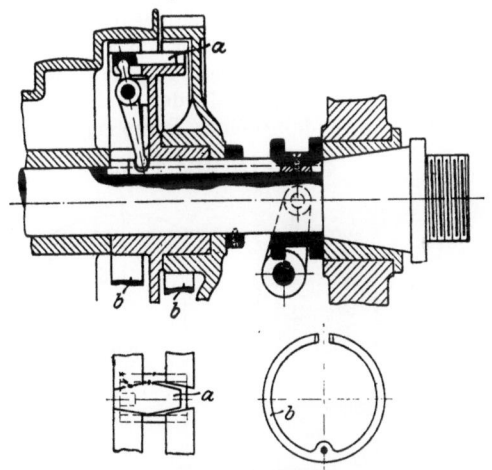

Fig. 117 und 118.

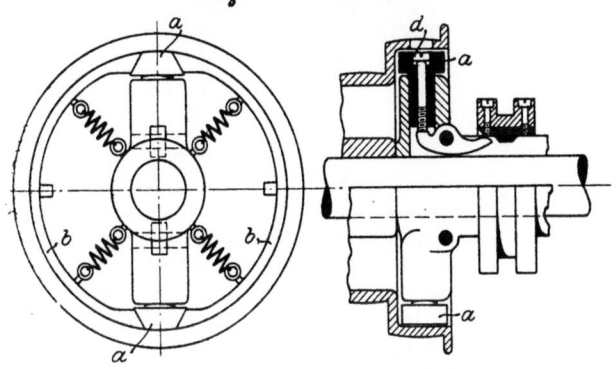

liegen die beiden Keile senkrecht dazu. Fig. 114 gestattet einen ziemlich grofsen Keilweg, so dafs ein Bedürfnis zum Nachziehen in längerer Zeit nicht eintritt. Bei Fig. 117 und 118 ist es wegen der verhältnismäfsigen Kleinheit der radi-

Ruppert

alen Verschiebung der beiden Bremskeile a nötig, sie nachstellbar zu machen, was durch je eine Stellschraube d in einfacher Weise erreicht ist.

Alle diese Ein- und Ausrückungen können selbst während schneller Bewegung der Maschinen betätigt werden.

Eine raumsparende Ein- und Ausrückung ohne Muffkupplung, deren Anwendung sich wegen der notwendigen Kleinheit der treibenden Zahnräder auf Fälle geringerer Beanspruchung beschränkt, zeigen Fig. 119 und 120. Die ganze Anordnung liegt innerhalb der Stufenscheibe; sie besteht in der Anwendung eines Planetengetriebes. Wenn

Fig. 119 und 120.

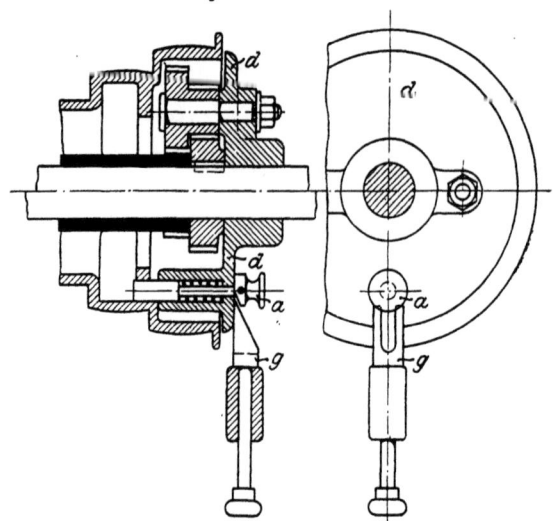

die Gabel g unter den Federstift a geschoben wird, so zieht sich dieser aus seinem Loch in der Stufenscheibe heraus, und der Deckel d wird stillgesetzt. Dadurch tritt das Planetenräderpaar in Wirkung, und die Spindel läuft um den Betrag der Räderübersetzung langsamer als vorher. Zur Umschaltung muſs die Maschine vorübergehend angehalten werden.

Die Einrichtung führt sich auſser für kleinere Uebertragungen von Schnittgeschwindigkeiten auch für den schnellen Wechsel von Vorschüben ein.

Der Mehrfachwechsel von Schnittgeschwindigkeiten wird heute noch in den meisten Fällen durch Umlegen des Riemens auf Stufenscheiben erzielt. Nur an größeren Maschinen, namentlich schweren Supportdrehbänken und Plandrehbänken, findet sich Mehrfachwechsel durch Ein- und Ausrücken von Rädergetrieben. Die letzte langsamste Bewegung kommt dabei meist einem Zahnkranztriebe zu. Räderverschiebung um die reichliche Zahnbreite bildet fast in allen Fällen das einfache Mittel, die Geschwindigkeit zu ändern. Größe und Gewicht der Teile gestatten hier nicht, die Verschiebungs-Einrichtungen lediglich in der Richtung schnellen Geschwindigkeitswechsels zu vervollkommnen, sondern es gelten besondere neuzeitliche Anforderungen wie folgt:

Sonderanforderung der Großwerkzeugmaschinen.

Mit dem Anwachsen von Größe und Schwere der Werkzeugmaschinen und ihrer bewegten Teile, das sich infolge der steigenden Entwicklung des Großmotorenbaues, des Großdynamobaues, des Hüttenwesens, des Schiffbaues, der Großeisenbaukunst usw. von Jahr zu Jahr mehr bemerklich macht, gesellt sich zu der einfachen Forderung schneller Betätigung aller zeitsparenden Einrichtungen eine zweite Anforderung: die Erleichterung der Bedienung schwerer Teile.

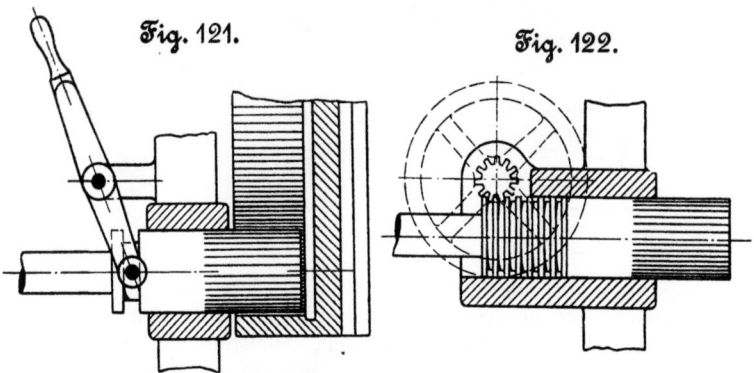

Fig. 121.   Fig. 122.

Nach dem Gesetz des Zusammenhanges von Weg und Kraft kann die Erleichterung nur auf Kosten der Schnelligkeit erfolgen. Der Schnelligkeit von Größen- und Richtungswechsel sind daher im Groß-Werkzeugmaschinenbau engere Grenzen gezogen als im Klein- und Mittelbau.

Die Grenzlinie bestimmt sich durch die Leistungsfähigkeit des menschlichen Armes. Ueber eine mittlere Anstrengung desselben soll man nicht hinausgehen; andernfalls kann die beabsichtigte Schnelligkeit der durch Menschenkraft auszuführenden Bewegung leicht durch zufällige Hindernisse (z. B. zu geringe Oelung, besonders starke Reibung durch den Einfluß der Spanstellung usw.) behindert werden. Der Wechsel findet dann nicht rechtzeitig statt, die durch den Antrieb der Maschine vorwärts getriebenen Teile rennen an, und es können oft sehr kostspielige Brüche entstehen. Solchen Einrichtungen, welche die Anforderungen in bezug auf schnelle Betätigung zugunsten der Forderung nach erleichterter Bedienung mäßigen, werden wir im folgenden häufig begegnen.

Die Ausstellung in Düsseldorf bot infolge der reichhaltigen Vertretung der Großwerkzeugmaschinen eine sonst selten zu findende Sammlung derartiger Einrichtungen. Diese sollen hier, um sie nicht in jedem einzelnen Fall ausführlich durch die Sonderanforderungen des Groß-Werkzeugma-

Fig. 123 und 124.

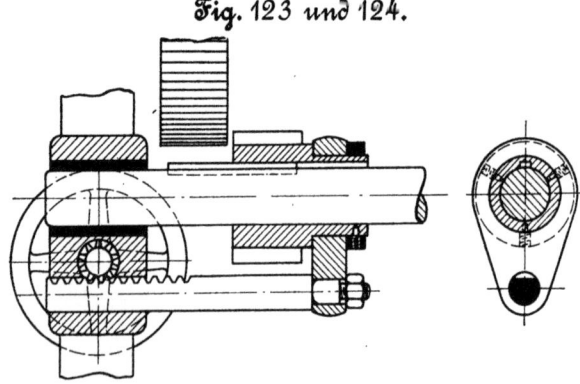

schinenbaues begründen zu müssen, kurz die Beifügung »Beispiel für größere Ausführung« oder, wo es sich um sehr große Ausführungsformen handelt, »Beispiel für Großbau« erhalten. Zwei Beispiele dafür geben die Figuren 121, 122 123 und 124. Diese Einrichtungen kommen zur Anwendung, wo mehr Geschwindigkeitswechsel nötig sind, als durch Ein- und Ausrücken des aus zwei Stirnradpaaren bestehenden Rädervorgeleges erzeugt werden können; es wird dabei ein drittes Stirnräderpaar durch Verschiebung seiner Welle in ihrer Achsenrichtung ein- und ausgerückt, oder es werden Räder auf ihrer Welle seitlich verschoben, z. B. bei Spindelstöcken mit Zahnkranz-Planscheibe an Plandrehbänken oder großen Supportdrehbänken von etwa 500 mm Spitzenhöhe aufwärts. Hier werden Gewicht und Reibung dieser Teile für einfache Handverschiebung zu groß, und die Bewegung erfolgt, wie dargestellt, mit Hülfe einer durch Zahngetriebe und Handrad erreichten Hebelübersetzung in den Grenzen von etwa 2:1 bis 4:1.

Der Zweck der ein- und ausrückbaren Rädervorgelege ist bekanntlich nur der, eine bestehende Geschwindigkeitsreihe zu verdoppeln. Die Herstellung der ursprünglichen Reihe ist im Werkzeugmaschinenbau bisher durchgängig der Stufenscheibe zugewiesen, auf welcher der Riemen umzulegen ist. Neuerdings nehmen aber die Bestrebungen zu, auch die ursprüngliche Geschwindigkeitsreihe durch den Wechsel von Räderübersetzungen zu erzeugen.

Der Zweck ist ein mehrfacher:

1) beim Geschwindigkeitswechsel gegenüber der Riemenumlegung Zeit zu sparen;

2) den Geschwindigkeitswechsel bequemer für den Arbeiter zu machen;

3) dadurch die öftere Benutzung des Geschwindigkeitswechsels zu sichern, womit die öftere Anwendung der vorteilhaftesten Schnittgeschwindigkeit erreicht wird;

4) die mit der Riemenumlegung für den Arbeiter verbundene Gefahr zu beseitigen;

5) die Uebertragungsleistung gegenüber der Leistung des Riemens auf der Stufenscheibe zu erhöhen;

6) den elektrischen Einzelantrieb der Maschinen zu erleichtern.

Während der im vorigen Abschnitt besprochene Wechsel der Geschwindigkeiten durch Räder nur ein Mehrfachwechsel war, ist der jetzt im Werkzeugmaschinenbau angestrebte als

Vielfachwechsel von Geschwindigkeiten durch Räder und ohne Riemenumlegung

zu kennzeichnen.

Was ich in einem der ersten Abschnitte gesagt habe: es sei gleichzeitig in Amerika und in Deutschland eine neue Richtung eingeschlagen, welche die Verdrängung der Stufenscheibe und der Riemenumlegung auf dieser bezweckt, und es stehe zu erwarten, daß sich die Erfinder in Zukunft hier wie dort eifrig mit der Vervollkommnung der Antriebe der Maschinen befassen werden, das ist schneller als vermutet in Erfüllung gegangen. Der Kampf gegen die Unvollkommenheiten der Stufenscheibe ist in vollem Gange; die Konstruktionen von Wechselgetrieben zur Erzielung von Geschwindigkeitsreihen schießen wie Pilze hervor. In den Vereinigten Staaten sind viele derartige Betriebe bereits in die Praxis eingeführt; in Deutschland stehen wir wieder einmal vor der Tatsache, daß wir nicht so schnell folgen.

Eine solche wiederkehrende Erscheinung erfordert ernste Prüfung bei jeder Gelegenheit, die sich darbietet; deshalb möge hier eine kurze Einschaltung darüber gestattet sein.

Es machen sich bei uns zurzeit besonders drei Hemmschuhe des Fortschrittes geltend:

1) der augenblicklich verhältnismäßig geringe Bedarf für neue Werkzeugmaschinen;

2) die wirtschaftlich falsche Gewohnheit eines großen Teiles der deutschen Kundschaft, beim Ankauf neuer Maschinen die Frage voranzustellen: Was kostet die Maschine? an Stelle der einzig richtigen: Was leistet die Maschine? Dadurch werden die den Preis einer Maschine erhöhenden Erfindungen und Verbesserungen in vielen Fällen von vornherein zur Aussichtslosigkeit verurteilt;

3) die verhältnismäßige Seltenheit der Fälle, wo deutsche Fabriken für Sondererzeugung weniger bestimmter Gattungen von Maschinen eingerichtet sind.

Die Erkenntnis, daß diese Beschränkung auf enger begrenzte Gebiete bei gleichzeitiger sorgsamster Ausbildung der einzelnen Erzeugnisse auf Grund fortwährend wiederkehrender Erfahrungen notwendig sei, nimmt sichtlich zu. Der Verein deutscher Werkzeugmaschinenfabrikanten hat erst kürzlich seinen Mitgliedern diesen Weg als das einzige Mittel empfohlen, um den Fortschritten der Vereinigten Staaten dauernd auf dem Fuße folgen zu können.

Von der bei der zweitältesten deutschen Werkzeugmaschinenfabrik, der Union, vormals Diehl in Chemnitz, vor 5 Jahren begonnenen Einrichtung des Sonderbaues mit nur noch etwa 20 verschiedenen Maschinenmodellen kann heute nach einer strengen Prüfung dieses Schrittes während guter und schlechter Geschäftszeiten gesagt werden, daß die Fabrik nie wieder zur alten Erzeugungsweise zurückkehren wird. Die Fortschritte in Konstruktion und Ausführung der Maschinen wären nie in gleicher Kürze erzielbar gewesen. Dies mag zugleich als Erklärung dafür dienen, daß bei der folgenden Besprechung neuer amerikanischer Geschwindigkeits-Wechselgetriebe auch ein solches der genannten Fabrik anzuführen ist, das den Wettbewerb erfolgreich aufgenommen hat.

4) Der schnellere Fortschritt in den Vereinigten Staaten kommt meiner Ansicht nach ohne Zweifel auch mit auf Rechnung des dortigen Patentgesetzes, welches einesteils einen mächtigen Ansporn für die Erfinder dadurch ausübt, daß es ein gesetzliches Recht des **Erfinders** (nicht des **Anmelders**) auf das Patent geschaffen hat, andernteils für einmalige mäßige Gebühr (etwa 250 ℳ) den Patentschutz für 17 Jahre verleiht.

Unter diesen Umständen stehen der Einführung der Stufenrädergetriebe gegenüber der billigeren Stufenscheibe in Deutschland weit größere Hindernisse entgegen als in den Vereinigten Staaten.

Durch die Güte des Hrn. Ingenieurs P. Möller von der Redaktion der Zeitschrift des Vereines deutscher Ingenieure ist mir eine ganze Sammlung von Angaben und Abbildungen solcher Getriebe zur Verfügung gestellt worden, die der Genannte auf einer Studienreise in den Vereinigten Staaten von Amerika meist als fertige, bereits in die Praxis eingeführte Maschinenbestandteile vorgefunden hat. Durch Hinzunahme meiner deutschen Erfahrungen bin ich in der Lage, die Bestrebungen zur Verbesserung der Geschwindigkeitswechsel im Werkzeugmaschinenbau in geordneter Reihenfolge von ihren Anfängen an bis zu den Konstruktionen der letzten Zeit aufzuführen.

Riemen-Umleger.

Als technischer Anfang, wenn auch nicht der Zeit nach, sind in Deutschland die Versuche zu bezeichnen, das Vorhandene, d. h. den Stufenscheibenantrieb, beizubehalten und nur die Riemenumlegung zu verbessern. Beispiele dafür liefern die Konstruktionen von de Fries in Düsseldorf und der Berlin-Anhaltischen Maschinenbau-A.-G. in Dessau. Beide haben besondere Riemenumleger geschaffen, die als Bestandteil des Deckenvorgeleges anzusehen sind. Der Grundgedanke ist, nahe unter der Stufenscheibe des Deckenvorgeleges den Riemen durch eine Gabel zu führen, die durch ihre Form und Bauart bei der Riemenüberführung von einer Stufe zur andern den Abstufungen des Scheibendurchmessers und der veränderten Riemenlage folgen kann. Verschoben wird der Riemen in Richtung der Stufenbreite durch Schwenken dieser Gabel um eine senkrechte Achse, die bis herab in Bedienungshöhe führt, wo ein Griffhebel den Angriffspunkt für den Arbeiter bildet. Ohne Nachhülfe mit der Hand in der Gegend der untersten Stufenscheibe geht es nicht ab. Der eine Zweck der Einrichtung, das Riemenumlegen etwas weniger gefahrvoll zu machen, wird in gewissem Grade erreicht. Eine Zeitersparnis, auf die es uns hier besonders ankommt, findet nicht statt; die Zeit, bis die Umlegung des Riemens vollständig gelingt, ist sogar in vielen Einzelfällen größer als bei der alten Art des Umlegens mit der sogen. Riemenlatte, wenn diese von der Hand eines geübten Arbeiters geführt wird. Eine solche Benutzung der vorhandenen Stufenscheibenantriebe kann daher nicht den Anspruch machen, die Aufgabe schnellen Vielfachwechsels der Geschwindigkeit gut zu lösen.

Reibräder-Wechselgetriebe.

Mit Vorliebe beschäftigen sich die Erfinder von Wechselgetrieben in Deutschland noch mit der Aufgabe der Herstellung ununterbrochener Geschwindigkeitsreihen. Diese Einrichtungen haben theoretisch etwas Bestechendes; denn die ununterbrochene Reihe ist der Stufenreihe in bezug auf die Auswahl der verfügbaren Geschwindigkeiten überlegen. Aber leider gibt es zur Ausführung nur das Mittel der Reibungsübertragung; das andere Mittel, die Verzahnungsübertragung mit ihrem Vorzug der unbedingt sicheren und überlegenen Leistung, ist dafür unmöglich. Darin liegt die schwache Seite der meisten derartigen Erfindungen. Einer Berührungslinie oder gar nur einem Berührungspunkt werden Kraftübertragungen zugemutet, denen nur eine genügend große Berührungsfläche eines Riemens oder eine entsprechend starke Verzahnung gewachsen ist.

Der praktische Mißerfolg der meisten Reibungs-Wechselgetriebe ist dadurch leicht erklärlich. Nur wo das Reibgetriebe ohne Schaden mit hoher Umlaufzahl und starker Rückübersetzung bis zur Arbeitstelle arbeiten kann und dabei nur mäßige Uebertragungsleistung zu vollbringen hat, ist es am Platze, so z. B. zur Ausführung von Vorschüben; für die Schnittleistung ist es im allgemeinen nicht brauchbar. Vereinzelte bestimmte Fälle, z. B. die Anwendung zum Betrieb der Abstechdrehbank, bei der es sich nur um kleine Arbeitsdurchmesser und verhältnismäßig kleine Spanleistungen handelt, machen eine Ausnahme.

Diese Erfahrungen sind nach der mir vorliegenden Sammlung des Hrn. Möller in den Vereinigten Staaten bereits soweit maßgebend, daß dort nur noch

Zahnrädergetriebe zum Wechseln der Schnittgeschwindigkeiten

in Frage kommen; dabei werden nur Stirnzahnräder verwendet. Diese Wechselgetriebe haben drüben den Sammelnamen »Constant speed belt drives« erhalten. Man benutzt also eine Nebeneigenschaft des Rädergetriebes, die gleichbleibende Geschwindigkeit seines Antriebriemens, zur einheitlichen Bezeichnung der verschiedenen Bauarten. Diese gleichbleibende Geschwindigkeit des Riemens aber ist eine besonders wertvolle Eigenschaft bei elektrischem Antrieb, da sie eine unmittelbare Riemen- oder Räderübertragung vom Motor auf die Antriebwelle der Werkzeugmaschine gestattet.

Die Verlegung der Geschwindigkeitsänderung in den Elektromotor wäre natürlich für den Werkzeugmaschinenfabrikanten noch einfacher und bequemer. Es werden auch solche Stufenmotoren gebaut; bis heute sind sie aber wesentlich teurer als Motoren mit Gleichlauf, und sie gestatten ferner nur zwei bis drei Geschwindigkeitswechsel von bestimmter, vom Erzeuger des Motors vorgeschriebener Größe, während die sonst noch erforderlichen Abstufungen der Geschwindigkeit durch Totbremsen eines Teiles der Motorleistung erzwungen werden müssen.

Verdeutscht lautet die obige Bezeichnung: Getriebe mit unveränderlicher Riemengeschwindigkeit. Es ist aber richtiger, unmittelbar den baulichen Hauptbestandteil hervorzuheben und dieses neue Konstruktionselement des Werkzeugmaschinenbaues

Stufenrädergetriebe

im Gegensatz zu den Stufenscheibengetrieben zu benennen.

Auch die Gehäuse, in denen diese Getriebe untergebracht werden, sind eine neue Zutat der Werkzeugmaschinen. Sie heißen drüben kurz »speed box« oder, wenn der Räderbetrieb nicht zur Erzeugung verschiedener Schnittgeschwindigkeiten, sondern zur Herstellung verschiedener Vorschübe dient, »feed box«. Dem entsprechen im Deutschen die Namen »Antriebkasten« und »Steuerkasten«.

Es ist eine Erfahrung, der wir auch bei den elektrischen Antrieben begegnet sind, daß solche neue Zutaten anfänglich als sichtbare selbständige Teile der Maschine auftreten, nach und nach aber mit der Maschine zur Einheit verwachsen. Je mehr letzteres der Fall ist, desto mehr ist in der Regel die Konstruktion ausgereift. In den später folgenden Figuren

134 und 135 sind zwei deutsche Drehbänke vorgeführt, die bereits das völlige Verwachsen des Stufenrädergetriebes mit der Maschine zeigen.

Die Stufenrädergetriebe scheiden sich in zwei Hauptgruppen, deren Merkmale die Mittel sind, welche die Aufhebung der einen Geschwindigkeit und die Einschaltung der andern herbeiführen. Bei der ersten Art erfolgt dieser Wechsel durch den Wechsel der Verbindung zwischen Rad und Achse, bei der zweiten Art durch den Wechsel des Eingriffes der Räder. Die natürliche Folge dort ist der unveränderliche Eingriff der Räder, hier die unveränderliche Verbindung der Räder mit ihren Achsen. Schließlich findet sich auch noch eine Verbindung beider Wechsel. Wie zu vermuten, ergibt diese dritte Art die am wenigsten einfache Ausführung.

Um mit der Aufzählung der verschiedenen Bauarten einen Vergleich ihrer Haupteigenschaften zu verbinden, habe ich alle Bauarten für die gleiche Zahl — nämlich 8 — der mit ihnen erzielbaren Geschwindigkeiten dargestellt. Nur in zwei Fällen war dies nicht möglich, sondern es mußten die ursprünglichen Zahlen 4 und 7 beibehalten werden.

Verdopplung der Anzahl der Geschwindigkeiten.

Die durch die Stirnräder-Stufengetriebe erreichbare Anzahl der Geschwindigkeiten läßt sich bei jeder ihrer Konstruktionen wie bei den Stufenscheibengetrieben durch Anreihung eines ein- und ausrückbaren Rädervorgeleges oder auch durch die Ausstattung des Deckenvorgeleges mit 2 verschiedenen Umlaufzahlen verdoppeln. Das geschieht in der Tat fast ohne Ausnahme, so daß eine fernere neue Erscheinung des Werkzeugmaschinenbaues, die immer allgemeiner werdende Steigerung der verfügbaren Arbeitsgeschwindigkeiten von den bisher üblichen Zahlen 8, 10 oder 12 auf 16 und noch mehr, zu verzeichnen ist. Die Stirnräderantriebe gewähren fast ohne Ausnahme die Möglichkeit, diesen Vielfachwechsel der Geschwindigkeit mit nur wenigen Handgriffen in der kürzesten Zeit zu vollziehen.

In die jeder Figur angefügten Vergleichszahlen ist auch die zur Vollendung jedes Geschwindigkeitswechsels nötige Anzahl Handgriffe aufgenommen. Ferner interessieren die Baulänge (Weite zwischen den beiden Hauptlagern) jeder Bauart, die Anzahl der zur Erzielung der 8 Geschwindigkeiten erforderlichen Räder und Achsen und die erreichbaren Grenzen der Uebersetzung. Bei der

Mannigfaltigkeit der anwendbaren Räderübersetzungen können die letzteren nur schätzungsweise angegeben werden. Endlich ist bei jeder Figur die Anzahl der in Eingriff befindlichen Räder vermerkt. Wären die Stufenrädergetriebe ein Jahrzehnt früher aufgetaucht, so hätte sich ohne weiteres urteilen lassen, daß ihre Güte im umgekehrten Verhältnis zur Zahl der in Eingriff befindlichen Räder stehe. Heute, wo der geräuschlose Stirnradeingriff eine selbstverständliche Forderung ist, ist der Leereingriff zeitweilig unbenutzter Räder zur völlig nebensächlichen Erscheinung geworden, die mit der Güte eines Rädertriebes nichts zu tun hat.

Schneller Geschwindigkeitswechsel durch Stufenrädergetriebe mit wechselnder Uebertragungsverbindung und unveränderlichem Rädereingriff.

A) Verbindung der Räder und Achsen durch lösbare Kupplungen.

Bickford-Getriebe.

Ein Stufengetriebe dieser Art, ausgeführt von der Bickford Drill and Tool Company in Cincinnati, hat in den Vereinigten Staaten zuerst den Kampf gegen die Stufenscheibe eröffnet. Es wurde, da die Bickford Company Radialbohrmaschinen erzeugt, an solchen angebracht. Dieses Vorgehen hat in kurzer Zeit den Erfolg gehabt, daß fast alle Erbauer von Radialbohrmaschinen in den Vereinigten Staaten ihre Maschinen nicht mit Stufenscheiben-, sondern mit Stufenräderantrieb versehen.

Wie aus Fig. 127 ersichtlich, hat der Bickford-Antrieb, Fig. 125 bis 129, 4 Stirnräderpaare, die durch 2 Kupplungsmuffen m_1 und m_2 abwechselnd triebfertig gemacht werden.

Es kann Klauen- oder Reibkupplung angewendet werden; erstere ist vorzuziehen. Neu ist die Einheit des Bedienungshandgriffes h, Fig. 128 und 129, für die beiden Kupplungen. Da für gewöhnlich nicht 2 Kupplungen durch einen Handgriff betätigt werden können, so ist eine zusammengesetzte Bewegung des Handgriffhebels erfunden worden. Sie besteht darin, daß dieser Hebel die drei Linien eines liegenden »H« beschreiben kann. Seine Bewegung in Richtung der einen Parallellinie betätigt die Muffe m_1, die Bewegung in der andern m_2. Beim Uebergang aus einer Parallele in die andere in der mittleren Querlinie, Fig. 126, stehen beide Kupplungen in Mittel-, also Leerlaufstellung. Das ergibt zugleich gegenseitige Ausschließung und Sicherheit gegen irrtümliche Einrückung. Eine Zeitersparnis, auf die es in diesem Abschnitte besonders ankommt, wird durch diese zusammengesetzte Bewegung eines Handgriffes gegenüber zwei einfachen Bewegungen zweier Handgriffhebel nicht erzielt. Spätere Ausführungen von **Rädergetrieben** legen daher keinen Wert auf Einheit des Handgriffes, sondern bevorzugen die Einfachheit der Ausführung. Im Grunde genommen sind auch bei Bickford zwei Betätigungshebel vorhanden; sie

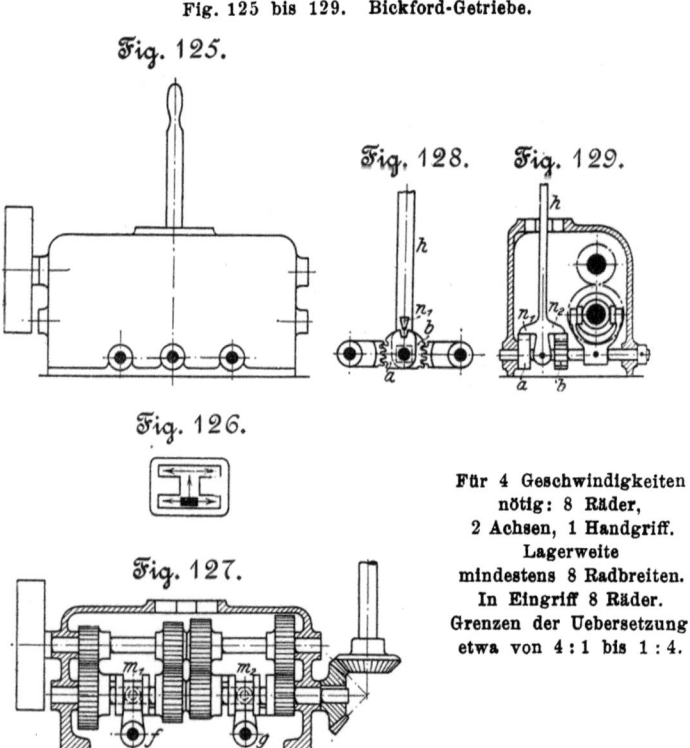

Fig. 125 bis 129. Bickford-Getriebe.

Für 4 Geschwindigkeiten
nötig: 8 Räder,
2 Achsen, 1 Handgriff.
Lagerweite
mindestens 8 Radbreiten.
In Eingriff 8 Räder.
Grenzen der Uebersetzung
etwa von 4 : 1 bis 1 : 4.

sind nur außerhalb des Gehäuses nicht sichtbar und bestehen in den beiden kurzen, am Ende verzahnten Hebeln, Fig. 128, auf den Wellen f und g, Fig. 127. Jeder dieser Hebel steht in Eingriff mit einem teilweise verzahnten Getriebe a und b, die an ihrer höchsten Stelle einen vereinzelten Zahneinschnitt haben, in den bei der Schwenkung des Handgriffhebels h in der Querlinie eine der beiden Nasen n_1 oder n_2 eingreift. Ist n_1 in Eingriff, so kann die Muffe m_1, ist n_2 in Eingriff, die Muffe m_2 bewegt werden.

Da diese Bauart nur 4 Geschwindigkeiten ermöglicht, so muß ein ein- und ausrückbares Rädervorgelege dahinter geschaltet werden, um 8 Geschwindigkeiten zu erzielen. Der Ort dieses Rädervorgeleges ist nicht notwendig dicht neben dem Stufengetriebe; der Spindelstock der Bohrmaschine eignet sich gut dafür, um so mehr, als dann die Ein- und Ausrückung des Rädervorgeleges vom Standpunkt des Arbeiters aus erfolgen kann.

Ruppert-Getriebe.

Zu gleicher Zeit mit dem Bickford-Getriebe in den Vereinigten Staaten entstand in Deutschland das Stufenrädergetriebe von Friedrich und Siegfried Ruppert, Fig. 21 dieses Buches. Auch mit diesem konnten anfänglich nur 4 Geschwindigkeiten erzielt werden. Es genügten dazu drei Räderpaare, weil die bisher nicht beachtete Tatsache benutzt worden war, daß in drei nebeneinander auf zwei Wellen aufgereihten Räderpaaren außer den drei einfachen Räderübersetzungen stets noch eine vierte zusammengesetzte Uebersetzung vorhanden ist, bei der alle drei Räderpaare in Wirksamkeit treten. Diese kann durch geeignete Wahl der einzelnen Uebersetzungen eine Fortsetzung der durch jene gebildeten Geschwindigkeitsreihe ergeben.

Fortgesetztes Studium dieses Getriebes hat schließlich zu dem bemerkenswerten Ergebnis geführt, daß durch Hinzufügung noch eines Räderpaares der Zweck eines ein- und ausrückbaren Rädervorgeleges, zu dem sonst stets zwei Räderpaare gehören, erreicht werden kann. Dadurch ist dieses Stufenrädergetriebe ein praktisch brauchbares neues Konstruktionselement des Werkzeugmaschinenbaues und eines der einfachsten Stufengetriebe für 8 verschiedene Geschwindigkeiten geworden.

Noch galt es, die Herstellung der 8 einzelnen Geschwindigkeiten in kürzester Zeit, mit einfachsten Mitteln zu ermöglichen und das Ganze leicht begreiflich für den bedienenden Arbeiter zu gestalten.

Vier lösbare Klauenkupplungen zwischen den ersten drei Stirnräderpaaren, Fig. 130, können schnell in 6 verschiedene Gruppenstellungen gebracht werden. Davon sind aber nur 4 brauchbar; die andern beiden ergeben Hemmungen, nicht

Uebertragungen der Bewegung. Nach ziemlich langer Zeit gelang auf einfache Weise die Ausschließung dieser beiden unnützen Gruppenstellungen, und zwar dadurch, daß je zwei Kupplungsmuffen durch einen Doppelhebel, Fig. 130, zwang-

Fig. 130. Ruppert-Getriebe.

Für 8 Geschwindigkeiten nötig: 8 Räder, 2 Achsen, 3 Handgriffe, wovon einer nur dann gebraucht wird, wenn das Rädervorgelege ein- oder auszuschalten ist.
Lagerweite 8 Radbreiten.   In Eingriff 8 Räder.
Grenzen der Uebersetzung etwa von 3:1 bis 1:30.

läufig miteinander verbunden wurden. Je ein außen am Gehäuse des Getriebes bequem gelegener Handgriffhebel, s. Fig. 134 und 135, dient zur Bewegung jedes solchen Doppelhebels. Durch die einfache Zusammenstellung, Fig. 131, wird der Geschwindigkeitswechsel für den bedienenden Arbeiter ohne weiteres verständlich gemacht.

Fügt man zu dieser Figur noch die Handgriffstellungen des ein- und ausrückbaren Rädervorgeleges hinzu, so entsteht die Bildreihe Fig. 132, die in der jetzt vielfach üblichen Form eines Metallschildchens in bequemer Gesichtsweite nahe den Handgriffen am Gehäuse des Stufengetriebes angebracht wird. Auf dem Schildchen stehen zugleich Anweisungen über

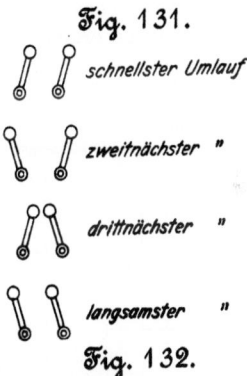

Fig. 131.

schnellster Umlauf
zweitnächster "
drittnächster "
langsamster "

Fig. 132.

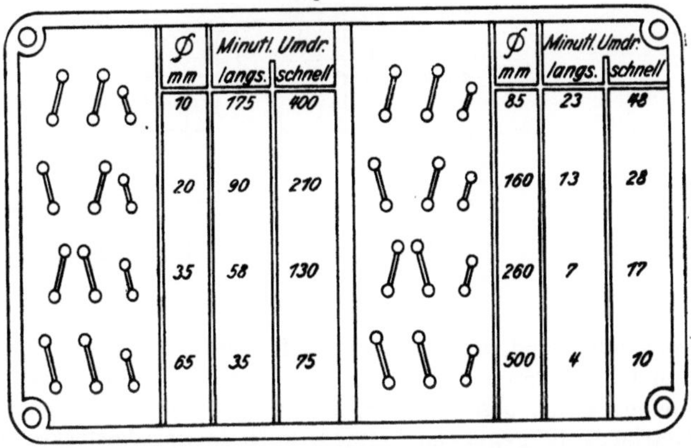

⌀ mm	Minutl. Umdr. langs.	Minutl. Umdr. schnell	⌀ mm	Minutl. Umdr. langs.	Minutl. Umdr. schnell
10	175	400	85	23	48
20	90	210	160	13	28
35	58	130	260	7	17
65	35	75	500	4	10

die Durchmesser der Werkstücke und die durch das Stufengetriebe hervorgebrachten 8 Umlaufzahlen, welche mit »langsam« bezeichnet sind. Durch Aenderung der Umlaufzahl des Deckenvorgeleges oder durch ein an anderer Stelle der Maschine eingeschaltetes weiteres Rädervorgelege werden sie in die mit »schnell« bezeichneten Umlaufzahlen umgewandelt.

Wie der Kräftedurchgang durch die Räder und Achsen bei den einzelnen Gruppenstellungen der Handgriffe stattfindet, zeigt Fig. 133. Die starke Linie zwischen Antriebscheibe und Endpunkt ist der Kräfteweg.

Dieses Wechselgetriebe ist für alle Arten und Größen von Werkzeugmaschinen brauchbar, die bisher mit Stufenantrieb gearbeitet haben; es kann leichter als alle folgenden Stufengetriebe auf kleinstem Raum, und ohne die Außenformen der Maschine zu beeinflussen, untergebracht werden. Dieser letztere Vorzug wird wesentlich dadurch erzielt, daß nur zwei Achsen

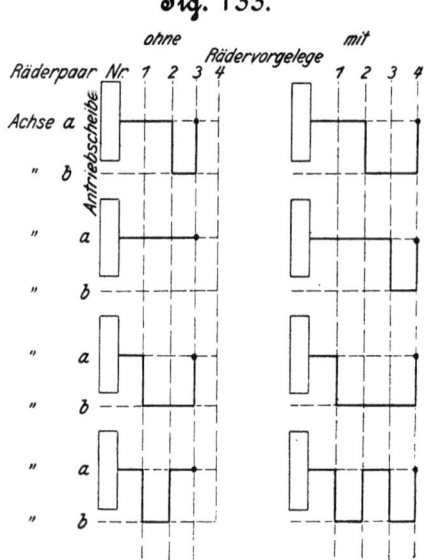

Fig. 133.

vorhanden sind, während alle Stufengetriebe der nun folgenden Klasse deren drei bedürfen. Diese dritte Achse steht in vielen Fällen, besonders da, wo es sich um den Einbau des Getriebes in gegebene Formen, z. B. in Spindelstöcke, handelt, einer einfachen Gestaltung des Gehäuses im Wege.

Die Beibehaltung ruhiger einfacher Außenformen zeigen die Spindelstöcke der in den Figuren 134 und 135 abgebildeten neuen beiden Drehbänke der Werkzeugmaschinenfabrik Union in Chemnitz mit Stufenräderantrieb ohne Stufenscheibe und ohne Riemenumlegung.

Fig. 134 stellt eine **Bolzendrehbank für Schnelldreherei** dar. Das Stufengetriebe im Spindelstock hat, da es sich

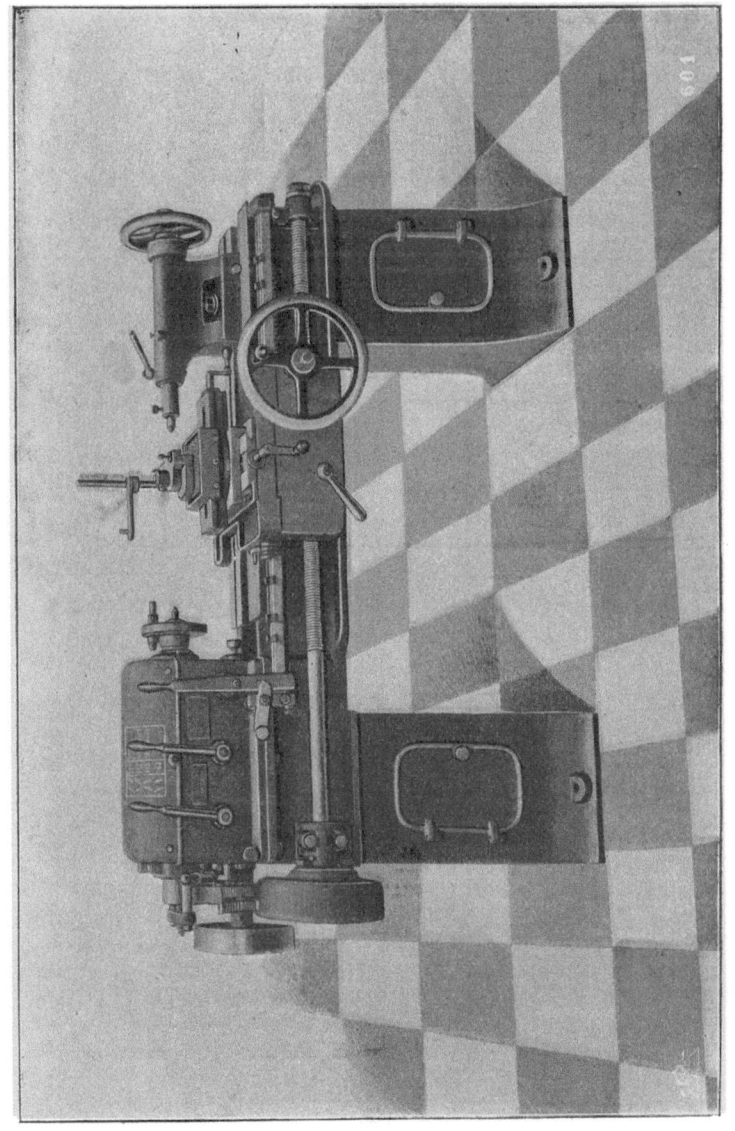

Bolzendrehbank für Schnelldreherei der Werkzeugmaschinenfabrik Union in Chemnitz.

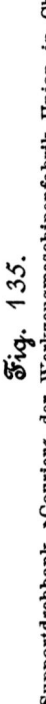

Fig. 135.
Supportdrehbank »Courier« der Werkzeugmaschinenfabrik Union in Chemnitz.

hier nicht um große Unterschiede im Durchmesser des Arbeitstückes handelt, 4 Geschwindigkeiten, die durch 2 verschiedene Geschwindigkeiten des Deckenvorgeleges auf 8 gebracht werden.

Fig. 135 zeigt die schon mehrfach erwähnte Supportdrehbank »Courier« mit in den Spindelstock eingebautem Stufenrädergetriebe für 8 Geschwindigkeiten. Auf 16 wird diese Zahl erhöht bei Transmissionsantrieb durch 2 Geschwindigkeiten des Deckenvorgeleges, bei elektrischem Antrieb durch 2 Räderpaare im hohlen Fuß der Maschine. Durch eine Herzumsteuerung an einem dieser Räderpaare kann die Drehbankspindel zum Zweck des Gewindeschneidens anstatt auf schnellen Vorwärtsgang auf schnellen Rückwärtsgang mittels des kleinen unteren Hebels eingestellt werden. Dann genügt eine Schwenkung des großen unteren Handhebels, um sofort vom langsamen Vorlauf der Drehbankspindel zu schnellem Rücklauf überzugehen.

Die Drehbank hat elektrischen Einzelantrieb. Der Elektromotor läuft bei allen Geschwindigkeiten und auch bei der Umkehr der Bewegung mit gleicher und gleichgerichteter Geschwindigkeit weiter; nur vor voraussichtlich größeren Arbeitspausen wird er stillgesetzt.

Diese Maschine mag als Beispiel zeitsparender Einrichtungen für den Geschwindigkeitswechsel und zugleich eines einfachen, mit der Maschine verbundenen Elektromotorenantriebes dienen. Die elektrisch angetriebenen Drehbänke der Ausstellungen in Paris und Düsseldorf besaßen noch umfangreiche An- und Ausbauten zur Unterbringung der dem Geschwindigkeitswechsel dienenden Teile. Auch keine der von Hrn. Möller auf seiner Studienreise in den Vereinigten Staaten besichtigten neuesten amerikanischen Drehbänke kann sich in bezug auf Einhaltung ruhiger einfacher Außenformen mit den hier wiedergegebenen deutschen Drehbänken messen. Für die Antriebe mit Stufenrädern genügt jeder einfache normale Motor. Bekanntlich werden jetzt derartige Motoren, sei es für Gleichstrom oder für Drehstrom, sehr billig erzeugt.

B) **Lösbare Keilverbindung der Räder und Achsen der Stufengetriebe.**

An Stelle der Kuppelmuffe sind auch Keil und Nut geeignet, wechselnde Verbindung zwischen Rad und Welle schnell herzustellen. Der Keil ist in einem solchen Fall auf der Welle verschiebbar, um aus einer Radnabe in die andere zu gelangen.

Der Umstand, daß die Verschiebung nur stattfinden kann, wenn zwei benachbarte Radnuten in einer Fortsetzung liegen, behindert die Schnelligkeit des Wechsels; ferner bewirkt bei starker Kraftübertragung die Kleinheit der beanspruchten Flächen an Keil und Nut vorzeitige Abnutzung. Daher kommt der Ziehkeil für den schnellen Wechsel von Arbeitsgeschwindigkeiten so gut wie gar nicht in Frage, wohl aber für den Wechsel von Vorschüben. Dort hat er zunehmende Verbreitung gefunden, und er soll demgemäß in dem betreffenden Abschnitt besprochen werden.

C) Lösbare Reibungsverbindung zwischen den Rädern und Achsen der Stufengetriebe.

Getriebe von William Gang.

Wählt man Radbohrung und Achsendurchmesser reichlich groß, so ist eine unmittelbare Verbindung durch Reibung zwischen Achse und Rad ohne weitere Hülfsmittel ausführbar.

Die William E. Gang Company in Cincinnati hat hiervon praktisch Gebrauch gemacht, und zwar an ihren Stufenräderantrieben für Radialbohrmaschinen. Da die auf solchen Maschinen zu bohrenden Löcher nur beschränkte Durchmesser haben, so mag die Sache für diesen Sonderfall ohne schädliche Rutschungen der Reibflächen ablaufen. Eine sichere Gewähr für dauernd gutes Festhalten beim Betrieb ist aber nicht geboten. Die Ausführung ist außerdem nicht einfach. Deshalb soll Fig. 136 nur wegen des Interesses wiedergegeben werden, das die Lösung der Aufgabe, eine wechselbare Reibungsverbindung zwischen Rad und Achse zu schaffen, beansprucht.

Dieses Stufengetriebe braucht, wie alle folgenden, drei Achsen. Alle drei laufen in festen Lagern und jede Achse trägt drei Räder $a\,b\,c$, $d\,e\,f$ und $g\,h\,i$. Die Antriebsachse ist in dieser und den folgenden Figuren stets mit A, die getriebene mit G, die dritte (Zwischenachse) mit Z bezeichnet. Auf ihr sind hier die Räder g, h und i fest aufgekeilt. Es ist ohne weiteres ersichtlich, daß diese Räderanordnung dreimal eine gleich große Uebersetzung, also 2 überflüssige Uebersetzungen enthält.

Die Reihe der 7 möglichen Uebersetzungen mit verschiedener Geschwindigkeit ist folgende:

1) $\dfrac{a}{g}\dfrac{i}{f}$ (schnellster Gang), 2) $\dfrac{a}{g}\dfrac{h}{e}$, 3) $\dfrac{b}{h}\dfrac{i}{f}$,

4) $\dfrac{b}{e}$ $\left(\text{oder } \dfrac{a}{d} \text{ oder } \dfrac{c}{f}\right)$, 5) $\dfrac{b}{h}\dfrac{g}{d}$, 6) $\dfrac{c}{i}\dfrac{h}{e}$, 7) $\dfrac{c}{i}\dfrac{g}{d}$.

Zur Verbindung der antreibenden Welle A mit einem der Räder a, b oder c und ebenso der getriebenen Welle G mit einem der Räder d, e oder f dienen die beiden Klemmringe r_1 und r_2, von denen jeder in einer Eindrehung seiner Welle eingebettet liegt. Das in Fig. 137 dargestellte Gelenk

Fig. 136 und 137. Getriebe von William Gang.

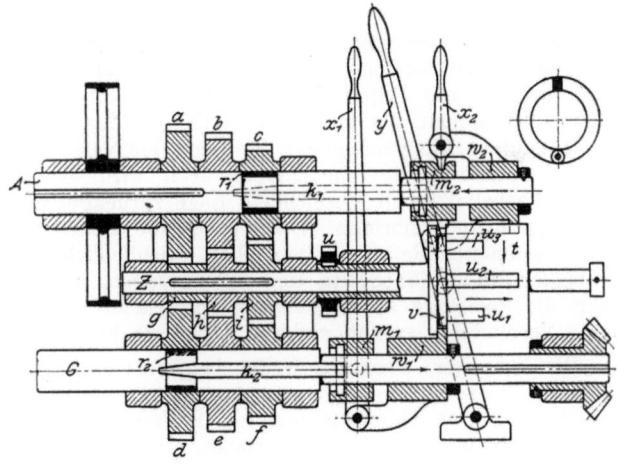

Für 7 Geschwindigkeiten nötig: 9 Räder, 3 Achsen, 4 Handgriffe (einer für jede Pfeilrichtung).
Lagerweite etwa 4 Radbreiten.   In Eingriff 9 Räder.
Grenzen der Uebersetzung etwa von 1 : 1 bis 1 : 12.

ermöglicht die Einbringung der Ringe in die Eindrehung der Wellen. Durch die Schiebekeile k_1 und k_2 werden die Ringe an die Innenwand der Radbohrung gepreßt.

Bemerkenswert ist die Lösung der Aufgabe, durch bestimmte Handhebelstellungen eine bestimmte Reihenfolge der Geschwindigkeiten zu erzeugen. Die Beschreibung des Bedienverfahrens erläutert zugleich die Anordnung.

Um aus der gezeichneten Betriebstellung in eine andere überzugehen, wird zuerst Keil k_2 mittels des Handhebels x_1 gelüftet. Durch Schwenkung des langen Handgriffhebels y

nach rechts wird die Warze w_1, die mit einem Vorsprung in die rings umlaufende Nut v der Trommel t eingreift, samt Welle G mit Muffe m_1, Keil k_2 und Reibring r_2 nach rechts gezogen, bis der Vorsprung der andern Warze w_2, der sich bisher in einer Längsnut der Trommel befand, ans Ende dieser Längsnut und damit auch in die die Längsnut kreuzende, rings umlaufende Nut v gelangt. Jetzt stehen einander die Nasen von w_1 und w_2 in der Nut v gegenüber. Ring r_1 wird nun auch durch Verstellen des Handgriffhebels x_2 gelüftet. Mit Hülfe des Stirnrades u, eines in dieses eingreifenden, nicht gezeichneten zweiten Stirnrades und eines damit verbundenen Handgriffhebels wird jetzt die Trommel t um einen Teilbetrag ihres Umfangs gedreht. t hat 12 Längsnuten u_1, u_2, u_3 usw. von zwei verschiedenen Längen, entsprechend einer einfachen und einer doppelten Radnabenlänge a, b, c. Ein Federstift am zuletzt genannten Handgriffhebel bestimmt die einzelnen Stellungen der Trommel, bei denen je 2 Längsnuten mit der Lage der Nasen an den Warzen w_1 und w_2 übereinstimmen. Jetzt wird der lange Handgriffhebel y in die gezeichnete Lage zurückgeschwenkt und dadurch die Reibringe in die durch die beiden Längsnuten bestimmten Radnaben geschoben. Schließlich werden die beiden Handgriffhebel x_1 und x_2 angezogen, so daß die Keile die Reibringe auseinanderpressen. Damit ist die gewollte Verbindung zweier anderer Räder als bisher erzielt.

Die Zahl der einzelnen Griffe beträgt nach dem Gesagten 7. Trotz der geringen Anzahl von Rädern zur Erreichung von 7 Geschwindigkeiten ist weder die Bauart noch die Bedienung dieses Getriebes als einfach zu bezeichnen.

Nelson-Getriebe.

Dieses Getriebe hat noch mehr Einzelteile, aber wenigstens den Vorzug, nur mit zwei Griffen bedient zu werden. Es beruht ebenfalls auf Reibungsverbindung zwischen Achsen und Rädern. Auf zwei Achsen sitzen je 8 Räder, von denen eine Reihe fest mit ihrer Achse verbunden ist, während jedes Rad der andern Reihe eine Reibkupplungseinrichtung hat. Diese besteht in einer Eindrehung der Radnabe, in welcher die drei Drittel a eines Bremsringes, Fig. 138 und 139, und dazwischen drei kegelige Keile k liegen, die durch die Wandung der hohlen Achse bis auf Kegel b hindurchragen. Es bedarf nur der Verschiebung von b, um die drei Teile a

auseinanderzupressen und so die Verbindung zwischen Rad und Achse herzustellen.

Diese Verschiebung geschieht wie folgt: Zuerst wird die Stange d soweit in der Richtung der Achse verschoben, daß

Fig. 138 *und* 139. Nelson-Getriebe.

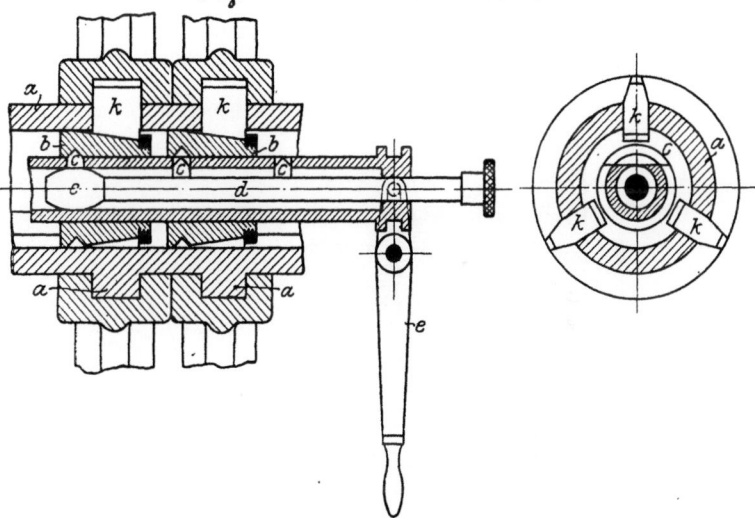

Für 8 Geschwindigkiten nötig: 16 Räder, 2 Achsen, 2 Handgriffe.
Lagerweite etwa 10 Radbreiten.   In Eingriff 16 Räder.
Grenzen der Uebersetzung etwa von 1:3 bis 3:1.

ihr doppelkegeliges Ende e eins der Segmente c nach außen schiebt. Dadurch wird der Kegel b gepackt und kann nun durch Schwenkung am Handgriffhebel e gegen die Keile k fest angezogen werden.

Schneller Geschwindigkeitswechsel durch Stufenrädergetriebe mit wechselndem Zahneingriff und unveränderlicher Uebertragungsverbindung.

In dieser Abteilung sind einige gute, einfache Bauarten zu verzeichnen.

Norton-Getriebe.

Eine ohne weiteres übersichtliche Geschwindigkeitsreihe von den Uebersetzungen $\frac{r}{a}$ bis $\frac{r}{h}$ ergibt das Norton-Stufenrädergetriebe, Fig. 140 und 141, das bekanntlich zur Herstellung verschieden großer Vorschübe an Drehbänken vielfach benutzt wird[1]). Es ist aber unter 2 Bedingungen ebenso wohl für die Herstellung verschiedener Schnittbewegungen brauchbar: die Grenzen der Geschwindigkeit dürfen die üblichen Grenzen der Uebersetzung eines Stirnräderpaares nicht übersteigen, und ferner muß die Feststellung des 2 Bewegungen ausführenden Zwischenrades Z dauerhaft sein. Da

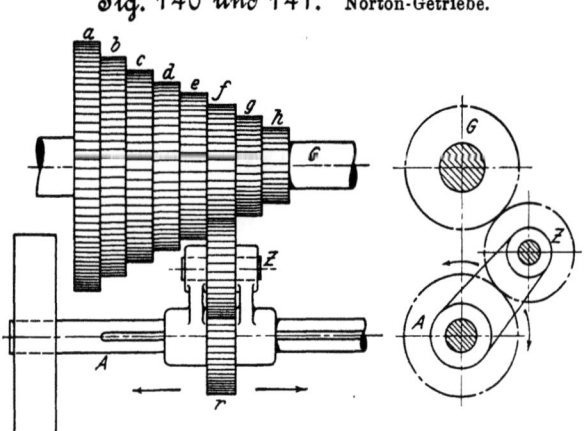

Fig. 140 und 141. Norton-Getriebe.

Für 8 Geschwindigkeiten nötig: 10 Räder, 3 Achsen, 2 Handgriffe.
Lagerweite etwa 8 Radbreiten.   In Eingriff 3 Räder.
Grenzen der Uebersetzung etwa von $1:1$ bis $1:5$, oder von $2:1$ bis $1:3$.

es sich um eine Verschiebung und gleichzeitig um eine Schwingung handelt, wenn ein anderer Zahneingriff hergestellt werden soll, so muß die Feststellvorrichtung entweder diesen beiden Bewegungen folgen können, oder sie muß in zwei Teile zerlegt werden, von denen der eine nur die Verschiebung auf der Antriebwelle A, der andere nur die Schwingung um dieselbe bewirkt, während beide zugleich die erzielte Endstellung während des Betriebes in genügender Starrheit erhalten.

In dem folgenden Abschnitt über die Vorschübe wird die erste Art der Feststellung gezeigt werden; in Fig. 143 auf S. 154 ist die zweite Art dargestellt.

---

[1]) s. Zeitschrift des Vereines deutscher Ingenieure 1900 S. 1626.

Isler-Getriebe.

Die Zahl der bei Norton für acht Geschwindigkeiten erforderlichen Räder hat Hermann Isler in einer gut erdachten einfachen Weise auf 7 vermindert, wie Fig. 142 erkennen läßt. Zuerst stellt Rad r_1 den Zahneingriff mit a, b, c und d nacheinander her, wobei es als einflußloses Zwischenrad wirkt.

Fig. 142. Isler-Getriebe.

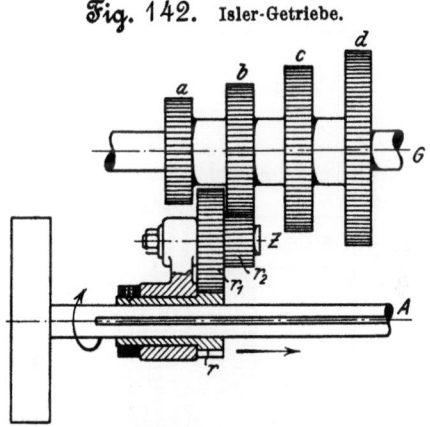

Für 8 Geschwindigkeiten nötig: 7 Räder, 3 Achsen, 2 Handgriffe.
Lagerweite 8 Radbreiten.   In Eingriff 4 Räder.
Grenzen der Uebersetzung etwa von 1 : 1 bis 1 : 12.

Dann kommt r_2 in gleicher Weise an die Reihe, wobei die Uebersetzung $r_1 : r_2$ zur Geltung kommt. Die möglichen Grenzen der Uebersetzung sind durch die Nebeneinanderschaltung zweier verschieden großer Uebertragungsräder r_1 und r_2 gegen die vorige Bauart erweitert. Der Drehzapfen Z für die beiden Räder r_1 und r_2 kann wie beim Norton-Getriebe ein- und festgestellt werden. Nur muß der Unterschied der 4 Feststellungen von r_1 und der 4 Feststellungen von r_2 für den bedienenden Arbeiter gut kenntlich gemacht werden, am besten durch eine Geschwindigkeitstabelle auf einem Metallschildchen, wie beim Ruppert-Getriebe.

Getriebe von Brown & Sharpe.

Dieses Getriebe ist in Fig. 143 dargestellt. Es ist weniger einfach als das Isler-Getriebe, ihm aber insofern ähnlich, als auch hier einmal ein größeres Rad r_1, das andere Mal ein kleineres Rad r_2 mit einer Reihe abgestufter Räder a, b, c, d

nacheinander zum Eingriff gebracht wird, um eine zusammenhängende Geschwindigkeitsreihe zu erzeugen.

Die Figur mag ferner dazu dienen, die Anordnung der Handgriffe für die Bedienung zu zeigen.

h_1 ist eine verschiebbare Gabel, die den Radumfang des schwenk- und verschiebbaren Rades r_3 umfaßt. Die Gabelzinken sind so lang, daß sie bei allen Schwenklagen des

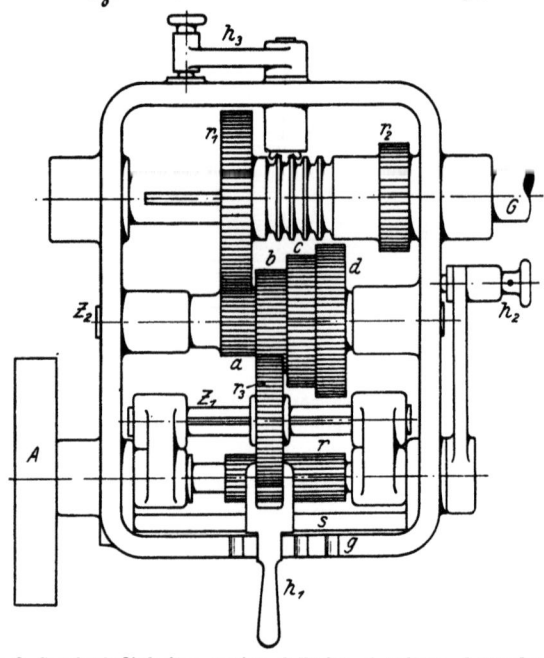

Fig. 143. Getriebe von Brown & Sharpe.

Für 8 Geschwindigkeiten nötig: 8 Räder, 4 Achsen, 3 Handgriffe.
Lagerweite 9 Radbreiten.   In Eingriff 5 Räder.
Grenzen der Uebersetzung etwa von 1:1 bis 1:12.

Rades den Umfang noch fassen. Seitlich wird die Gabel längs einer festliegenden runden Stange s verschoben. Vier in dem Gehäuserand g angebrachte Rasten bestimmen die einzelnen Verschiebungsgrößen; in sie wird das als Handgriff ausgebildete freie Ende der Gabel eingelegt. Das antreibende Rad r ist so breit wie die 4 Stufenräder a, b, c, d zusammen. Die Schwenkachse Z_1 wird durch den Handhebel h_2 festgestellt, der an seinem Ende einen Federbolzen trägt. Ein kleines Getriebe unter der ringförmig verzahnten Büchse von r_1 und r_2 verschiebt diese beiden Räder so, daß r_1 mit a oder r_2 mit d zum Eingriff kommt. Der Handhebel h_2 des Getriebes wird ebenfalls durch einen Federbolzen festgehalten.

Es sei hervorgehoben, daß der Federbolzen h_2 möglichst kräftig auszuführen ist, da er vom Zahndruck der Räder des Stufengetriebes beansprucht wird.

Fosdick-Getriebe.

Die Baulänge der Stufengetriebe kann auf Kosten der Breite verkürzt werden, wie bei dem Getriebe der Fosdick Machine Company, Cincinnati, Fig. 144 und 145.

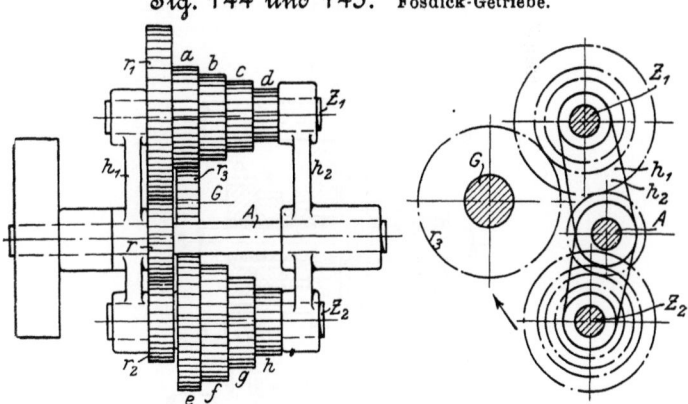

Fig. 144 und 145. Fosdick-Getriebe.

Für 8 Geschwindigkeiten nötig: 12 Räder, 4 Achsen, 2 Handgriffe.
Lagerweite 5 Radbreiten.   In Eingriff 5 Räder.
Grenzen der Uebersetzung etwa von 1 : 1 bis 1 : 8 oder von 2 : 1 bis 1 : 4.

Zweimal 4 abgestufte Räder a, b, c, d, e, f, g, h sind auf 2 Achsen Z_1, Z_2 aufgereiht, wobei 2 Räder r_1 und r_2 vorgeschaltet sind, die durch das Rad r auf der Mittelachse A angetrieben werden. Durch Schwenkung eines zusammenhängenden Doppelhebelpaares $h_1 h_2$ kann abwechselnd die Reihe a, b, c, d oder die Reihe e, f, g, h derart in Betriebstellung gebracht werden, daß ein beliebiges Rad der Reihe mit dem getriebenen Rad r_3 auf einer vierten Achse G in Eingriff kommt.

— 156 —

Auch hier teilen sich die Bedienungshandgriffe in Verschiebung und Schwenkung. Die Grenzen der Uebersetzung liegen noch weiter auseinander als bei den Getrieben von Isler und Brown & Sharpe, da hier außer der Abstufung von r_1 und r_2 noch die Abstufung der Reihe a, b, c, d gegen die Reihe e, f, g, h vorhanden ist.

Zweites Bickford-Getriebe.

Unter Preisgabe der durch das Fosdick-Getriebe erzielten Verkürzung der Baulänge hat die Bickford Drill & Tool Co. eine im übrigen sehr ähnliche Anordnung, Fig. 146, herausgebildet. Auch hier sind zwei abgestufte Räder r_1, r_2 und zwei abgestufte Räderreihen a, b, c, d und e, f, g, h sowie

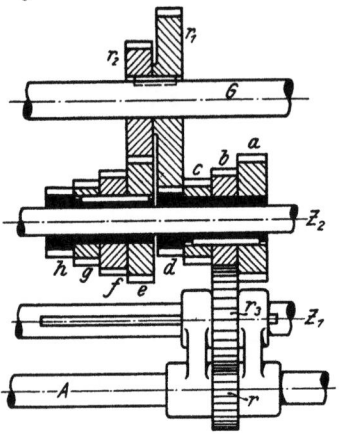

Fig. 146. Zweites Bickford-Getriebe.

Für 8 Geschwindigkeiten nötig: 12 Räder, 4 Achsen, 2 Handgriffe. Lagerweite 8 Radbreiten. In Eingriff 7 Räder. Grenzen der Uebersetzung etwa von 1:1 bis 1:12.

4 Achsen vorhanden. Jede Räderreihe sitzt drehbar auf einer festgelagerten Welle. A und Z_1 sind die bereits aus den vorigen Figuren bekannten Achsen für Antrieb und Schwenkung. Wenn r_3 von rechts nach links verschoben wird, kommen nacheinander die Räder der Reihe a, b, c, d zur Wirkung, während die Reihe e, f, g, h lose läuft. Bei weiterer Verschiebung nach links läuft die Reihe a, b, c, d lose, und die Räder e, f, g, h übernehmen nacheinander die Uebertragung.

Die Achsen A und Z_1 können in eine vereinigt werden, wenn anstatt der Schwenkung eine Parallelverschiebung von Z_1 eingeführt wird. Das ist bei einem derartigen Stufenrädergetriebe geschehen, das die Vorschübe von Radialbohrmaschinen der Bickford Co. herzustellen hat, s. Fig. 147 und 148. Man ersieht aus Fig. 148, daß die Ersparnis nur schein-

Fig. 147. Zweites Bickford-Getriebe.

Für 8 Geschwindigkeiten nötig: 11 Räder, 3 Achsen (die Antriebachse muß verschiebbar gelagert sein), 2 Handgriffe. Lagerweite 8 Radbreiten. In Eingriff 6 Räder. Grenzen der Uebersetzung etwa von 1 : 1 bis 1 : 12.

bar ist, da nunmehr die Einschaltung einer Welle mit 2 Universalgelenken nötig wird. Die Figur zeigt den Anfang dieser Welle.

Der geschlossene Kasten in Fig. 147 läßt dicht über dem unteren Einstellhalbkreis den Schlittenschieber sehen, der die Annäherung und Entfernung der Antriebachse von der Achse

Fig. 148. Zweites Bickford-Getriebe.

Für 8 Geschwindigkeiten nötig: 11 Räder, 3 Achsen (die Antriebachse muß verschiebbar gelagert sein), 2 Handgriffe. Lagerweite 8 Radbreiten. In Eingriff 6 Räder. Grenzen der Uebersetzung etwa von 1 : 1 bis 1 : 12.

der acht Stufenräder bewirkt. Das Verschiebungsmittel des Schlittens ist ein in der Figur erkennbarer steiler Gewindegang an der Unterseite der Nabe des Handhebels für den oberen Einstellhalbkreis. Die wilde Außenform des Gehäuses in den Figuren 147 und 148 kann nicht als befriedigend bezeichnet werden.

Bilgram-Getriebe.

Das Getriebe, Fig. 149 bis 151, rührt vom Erfinder der gleichnamigen Kegelräder-Hobelmaschine her. Es wird mit

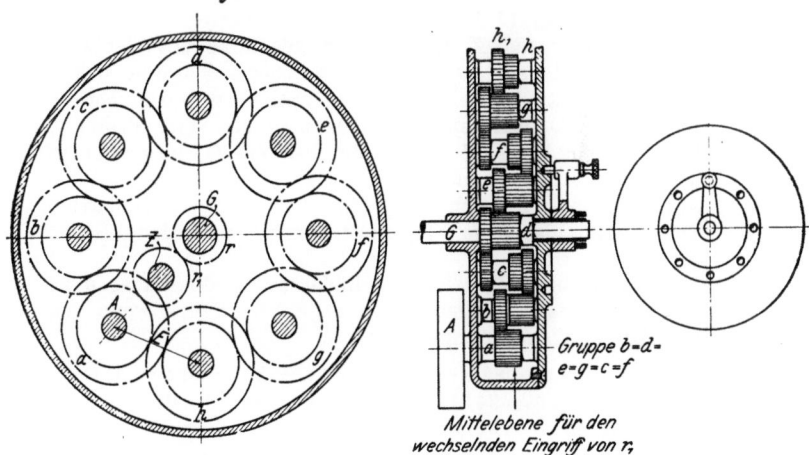

Fig. 149 bis 151. Bilgram-Getriebe.

Für 8 Geschwindigkeiten nötig: 14 Räder einfacher und 5 Räder doppelter Breite, 10 Achsen, 1 Handgriff.
Lagerweite 4 Radbreiten. In Eingriff 16 Räder.
Grenzen der Uebersetzung von 1 : 1 bis fast unbeschränkt.

diesen Maschinen auch in Deutschland, und zwar von I. E. Reinecker-Chemnitz, ausgeführt. Bei seiner Verwendung zum Wechseln des Vorschubes hat es feine Abstufungen; es ist aber auch für größere Abstufungen zum Wechseln der Schnittgeschwindigkeit brauchbar.

Wie bei allen drei- und vierachsigen Stufengetrieben ist eine Achse verstellbar, und zwar abweichend von allen vorher besprochenen Getrieben im vollen Kreise. Die Bauart ist zwar vielgliedrig, aber mit Rücksicht auf Maschinenherstellung bei geringer Schlosser- und Handarbeit ausgebildet.

In der Hauptsache ist nur Dreh- und Fräsarbeit nötig, da alle verwendeten Räder nur 2 verschiedene Zähnezahlen und völlig gleiche Achsbolzen haben. Das fertige Getriebe zeigt sich in einfachster äußerer Gestalt als runde Trommel mit uhrartigem Zeiger für den Geschwindigkeitswechsel als einzig nötigem Handgriff. Die Stufenräder sind im Kreise mit gleichem Achsenabstand angeordnet und der Abstand E zwischen erstem und letztem Rad um mindestens eine Zahntiefe größer, um dort eine Unterbrechung der Reihe zu haben.

In Fig. 150 sind alle Räder und Achsen in eine Ebene gestreckt, um das Bild des Eingriffes zu erhalten. Nehmen wir eine Uebersetzung von $a:b$ an, so sind für 8 Geschwindigkeiten nötig: 15 Räder a, 7 Räder b, ferner ein schwenkbares Zwischenrad Z und das in der Mitte des Gehäuses liegende getriebene Rad. Von den Rädern a lassen sich 5 in Doppelbreite herstellen, so daß schließlich verbleiben: 5 Räder a in Doppelbreite, 5 Räder a in einfacher Breite, 7 Räder b, ein Rad auf Z und ein Rad auf G, insgesamt 19 Räder für 8 Geschwindigkeiten. Das schwenkbare Rad bewegt sich in der durch den Pfeil in Fig. 150 angedeuteten Ebene, trifft also beim Eingriff stets mit Rädern der a-Größe zusammen.

Haben beispielsweise die Räder a 20, die Räder b 22 Zähne, so entsteht folgende fein abgestufte Reihe, wenn von 100 Uml./min ausgegangen wird:

100 — 99,9 — 82,6 — 75,1 — 68,3 — 62 — 56,4 — 51;
bei $a = 20$ und $b = 24$: 100 — 83,3 — 70 — 58 — 48 — 40 — 33 — 27;
bei $a = 20$ und $b = 30$: 100 — 67 — 45 — 30 — 20 — 13,3 — 9 — 6.

Um zu zeigen, daß die Amerikaner bereits nach allen Richtungen Versuche angestellt haben, sei als Vertreter der letzten Gattung

ein Stufenrädergetriebe mit wechselndem Zahneingriff und wechselnder Uebertragungsverbindung, Fig. 152, der National Machine Tool Company in Cincinnati gezeigt.

Jede Geschwindigkeit braucht ein Räderpaar. An Achsen sind zwei erforderlich, von denen eine in ihrer Längsrichtung verschiebbar ist. Die Räder auf ihr haben wesentlich größere Bohrung, als der Achsendurchmesser beträgt. Nur eine Verdickung der Achse, auf der gleichzeitig der Uebertragungskeil sitzt, paßt in die Bohrung der Räder. Diese Stelle ist nach beiden Seiten kegelförmig abgeschrägt, so daß das sich aufschiebende Rad zum Zahneingriff gebracht wird. Nur das eine in Eingriff befindliche Rad ist zugleich undrehbar auf der Achse. Alle andern Räder würden einen Hängestützpunkt auf der Achse A haben, wenn nicht ein anderer Stützpunkt s_1, s_2, s_3 usw. für jedes Rad seitlich an den die einzelnen Räder trennenden Zwischenwänden w_1, w_2, w_3 usw. vorhanden wäre. Die Wände dienen ferner zur Parallelführung der Räder bei ihrer Hebung durch die kegelige Achsenverdickung.

Fig. 152. Getriebe der National-Machine Tool Co.

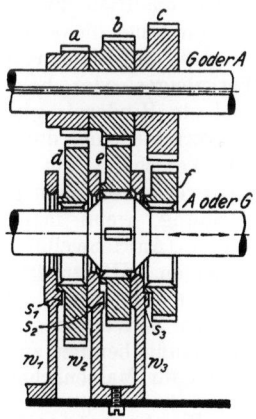

Für 8 Geschwindigkeiten nötig: 16 Räder, 2 Achsen, 1 Handgriff.
Lagerweite etwa 15 Radbreiten. In Eingriff 2 Räder.
Grenzen der Uebersetzung etwa von 3 : 1 bis 1 : 3.

Um das Aufsuchen einer Radnut durch den Keil zu erleichtern, hat jede Radbohrung 4 Nuten, die im rechten Winkel zueinander verteilt sind.

Die Erfinderin dieses Getriebes ist um ihre Erfindung keineswegs zu beneiden. Ausschließlich die Absicht, stets nur 2 Räder in Eingriff zu haben, also die unnötige Scheu vor dem Leereingriff von Rädern, kann den Beweggrund zu dieser Bauart gegeben haben.

Als die einfachsten der vorgeführten Stufenrädergetriebe seien schließlich die Konstruktionen von Norton, Isler, Ruppert und Bilgram bezeichnet.

Die Stufenrädergetriebe, für den einzelnen Fall richtig gewählt, sind wohlgeeignet, als Antriebe von Werkzeugmaschinen häufiger zur Verwendung zu gelangen.

Schneller Größenwechsel der Vorschübe.

Da sich die Vorschübe in **Dauervorschübe** und **Schaltvorschübe** trennen, so teilen sich auch die Einrichtungen für den Größenwechsel der Vorschübe in zwei entsprechende Arten.

Schneller Größenwechsel des Dauervorschubes.

Das früher fast ausschließlich angewandte Mittel für den Größenwechsel des Dauervorschubes war ein **Stufenscheibenpaar**. Man nahm die Umlegung des Riemens für den Vorschubwechsel als unvermeidliche Notwendigkeit hin und legte Wert darauf, daß der Riemen bei zu starker Beanspruchung des Werkzeuges oder beim Anlaufen des Vorschubteiles an irgend ein Hindernis gleiten konnte.

Die Anzahl der verschiedenen durch ein Stufenscheibenpaar zu erzielenden Vorschübe läßt sich verdoppeln durch die Anwendung von zwei verschieden großen Stufenscheiben mit geeigneter Abstufung, wenn man Vorsorge trifft, daß beide auf ihren Wellen (Antriebwelle und getriebene Welle) vertauscht werden können. Hierzu ist es nötig, daß beide Scheiben am Achsenende frei liegen. Wegen des durch das Umstecken entstehenden Zeitverlustes ist dieses Mittel nur zulässig, wo es nicht häufig benutzt zu werden braucht, wie z. B. an Fräsmaschinen für Massenarbeit.

Wechselräder.

Mit ähnlichem Zeitverlust ist der Wechsel der Vorschubgröße durch Wechselräder verbunden.

Ein einfaches, in allen Fällen empfehlenswertes und neuerdings häufig angewandtes Mittel, die Zeitdauer für das Abziehen

Fig. 153 und 154.

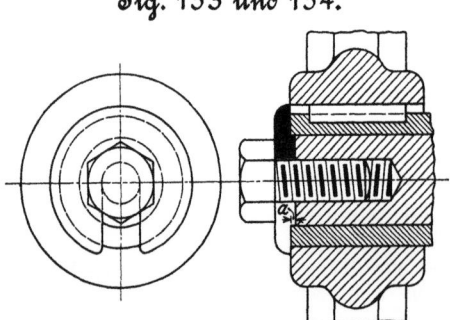

und Aufstecken der Wechselräder wesentlich abzukürzen, ist die Aufschlitzung jeder vor einem Wechselrade sitzenden Unterlegscheibe, Fig. 153 und 154. Dann genügt es, die Befestigungsschraube um den geringen Betrag des Absatzes

Fig. 155 und 156.

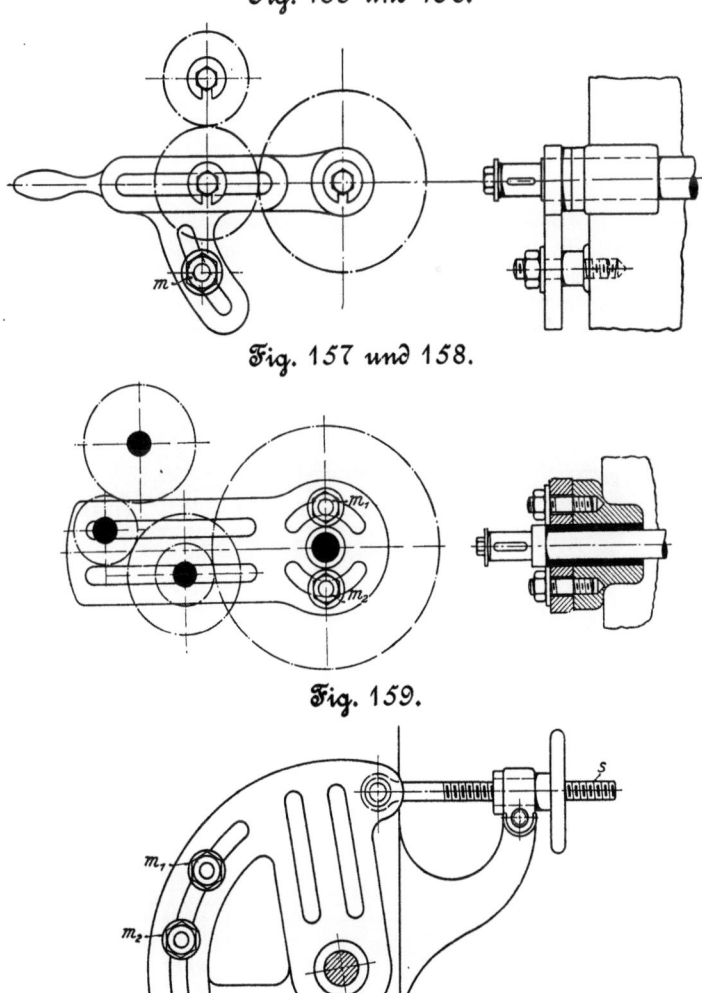

Fig. 157 und 158.

Fig. 159.

a herauszuschrauben, um die Unterlegscheibe abnehmen und den Räderwechsel vollziehen zu können.

Letzterer bedingt ferner ein Zwischenglied, das sogenannte Stelleisen, welches verstellt werden muß, um den Zahneingriff der neu aufgesteckten Räder zu erzielen.

Kennzeichnend für die Zunahme der Verstellungsdauer mit wachsender Größe der Teile ist die Festhaltung des Stelleisens durch eine Mutter m, Fig. 155 und 156, bei Kleinausführung, durch zwei Muttern m_1, m_2, Fig. 157 und 158, bei Mittelgröße und durch zwei Muttern m_1, m_2 und eine Schraubenspindel s, Fig. 159, bei Großbau.

Ziehkeil.

Die Stufenscheibe zum Wechseln der Vorschübe weicht in der Neuzeit mehr und mehr den Stufenrädern mit Ziehkeilanordnung, Fig. 160 bis 163. Damit ist zugleich ausgedrückt, daß die oben erwähnte, früher für wichtig gehaltene

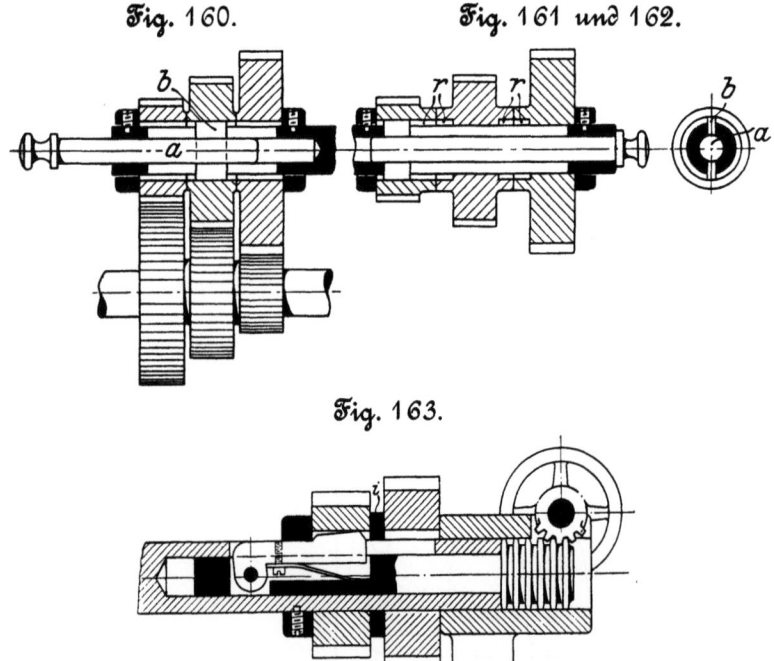

Fig. 160.   Fig. 161 und 162.

Fig. 163.

Möglichkeit des Riemengleitens mehr und mehr hinter die Vorsorge für sicheres Erreichen der gewollten Vorschubgröße zurückgestellt wird.

Die Ziehkeilanordnung hat bereits eine geschichtliche Entwicklung hinter sich. Nach Fig. 160 ist es nötig, für das Weiterschieben des Keiles aus dem Bereich eines Rades in den des andern den Augenblick abzuwarten, wo durch die Drehung der Räder die benachbarte Keilnut in eine Richtung mit derjenigen gekommen ist, in welcher der Keil augenblicklich sitzt. Dagegen ermöglicht die Anordnung von freien Ringräumen r, Fig. 161 und 162, den Keil jederzeit aus einer Nut herauszuziehen. Für das Einschieben in die Nachbarnut ist es auch hier nötig, den geeigneten Augenblick abzupassen. Bei mäßiger Umlaufzahl kann während des Ganges eingeschoben werden; andernfalls muß der Gang gehemmt und die richtige Stelle zum Weiterschieben des Keiles durch Teildrehung der Räder von Hand gesucht werden.

Fig. 163 zeigt die letzte Entwicklung des Ziehkeiles. Ein Ring i ohne Nut zwischen je zwei benachbarten Rädern ist das einfache Mittel, den schwingend aufgehängten Ziehkeil beim Anziehen aus seiner Nut ins Innere der Achse zu drücken und ihn durch weiteres Ziehen völlig in den Bereich der nächsten Radbreite zu bringen; nunmehr wird er durch die Einwirkung einer Feder an die Innenwand des Nabenloches gepreßt und springt bei der Drehung des Rades in die sich darbietende Nut ein. Der bedienende Arbeiter hat nicht nötig, diesen Augenblick abzuwarten; für ihn ist die Veränderung der Vorschubgröße mit dem Weiterschieben des Keiles um eine oder mehrere Radbreiten beendet. Ein Handrad mit kleinem Getriebe, das in den als zylindrische Zahnstange ausgebildeten Kopf der Keilzugstange eingreift, bietet für größere Ausführungen eine empfehlenswerte Erleichterung der Keilverschiebung.

Norton-Wechselgetriebe.

Bei Aneinanderreihung vieler Räderpaare kann die herausragende Zugstange des Keiles störend lang werden. Die Einrichtung von Norton, Fig. 164 und 165, vermeidet die Zugstange durch die Anwendung eines schwenkbaren wandernden Räderpaares r_1, r_2 und verändert den Vorschub durch Wechsel des Zahneingriffes (vergl. auch die früheren Figuren 140 und 141). Zur Herstellung des Eingriffes braucht nur die federnde Hälfte *a* des Handgriffes an den Hauptgriff *b* angedrückt zu werden, wodurch sich der Feststellstift *c* aus seinem Loche zieht; dann wird das mit dem Handgriff verbundene Räderpaar aus seinem Eingriff geschwenkt, auf seiner Achse *d* verschoben und nun durch Einschwenken in Eingriffstellung und Loslassen des Handgriffes *a* wieder festgestellt.

Fig. 164 und 165.

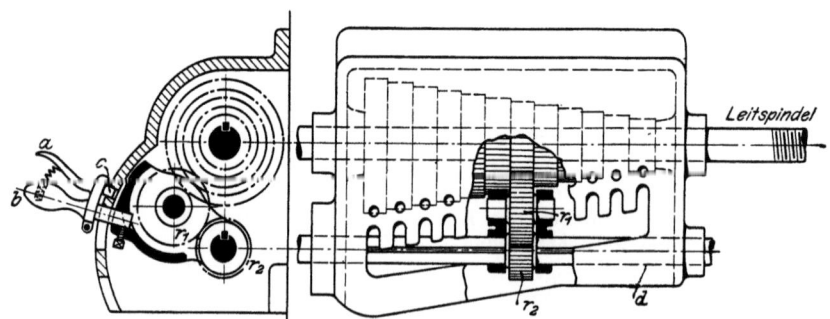

An Drehbänken, die zumeist zum Gewindeschneiden gebraucht werden, wird diese Einrichtung zum schnellen Wechseln der durch die Leitspindel erzeugten Gewindesteigungen benutzt.

Andre Wechselgetriebe zur Veränderung der Vorschübe sind in dem vorigen Abschnitt über den Wechsel der Schnittgeschwindigkeit mit enthalten.

Schneller Größenwechsel von Handvorschüben.

Ein Vorschub mittels Handrades wird augenblicklich in einen langsameren Vorschub durch Handhebel mit größerer Kraftäußerung umgewandelt durch die einfache, in Fig. 166 und 167 dargestellte Einrichtung, die sich an kleineren, nicht selbsttätigen Revolverbänken vorfindet. Es braucht nur der frei herunterhängende Handhebel *h* an das Handrad *r* gedrückt zu werden, um den kleinen Mitnehmerstift *m* in eines der seitlich am Radumfang in regelmäßigen Abständen eingebohrten Löcher zu bringen; dann ist der Hebelarm für den Arbeiter auf ungefähr das Doppelte verlängert, und es können Dreh- oder Bohrarbeiten ausgeführt werden, die eine stärkere Anpressung des Werkzeuges an das Werkstück ererfordern, als durch das Handrad zu erzielen ist.

Fig. 166 und 167.

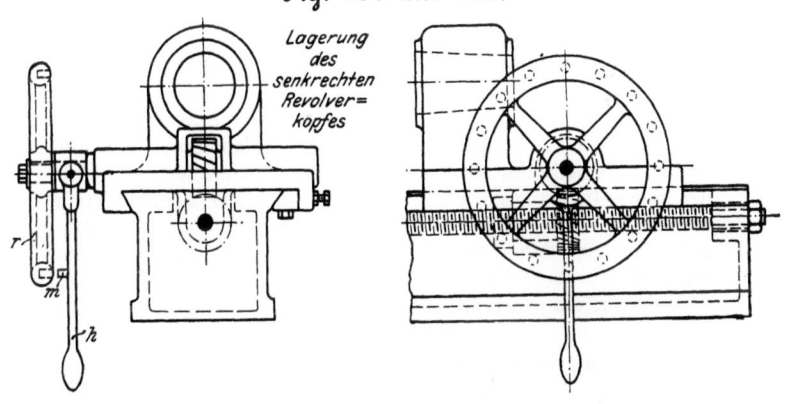

Schneller Richtungs- und Größenwechsel des Dauervorschubes.

Unendlich viele Vorschubgrößen und zugleich die Möglichkeit, auf einfachste Art die Richtung des Vorschubes umzukehren, gewährt der flache Reibteller mit wanderndem Trieb, Fig. 168; er wird heute an Wagrecht- und Senkrecht-

Fig. 168 und 169.

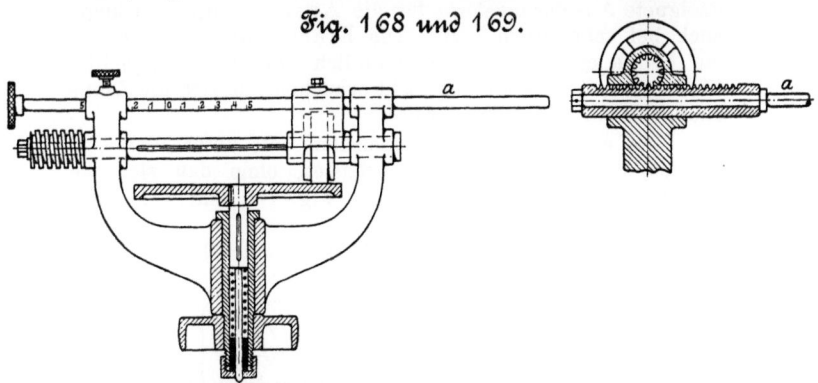

Bohrmaschinen, an Wagerecht-Planbänken und an andern Maschinen vielfach angewandt. Schneller Umlauf des Reibtellers (300 bis 400 Uml./min) und anschließende starke Uebersetzung, meist durch Schnecke und vielzähniges Rad, sind unbedingt erforderlich, um die praktische Vorschubleistung annähernd in Uebereinstimmung mit dem theoretischen Sollvorschub zu bringen.

Die zur Verschiebung der beweglichen Reibscheibe dienende Stange, Fig. 168, wird zweckmäßig maßstäblich geteilt, um dem Arbeiter den nötigen Anhalt für die Erreichung der beabsichtigten Vorschubgröße zu geben. Die Anbringung eines Handrädchens mit Trieb und gezahnter Hülse auf der Stange *a*, Fig. 169, ist für größere Anordnungen zu empfehlen.

Es ist eine erklärliche praktische Erfahrung, daß der bedienende Arbeiter sehr bald einzelne bestimmte Stellungen des beweglichen Reibrades bevorzugt oder gar ausschließlich anwendet. Der Vorzug unendlicher Vielheit der Vorschubgröße besteht daher tatsächlich meist nur in der Theorie. Im übrigen ist aber die große Einfachheit der Reibtelleranordnung praktisch wertvoll.

Schneller Richtungswechsel der Vorschübe durch Zahnräder.

Kegelrad- und Stirnradwechsel kommen annähernd in gleicher Häufigkeit vor. Das alte Mittel, zwischen zweien von drei Kegelrädern einen verschiebbaren Klauenmuff anzubringen, wird noch heute unvermindert angewandt. Der Klauenmuff mit Zähnen, die rechtwinklige Erhöhungen bilden, ist heute noch die einfachste, bis zu den größten Kraftübertragungen geeignete Ausführungsform für die Ausrückung im Gange, auch bei schnellstem Lauf. Die Einrückung dagegen ist nur bis zu etwa 120 Uml./min tunlich. Für selbsttätige Einrückung ist diese Kupplung nicht brauchbar, da sich die Zähne häufig aufeinander setzen würden.

Eine Ausführung der Kuppelzähne, die unter allen Umständen die Einrückung gewährleistet, ohne daß sich die Zähne aufeinander setzen, zeigen Fig. 170 und 171. Der

Fig. 170 und 171.

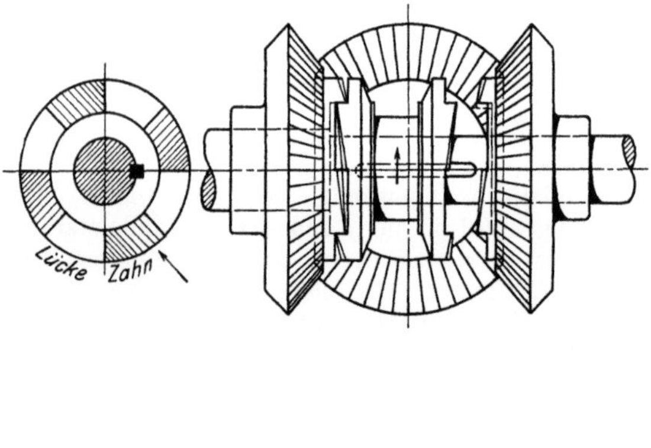

Erfolg ist durch Zähne erreicht, die der Umlaufrichtung entsprechend abgeschrägt sind.

Während man sich früher allgemein damit begnügte, derartige Zähne roh gegossen zu lassen, ist jetzt genaue maschinelle Bearbeitung Regel. Wird häufig ein- und ausgerückt, so müssen die Kupplungsteile aus Schmiedeisen bestehen und durch Einsetzen gehärtet sein.

Wenn die Zähne dieser Kupplung, wie es früher bei den Ausführungen in Gußeisen üblich war, nach der Einrückung ringsum, also auch auf ihren Grundflächen, dicht schließen sollten, so wäre es nötig, schraubenförmig gewundene Grundflächen herzustellen. Dies wird einfach dadurch vermieden, daß zuerst rechtwinklige Klauenzähne hergestellt (gehobelt oder besser: gefräst) werden, an denen in der durch Strichelung (in Fig. 170) angegebenen Richtung eine Schrägfläche abgehobelt oder abgefräst wird, so daß bei Schluß der Kupplung auf dem Grunde der Lücken, wo sonst eine Berührung stattfinden würde, Luft bleibt. Das ist ein gutes Beispiel neuzeitlicher Rücksichtnahme der Konstruktion auf die Herstellung. Das gedankenlose Aufzeichnen einer solchen Schrägzahnkupplung würde einen allseitigen dichten Schluß als selbstverständlich erscheinen lassen und damit die Bearbeitung unnütz erschweren und verteuern.

Der Richtungswechsel durch Stirnräder wird mit Hülfe der sogenannten Herzanordnung vollzogen. Das althergebrachte dreifache Herz, Fig. 172, ist durch Umgestaltung in ein Viererherz, Fig. 173, einer Verbesserung fähig (in der

Fig. 172 und 173.

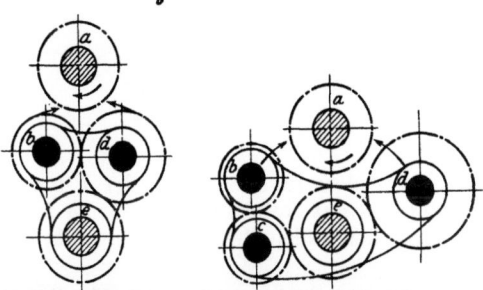

Werkzeugmaschinenfabrik Union ganz allgemein angewendet) Während das Einschwenken zum Zahneingriff beim Dreierherz fast tangential erfolgt, geschieht es beim Viererherz fast radial, wie die Pfeile andeuten. Das ergibt folgenden Unterschied bei der Betätigung des Richtungswechsels. Während nach Fig. 172 das Rad *d* beim Einrücken schnell und gewaltsam vom umlaufenden Rad *a* herangezogen wird, bedarf es zum Einrücken des Rades *b* großen Kraftaufwandes des Arbeiters zur Ueberwindung des Arbeitswiderstandes oder der Schlittenreibung in der Maschine. Nach Fig. 173 geschieht dagegen die Einrückung nach beiden Pfeilrichtungen mit nahezu gleicher Leichtigkeit. Die Folge davon ist die Möglichkeit, dieses Herz selbst bei hoher Umlaufzahl leicht ein- und ausrücken zu können. Das Viererherz ist demnach als ein guter Fortschritt zu betrachten und sollte allgemein an Stelle des Dreierherzes Anwendung finden.

Mittel zur schnellen Betätigung der Kupplungen und Herzen.

Diese Konstruktionsteile haben im Laufe der Zeit mannigfache Gestalt angenommen. Es sind dabei Klein-, Mittel- und Groß-Ausführungen zu unterscheiden.

Eine Kleinausführung zeigt Fig. 174. Durch Drehen des gerauhten Knopfes von Hand wird der Schiebemuff in gegensätzlichen Eingriff oder auch nur in Ausrück-Mittelstellung

Fig. 174.

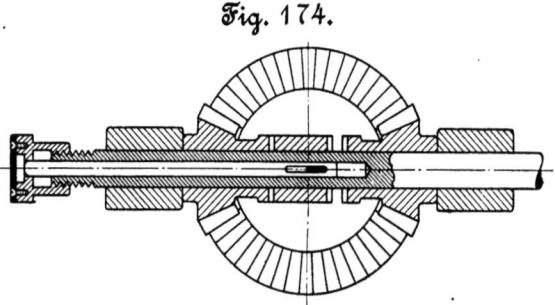

gebracht. Die beiderseitige Zahnung der Kuppelflächen ist fein-dreikantig, um das Aufeinandersetzen der Zähne zu vermeiden und in allen Fällen ihr Ineinandergreifen zu gewährleisten.

Das gleiche Verschiebungsmittel ist für Reibkegelkupplung verwendbar. Diese empfiehlt sich nur da, wo geringe Kraft zu übertragen ist, und auch dann nur, wenn etwaiges Gleiten oder Versagen die Arbeitsleistung nur verringert, nicht aber die Arbeit schädigt.

Klein- und Mittelausführungen zeigen die Figuren 175 bis 177. Der Handzug, Fig. 175, gestattet, die Kuppelstelle vom Arbeitstande entfernt zu legen, setzt aber voraus, daß der Druck auf die Kuppelzähne nicht groß sei. Wo dies der Fall ist, wird eine Hebelwirkung, Fig. 176 oder Fig. 177 (Hebel in Handradform), zur Notwendigkeit.

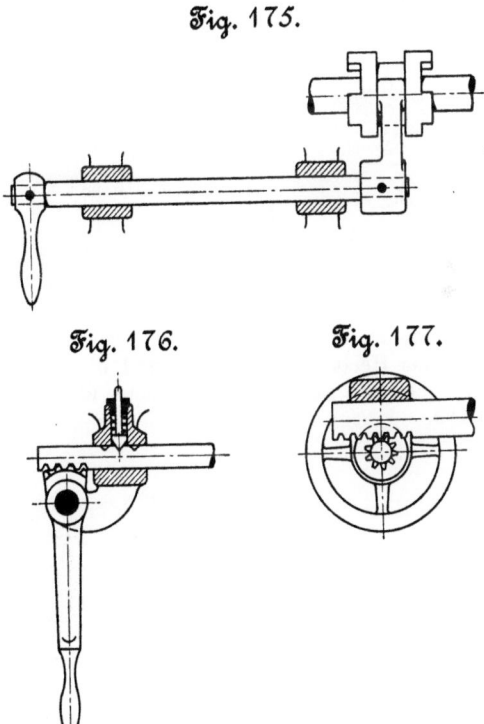

Fig. 175.

Fig. 176. Fig. 177.

Eine Federrast, Fig. 176, hält den Muff in den beidseitigen Arbeitstellungen fest und verhindert, daß er unbeabsichtigt über die Mittelstellung hinweggleitet. Eine sehr einfache, billige, für viele Fälle genügende Ausführung dieser Rast zeigt Fig. 178. Die käuflichen Stahlkugeln erhalten dadurch eine neue Verwendung. Eine andere, ebenfalls sehr einfache Ausführungsform in reiner Dreharbeit gibt Fig. 179 wieder. Der Bolzen a führt bei Drehung um 90° Mittelstellung, d. h. Ausrückung des Klauenmuffes, bei weiterer

Drehung um 90° gegensätzliche Einrückung herbei. Eine seitliche Schraube b schützt ihn vor der Verschiebung in seinem Loch; ein quer durchgebohrter Hebel c bildet den Handgriff; 2 eingebohrte Parallelstifte dd geben die Schwingungsgrenzpunkte 0 und 180° an. Der Zapfen an a kann mit Gleitrolle oder Gleitwürfel versehen sein. Dies ist wieder ein Beispiel der Anpassung guter Ausführungsformen an billige maschinelle Herstellungsweise.

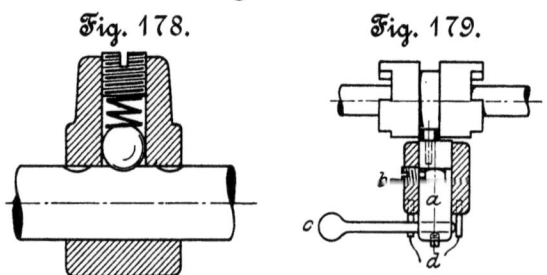

Fig. 178.   Fig. 179.

Fernere neuzeitliche Hebelformen, welche die Rücksichtnahme auf das Herstellungsmaterial und die maschinelle Bearbeitung gleichfalls gut veranschaulichen, zeigen die Figuren 180 bis 183.

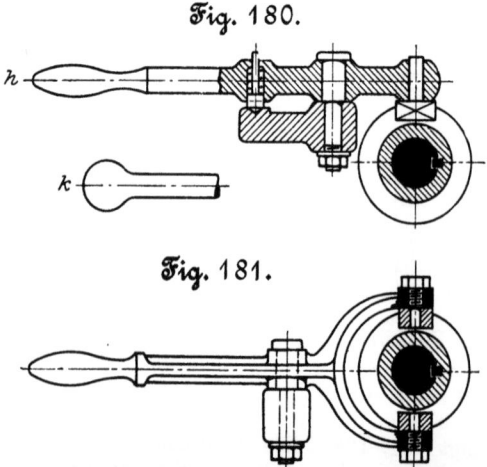

Fig. 180.

Fig. 181.

In Fig. 180 ist der Hebel zur Betätigung des Muffes von der gewalzten Stange in reiner Drehbankarbeit abgestochen und fertiggestellt. Die Verdickungen in Kugelform entsprechen dem Durchmesser der Walzstange nach ihrer ersten Ueberdrehung und ergeben die nötigen Längen für die Lagerungen. An die Stelle des Handgriffes h kann eine vierte Kugel als Kugelgriff k treten. Letzterer gestattet bequemen Angriff in allen denkbaren Lagen des Hebels, wagerecht, senkrecht oder beliebig schräg, wogegen die Handgriffform h besondere handliche Hebellage verlangt.

Fig. 182 und 183.

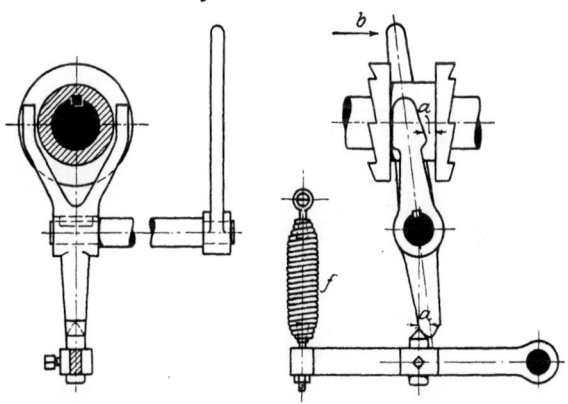

Fig. 181 gibt eine Hebelform für Ausführung in Temperguß wieder. Die dünnwandigen Rippen sind der Rücksichtnahme auf das verhältnismäßig teure Material entsprungen. Wo nicht zu befürchten steht, daß der Hebel infolge äußerer Einflüsse abbricht, ist die Ausführung in Grauguß möglich, wenn die Hebelrippen erhöht und verstärkt werden.

Eine Ausführungsform des Verschiebhebels in Schmiedeisen zeigen Fig. 182 und 183. Im übrigen ist die dargestellte Anordnung für Hand- oder selbsttätige Ein- und Auskupplung geeignet. Bei letzterer verschiebt ein Anstoß in der Pfeilrichtung b den Gabelhebel zunächst um den Betrag a, so daß nunmehr unten Schneide auf Schneide steht. Eine geringe Weiterbewegung des Anstoßes läßt unter Mitwirkung der Feder f den Hebel in seine Gegenstellung fallen und veranlaßt damit augenblicklichen Richtungswechsel des Vorschubes mit Hülfe der Kegelräder, Fig. 171. (Anwendung z. B. an Reineckerschen Lang-Schleifmaschinen.)

Die Härtung der in die Nut des Muffes eingreifenden Gabelenden ersetzt in diesem Ausführungsbeispiel die bei den vorigen Ausführungen angewandten Gleitwürfel.

Muffverschiebungen für Großbau zeigen die Figuren 184 bis 186. Ein Handrad mit Schraubengewinde, Fig. 184 und 185, ist mit seiner Randerhöhung r mittels einer seitlichen Aufschlitzung der Muffhülse bei a derart mit dem Kuppelmuff m in Verbindung gebracht, daß einer Drehung des Handrades die Verschiebung des Muffes entspricht. Die übrige Anordnung gestattet nur, eine Vorschubbewegung ein- und auszurücken; die Anordnung nach Fig. 186 erlaubt dagegen auch einen Größenwechsel.

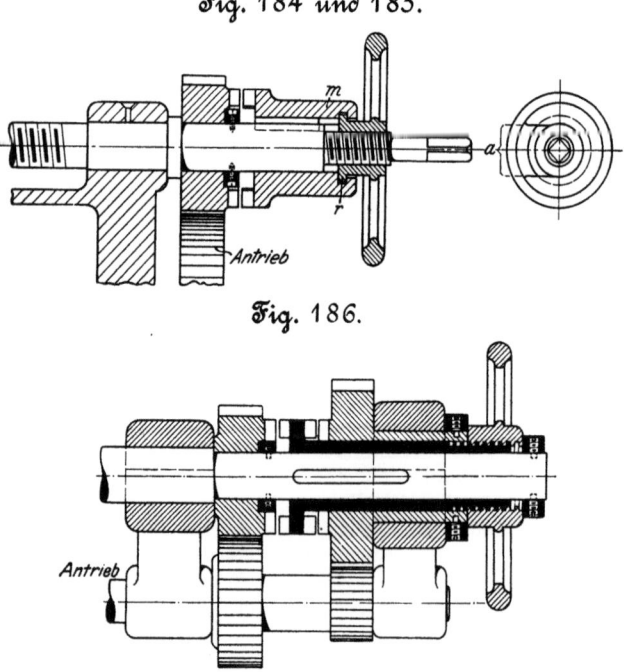

Fig. 184 und 185.

Fig. 186.

Neuzeitliche Formen der Betätigungshebel für Herzumsteuerungen zeigen die Figuren 187 bis 194: Fig. 187 und 188 für Ausführung in Gußeisen, Fig. 189 und 190 für Ausführung in Temperguß, Fig. 191 und 192 für größere Ausführungen in Schmiedeisen. In allen Fällen ist leichte und billige Herstellbarkeit auf maschinellem Wege berücksichtigt.

Eine Herzumsteuerung für Großbau stellen Fig. 193 und 194 dar (Anwendung u. a. bei großen Drehbänken). Die Tiefe des Zahneingriffes kann durch die Stellschrauben a_1 und a_1 fein eingestellt werden.

Die hier angewandte Schneckenradbewegung ist wieder ein Beispiel der Verlangsamung der Betätigung zugunsten erleichterter Bedienung.

Fig. 187 und 188.   Fig. 189 und 190.

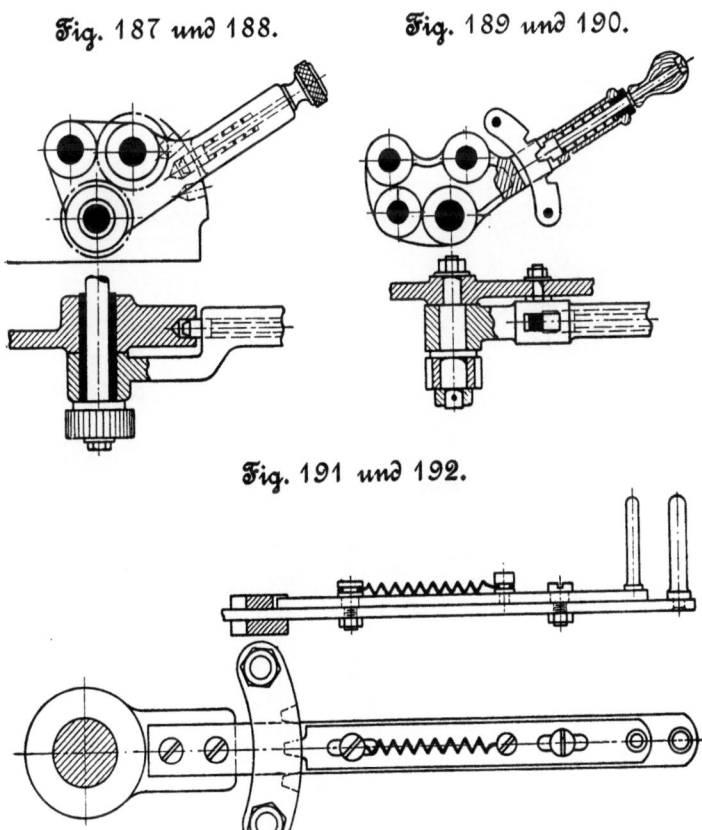

Fig. 191 und 192.

Schneller Größenwechsel des Schaltvorschubes.

Lange Jahre hindurch wurde die Größe des Schaltvorschubes allgemein in der Weise verstellt, Fig. 195 und 196, daß die durch ein Exzenter oder eine Hubkurve innerhalb des Umfangwinkels a hervorgebrachte Schwingbewegung eines geschlitzten Hebels h_1 durch eine verstellbare Zugstange auf einen zweiten Schwinghebel h_2 mit Sperrklinke übertragen wurde. Vorausgesetzt ist dabei, daß der Wechsel bei stillstehender Maschine ausgeführt wird. Es ist dazu die Mutter m zu lösen, der verstellbare Bolzen b_1 im Hebelschlitz zu

Fig. 193 und 194.

Fig. 195 und 196.

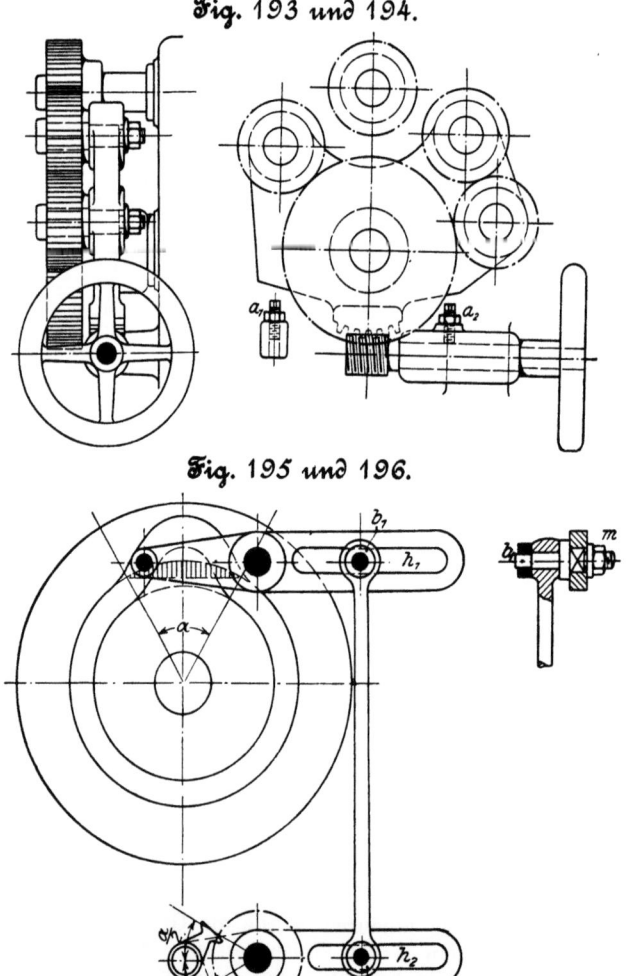

verschieben und die Mutter wieder anzuziehen. Bei Herstellung größerer Schaltunterschiede mußten diese drei Vorrichtungen auch am andern Hebel h_2 ausgeführt werden.

Die Anordnung von 2 verstellbaren Mittelpunkten b_1 und b_2 gibt dem Arbeiter keine klare Vorschrift für die Erzielung einer bestimmten Vorschubgröße, da durch Parallelverschiebungen beider Mittelpunkte eine Menge Einstellungen möglich sind, die gleich großen Vorschub ergeben. Diese Doppelverstellung ist daher in der Neuzeit verlassen worden. In Verbindung damit wird die Verstellung während des Ganges der Maschine erreicht. Fig. 197 bis 199 zeigen eine Kleinausführung. Die Kurbel von sehr kleinem Halbmesser

Fig. 197 bis 199.

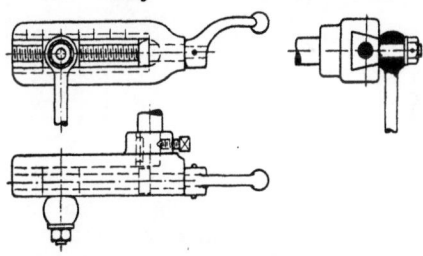

ist nahe an den Schwingungsmittelpunkt gelegt, so daß sie während des Ganges der Maschine gedreht werden kann. Die Vorschubgröße ist durch Teilstriche ablesbar gemacht.

Eine größere Ausführungsform ist in Fig. 200 und 201 dargestellt. Die Schraubspindel kann an einem gerauhten

Fig. 200 und 201.

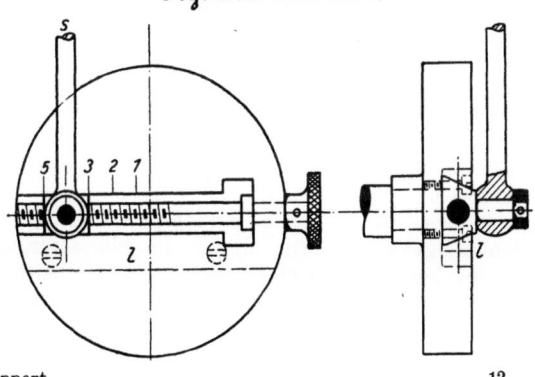

Knopf während des Ganges gedreht werden. An Stelle der beiderseits festen Schrägseiten des Verstellschlitzes kann auf einer Seite eine verstellbare Leiste l angeordnet werden, wie punktiert gezeichnet.

Eine Großausführung zum Verstellen der Vorschubgröße, Fig. 202 und 203, war an den großen Werkzeugmaschinen der Ausstellung in Düsseldorf sehr bevorzugt. Der Schwing-

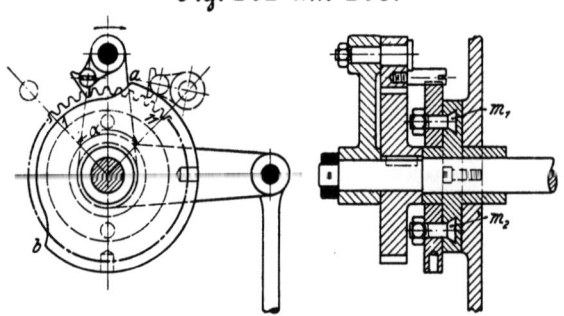

hebel der Sperrklinke hat fortwährend den gleichen Winkelausschlag, bedarf daher keiner der vorher erwähnten Verstelleinrichtungen. Dafür liegt neben dem Sperrad eine glatte Scheibe mit einer Randaussparung von a bis b. Diese Scheibe ist um ihren Mittelpunkt drehbar und kann durch die Schrauben m_1 und m_2 festgestellt werden. Bei der Rückschwingung des Sperrklinkenhebels in der gezeichneten Pfeilrichtung kommt bei a eine Stelle, wo die Klinke nicht mehr über die einzelnen Zähne einfallend, sondern frei hinwegstreicht. Letzteres ist auch bei der nun folgenden Vorwärtsschwingung des Klinkenhebels bis zum Punkte a der Fall. Erst von da an setzt sich die Klinke in die sich darbietende Zahnlücke des Sperrades ein und bewirkt auf dem letzten Teil der Hebelschwingung den Vorschub. Dadurch ist nach der Figur eine Verstellung der Vorschubgröße möglich, die der innerhalb des Umfangwinkels α liegenden Zähnezahl, in der Zeichnung 1 bis 11, entspricht.

Diese Schaltweise hat gegenüber den vorhergehenden eine Sondereigenschaft. Die durch die Einrichtungen Fig. 195 bis 201 herstellbaren verschieden großen Schaltungen erfolgen stets in der gleichbleibenden Schwingungszeit des Schalthebels; demnach vollzieht auch der von ihnen bewegte Maschinenteil (Schlitten, Tisch usw.) seine Fortbewegung stets in derselben Zeit, gleichviel, ob die Fortrückung klein oder groß ist. Das kann bei großen Schaltungen zu einer für schwere Schlitten oder Tische ungeeigneten großen Geschwindigkeit und Massenbeschleunigung führen, durch welche die Dauerhaftigkeit der Bewegungsteile gefährdet wird.

Bei der Schaltweise Fig. 202 und 203 bleibt dagegen bei kleinen und großen Schaltungen die Geschwindigkeit der bewegten Teile stets dieselbe; dafür wächst die Zeitdauer der Schaltung im Verhältnis der schaltenden Zähnezahl. Diese Eigenschaft macht die Einrichtung besonders für die Schaltungen an Groß-Werkzeugmaschinen geeignet.

Schneller Richtungswechsel des Schaltvorschubes.

Der Wechsel erfolgt durch einfaches Umlegen der Schaltklinke, die für beiderseitiges Einklinken eingerichtet ist. In den meisten Fällen gibt diese Einrichtung keinen Anlaß zu dem Wunsche nach einer Verbesserung.

Bei großen Kurbelhüben (z. B. an großen Querhobel- und Stoßmaschinen) kann aber doch die mit der Klinkenumlegung verbundene Verlegung des Zeitpunktes der Schaltung zu

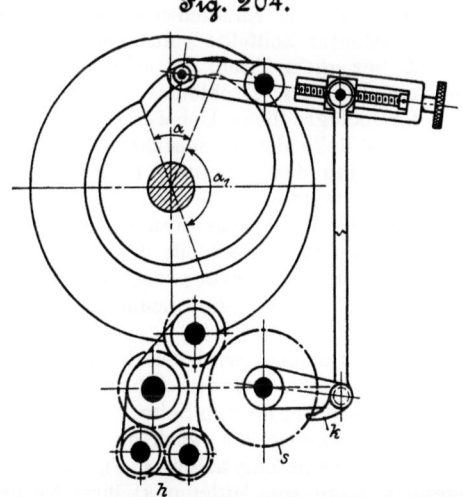

Fig. 204.

Zeitverlusten bei der Arbeit der Maschine führen, insofern die Schaltung bei der einen Klinkenlage früher beginnt und bei der entgegengesetzten Klinkenlage später aufhört, als mit der möglichsten Beschränkung des verlorenen Ueber-

12*

weges des Werkzeuges über die Hobel- und Stoßlänge hinaus vereinbar ist.

Die möglichste Beschränkung dieses verlorenen Weges ist gleichbedeutend mit der möglichsten Beschränkung des Umfangswinkels α in den Figuren 195 und 204. Eine solche Beschränkung wird dadurch möglich, daß man die Klinke innerhalb des Winkels α nicht vor- und zurückschwingen, sondern nur vorwärts schwingen läßt, wie in Fig. 204 gezeichnet. Die Leer-Rückschwingung verteilt man auf einen großen. Winkel α_1. So erreicht man mit einem verhältnismäßig kleinen verlorenen Hub eine Fortschaltung von mäßiger Geschwindigkeit.

Diese mit einseitig wirksamer Klinke k ausgeführte, also auch nur nach einer Richtung brauchbare Schaltung erhält die Eigenschaft der Betätigung nach zwei entgegengesetzten Richtungen durch ein hinter dem Schaltrade s angeordnetes Herz h.

Auch diese Einrichtung ist für den Groß-Werkzeugmaschinenbau geeignet.

Richtigstellung des Zeitraumes der Schaltung.

Wenn sich Vor- und Rückschwingung der Schaltklinke nicht in unmittelbarer Zeitfolge vollziehen, wie bei Hobelmaschinen mit bewegtem Tisch, bei denen beide Schwingungen durch die Zeit des Tischlaufes unterbrochen werden, so entsteht der handgreifliche Uebelstand, daß infolge Umlegens der Schaltklinke der Hobelstahl, welcher vorher unmittelbar vor Beginn des Schnittes, also im richtigen Zeitpunkt fortgerückt wurde, seine Schaltbewegung nun vor Beginn des schnellen Tischrücklaufes, also zu sehr ungünstiger Zeit macht; denn nun schleift der Rücken der Stahlschneide auf der rohen Kruste oder auf der Kante des vorigen Schnittes, wodurch die Schneide bald verdorben wird.

Um das zu vermeiden, wird der Schaltzeitpunkt in der Weise richtig eingestellt, daß der Arbeiter, nachdem er die Schaltklinke auf ihre ungünstige Seite (zum Hobeln nach der andern Richtung) umgelegt hat, auch die die Schaltklinke in Schwingung versetzende Zugstange, s. Fig. 200 und 205, in entgegengesetzte Lage zum Mittelpunkt ihrer Kurbelscheibe k bringt, sie also von Teilstrich 3 links nach Teilstrich 3 rechts verschiebt.

Bei kleinen Ausführungen kann man die Stange mit der Hand verschieben, nachdem die Zapfenmutter m, Fig. 206

und 207, gelöst ist; bei **großen Ausführungen** mit wesentlichem Gewicht der Zugstange und der damit verbundenen Teile dienen Zahnstange *z* und Trieb *t* zur Erleichterung der Verschiebung. Dazu wird, nachdem die Mutter *m* gelöst ist, eine Kurbel auf den Zapfen *d* aufgesteckt.

Fig. 205 bis 207.

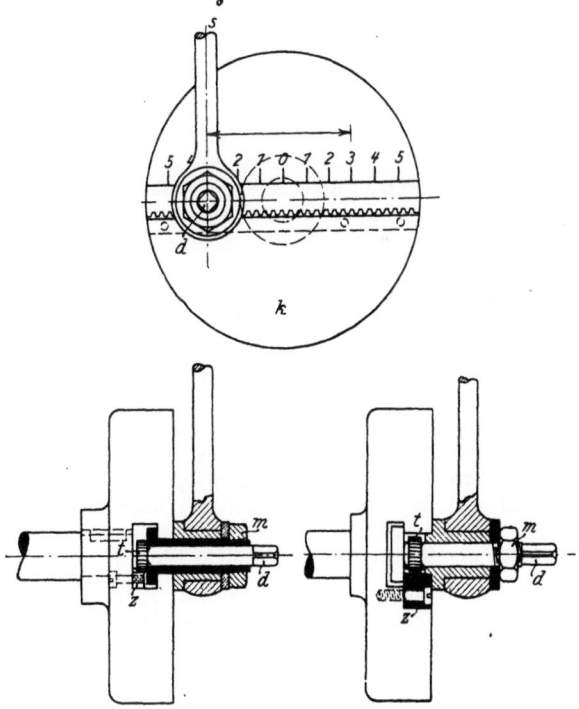

Besser als ein solches mit Zeitverlust verbundenes Gegenmittel gegen die Falschwirkung der Klinke ist es selbstverständlich, die letztere zu vermeiden. Mittel dazu sind: der selbsttätige Meißelhub an Hobelmaschinen, und Steuerwerke, bei denen die Klinke in ununterbrochener Zeitfolge schwingt. Sie sollen unter den Mitteln zur Schonung der Stahlschneide später besprochen werden.

Zu den zeitsparenden Einrichtungen der Neuzeit gehört ferner der schnelle Uebergang von einer Vorschubart zur andern.

Der früheren Einteilung der Vorschübe in Schaltvorschübe und Dauervorschübe entspricht die nachstehende Ordnung der Uebergänge:

a) Schneller Uebergang von der Wagerecht- zur Senkrechtschaltung der Hobelmaschine.

Es besteht eine bemerkenswerte Verwandtschaft der Vorschubteile der Hobelmaschine und der Drehbank, obwohl die erstere Schalt-, die letztere Dauervorschub besitzt. Wagerechtschaltung der Hobelmaschine und Langzug der Drehbank haben als Betriebsteil eine Schraubspindel, Senkrechtschaltung der Hobelmaschine und Planzug der Drehbank genutete Zugspindel und Schraubspindel. Der Uebergang von einer Vorschubart zur andern wird aber grundverschieden ausgeführt, und zwar, weil der Standort des bedienenden Arbeiters bei beiden Maschinenarten völlig verschieden ist. Bei der Drehbank wechselt der Arbeiter seinen Ort längs der Schraub- und Zugspindel, bei der Hobelmaschine bleibt er am Ende stehen.

Dazu kommt, daß bei der Hobelmaschine die Anbringung mehrerer selbständig schaltender Werkzeuge in Frage kommt. Schon bei 2 Werkzeugen steigert sich die erforderliche Zahl der Uebergänge wesentlich; denn an einer neuzeitlichen Hobelmaschine mit 2 Werkzeugen am Querbalken sollen folgende Schaltungen schnell herstellbar sein:

1) beide Werkzeuge in wagerechter Richtung;
2) beide Werkzeuge in senkrechter Richtung;
3) das rechte Werkzeug in wagerechter, das linke in senkrechter Richtung;
4) das linke Werkzeug in wagerechter, das rechte in senkrechter Richtung.

Die letzte Forderung der Neuzeit lautet, daß bei Bedarf beide Werkzeuge in gleicher sowie in gegensätzlicher Richtung fortschaltbar sind. Nur eine derartig vollständige Unabhängigkeit ermöglicht, beide Werkzeuge in weitgehendem Maße gleichzeitig zu verwenden.

Noch vor kurzem war diese vollkommene Unabhängigkeit zweier Hobelwerkzeuge nur mit vielen Umständen erreichbar. Der Hauptgrund dafür lag darin, daß man gewohnt war, das die Schaltung unmittelbar ausführende Konstruktionsglied — die Schaltklinke — als gemeinschaftlichen Ausgangspunkt für das Wagerecht- und das Senkrechthobeln anzuordnen. Dies erschwerte die Herstellung gegensätzlicher

Fig. 208 bis 210. Schaltdose von Gray.

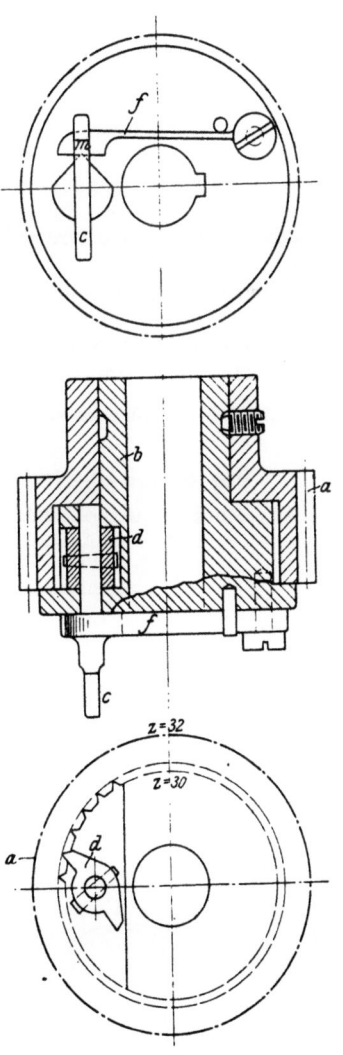

Bewegungen der beiden Werkzeuge. Eine kleine unscheinbare Einrichtung, welche die Schaltklinken als letzten Betriebsteil der Schaltung anordnet, ist berufen, zur künftigen Einheitskonstruktion aller unabhängigen Schaltungen mehrerer Werkzeuge an Hobelmaschinen zu werden. Es ist dies die umsteckbare Schaltdose von Gray[1]), Fig. 208 bis 210.

Ein Stirngetriebe a ist außen mit der üblichen Eingriffverzahnung, innen mit dreieckiger Schaltverzahnung versehen. Die Nabe dieses Getriebes läuft lose auf einer die zweiseitige Schaltklinke d tragenden Büchse b. Eine Bandfeder f mit kleiner quer eingefräster Mittelrast m hält durch diese den Handgriff c und die damit verbundene Klinke d in Mittel-, d. h. Ruhestellung. Eine geringe Schwenkung des Handgriffes bewirkt, daß die Klinke nach rechts oder links in die Innenverzahnung von a einfällt.

Die Verwendungsweise dieser Schaltdose geht aus den Figuren 211 und 212 hervor. Der gemeinschaftliche Bewegungsteil für Wagerecht- und Senkrechtschaltung ist ein großes Stirnrad r, das durch die auf- und niedergehende

---

[1]) Die Konstruktion soll ursprünglich von Sellers in Philadelphia herstammen.

Fig. 211 und 212.
Anwendung der Gray-Schaltdose.

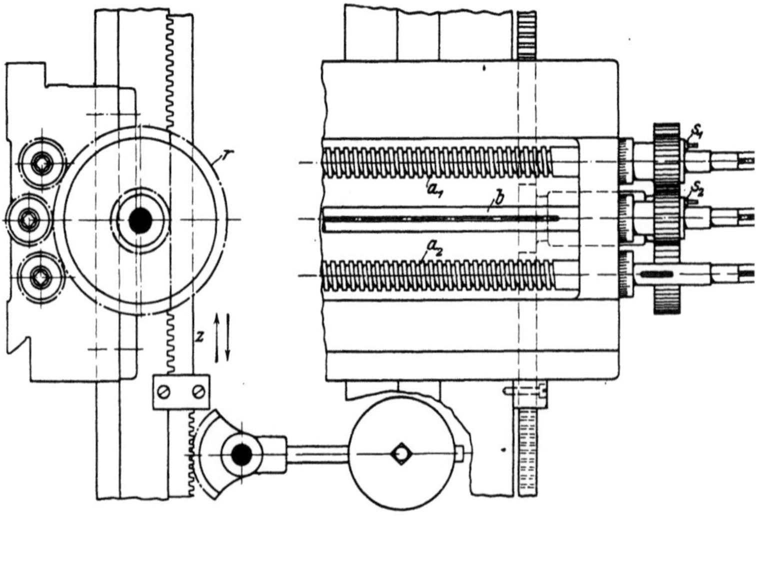

Schaltzahnstange z in rückkehrende Schwingbewegung versetzt wird. In gleichem Mittenabstand zu diesem Rade liegen die beiden Schraubspindeln a_1, a_2, und zwischen diesen die genutete Zugspindel b des Werkzeugschlittens am Querbalken der Hobelmaschine. Die Umsteckung der beiden zu einer Hobelmaschine gehörigen Schaltdosen $s_1 s_2$ auf beide Schraubspindeln oder auf eine derselben und die Zugspindel, sowie das Umlegen der Klinken nach dieser oder jener Seite sind Handhabungen zur Herstellung der oben genannten Reihe von Uebergängen, die an Einfachheit nicht übertroffen werden können.

Die so erzielte Unabhängigkeit der Schaltungen beider Werkzeuge erleidet nur noch eine Beschränkung; sie bedingt nämlich gleiche Vorschubgröße für beide Werkzeuge.

Bei Hobelmaschinen mit drei und vier Werkzeugen lassen sich die am Querbalken und die an den Ständern befindlichen Werkzeuge auch in bezug auf die Vorschubgröße unabhängig machen, und zwar durch Anordnung getrennter, jedes für sich in Schwingung versetzter Antriebräder, wobei die in Fig. 200 bis 207 des vorigen Abschnittes dargestellten Einrichtungen zur schnellen Veränderung der Vorschubgröße anzuwenden sind.

b) Schnelle Uebergänge zwischen den Dauervorschüben.

Eines der kennzeichnendsten Beispiele für den Fortschritt in der Schnelligkeit und Handhabung solcher Uebergänge bietet die geschichtliche Wandlung der Bewegungseinrichtungen der Drehbankschlitten.

Für den Uebergang von dem durch die Leitspindel bewirkten Langzug zum Planzug begnügte man sich zuerst mit der Einrichtung Fig. 213, die den Bewegungsbestandteil des Drehbankschlittens darstellt. Beim Langzug des Schlittens schraubte sich die Leitspindel in der mit Muttergewinde versehenen langen Nabe des Rades a_1 fort, wobei die Schraube d festgezogen war, damit sich nicht etwa die Mutter mit der Leitspindel drehen könnte, womit der Vorschub aufgehoben wäre.

Um vom Lang- zum Planzug überzugehen, waren folgende Hantierungen nötig:

1) das Lösen der Schraube d;
2) eine Drehbewegung mittels aufgesteckter Kurbel am Zapfen k solange, bis die Bremsschraube c aus der ge-

zeichneten unzugänglichen Zufallslage dicht an der Bettwandung in zugängliche Lage für einen Mutterschlüssel kam (die Bremsung kann auch nach Fig. 214 geschehen);

3) das Anziehen der Schraube c, wodurch die feste Verbindung des Rades a_1 mit der Leitspindel hergestellt wurde, schließlich

4) die Verschiebung des über dem Planrad e liegenden Plangetriebes f im Querschlitten der Drehbank, s. Fig. 215, um seine Zahnbreite, um den Eingriff mit e herzustellen.

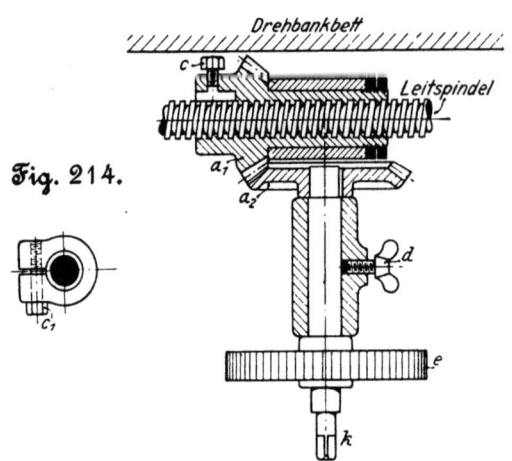

Dieselben Handgriffe in umgekehrter Reihenfolge waren nötig, um den Langzug wiederherzustellen.

Solche Umständlichkeit hatte zur Folge, daß der selbsttätige Planzug nur für größere Flächen benutzt wurde, während der Arbeiter bei der Bearbeitung kleinerer Flächen, also bei Flächen mit nur kurzer Bearbeitungsdauer, vorzog, mit der Hand zu verschieben, indem er die Schlittenkurbel ruckweise drehte. Genau gleichmäßig war dieser Vorschub natürlich nicht zu machen. Man hätte nicht, wie das heute an Teilen amerikanischer Werkzeugmaschinen öfter zu finden ist, die feinen Spuren des Planzuges am fertigen Stück belassen dürfen; vielmehr mußte jedes plangedrehte Stück von Hand nachgeschlichtet werden.

Räumliche Trennung der Uebergänge.

In den meisten Fällen kann man nicht unmittelbar vom Lang- zum Planzug und umgekehrt übergehen, sondern es ist von der Schlußstelle des einen bis zur Anfangstelle des andern eine Ortsveränderung des Werkzeuges nötig.

Solche Ortsveränderungen heißen Einstellbewegungen (s. den Abschnitt über die Arten der Bewegungen, vergl. S. 11). Die Herstellung schneller Uebergänge zwischen den verschiedenen Vorschubarten bedingt daher schnelle Einstellbewegungen, und so ist die geschichtliche Entwicklung der ersteren eng verbunden mit der der letzteren.

Während für den verhältnismäßig kurzen Weg des Planzuges als schnelle Einstellbewegung die rasche Drehung der Querschlittenspindel genügt, gestaltet sich die Einstellbewegung des Schlittens längs der Wange sehr zeitraubend, wenn sie durch Drehen der Leitspindelmutter wie bei der ältesten Einrichtung, Fig. 213, vollzogen wird. Je nach dem Räderübersetzungsverhältnis $a_2 : a_1$ werden bei $1/2''$ engl. Steigung der Leitspindel 30 bis 20 Kurbelumdrehungen am Zapfen k gebraucht, um den Drehbankschlitten 1 m weit auf der Wange fortzubewegen.

Eine Zeitersparnis hierin brachte die jetzt allgemein und bis zu den kleinsten Drehbänken herunter angewandte Einrichtung der Teilung der Leitspindelmutter m in zwei Hälften m_1 und m_2 und die Anbringung einer Zahnstange z am Bett der Drehbank mit Trieb t am Schlitten; s. Fig. 215 und 216. Die schnelle Einstellung des Schlittens längs des Bettes ist nunmehr mit 150 bis 200 mm Weg auf eine Umdrehung des Kurbelzapfens k möglich. Die lange Nabe des Rades a_1 ist hier gewindelos und dient nur zum Tragen der Leitspindel bei geöffnetem Mutterschloß.

Fig. 217 und 218 zeigen die ältere Einrichtung zum schnellen Oeffnen des Mutterschlosses, Fig. 219 bis 221 die neuere mit geraden gefrästen Führschlitzen, Leistennachzug und Festhaltung in der Schlußlage. Der Uebergang zum Planzug ist bei der früheren Umständlichkeit verblieben.

Mit dieser Einrichtung, Fig. 215 und 216, hat sich der deutsche Werkzeugmaschinenbau gegen 30 Jahre lang begnügt. Der Grund eines so langen Stillstandes war in der Hauptsache der, daß bessere zeitsparende Einrichtungen nicht gleich billig herstellbar sind, und die Erkenntnis, daß zeitsparende Einrichtungen stets billig sind, auch wenn ihre Anschaffung mit höheren Kosten verbunden ist, war noch nicht weit genug vorgeschritten. Nur da, wo ein andrer, für wichtiger gehaltener Grund: die Schonung des Leitspindelgewindes, in Frage kam, entschloß man sich zu der Mehrausgabe für eine genutete Zugspindel, die Lang- und Planzug besorgt, während das Gewindeschneiden ausschließlich für die Leitspindel aufgespart wird.

Fig. 215 und 216.

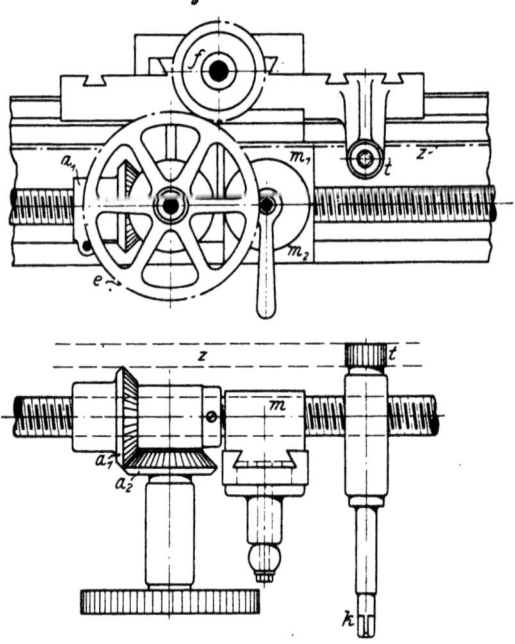

Diese in Deutschland längst vor der Beeinflussung durch den amerikanischen Werkzeugmaschinenbau benutzte Einrichtung enthält, wie ersichtlich, nur die Lösung der Aufgabe, schnelle Uebergänge vom Lang- zum Planzug für solche Drehbänke zu schaffen, die außer zum Drehen auch zum Gewindeschneiden dienen.

Für die große Zahl der nur für Dreharbeiten verwendeten Bänke gibt es nur zwei Wege der Lösung:

1) die Weglassung der Leitspindel und die Ausstattung der Drehbank nur mit der eben genannten Zugspindel für Lang- und Planzug, oder

2) die Ausbildung der Leitspindel als Zugspindel für Lang- und Planzug ohne Hülfe einer besondern Zugspindel, aber mit neuer zeitsparender Einrichtung für schnellen Uebergang zum Planzug.

Letzteres ist auch auf zwei Wegen möglich:

a) durch Längsnutung der Leitspindel, so daß die Leitspindel den Planzug wie eine genutete Zugspindel besorgt, oder

b) durch eine lösbare Reibkupplung am Umfang der Leitspindel, jedoch mit dem Unterschied, daß die umständliche Bremsschraube c bezw. c_1, Fig. 213 und 214, durch eine schnell zu betätigende Reibkegelanordnung ersetzt wird.

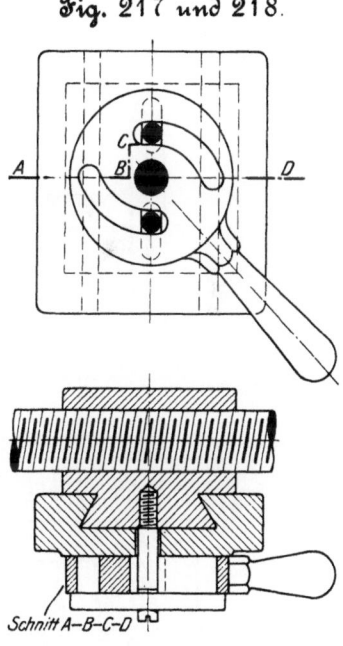

Fig. 217 bis 221. Mutterschlösser.

Fig. 217 und 218.

Die Ausführung Nr. 1 (Drehbank ohne Leitspindel) findet Widerstand beim deutschen Käufer und beim deutschen Arbeiter. Beide erkennen eine Drehbank ohne Leitspindel nicht als vollwertig an.

Es ist zuzugeben, daß der durch ein kleines Getriebe ausgeführte Langzug keineswegs besser ist als ein Leitspindel Langzug. Dem letzteren wohnt die größere Starrheit inne, während bei dem ersteren mit der Abnahme starker Späne elastische Verdrehungen in den Triebbolzen auftreten können. Außerdem hat der Leitspindelzug den Vorzug größerer Einfachheit und Billigkeit.

Es bleibt somit für allgemeine Einführung nur Weg 2 gangbar.

Die Ausführung 2a: genutete Leitspindel, hat ebenfalls mit Vorurteilen zu kämpfen. Man befürchtet eine Schädigung des Gewindes, auch eine schnellere Abnutzung des Leitspindel-Muttergewindes. Diese Abnutzung denkt man sich als schneidbohrerartige Wirkung an den Stellen der Leitspindel, wo die Längsnut die Gewindegänge kreuzt. Durch Versuche ist eine solche Abnutzung noch von niemandem nachgewiesen worden. Sie erscheint auch bei der Stumpfheit der Unterbrechungsstellen des Gewindes und bei der Weichheit des ungehärteten Materials der Spindel ausgeschlossen. Daß stumpfe weiche Schneidbohrer schneiden, hat noch niemand behauptet, aber die Klage, daß sie nicht schneiden, ist allgemein. Weshalb soll hier auf einmal das Gegenteil

Fig. 219 bis 221.

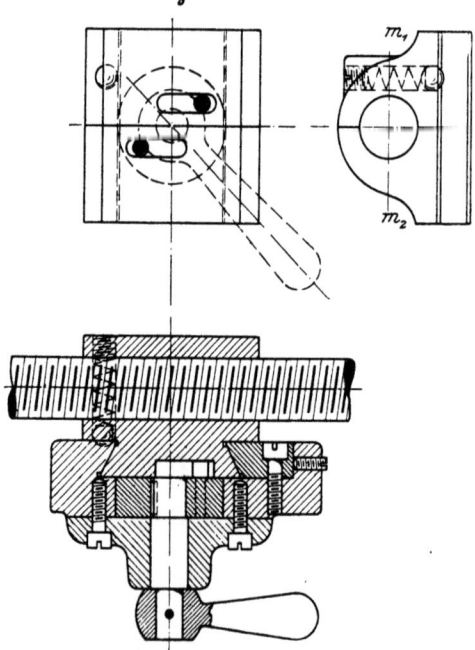

stattfinden? Tatsache ist, daß die Verbreitung der genuteten Leitspindel an Drehbänken, die nicht, oder nicht oft zum Gewindeschneiden dienen, zunimmt, wie die Drehbank-Abbildungen in den Empfehlungen amerikanischer und deutscher Drehbankbauer zeigen.

Die neuzeitliche Nutung der Leitspindel in der in Fig. 222 dargestellten Form (Ausführung der Werkzeugmaschinenfabrik Union) ist geeignet, die Bedenken gegen das Nuten der Leitspindel zu beseitigen. Die Nut hat im Bereich der Gewindetiefe eine etwas größere Breite, so daß der Mitnehmerkeil k ausschließlich im Kern der Leitspindel gleitet. Dabei ist es ausgeschlossen, daß der vorbeischleifende Keil die Gewindegänge verdrückt oder einen Grat erzeugt. Werden zudem die Unterbrechungsstellen des Gewindes zu beiden Seiten der Nut leicht abgerundet, so ist eine Abnutzung der Leitspindelmutter ausgeschlossen.

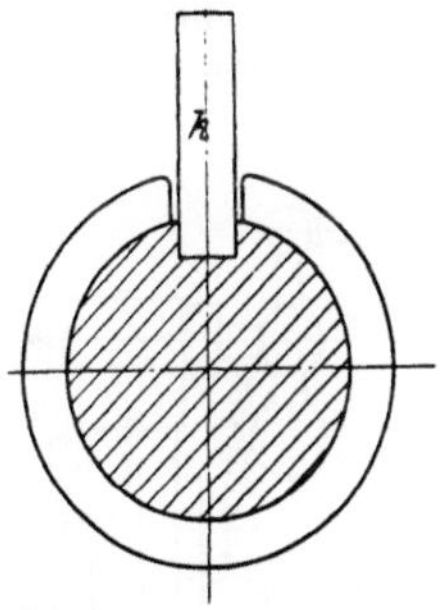

Die Ausführung 2b: schnell zu betätigende Bremsung am Umfang der Leitspindel, ist in der Weise möglich, daß ein schlanker, mehrfach längsgespaltener Kegel (von 2 bis 3° Seitensteigung) in einen gleichgerichteten Hohlkegel des Rades a_1, Fig. 213 und 216, mit Hebelkraft eingepreßt wird. Für mittlere Beanspruchungen beim Planzug ist diese Einrichtung zweckmäßig; bei starker Spananstellung kann sie versagen.

Fig. 222.

Mit Hülfe der nach 2a genuteten oder nach 2b gebremsten Leitspindel, oder der genuteten Zugspindel in Verbindung mit einer Leitspindel sind die Uebergänge von Lang-, Plan- und Gewindezug mit oder ohne zwischenliegende Einstellbewegung schnell zu bewirken.

Drei Beispiele, Fig. 223 bis 230, zeigen verschiedene Ausführungen in der zeitlichen Folge des Fortschrittes. Zugleich lassen sie die ganz allgemein gewordene Verlegung aller Uebertragungsräder hinter eine senkrechte Platte p — deutsch »Schild«, englisch »apron« (Schürze) genannt — erkennen. Nur die dem Wechsel der Bewegungen dienenden Handgriffe ragen vor diesen Schild vor. Die freie, dem Arbeiter gefährliche Lage der Planzugräder, Fig. 215, ist verschwunden.

Das innere Triebwerk der Drehbankschilde, das mit den Einrichtungen für schnelle Uebergänge zwischen den Vorschub- und Einstellbewegungen eng verbunden ist, zeigt zwei Richtungen der geschichtlichen Entwicklung. Die eine: Verminderung und schließliche Vermeidung von Schneckenantrieben, ist begründet durch deren erwiesenermaßen schnelle Abnutzung. Die in Fig. 227 als Aufstempelung sichtbare Mahnung »Oil the worm« weist darauf hin. Die andre, zuerst von deutschen Fabriken eingeschlagene Richtung besteht in der Einführung der Doppellagerung der Triebbolzen im Schild an Stelle der ursprünglichen amerikanischen einseitigen Lagerung, die jetzt auch von amerikanischen Fabriken bei größeren Ausführungen zugunsten der Doppellagerung verlassen wird.

Diese beiden Hauptfortschritte sind aus den Figuren ersichtlich.

Der Schild der zu hunderten nach Deutschland verkauften Norton-Drehbänke, Fig. 223 bis 225, hat noch zwei Schneckenantriebe und durchgängig nur eine Lagerung der Räderachsen. Der lang freistehende feste Zapfen a für das

Fig. 223 bis 225.

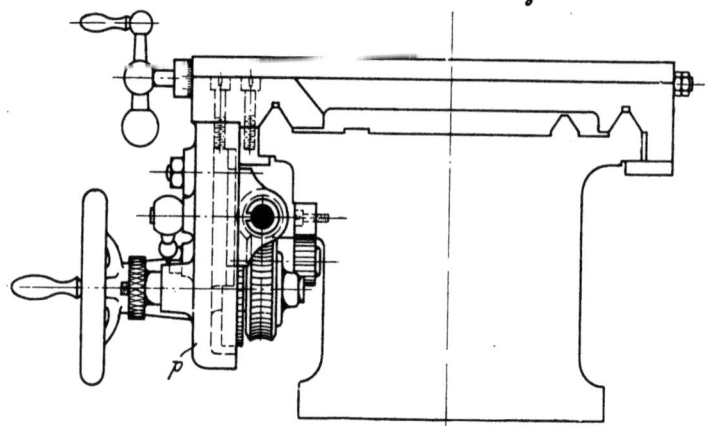

Zahnstangengetriebe, der den Vorschubwiderstand unmittelbar auszuhalten hat, ist wegen seiner unausbleiblichen Federung bei starkem Span tadelnswert.

Der Schild der Reed-Drehbank, Fig. 226 bis 228, einer der bekanntesten guten amerikanischen Bänke, weist nur noch einen Schneckenantrieb auf. Der Getriebezapfen a hat zwei Lagerungen, die übrigen Triebwellen sind einfach gelagert.

Als Muster eines deutschen Drehbankschildes mag der Schild der mehrfach genannten Drehbank »Courier«, Fig. 229 und 230, gelten. Es gibt darin keinen Schneckenantrieb, nur noch Räderantrieb, und jede Uebertragungswelle ist doppelt gelagert, s. die je vier mit l_1 und l_2 bezeichneten Lagerstellen.

Die bei den innenliegenden Triebteilen wichtige Frage des Oelens ist bei dem letztgenannten Schild in bequemer Weise dadurch gelöst, daß Fett durch die durchbohrten Triebwellen zugeführt wird.

Ohne solche oder ähnliche Vorsicht ist der Fall nicht selten, daß an einzelne innen gelegene laufende Teile des Drehbankschildes nie ein Tropfen Schmierstoff gelangt, wie die Erfahrung an amerikanischen Drehbänken gelehrt hat.

Die Uebergänge von einer Vorschubart zur andern und zur schnellen Einstellbewegung vollziehen sich bei diesen drei Schilden wie folgt:

Schild der Norton-Drehbank.

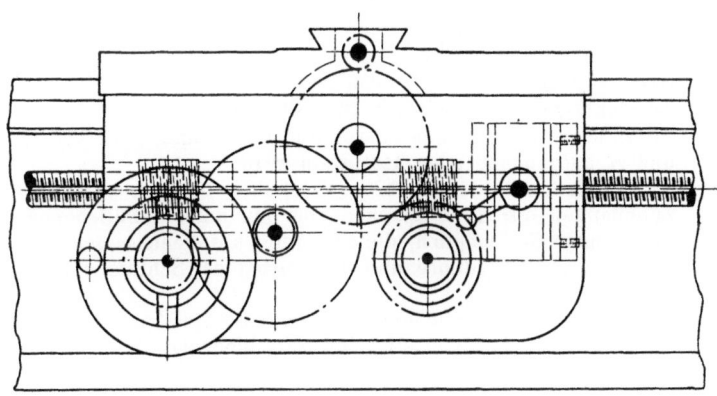

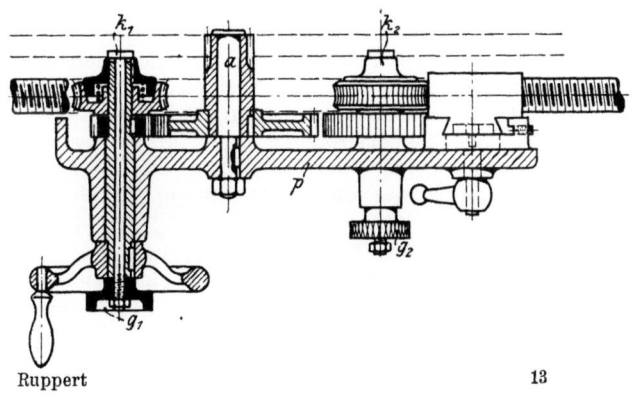

Der Norton-Schild verwendet für Ein- und Auslösung der Vorschubzüge je eine kegelige Reibkupplung ($k_1 k_2$), die durch einen gerauhten Griffknopf ($g_1\ g_2$) bestätigt wird. Ausschließung untereinander und gegen das Mutterschloß fehlt.

Der Reed-Schild hat nur eine Reibkupplung k, die dem Langzug dient und durch den Griff g betätigt wird.

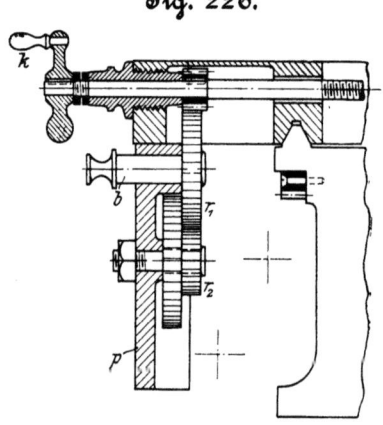

Fig. 226.

Einrückung und Auslösung des Planzuges erfolgen durch Verschieben des Bolzens b, wodurch der Zahneingriff von r_1 und r_2 aufgehoben oder hergestellt wird.

Derartige Räderverschiebungen sind bei Belastung der Zahnflanken durch die Spanabnahme nur unter Zuhülfenahme des Kunstgriffes möglich, die Belastung auf einen Augenblick durch geringe Voreildrehung der Kurbel der Schlittenspindel aufzuheben.

Auch dieser Schild kennt die gegenseitige Ausschließung (Verriegelung, Blockierung) der verschiedenen Bewegungen noch nicht; daher ist es möglich, solche versehentlich gleichzeitig einzurücken, was zum Bruch von Maschinenteilen führt.

Der Reed-Schild benutzt Leit- und Zugspindel, der Norton-Schild die genutete Leitspindel zum Antrieb.

Da die Norton-Drehbank bei dem schnellen Vielfachwechsel ihrer Vorschübe, Fig. 164 und 165 (siehe S. 166), wesentlich als Gewindeschneidbank gedacht ist, so liegt die Tatsache vor, daß die Amerikaner sogar für Drehbänke, die vor allem zum Gewindeschneiden dienen, die Unterbrechung des Leitspindelgewindes durch die Nutung für einwandfrei halten.

Bei dem deutschen Schild, Fig. 229 und 230, werden Lang- und Planzug durch Verschiebung eines zweiseitigen Kupplungsmuffes m ein- und ausgerückt, der abwechselnd das Langzugrad r_1 oder das Planzugrad r_2 schließt. Die

𝔉𝑖𝑔. 227 und 228. Schild der Reed-Drehbank.

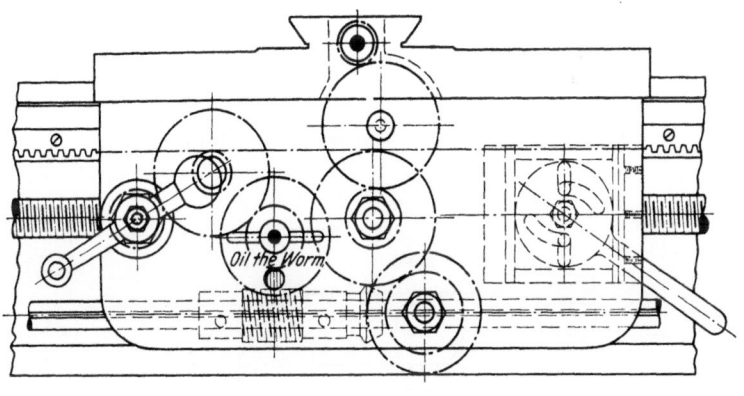

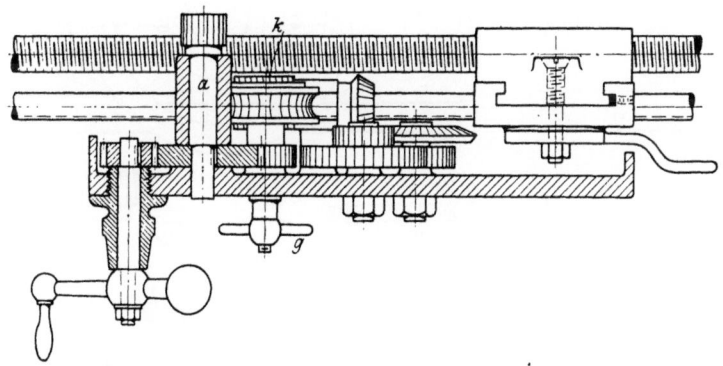

gegenseitige Ausschließung der Ein- und Ausrückungen an diesem Schild ist in der früheren Figur 35 dargestellt.

Veränderte Anordnungen der Ein- und Auskupplung und der gegenseitigen Sicherung der Selbstgänge im Drehbankschild sind für die Konstrukteure ein dankbares Feld, ihre Erfindungsgabe zu betätigen.

Die schnelle Einstellbewegung längs der Drehbankwange erfolgt bei allen Drehbankschilden durch Zahnstange und Getriebe.

Es liegen somit gleichzeitig in den Figuren drei Beispiele vor, in denen die langsame Vorschubbewegung einer

Schraubspindel, die schnelle Einstellbewegung einer Zahnstange zugewiesen ist.

Zwei interessante Beispiele, Fig. 231 bis 234 und Fig. 235 bis 242, zeigen, daß beide Aufgaben auch von der Leitspindel allein oder von der Zahnstange allein mit neuzeitlicher Schnelligkeit lösbar sind.

Fig. 229 und 230. Schild der Drehbank »Courier«.

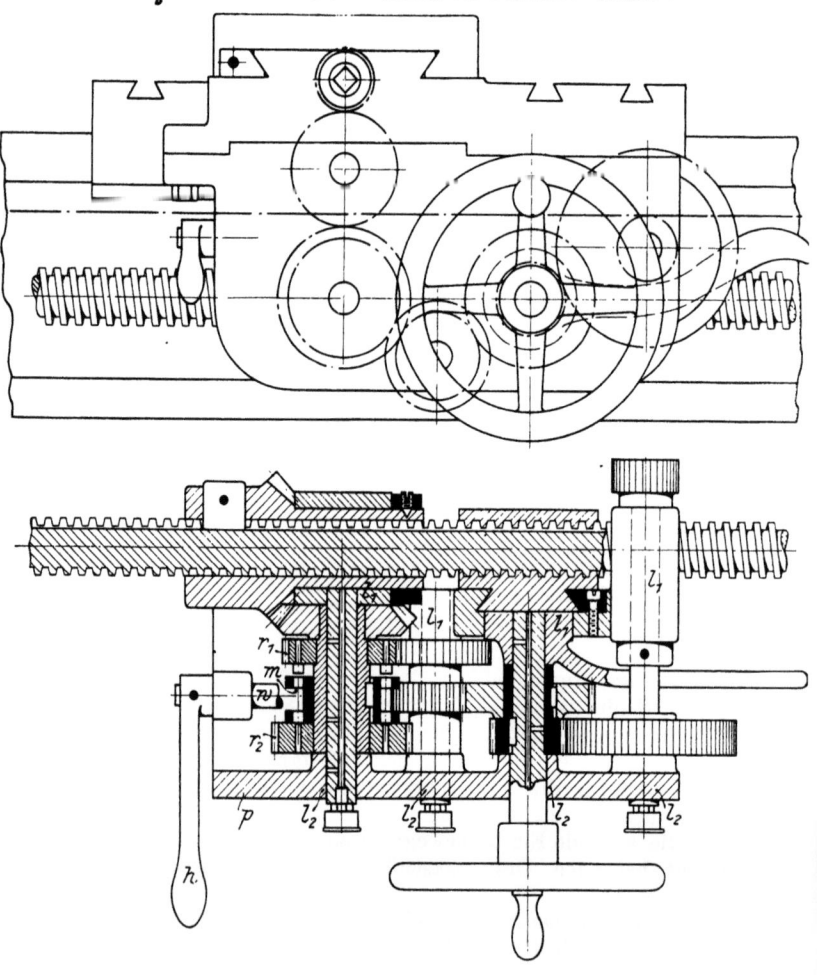

Das erste Beispiel ist der Revolverdrehbank für Gußarbeiten von Gisholt entnommen, das zweite der Flach-Revolverdrehbank für Stangenmaterial von Jones & Lamson (deutsche Lizenz: Ateliers Ducommun in Mülhausen, Elsaß).

Anscheinend enthält die Anordnung von Gisholt, Fig. 231 bis 234, den Rückschritt zur ältesten Einrichtung, Fig. 213; denn es muß eine Mutter um eine Schraubspindel gedreht werden, um sowohl die langsame als die schnelle Bewegung

Fig. 231 bis 234. Schild der Gisholt-Drehbank.

Fig. 231 und 232.

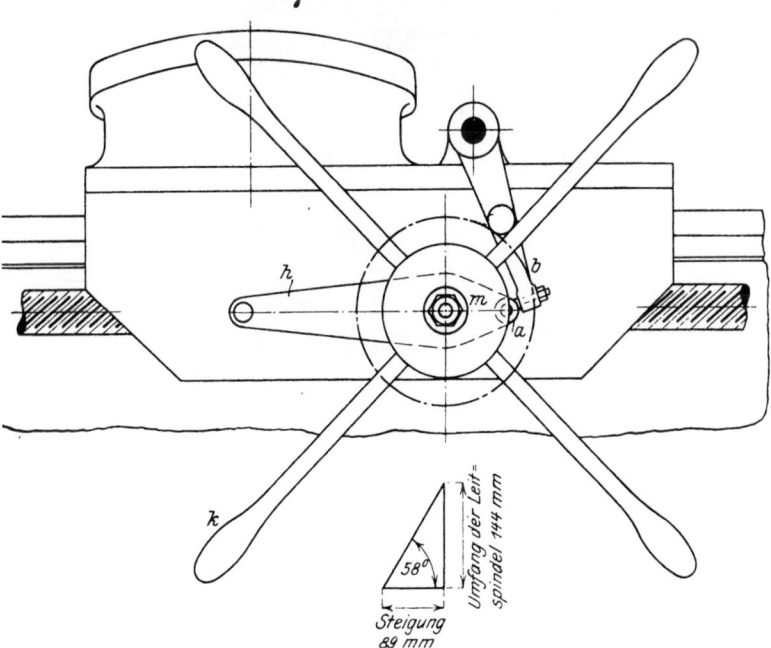

des Drehbankschlittens zu erzeugen. Allein es besteht ein wesentlicher Unterschied; denn das Gewinde der Gisholt-Leitspindel ist sehr steilgängig, und zwar viergängig mit 4″ engl. Steigung. Beim selbsttätigen Langzug des Schlittens dreht sich daher die Leitspindel äußerst langsam. Ferner ist langsamer Vorschub von Hand und auch schnelle Einstellung des Drehbankschlittens von Hand möglich, ersterer durch kleine Teildrehungen am Handkreuz k, letztere durch schnelle Volldrehungen desselben.

Eine Umdrehung des Handkreuzes k ergibt mit Hülfe der Räderübersetzung $r_1 : r_2$, Fig. 233, rd. 150 mm Schlittenweg, d. i. den gleichen Betrag wie bei einem in eine Zahn-

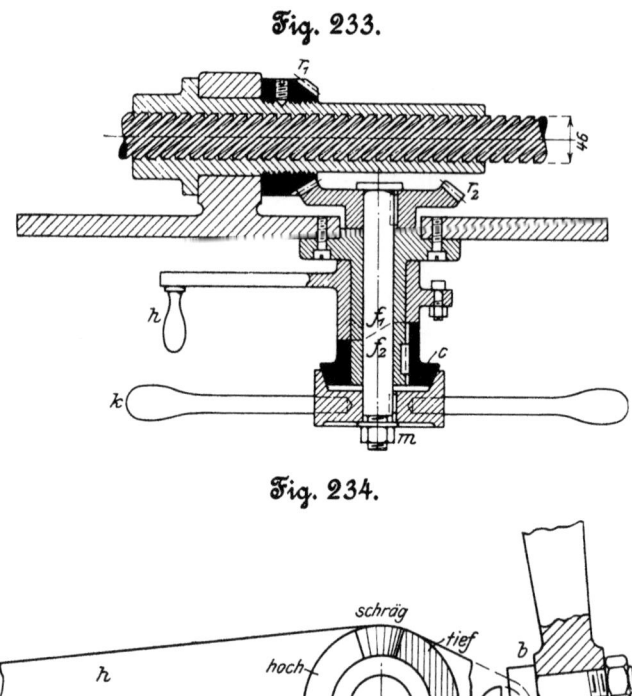

Fig. 233.

Fig. 234.

stange eingreifenden Stirnradgetriebe. Dabei ist ein augenblickliches Ein- und Ausrücken des Selbstganges durch folgende Einrichtung möglich: Das Kegelrad r_1 wird infolge des steilen Neigungswinkels des Gewindes in seiner langen Nabe (58°, Fig. 232) von der Leitspindel stets mit in Umdrehung versetzt, sobald diese sich selbsttätig dreht. Daß

Additional material from *Aufgaben und Fortschritte des deutschen Werkzeugmaschinenbaues,*
ISBN 978-3-642-90329-8, is available at http://extras.springer.com

sich der Schlitten fortschraubt, wie er es bei dem üblichen einfachen Leitspindelgewinde von $^1/_4$ bis $^1/_2''$ engl. oder 10 mm Steigung unfehlbar tun würde, ist ausgeschlossen; denn die für das Mitdrehen des Kegelrades r_2 mitsamt dem auf gleicher Achse sitzenden Handkreuz k erforderliche Reibungsarbeit ist wesentlich kleiner als der Reibungswiderstand für die Fortbewegung

Fig. 241 und 242.

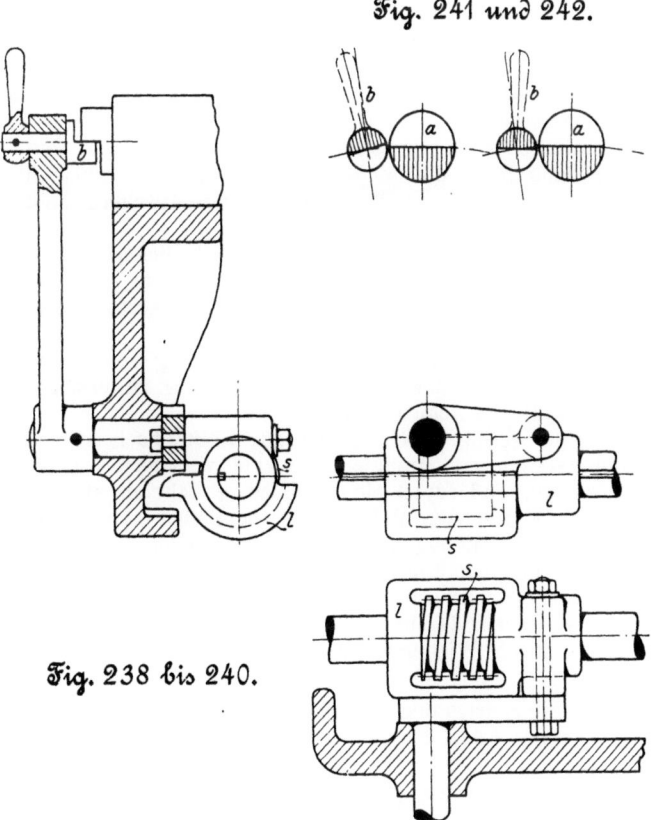

Fig. 238 bis 240.

des schweren Drehbankschlittens auf dem Bett. Sobald aber durch einen geringen Anhub des Handhebels h zwei Schrägflächen f_1, f_2 an den Stirnseiten der Hebelnabe und der Nabe eines Reibkegels c gegeneinander gepreßt und in dieser Stellung durch eine Einfallklinke b, Fig. 231 und 234, gehalten werden, die sich auf einen Anschlag *a* stützt, ist Rad r_2 und damit auch Rad r_1 am Drehen gehindert, und es beginnt sofort die selbsttätige Vorschubbewegung des Schlittens, der bei dieser Drehbank den in der früheren Figur 30 und 33 (s. S. 54 und 57) dargestellten Revolverkopf trägt.

Ein durch die Mutter *m* ermöglichter Feinnachzug hat die Aufgabe, die Entfernung der beiden schrägen Druckflächen f_1, f_2 so einzustellen, daß beim Einfall der Klinke *b* in die Hemmnase *a* die gehörige Reibung zwischen dem Reibkegel *c* und der Nabe des Handkreuzes *k* entsteht, so daß letzteres und damit auch das Rad r_2 an der Drehung gehindert ist.

Durch einen verstellbaren Anschlag auf dem Bett der Drehbank kann die augenblickliche Selbstauslösung dieses Selbstganges hergestellt werden. Der Anschlag hebt die Klinke *b* von der Hemmnase *a* ab.

Das Gegenstück zu dieser ausschließlichen Ausstattung mit Leitspindelbewegung zeigen Fig. 235 bis 242, nämlich die Betätigung aller Bewegungen durch eine Zahnstange, ohne Leitspindel.

Das Mittel, augenblicklichen Uebergang vom Selbstgang zum Stillstand oder zur Einstellbewegung zu ermöglichen, ist hier die Fallschnecke *s*.

Eine geringe Drehung des zur Hälfte flach abgesetzten und dadurch mit stumpfer Schneide versehenen Bolzens *b* um soviel, daß er an einem gleich gestalteten aber gegensätzlich abgesetzten Bolzen *a* vorbeigleiten kann, Fig. 241 und 242, bewirkt augenblickliches Niederfallen des Schneckenlagers *l* und damit die Auslösung des Langzuges, wodurch der Handvorschub oder die schnelle Einstellung des Schlittens mittels des Handkreuzes *k* verfügbar wird. Ebenso schnell erfolgt durch Wiedersperren der beiden Stumpfschneiden *a* und *b* gegeneinander die Rückkehr zum Selbstgang.

Diese Einrichtung ist nur für kurze Schlittenwege brauchbar, da das Ende der genuteten Schneckenwelle *w* frei hängt.

Schneller Uebergang vom Drehen zum Gewindeschneiden.

Die in Fig. 140 und 141 (Z. 1904 S. 422) dargestellte Einrichtung von Norton zum Wechseln der Vorschübe beim Drehen dient gleichzeitig dazu, verschiedene Vorschübe für verschiedene Gewindesteigungen herzustellen. Ueber eine gewisse Grenze der Steigung hinaus ist der Umtausch von

Wechselrädern nötig, die der dargestellten Einrichtung vorgeschaltet sind.

Fig. 243 und 244.

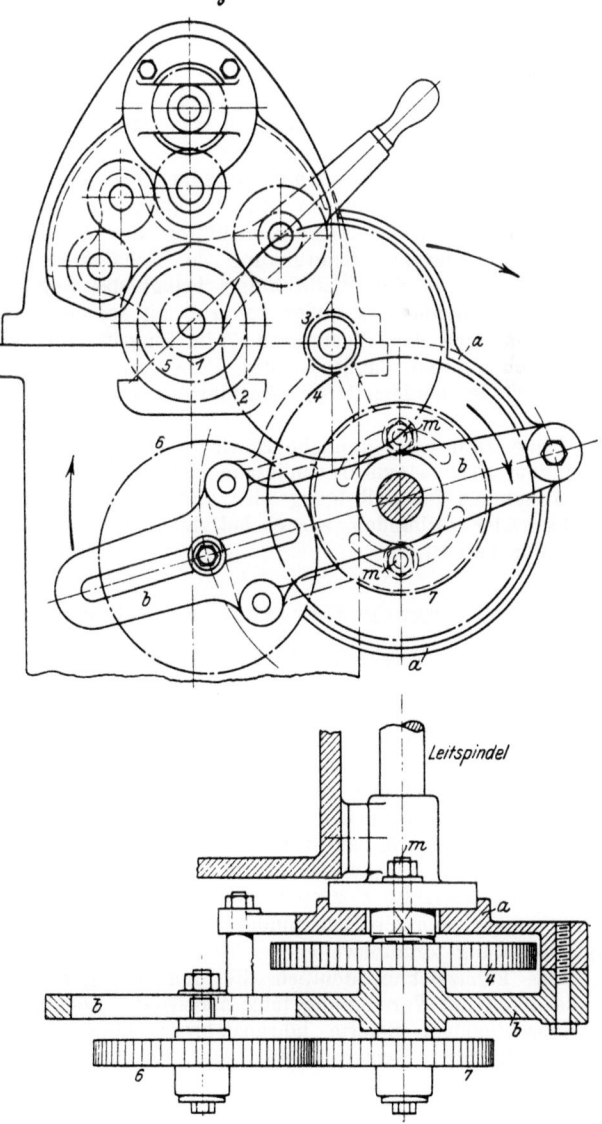

An Drehbänken deutscher Bauart für allgemeine Dreharbeiten läßt sich mit einfachen Mitteln ein schneller Uebergang vom selbsttätigen Drehen zum Schneiden irgend eines gewünschten Gewindes durch zwei getrennte Räderübersetzungen, eine unveränderliche für den Drehselbstgang und eine wechselbare für die Gewindegänge, erzielen; s. Fig. 243 und 244.

Die Uebertragungsräder 2, 3 und 4 für den Selbstgang liegen in einem Schutzkorb a. Quer vor diesem, in der Durchmesserrichtung, liegt das Stelleisen b für die aufzusteckenden Wechselräder zum Gewindeschneiden. Ein Satz solcher Räder (5, 6, 7) kann stets arbeitbereit aufgesteckt sein. Geringe Lüftung der beiden Muttern m und hiernach Schwenkung des Schutzkorbes samt dem Stelleisen in der Pfeilrichtung bringt das Selbstgangrad 2 des Schutzkorbes außer Eingriff mit seinem Antriebrad 1, dagegen das Wechselrad 6 in Eingriff mit seinem Antriebrad 5, und damit ist der Uebergang vom Drehen zum Gewindeschneiden fertig (Ausführung an der Drehbank »Courier«).

Ohne diese oder ähnliche Einrichtungen ist der Uebergang vom Drehen zum Gewindeschneiden mit Zeitverlust für das Abnehmen für Selbstgangräder und das Aufstecken der Wechselräder verbunden, wie es bei vielen Drehbänken noch heute der Fall ist.

Schnelle Bewegungsübergänge an Bohrmaschinen.

Bis vor wenig Jahren gab es an den üblichen deutschen Bohrmaschinen Bewegungsübergänge nur in der Weise, daß eine die Spindel umfassende Hülse mit Schraubengewinde a, Fig. 245, entweder langsam selbsttätig oder langsam von Hand oder endlich so schnell wie angängig durch Kurbeln am Handgriff b auf oder nieder bezw. bei Wagerecht-Bohrmaschinen vor oder zurück geschraubt wurde. Bei den üblichen Gewindesteigungen von 5 bis 6 mm waren somit rund 20 bis 16 Umdrehungen des Mutterrades c und infolge der Räderübersetzung $c:d$ etwa 50 Umdrehungen des Handrades h nötig, um die Bohrspindel um je 100 mm in ihrer Achsenrichtung fortzubewegen.

Das kennzeichnet deutlich die damalige geringe Aufmerksamkeit auf Vermeidung toter Arbeitzeit. Der deutsche Bohrmaschinenbau lieferte jahrausjahrein seine von Whitworth entlehnten Konstruktionen, der Kunde kaufte sie, meist auf Grund persönlicher Bekanntschaft und persönlichen Vertrauens zum Fabrikanten, selten auf Grund kritischer Be-

Fig. 245.
Deutsche Bohrmaschine alter Konstruktion.

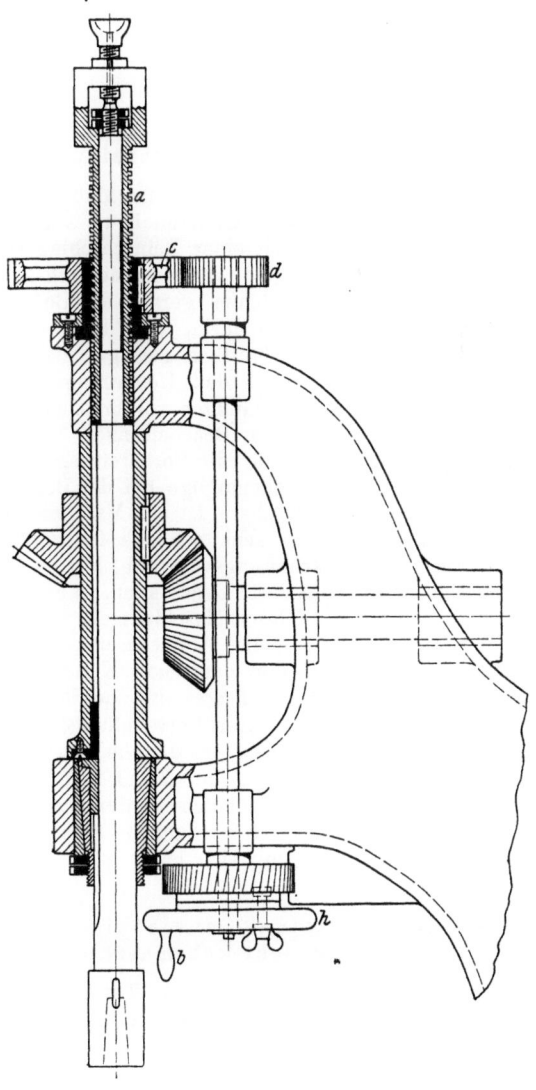

urteilung, der Arbeiter leierte täglich vor und nach den einzelnen Bohrarbeiten die Bohrspindel mit seinem Handrad langsam auf und nieder, und der Werkmeister stellte ihm den Akkord danach, so daß niemand einen Schaden verspürte.

In diese jahrelange Gemütlichkeit brachte die amerikanische Bohrmaschine, und zwar wesentlich infolge eines einzigen ihrer Bewegungsteile, der Zahnstange an Stelle der Schraubspindel, Leben und Umsturz.

Der neuzeitige Kampf der Zahnstange gegen die Schraubspindel und der fortschreitende Sieg

der ersteren kommt gerade an der Bohrmaschine in allen ihren Arten scharf zum Ausdruck. Man kann heute sagen: Je fortgeschrittener die Konstruktion einer Bohrmaschine ist, desto mehr ist an ihr die Zahnstange an die Stelle der Schraubspindel zur Herrschaft gelangt. Daß dies gerade die Bohrmaschine trifft, hat seinen Hauptgrund darin, daß die Zeitdauer der einzelnen Bohrarbeit durchschnittlich geringer als bei Dreh-, Hobel- oder Fräsarbeit ist, so daß Uebergänge von einer Bohrarbeit zur andern weit häufiger vorkommen als Uebergänge bei den eben genannten Bearbeitungen. Der Nutzen zeitsparender Einrichtungen für die Vorbereitung der nächstfolgenden Bearbeitung tritt demzufolge bei der Bohrmaschine ganz besonders hervor. Deshalb ist ein Maschinenteil, der sowohl sehr langsame wie sehr schnelle Ortsveränderung, erstere in Form von Bearbeitungsvorschub, letztere in Form von Einstellbewegung, hervorbringen kann, hier eine neuzeitliche Notwendigkeit. Dieser Maschinenteil ist die Zahnstange. Sie verdient die volle Aufmerksamkeit der deutschen Konstrukteure und der deutschen Kundschaft. Aus dem Folgenden geht hervor, daß erst einzelne Sonderfabriken bis an die mögliche Grenze ihrer Verwendungsfähigkeit gegangen sind, während von Fabriken, die alle möglichen Arten von Werkzeugmaschinen bauen, der Kundschaft noch viele alte Bohrmaschinenmodelle angeboten werden, die eine unnütze Zeitverschwendung durch vorhandene Einstellbewegungen mittels Schraubspindel mit sich bringen.

Ersatz der Schraubspindel durch die Zahnstange an der Senkrecht-Bohrmaschine.

Interessant ist die geschichtliche Tatsache, daß die Zahnstange zur Fortbewegung der Bohrspindel bereits vor etwa 40 Jahren an einzelnen Bohrmaschinen in Deutschland und England zu finden war. Sie stand aber damals in unlösbarer Verbindung mit einem Gliede zur Verlangsamung der Bewegung, nämlich mit Schnecke und Rad, s. Fig. 246. Ihre wertvolle Doppeleigenschaft, augenblicklich eine langsame oder eine schnelle Fortbewegung erzeugen zu können, blieb unbeachtet und unbenutzt, so daß sie bald der auf der Drehbank bequem herstellbaren Bohrspindel-Schraubhülse, Fig. 245, allgemein weichen mußte.

Fig. 246.
Bewegung der Bohrspindel durch eine Zahnstange (alte Konstruktion).

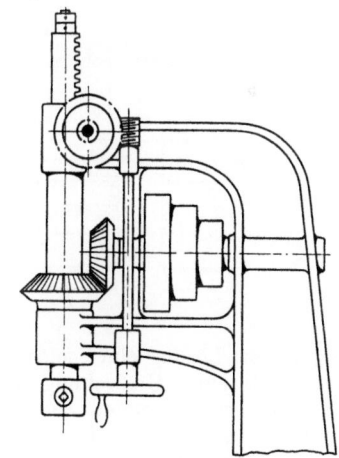

Die Zwangslage der Amerikaner, mit hohen Arbeitslöhnen billig herstellen zu müssen, die P. Möller in der Zeitschrift des Vereines deutscher Ingenieure[1]) eingehend geschildert hat, wies sie u. a. darauf hin, daß die Zahnstange nur einer schnellen Lösung ihrer Verbindung mit Schnecke und Rad bedarf, um ihre langsame Vorschubbewegung augenblicklich in eine 50- bis 100 fach schnellere Einstellbewegung von Hand umzuwandeln.

Die einfache Vorrichtung zum Ein- und Ausschalten beider Bewegungsarten ist eine Reibkupplung mit Außen- und Innen-Reibkegel a und b von 8 bis 12° Neigung, Fig. 247. Das Schneckenrad c ist in fortlaufender Umdrehung. Sobald

---

[1]) s. Jahrgang 1903 S. 1129.

also *a* durch Anzug der Knebelschraube *k* in *b* hineingepreßt ist, beginnt die selbsttätige Vorschubumdrehung des Getriebes *z*. Nach Lösung der Knebelschraube kann dieses Getriebe schnell mittels des Handrades *d* gedreht werden. Aber

Fig. 247.

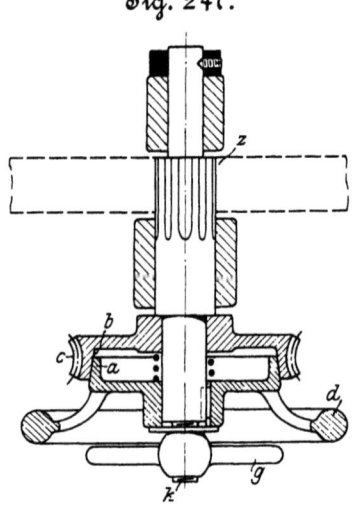

selbst der Anzug und die Lösung einer solchen Knebelschraube, die nur je einen Teil einer Umdrehung des Knebelgriffes *g* erfordern, erscheinen in der letzten Zeit noch nicht zeitsparend genug. Statt mit größeren Bruchteilen von Minuten fängt man an, schon mit einzelnen Sekunden verlorener Arbeitzeit zu geizen.

Den Grundgedanken der neuesten Schnell-Ein- und Auskupplungen des Zahnstangenvorschubes zeigt Fig. 248.

Interessant ist, daß die Zeitersparnis auch hier durch die Verdrängung der Schraubspindel (der Knebelschraube) erzielt wird. Mit ihr zugleich weichen sichtlich mehr und mehr die beiden ineinander zu pressenden Reibkegel *a,b*, Fig. 247, dem Hohlzylinder mit gespaltenen inneren Bremsring, Fig. 248. Das Schneckenrad *c* hat hier eine zylindrische Ausdrehung. Lose in dieser liegt der gespaltene Ring *a*, der durch einen Mitnehmer *m* mit einer auf der Getriebewelle, s. Fig. 247, aufgekeilten Scheibe verbunden ist. Diese Scheibe trägt gegenüber einen Zapfen *n*, um den, veranlaßt durch eine etwa 90 gradige Umdrehung des Exzenters *e*, das rechteckige Ende eines Preßhebels p eine große Schwingung ausführt, die den Bremsring auseinandertreibt, so daß nun das Schneckenrad c durch seine Vorschubumdrehung den Bremsring und dadurch die Getriebewelle mit in Drehung versetzt.

Fig. 248.

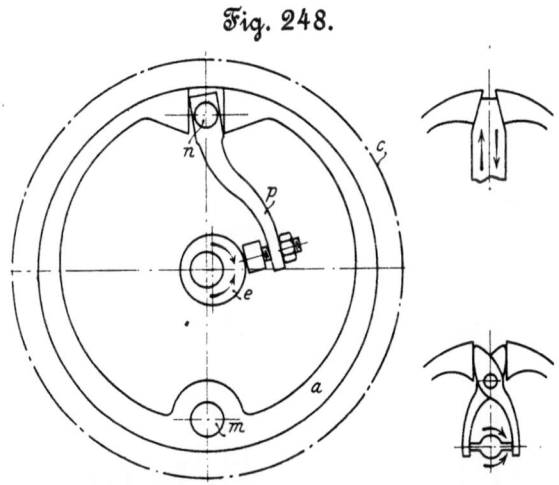

Andre Mittel zum Auseinandertreiben des Bremsringes sind in den beiden Nebenfiguren gezeigt. Ein- und Auskupplung erfolgen durch diese neuesten Einrichtungen blitzschnell, und es genügt dazu eine kleinste Kraftanstrengung nur einer Hand, während das Festziehen und die Lüftung der Knebelschraube k in Fig. 247 einer weit größeren Kraftanstrengung beider Hände bedürfen.

So wetteifern auch die Konstrukteure mit der sozialen Gesetzgebung, um dem Arbeiter das Leben so angenehm wie möglich zu machen. Beide haben oft wenig Dank davon.

Durch die Anbringung des Zahnstangenvorschubes an der Bohrspindel hat diese an Stelle der Einrichtung Fig. 245 in der Neuzeit allgemein die Einrichtung Fig. 249 erhalten.

Dabei wurde es nötig, den Antrieb der Bohrspindel nach oben zu legen, und dies machte die Umlegung des nach einem Deckenvorgelege führenden Riemens beim Geschwindigkeitswechsel unbequem. Das neue Gestell bot auch weniger Widerstand gegen Erschütterung als das alte Whitworth-Gestell, Fig. 250. So lag es nahe, den Riemen statt nach einem

Deckenvorgelege nach einem unten im Maschinengestell gelagerten Vorgelege zu führen.

Fig. 249.

Neuzeitliche Bohrspindel.

Fig. 250 und 251.

Altes Whitworth-Gestell.

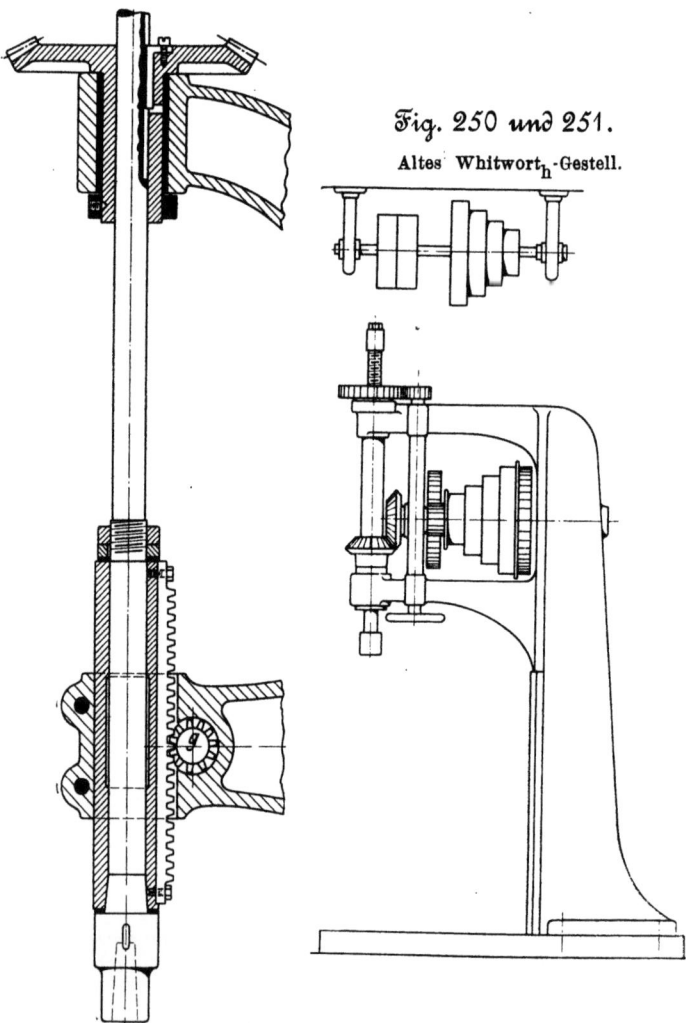

Alle diese durch die Einführung der Zahnstange an Stelle der Schraubspindel hervorgerufenen Wandlungen haben die neue amerikanische Bohrmaschinen-Gestellform, Fig. 252, ergeben. Der Einfluß der Zahnstange reichte aber noch weiter.

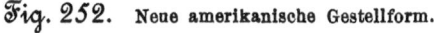

Fig. 252. Neue amerikanische Gestellform.

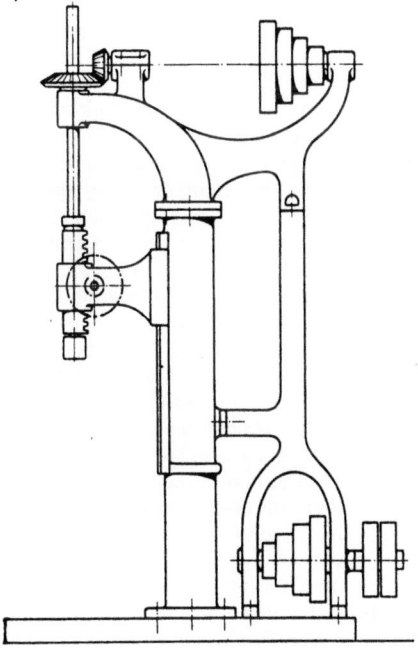

Einführung neuer Arbeitsbewegungen und Bewegungsübergänge an der Bohrmaschine.

Die Zahnstange und ihre Auslösung aus der zwangläufigen in die Handbewegung läßt sich auch zur Erzeugung eines verschiedenartigen Arbeitsdruckes der Bohrspindel benutzen.

Wird die Handbewegung mittels eines verhältnismäßig langen Hebels ausgeführt, so wird die Bohrmaschine zur Ausführung von Arbeiten fähig, die früher nicht möglich waren: Ausreiben gebohrter Löcher mittels Reibahle (kurze Maschinen-Reibahle), Einschneiden von Gewinden in gebohrte Löcher und Einsetzen von Schraubenstiften in diese geschnittenen Löcher. So ist das Verwendungsgebiet der Senkrecht-Bohrmaschine durch die Ausstattung der Bohrspindel mit Zahnstangen- anstatt Schraubspindelbewegung nahezu verdoppelt worden.

Das hat amerikanische Fabriken veranlaßt, den Bau solcher Maschinen als Spezialität zu betreiben. Eine von ihnen aufgestellte Größenreihe von den kleinsten bis zu größten Abmessungen bietet genügende Mannigfaltigkeit, um diese Fabriken in die Lage zu versetzen, einenteils den Bedürfnissen der Kundschaft entgegenzukommen, andernteils die Massenherstellung störende Sonderwünsche abzulehnen.

Solchem Vorgehen fügt sich der amerikanische Käufer leichter als der deutsche; denn er ist in der praktischen Erfahrung geschult, daß eine bewährte Standard-Ausführung in der Regel besser ist als eine Einzelausführung, die einer persönlichen Ansicht des Bestellers zuliebe gemacht wurde. Ein mit der Veränderung der Maschine erzielter Vorteil wird nur zu oft durch mehrere Nachteile aufgehoben. Der deutsche Werkzeugmaschinenbau hat leider gegen diese Vorliebe der Kunden für Sonderwünsche oft einen schweren Stand.

So hat sich die Massen-Sondererzeugung von amerikanischen Senkrecht-Bohrmaschinen derart kräftig entwickeln können, daß heute Reihen solcher Maschinen in geräumigen Lagern großer Maschinenhandlungen hinter blitzenden Schaufenstern in fast allen industriellen Großstädten der Erde zum Kauf einladen. Nur wenn es der deutsche Maschinenbauer genau ebenso macht wie der amerikanische, besteht noch die Möglichkeit, den ihm in kurzer Zeit fast vollständig verloren gegangenen Markt teilweise wiederzuerobern.

Dies gilt für die Senkrecht-Bohrmaschinen zu Zwecken des Maschinenbaues. Die deutschen Erzeuger von Senkrecht-Bohrmaschinen, die wesentlich im Kleingewerbe und im Kleinmaschinenbau Verwendung finden, haben es rechtzeitig verstanden, die Massen- und Sondererzeugung und den Verkauf durch Handlungen in Fluß zu bringen (Beispiel: die bekannten Saalfelder Bohrmaschinen); gegen ihre billigen Preise bei durchschnittlich mittelguter, dem Zweck genügender Ausführung können die Amerikaner nicht aufkommen.

Das ist ein praktischer Hinweis darauf, daß der deutsche Werkzeugmaschinenbau heute noch in der Lage ist, den amerikanischen aus dem Felde zu schlagen; aber nur unter der Bedingung, daß Normalgrößen und -formen in zweckentsprechender Reichhaltigkeit als Massenerzeugnisse hergestellt werden.

Bei Einführung des oben erwähnten Handhebeldruckes sind an der neuzeitlichen Senkrecht-Bohrmaschine folgende Bewegungsübergänge vorhanden: schneller Uebergang vom selbsttätigen Vorschub 1) zum Handvorschub, 2) zum Handhebeldruck, 3) zur Schnelleinstellbewegung und umgekehrt.

Hierfür gibt es eine Anzahl wohldurchdachter amerikanischer Ausführungen, von denen folgende Beispiele vorgeführt werden mögen:

1) Einrichtung für kleine Senkrecht-Bohrmaschinen, Fig. 253 bis 255.

Fig. 253 bis 255.

Bohrspindel-Ausstattung für kleine Senkrecht-Bohrmaschinen.

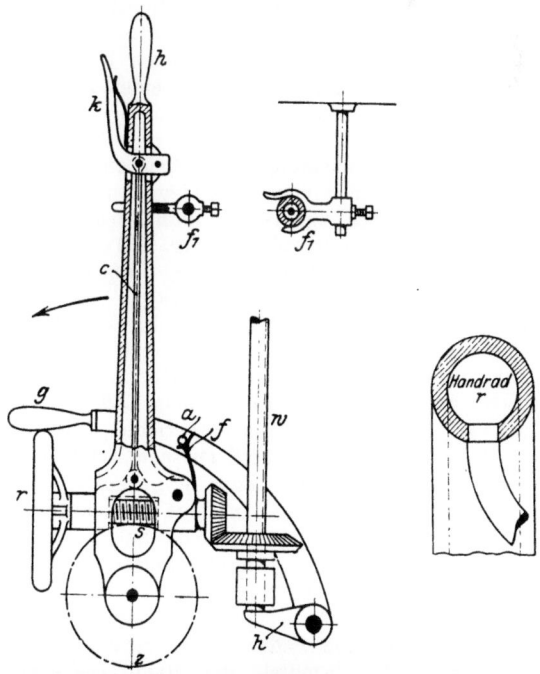

Die Bohrspindel wird selbsttätig von der Welle w aus vorgeschoben, deren Spurzapfen von dem Hebel h getragen wird (ein deutscher Konstrukteur würde sich dessen nicht getrauen). Das Bohrspindelgetriebe g, Fig. 249, wird von w durch Kegelradübersetzung und Schneckentrieb $s\,z$ gedreht. Durch Niederdrücken des Handgriffes g, wobei der Stift a über das Dreieck der federnden Rast f gleitet, wird dieser Selbstgang augenblicklich ausgelöst. Mittels eines in der Figur nicht dargestellten stellbaren Anschlages kann die Auslösung bei einer bestimmten Bohrtiefe auch selbsttätig erfolgen. Es ist nunmehr möglich, das Handrad r zu drehen, die Bohrspindel also von Hand vorzuschieben. Dazu erfaßt man den Griff des Hebels h, schwenkt diesen aus seiner Federrast f_1 und übt nunmehr den Hebeldruck für den Bohrer aus.

Reicht der Schwingungskreis des Handhebels nicht für die nötige Bohrtiefe aus, so genügt es, gleichzeitig den Griff h und den federnden Griff k zu erfassen, um mittels der Zugstange c die Schnecke s aus ihrem Eingriff mit dem Rad z auszuheben. Eine Rückwärtsschwenkung von h und Loslassen von k stellt den Schneckeneingriff wieder her, und das Getriebe g, Fig. 249, kann wieder um einen gewissen Betrag seines Umfanges gedreht, also der Bohrer weiter niedergedrückt werden.

Damit dieser Einrichtung gegenüber andern Hebeldruckeinrichtungen nicht der Vorwurf gemacht werden kann, daß der Hebel zu schwer sei, ist der gußeiserne Hebel ebenso wie der Kranz des Handrades r, Fig. 255, mit etwa 5 mm Wandstärke hohl gegossen. Solche Hülfsmittel sind echt amerikanisch und erfüllen ihren Zweck.

2) Einrichtung für mittlere Senkrecht-Bohrmaschinen, Fig. 256 und 257.

Zur Erzeugung der verschiedenartigen Bohrdrücke sind zwei Schnecken mit gemeinschaftlichem Rad in Anwendung. Schnecke s_1 ist als Fallschnecke eingerichtet, mit wagerechter Ausschwingung aus dem Eingriff mit dem Schneckenrad. Zu dem Zweck sind die drei Lager l_1, l_2 und l_3 der Antriebwelle w durch eine Platte p vereinigt, und diese kann um den Drehzapfen m schwingen, sobald durch Auftreffen des Stellineals l auf den Hebel g dessen andres Ende g_1 gehoben wird; dadurch gibt nämlich die Nase n das Lager l_2 frei, und es wird nun die Platte mit ihren drei Lagern und der Schnecke s_1 durch eine Feder f nach rechts bewegt. Jetzt kann die Bohrspindel mittels des Handrades r verschoben werden. Eine Drehung der Exzenterhülse e am Handgriff g_3 hebt die zweite Schnecke s_2 aus ihrem Eingriff mit dem Schneckenrad, so daß nun der Handhebel, am Handgriff h_1 gefaßt, nach vorn geschwenkt werden kann, um die Bohrspindel mit Handdruck abwärts zu bewegen. Wird mit dem Griffe h_1 auch h_2 erfaßt, so tritt das untere Ende der Zugstange c aus dem Eingriff mit dem Schaltrade d, so daß jetzt der

Fig. 256 und 257.

Bohrspindel-Ausstattung für mittlere Senkrecht-Bohrmaschinen.

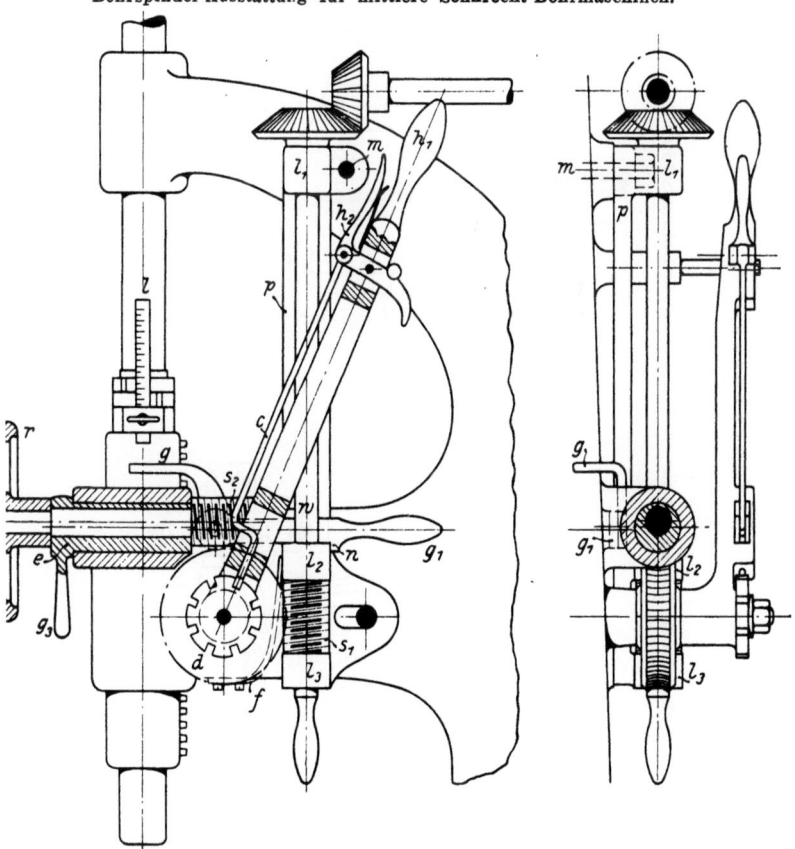

Handhebel zurückgeschwenkt und nach Loslassen des Griffes h_2 und Wiedereinfall von c in das Schaltrad von neuem eine Abwärtsbewegung ausgeführt werden kann.

3) Einrichtung für größere Senkrecht-Bohrmaschinen, Fig. 258 und 259.

— 214 —

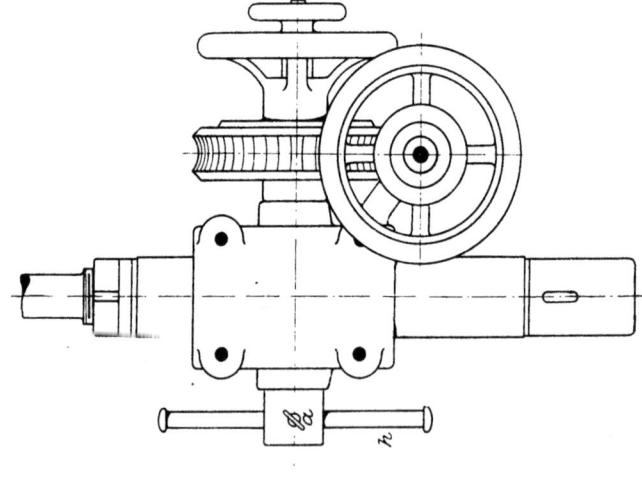

Fig. 258 und 259.
Bohrspindel-Ausstattung für größere Senkrecht-Bohrmaschinen.

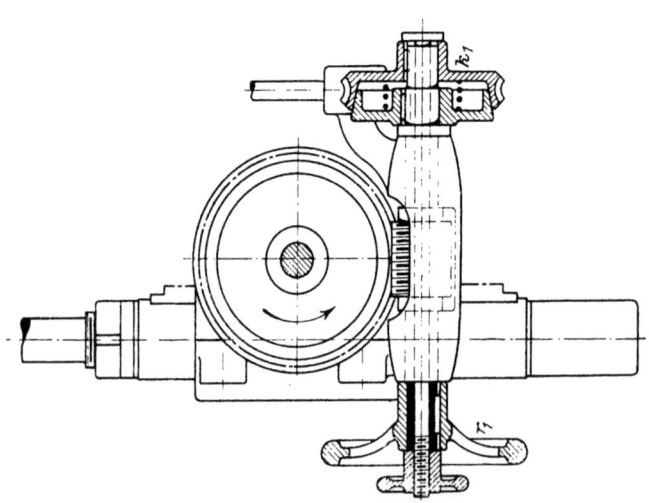

Hier sind zwei Schnecken und zwei Schneckenräder hintereinander geschaltet. An beiden Schnecken ist die lösbare Kupplung der Figur 247 angebracht. Der Schluß beider Kupplungen stellt die selbsttätige Abwärtsbewegung der Bohrspindel her. Das Lösen von k_1 gestattet Handvorschub am Rade r_1.

Der Handhebeldruck ist nebensächlich behandelt; er wird in einfachster Weise durch einen Schraubstockschlüssel h hergestellt, dessen wirksame Hebellänge durch die Flügel-

Fig. 260.

Einrichtung zum Gewindeschneiden an der Senkrecht-Bohrmaschine der Cincinnati Machine Tool Co.

schraube a von der Mittellage bis zur äußersten einseitigen Lage eingestellt werden kann.

An Stelle dieser Anordnung ließe sich die vollkommnere Hebelanordnung von Fig. 256 und 257 anwenden.

Die letzte Schlußfolgerung aus der Benutzung der Senkrecht-Bohrmaschine zum Gewindeschneiden ist in der neuen Ausstattung der Senkrecht-Bohrmaschine mit Vor- und Rücklauf der Bohrspindel gezogen; s. Fig. 260. Der Rücklauf erfolgt mit Hülfe der Räderübersetzung r_1 r_2 doppelt so schnell wie der Vorlauf. Damit die Räder für den schnellen Rückgang nicht fortwährend mitlaufen, können sie durch einen Schwinghebel h ausgerückt werden.

Die Anzeige dieser neuen Einrichtung sagt, daß man auch linke Gewinde schneiden könne. Das ergibt die fernere Ausstattung des Bohrmaschinenantriebes mit Rechts- und Linkslauf der Bohrspindel, die durch offnen und gekreuzten Antriebriemen erreicht wird.

Die Anzeige der erzeugenden Fabrik, der Cincinnati Machine Tool Co., hebt hervor, daß diese Ausstattung der Bohrmaschine die teuern in die Bohrspindel einsetzbaren Geräte zum Gewindeschneiden überflüssig macht. Die Einrichtung der Maschine nach Fig. 260 dürfte aber mindestens ebensoviel, wenn nicht mehr kosten. Derartige unüberlegte Begründungen von an sich guten Sachen in Anzeigen und Preisbüchern sollte man unterlassen; sie setzen kindliche Einfalt der kaufenden Kundschaft voraus.

Ersatz der Schraubspindel durch die Zahnstange für die Vorschub- und Einstellbewegung der Bohrspindel der Wagerecht-Bohrmaschine.

Die heutige Gestalt der Bohrspindel an Wagerecht-Bohrmaschinen hat sich in drei Stufen entwickelt. Zum Teil ist der Vorgang noch nicht beendet.

Die erste Stufe, Fig. 261, zeigt als Vorschub- und Einstellmittel der Bohrspindel eine Schraube, deren Längsverschiebung beim Selbstgang durch Differentialräder $abcd$, bei der Handeinstellung durch zeitraubendes Forthaspeln am Handrade h erfolgt. Ein- und ausgerückt wird der Selbstgang mit Hülfe eines exzentrischen Drehzapfens e, der die beiden Stirnräderpaare des Differentialtriebes in oder außer Eingriff bringt.

Während bei der ältesten Vorschub- und Einstellvorrichtung der Senkrecht-Bohrmaschine Stufenscheiben zur Veränderung der Vorschubgröße eingefügt werden konnten, hat sich die Wagerecht-Bohrmaschine über 2 Jahrzehnte lang mit der vorgenannten Einrichtung begnügen müssen, die nur eine Vorschubgröße zuläßt.

Die zweite Entwicklungsstufe, Fig. 262, der Bohrspindel der Wagerecht-Bohrmaschine entspricht derjenigen der Senkrecht-Bohrmaschine. Die Schraubspindel ist der Zahnstange gewichen, und die Bohrspindel erfährt, wie bei der vorigen Einrichtung, auf der hinteren Hälfte ihrer Länge eine Abschwächung auf etwa ihren halben Durchmesser, um in eine Hülse mit Zahnstange eingeführt zu werden.

Bei dieser Entwicklung ist die Spindel der Wagerecht-

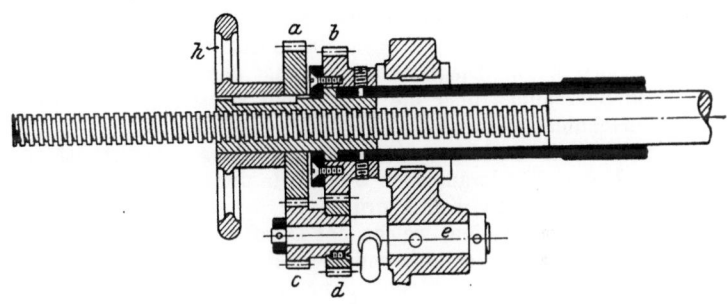

Fig. 261.

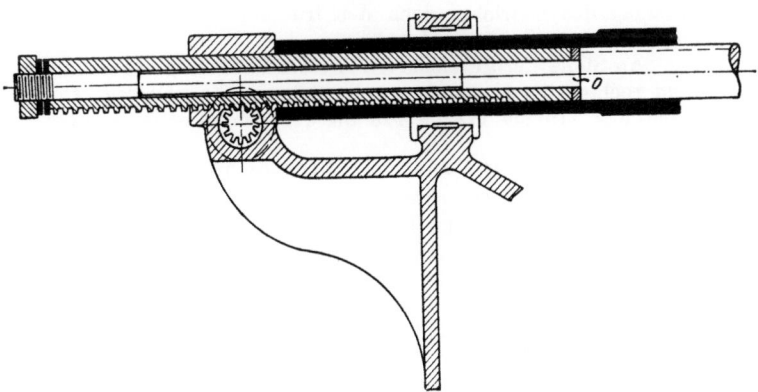

Fig. 262.

Bohrmaschine im Gegensatz zur Senkrecht-Bohrmaschine nicht stehen geblieben. Der Grund davon liegt nahe. Während bei den größten Senkrecht-Bohrmaschinen die Gesamtlängsverschiebung der Spindel nur etwa bis zu $^3/_4$ m ansteigt, wächst sie bei den größten Wagerecht-Bohrmaschinen bis zu 2 m und mehr. Bei solcher Ausladung der Spindel über das

Vorderende der sie tragenden Hohlspindel hinaus macht sich der schwache Punkt dieser Konstruktion an der Stelle o, wo der Spindeldurchmesser sich plötzlich auf die Hälfte vermindert, bemerkbar, indem das weit auskragende vordere Spindelende über das zulässige Maß durchhängt.

Deshalb haben die auf der Höhe der Zeit stehenden Wagerecht-Bohrmaschinen die Einrichtung Fig. 263. Die Spindel hat vom Anfang bis zum Ende unveränderlichen Durchmesser, und ihr hinteres Ende wird von einem besondern Vorschublager getragen, das durch eine Zahnstange verschoben wird. Diese Anordnung hat den Nebenvorzug, daß die Bohrspindel über die Grenze der selbsttätig erreichbaren Vorschublänge hinaus im Vorschublager l weiter gerückt werden kann, nachdem die Bremsschraube s gelockert ist, die nach dem Wiederanziehen auf den in der Längsnut der Bohrspindel liegenden Keil k drückt.

In Sonderfällen, welche das Durchstecken von Bohrwerkzeugen durch das Arbeitstück nicht zulassen, ist es auch möglich, die Bohrspindel ganz herauszunehmen und das Bohrwerkzeug durch die Hohlspindel der Maschine an das Werkstück heranzubringen.

Ein- und ausgeschaltet wird die selbsttätige Vorschubdrehung des Getriebes nach den früheren Abbildungen Fig. 247 und 248 (S. 157 nnd 158).

An Stelle der gezeichneten Art des Rädervorgeleges links und rechts von der Stufenscheibe können die neueren Arten nach Fig. 110 bis 118 (S. 126 bis 129) angewendet werden.

Selbständige schnelle Einstellbewegung.

Alle bisher besprochenen zeitsparenden Einstellbewegungen an Drehbänken und Bohrmaschinen waren Bewegungen in der Richtung irgend eines Vorschubes, daher für ihre Ausführung an dieselben Maschinenteile gebunden, die zugleich der betreffenden Vorschubbewegung dienen.

Die neuzeitlichen Schnelleinstellungen treten aber auch als reine Ortsveränderungen auf, die ohne Rücksichtnahme auf eine Vorschubrichtung nur den Zweck haben, Werkstück und Werkzeug in geeignete Lage zueinander zu bringen.

Solche Bewegungen sind z. B. am Aufspanntisch und am Bohrstangenlager (Gegenlager, Setzstocklager, Lünettenlager) der Wagerecht-Bohrmaschine zu finden.

Auch hier macht sich die Verdrängung der Schraubspindel durch andre Mittel, die eine schnellere Bewegung gestatten, bemerklich.

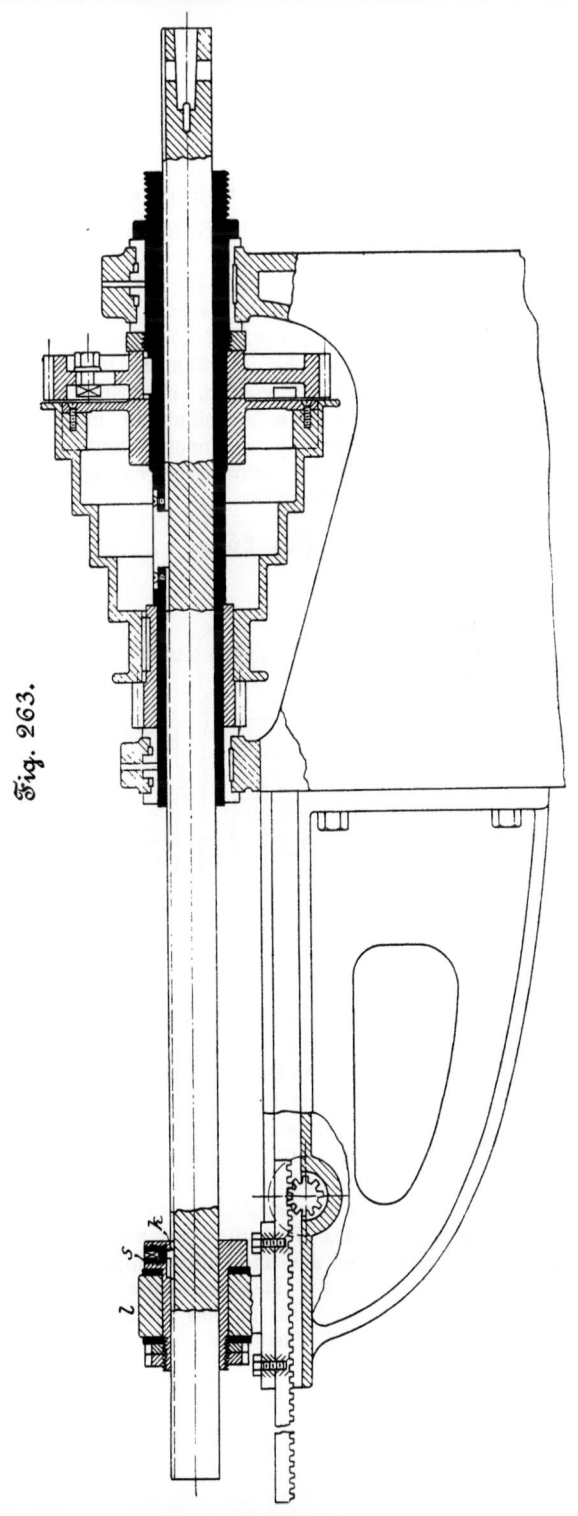

Fig. 263.

Schnelle Einstellung des Bohrmaschinentisches.

Der am deutschen Gestell der Senkrecht-Bohrmaschine allgemein gebräuchlich gewesene Drehtisch mit seitlichem Drehzapfen und Schlittenschieber, Fig. 264, ist mitsamt dem Maschinengestell fast vollständig verschwunden und hat dem amerikanischen Drehtisch, Fig. 265 bis 266, Platz gemacht. Während das Werkstück beim früheren Drehtisch, um in Bohrmittellage geführt zu werden, eine Schwenkung nach den Pfeilen p_1, p_2 und eine Verschiebung mittels Schraubspindel in der Pfeilrichtung p_3, p_4 machen mußte, finden jetzt zwei schnell ausführbare Schwenkbewegungen nach den Pfeilen p_5 bis p_8 statt, Fig. 266.

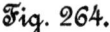

Fig. 264.

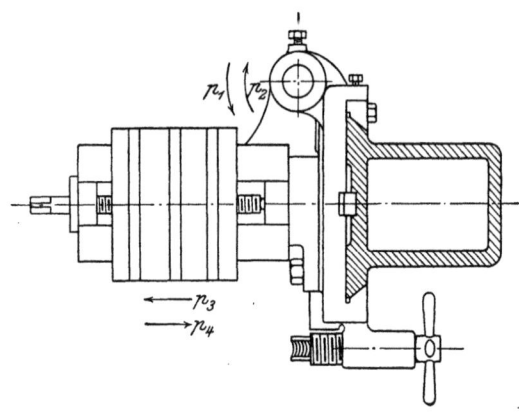

Beobachtungen in verschiedenen Werkstätten haben ergeben, daß manche deutsche Arbeiter dieses Schnelleinstellen der Bohrlochmitte unter die Bohrspindelmitte nicht verstehen. Ein angeborenes Gefühl für Symmetrie mag sie veranlassen, den Mittelpunkt des Drehtisches unter den Mittelpunkt der Bohrspindel einzustellen und stets dort zu belassen. Dann wird es nötig, das Werkstück durch Schieben, Stoßen und Schlagen in Bohrmitte einzustellen.

Statt dessen soll das Werkstück auf solchen Bohrmaschinentischen niemals über der Tischmitte aufgespannt werden, sondern, wie in Fig. 267, stets seitwärts. Dann ergeben Schwenkung und Drehung des Tisches schnell die gewünschte Bohrmittenstellung des Werkstückes.

Fig. 265 und 266.

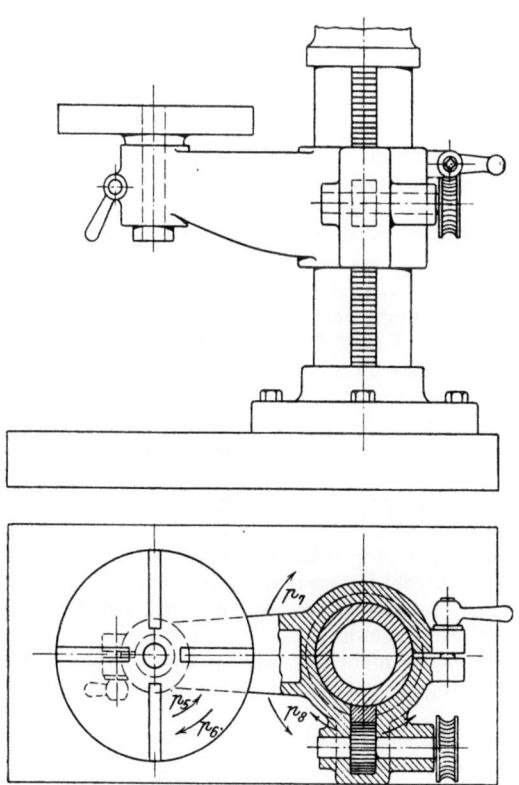

Fig. 267.

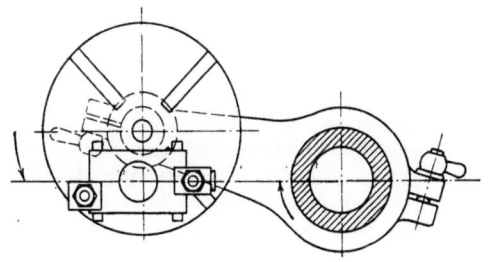

Diese Schnelleinstellung macht die neuzeitliche Senkrecht-Bohrmaschine vorzüglich geeignet für Bohrarbeit im Bohrkasten (Bohrform, engl. boring jig), d. h. für Arbeiten, bei denen nicht die Vorzeichnung des Bohrloches am Werkstück, sondern die Führung des Bohrers in einer über dem Bohrloch angebrachten gehärteten stählernen Führungsbüchse die Bohrmitten festlegt.

Diese Bohrweise ohne Vorzeichnen der zu bohrenden Löcher auf der Senkrecht-Bohrmaschine wird in Deutschland im allgemeinen noch zu wenig beachtet. Ein Hauptgrund dafür ist, daß wir noch wenig Bohrformenkonstrukteure haben, und davon wiederum ist die Ursache die, daß die Werkstätten noch zu häufig von aus dem Arbeiterstande hervorgegangenen Meistern, nicht von Betriebsingenieuren geleitet werden.

Wer keine Kenntnis von Bohrformen besitzt, wird über die Bezeichnung Bohrformenkonstrukteur lächeln. Anders diejenigen, welche oft vor die Aufgabe gestellt werden, für irgend ein rohes Gußstück eine Bohrform zu schaffen, die trotz unvermeidlicher kleiner Maßverschiedenheiten der einzelnen Abgüsse beim Einlegen derselben in die Bohrform gehörige Mittenlage der Naben und Warzen unter den Mitten der Bohrerführungsbüchsen ergibt.

Ebenso tief eingreifende Umgestaltungen der Bauart wie bei der Senkrecht-Bohrmaschine hat das neuzeitliche Bestreben, schnelle Ortswechsel zu erzielen, bei der Wagerecht-Bohrmaschine gezeigt.

Hier nimmt nicht nur der Aufspanntisch, sondern auch das Bohrstangenlager des Setzstockes an den Einstellbewegungen teil.

Die geschichtliche Reihe der Veränderungen ist lehrreich und ein Wegweiser für künftige Weitervervollkommnung.

Bei der ältesten Einrichtung, Fig. 268, war die Einstellbewegung des Tisches und des Bohrstangenlagers äußerst zeitraubend. Fortgesetzte Teildrehungen der Tischspindelmutter mittels einer eingesteckten Rundeisenstange bewirkten nach und nach kleine Höhenverstellungen des Tisches, bis endlich die beabsichtigte Lage erreicht war. Dieser Höhenverstellung folgte das auf dem Tisch befestigte Bohrstangenlager. Es mußte daher jeder Tischverstellung eine gleich große Zurückverstellung des Lagers bis zur Bohrspindelmitte folgen. Die gleiche Wiederherstellung der Bohrmittenlage mußte nach jeder seitlichen Verschiebung des Tisches vorgenommen werden. Eine schlimmere Zeitvergeudung ist kaum zu ersinnen. Ob die wagerechte und senkrechte Mittenüber-

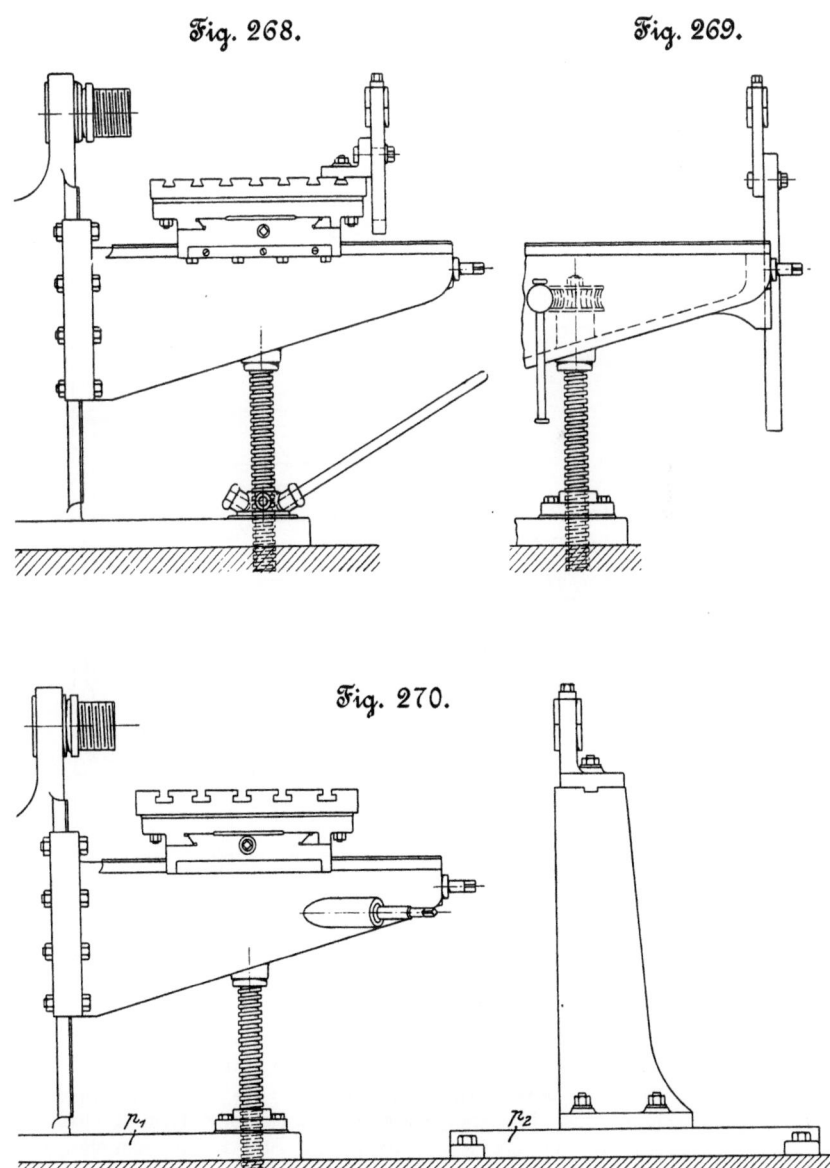

Fig. 268. Fig. 269.

Fig. 270.

— 224 —

einstimmung wirklich genau gefunden war, konnte nur durch besondere Meßwerkzeuge (Winkel, Lineal, Wasserwage) unter Zeitverlust nachgewiesen werden.

Einen Fortschritt zeigt Fig. 269. Hier sind etwas größere Teildrehungen der Spindel zur Tischbewegung in ihrer Mutter möglich, und das Bohrstangenlager bleibt stets in der senkrechten Ebene der Bohrmitte.

Ganze Drehungen der Tischspindel mittels anzustecken-

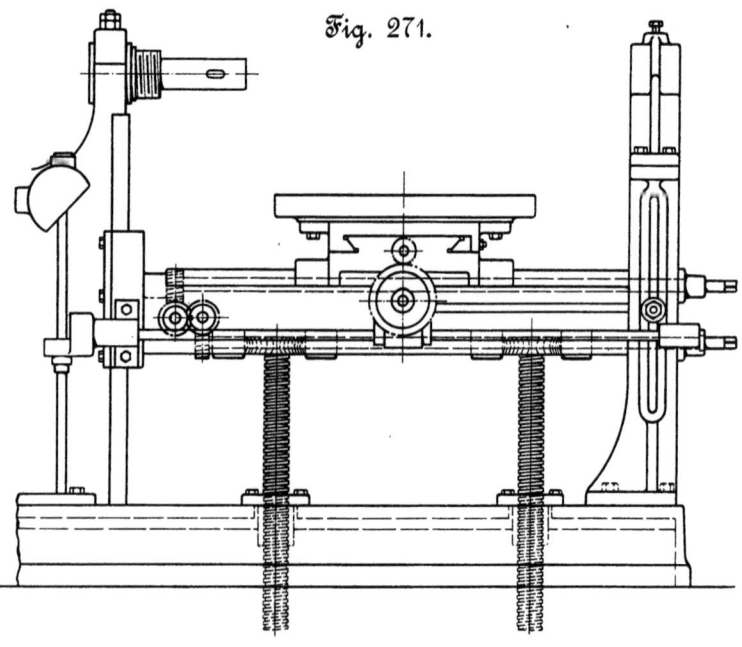

Fig. 271.

der Kurbel sind in Fig. 270 erzielt, und das Bohrstangenlager nimmt nicht mehr teil an der Lagenänderung des Tisches.

Die getrennten Grundplatten p_1 und p_2 von Maschine und Lagerständer verlangen sorgfältigste Untermauerung.

Erst die vierte Entwicklungsstufe, Fig. 271, vereinigt Maschine und Bohrstangenständer auf einer Grundplatte. Letztere hat im Laufe der Jahre an Stärke zugenommen, bis sie von der Form einer niedrigen Platte zur Form eines gegen Durchbiegungen tunlichst widerstandfähigen Bettes oder Kastens gelangt ist.

Zugleich ist die Länge des den Aufspanntisch tragenden Untertisches gewachsen und daraus die Anordnung zweier

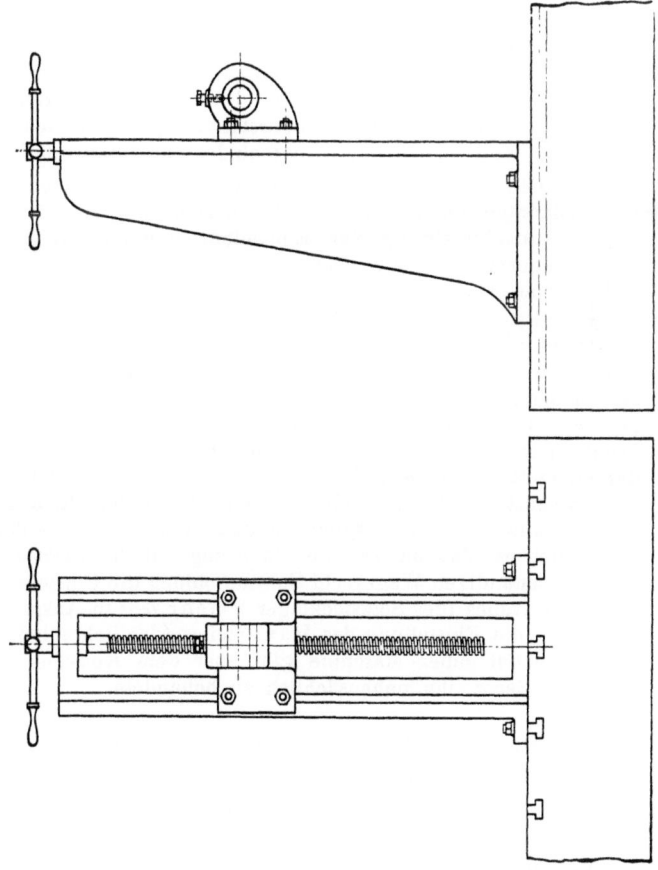

Fig. 272 und 273.

Tragspindeln für den Tisch entstanden. Der Ständer des Bohrstangenlagers ist nun in zwei Säulen zerlegt, die den Untertisch zwischen sich nehmen und, nachdem seine Höhe verändert ist, eine Verschraubung mit ihm gestatten, so daß Tisch und Setzstocklager einander zu gegenseitiger Starrheit verhelfen.

Ruppert 15

Diese Bauart der Wagerecht-Bohrmaschine mit auf- und niederstellbarem Tisch, die man früher selbst bis zu sehr großen Abmessungen wählte, wird für solche mehr und mehr durch zwei andre Bauarten verdrängt. Die eine verlegt die senkrechte Einstellbewegung in die Bohrspindel und beläßt dem Tisch nur die wagerechte Längs- und Querbewegung, die andre nimmt dem Tisch jegliche Lagenveränderung und gibt der Bohrspindel wagerechte und senkrechte Verstellbarkeit, wodurch sich solche Maschinen für die Bearbeitung größter und schwerster Werkstücke eignen. Dadurch wird die Höhen- und Wagerechtverstellung des Bohrstangenlagers im gleichen Sinn und Maß wie die der Bohrspindel zur Notwendigkeit.

Bei den meisten heutigen Wagerecht-Bohrmaschinen der ebengenannten beiden Bauarten findet sich noch eine auffallende Vernachlässigung der Einstellbewegungen des Bohrstangenlagers, denn die Anordnung Fig. 272 und 273, die sich immer noch auf vielen Empfehlungsabbildungen deutscher und amerikanischer Werkzeugmaschinenfabriken findet, entspricht nicht den neuzeitlichen Forderungen an tunlichste Verminderung der toten Arbeitzeit. Zum senkrechten Verstellen des Bohrstangenlagers ist vielmehr zeitraubendes Haspeln an dem die Bewegungs-Schraubspindel drehenden Handkreuz oder Handrad nötig, zum wagerechten Verstellen in der einen Richtung muß der Ständer ruckweise mittels Hand oder Brechstange fortgeschoben, und in der andern Richtung muß er mittels Kranes ausgehoben und weitergesetzt werden. So kommt es, daß bei solchen, in bezug auf das Setzstocklager rückständigen Wagerecht-Bohrmaschinen die Einstellung des Nebenteiles (des Setzstocklagers) mehr Zeit in Anspruch nimmt als die Einstellung des Hauptteiles (der Bohrspindel). Ein Nebenteil einer Maschine gibt aber dem Konstrukteur nicht das Recht, ihn nebensächlich zu behandeln.

Neuzeitliche Schnelleinstellung des Bohrstangenlagers.

Auch hier ist die Zahnstange das einfache Mittel, wesentliche Zeitersparnis zu erzielen.

Fig. 274 und 275 zeigen das seit einigen Jahren eingeführte Bohrstangenlager der Werkzeugmaschinenfabrik Union in Chemnitz mit Schnellverstellung.

Das Lager ist durch ein Gegengewicht ausgeglichen und kann durch Kurbeln an einem Zapfen c mittels Zahnstangengetriebes $g_1 z_1$ in wenigen Sekunden beliebig hoch oder tief gestellt werden. Auch der Ständer wird durch Zahnstangengetriebe verschoben, und zwar in der Querrichtung durch g_2, z_2, in der Längsrichtung durch ein Zahnstangenpaar z_3, z_4 mit gemeinschaftlicher Getriebewelle ww.

Auf diese Weise ist die Verstellbarkeit des Setzstocklagers in neuzeitlicher zeitsparender Art erreicht.

Fig. 274 und 275.

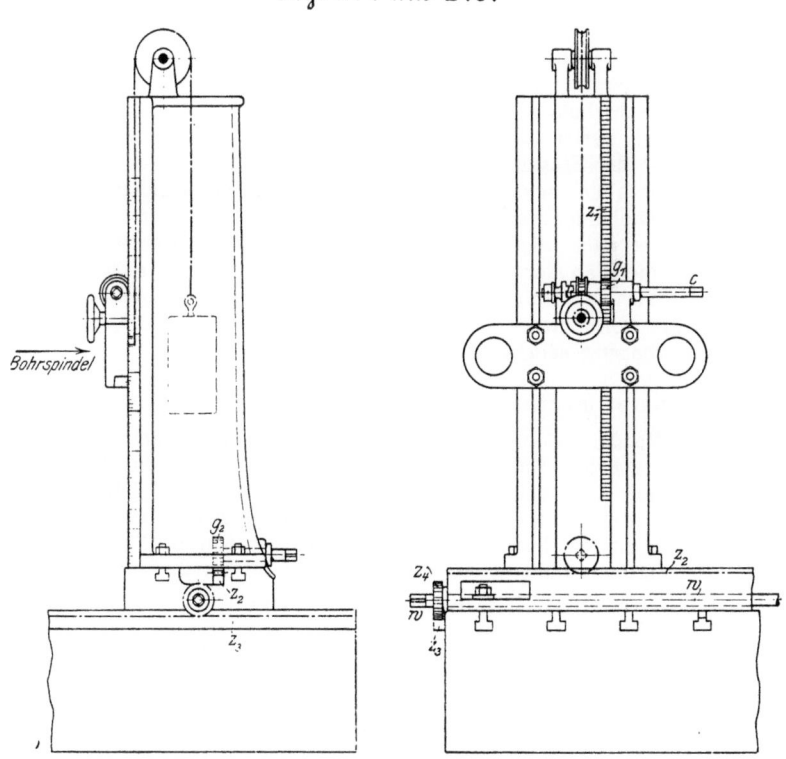

Maßstäbliche Einstellung.

Das Nachstehende wird sowohl für Konstruktionsingenieure, als auch für Ingenieure, die mit der Leitung von Werkstätten zu tun haben, von besonderem Interesse sein.

Die Einstellbewegungen an Werkzeugmaschinen können außer dem Zweck, Werkzeug- und Werkstück zueinander in

15*

Arbeitstellung zu bringen, auch zugleich das zweite Ziel verfolgen, die beabsichtigte Bearbeitung schon vor ihrer Ausführung maßstäblich zu bestimmen. Man kann dieses Verfahren auch als das Messen des Werkstückes in der Werkzeugmaschine bezeichnen.

Weil die genaue Arbeit nach vorgeschriebenen Millimetermaßen an Stelle der Einpaßarbeit, die nur eine gegenseitige Genauigkeit zweier Werkstücke bedingt, steigenden Eingang in alle Zweige des Maschinenbaues findet, wächst auch die Wichtigkeit der maßstäblichen Einstellung. Manchem dürfte dies in der Form eines ausgesprochenen Grundsatzes noch nicht bekannt sein.

Bei der maßstäblichen Einstellung bestimmt sich das Endziel der Einstellbewegung nicht nach einem am Werkstück freigewählten oder durch Ankörnen oder Vorzeichen mit Reißnadel oder Parallelreißer gegebenen Punkt oder Strich, sondern nach einem Millimeterstrich eines Maßstabes, der von einem an der Maschine festgelegten Nullpunkt ausgeht. Das Wort Maßstab ist hier im weitesten Sinne zu nehmen, da die Form dieses Maßstabes, wie das Folgende zeigt, verschiedenartig sein kann.

Einstellung nach den Fluchtmaßen des Raumes.

Wendet man zwei oder drei rechtwinklig zueinander liegende bezw. einen senkrechten und zwei wagerechte Maßstäbe an, nach denen die Einstellung erfolgt, so wird letztere gleichbedeutend mit räumlicher Einstellung nach Ordinaten und Abszissen, kurz nach den drei Fluchtmaßen des Raumes. Die Verdeutschung durch die drei Worte Hochmaß, Langmaß und Breitmaß ergibt den Vorteil, die beiden wagerechten Maße zu unterscheiden.

Die Lage des Werkstückes nach dem Aufspannen ist jetzt nicht innerhalb der Aufspanngrenzen der Werkzeugmaschine nach Willkür gewählt, sondern sie ist in maßstäbliche Abhängigkeit zu den an der Maschine gekennzeichneten wagerechten und senkrechten Nullebenen (den Ebenen des Raumes) gebracht. Die natürliche wagerechte Nullebene ist die Oberfläche des Aufspanntisches der Maschine.

Anschläge und Richtkanten.

Für die senkrechte Nullebene oder die beiden senkrechten Nullebenen ist ein Ersatzmittel nötig. Dies sind entweder die Nullpunkte wagerechter linearer Maßstäbe oder bestimmte

Anschlagflächen $a_1 a_2$ auf dem Aufspanntisch, Fig. 276 und 277. Zur praktischen Benutzung der Anschläge ist eine am Werkstück angebrachte Richtkante nötig, die beim Aufspannen des Werkstückes dicht an den Anschlag gebracht wird. Das

Fig. 276 und 277.

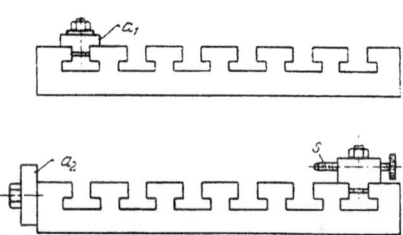

dichte Anliegen kann durch Preßschrauben s, Fig. 277, gewährleistet werden.

Als Richtkante kann irgend eine senkrechte ebene Fläche am Werkstück benutzt werden. In den meisten Fällen ist eine bearbeitete (gehobelte oder gefräste) Fläche nötig. Er-

Fig. 278 bis 281.

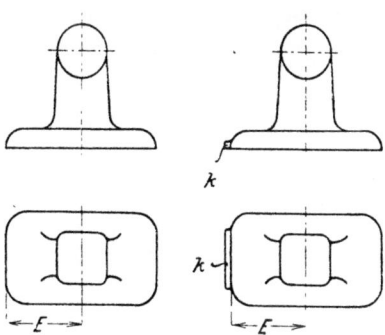

gibt sich bei Gußstücken eine solche für das Anlegen an den Anschlag geeignete Fläche nicht ohne weiteres aus der Form und Bearbeitung des Werkstückes, so empfiehlt es sich, bei der Anfertigung des Holzmodelles eine zu bearbeitende Richtkante in der Weise vorzusehen, daß an geeigneter Stelle ein etwa 3 mm starkes Furnier in einer Breite von 6 bis 10 mm aufgesetzt wird.

Fig. 278 bis 281 zeigen ein Lagermodell ohne und mit solchem Furnierstreifen k. Dieser Streifen ist zweckmäßigerweise in der Hobel- oder Fräsrichtung einer andern, am Abguß zu bearbeitenden Fläche anzubringen, damit er fertiggestellt werden kann, ohne daß das Werkstück besonders umgespannt werden müßte. Die Kleinheit von Breite und Dicke des Richtkantenstreifens bewirkt, daß er bei seiner Bearbeitung völlig verschwindet und so keine Störung der Formen des Werkstückes herbeiführt.

Bohren von Werkstücken mit Richtkante.

Das nachfolgende Bohren so vorbereiteter Werkstücke kann nach zwei verschiedenen Verfahren geschehen, die beide als die Verfahren der Neuzeit gelten; nämlich entweder in einer Bohrform (Bohrkasten), welche die räumliche Entfernung der zu bohrenden Löcher von der Richtkante durch ihre für die Führung des Bohrers bestimmten Führungsbüchsen maßstäblich bestimmt, oder nach dem Verfahren des Bohrens ohne Bohrform mit maßstäblicher Einstellung an der Werkzeugmaschine. Die Ausbildung des zweiten Verfahrens hat sich Emil Diehl in Chemnitz besonders angelegen sein lassen. Das erste Verfahren wird sich im allgemeinen für kleinere oder massenweise zu bearbeitende, das zweite für größere oder in weniger großen Mengen nacheinander zu bearbeitende Werkstücke empfehlen.

Die beim Bohren in der Bohrform erzielbare Genauigkeit hängt wesentlich davon ab, daß vor Beginn jeder Bohrung die Bohrspindelmitte mit der Mitte der Führungsbüchse des Bohrers übereinstimmt. Ungenau auf Mitte Führungsbüchse eingestellte Spiralbohrer werden durch die Führungsbüchse, je weiter sie in das Werkstück eindringen, desto mehr schräg abgelenkt, so daß das Bohren mit Spiralbohrern in der Bohrform nicht ohne weiteres die vielfach vorausgesetzte Sicherheit der Genauigkeit gewährleistet.

Die notwendige genaue Einstellung auf Bohrmitte ist im allgemeinen bei Senkrecht-Bohrmaschinen leichter als bei Wagerecht-Bohrmaschinen anszuführen, sobald jene einen leicht schwenkbaren Tisch (vergl. die früheren Figuren 265 bis 267) oder, wie bei den Radialbohrmaschinen, einen leicht schwenkbaren Bohrarm haben. Bei beiden ergibt sich eine letzte Feineinstellung auf Mitte durch den Bohrer selbst während der Arbeit, wenn Größe der Bohrung und Schwere des schwenkbaren Maschinenteiles in Einklang stehen.

Bei der Wagerecht-Bohrmaschine ist das beste Mittel, die Uebereinstimmung der Mittenlage von Bohrspindel und Führungsbüchse der Bohrform vor Beginn des Bohrens zu prüfen, ein in den Morse-Kegel der Spindel eingesteckter

Fig. 282.

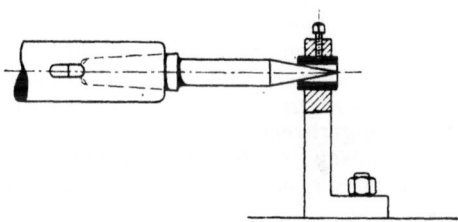

Spitzdorn, Fig. 282, der vorsichtig bis in die Lage vorgeschoben wird, wo er beginnt, das Führungsloch auszufüllen; dabei kann man genau erkennen, ob die Mittenlage getroffen ist.

Die zuverlässigste Genauigkeit ergibt das Ausbohren vorgebohrter oder vorgegossener Löcher mittels einer Bohr-

Fig. 283.

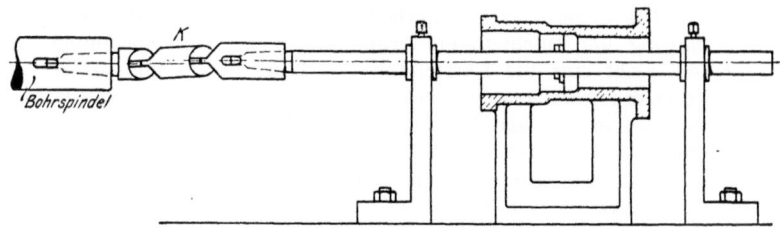

stange, die in zwei Bohrwänden durch gut passende gehärtete Stahlbüchsen geführt ist. Bei Anwendung dieses Verfahrens erledigt sich die genaue Mitteneinstellung, wenn man das in Fig. 283 dargestellte Hülfsmittel benutzt, das darin besteht, zwischen Bohrstange und Bohrspindel ein bewegliches Zwischenglied (Kugelgelenk) K einzuschalten.

Freibohrverfahren nach maßstäblicher Einstellung.

Sowohl dieses Hülfsmittel als die unter Umständen für die vorliegenden Arbeiten zu kostspieligen Bohrformen werden überflüssig durch das Freibohrverfahren nach maßstäblicher Einstellung, welches sich daher in vielen Fällen als das zweckdienlichste erweist. Man kann es kennzeichnen als die unmittelbare Uebertragung von Zeichnungsmaßen auf das Werkstück mittels der Einstellung der Werkzeugmaschine. Das übliche Vorzeichnen (Anreißen der Löcher) wird dadurch überflüssig, oder seine Bedeutung ist nur noch die einer Vorsichtsmaßregel gegen grobe irrtümliche Einstellung seitens des Arbeiters. Der grundsätzliche Unterschied gegen das Bohren nach vorgerissenem Kreisumfang ist dann der, daß nicht dieser Umfang, sondern die Stellung des Nonius am Meßwerkzeug für die maßstäbliche Einstellung maßgebend ist.

Beschaffenheit der Zeichnungen für die Anwendung der maßstäblichen Einstellung.

Die Einstellmaße müssen unmittelbar, also ohne daß der Arbeiter nötig hat, Umrechnungen vorzunehmen, aus der Zeichnung ablesbar sein. Sie sind ferner an geeigneten Stellen einzuschreiben, so daß sie schnell aufgefunden werden können; die Sicherheit gegen Fehleinstellungen seitens des Arbeiters wird dadurch erhöht. Hieraus ergibt sich die in Fig. 285 dargestellte Art des Einschreibens gegen die übliche Art nach Fig. 284.

Die neuere Bureaupraxis verlangt von der Art der Ausführung der Zeichnungen ferner folgendes: Die Zeichnung soll nicht nur die Darstellung des Werkstückes und seiner Bearbeitungsflächen, sondern auch die Vorschriften enthalten, wie und in welcher Arbeitsfolge die Werkstatt arbeiten soll. Zum Erlaß solcher Vorschriften gehört langjähriges Vertrautsein mit den besten Arbeitsverfahren für die Maschinenbaumaterialien überhaupt, und mit den vorhandenen Mitteln der betreffenden Werkstätte.

In größeren Fabriken (so z. B. Ludwig Loewe & Co. A.-G. in Berlin) ist es die Aufgabe eines besondern Betriebsbureaus, die Arbeitsverfahren und Arbeitsfolgen jedes einzelnen Werkstückes zeichnerisch und vorschriftlich festzulegen. Fortlaufende Fühlung mit den ausführenden Maschinen, Arbeitern und Meistern ist dazu nötig.

Die in Fig. 285 durchgeführte räumliche Trennung der

Bearbeitungsmaße für Hobeln bezw. Fräsen und Bohren macht es jedem Arbeiter leicht, die ihn angehenden Maße zu finden. Die an die Maßpfeile gestellten Zahlen geben auf einfache Weise die Reihenfolge an, in der die einzelnen

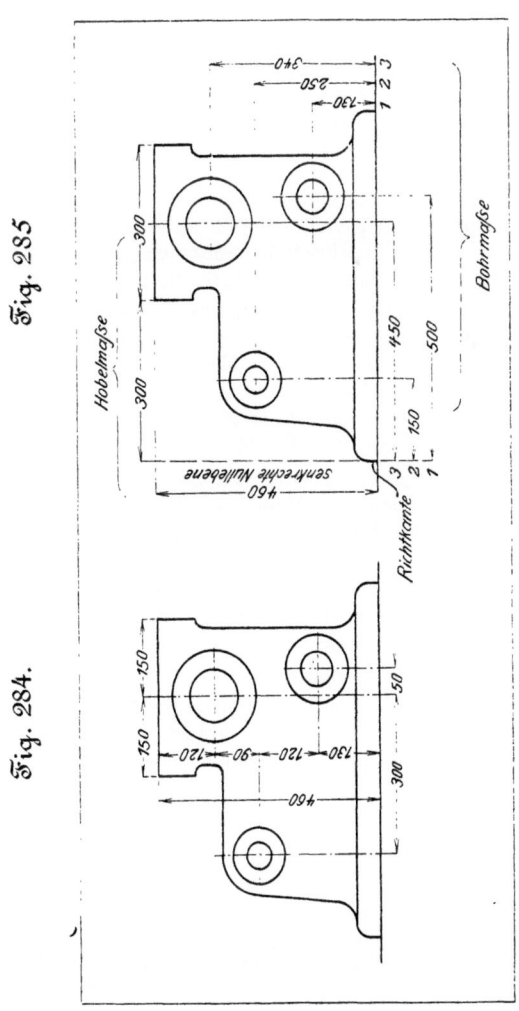

Löcher gebohrt werden sollen. In erster Linie ist dafür die Rücksicht geltend, unnötiges Hin- und Her- sowie Auf- und Niederbewegen der Einstellteile der Werkzeugmaschine zu vermeiden. Auch der Ausgleich toter Gänge bei den Einstellbewegungen spielt eine Rolle. Regel ist: Die letzten Feineinstellbewegungen müssen stets in der Richtung der Zahlenreihe der Maßstäbe bezw. Meßinstrumente erfolgen; denn so werden bekanntlich die toten Gänge in den die Einstellbewegungen erzeugenden Teilen (Schrauben, Muttern, Zahnstangengetriebe) unwirksam gemacht. Daher empfiehlt es sich bei Anwendung der maßstäblichen Einstellung in vielen Fällen, mit dem Bohren bei den am tiefsten und am meisten seitwärts liegenden Löchern zu beginnen. Sind mehrere Bohrungen gleicher Größe an einem Werkstück vorhanden, so kann die Rücksicht überwiegen, diese hintereinander auszuführen, um Werkzeugwechsel zu sparen.

Eine zwar nebensächlich scheinende, aber in der Praxis nicht nebensächliche Sache ist die Deutlichkeit jeder einzelnen und der Gesamtheit der Maßeinschreibungen in den Zeichnungen. Die Sorgfalt und Zeit, die darauf im Bureau verwandt wird, spart zeitraubende Rückfragen der Werkstatt und trägt auch dazu bei, Bearbeitungsfehler zu vermeiden.

In großer Plakatform sind die nachfolgenden 12 Gebote für das Einschreiben der Maße in der Werkzeugmaschinenfabrik Union, Chemnitz, jedem Techniker vorschriftlich gegeben.

Der Amerikaner sagt: Drawing must be foolproof, d. h.: Die Zeichnung muß auch für Dumme deutlich sein.

Daher sind folgende 12 Gebote für das Einschreiben der Maße zu beachten:

1) Alle Maße sind mit gewöhnlicher Feder zu schreiben, nicht mit Rundschriftfeder; und zwar in einfacher normaler Schreibweise, ohne selbsterfundene Anhängsel und Zierrate.

2) Diejenigen Maße, die nur Modellmaße sind, sind in kleinem Format zu schreiben, wie hier: 1, 2, 3, 4.

3) Diejenigen Maße, die zugleich Werkstattmaße sind, sind kräftig und im großen Format zu schreiben, wie hier: 1, 2, 3, 4.

4) Haupt-Werkstattmaße, als: Hauptmitten, Haupthöhen usw., sind in Rechtecke einzuschließen, wie hier: 1, 2, 3.

5) Kein Werkstattmaß darf von roher Kante aus gelten, sondern, wo eine gehobelte Richtkante vorhanden, von dieser aus, wo keine solche vorhanden, von der Hauptmitte des Gegenstandes aus.

6) Die Richtkante ist mit rotem Bearbeitungsstrich zu versehen. Sie ist anzuordnen, auch wenn dort keine Bearbeitung nötig wäre, aber so, daß sie mit gehobelt oder gefräst werden kann, ohne dafür den Gegenstand umspannen zu müssen. Als Breite der Richtkante genügen 8 bis 12 mm.

7) Die roten Bearbeitungsstriche aller zu bearbeitenden Flächen müssen bei Zeichnungen natürlicher Größe die natürliche Größe der Bearbeitungszugabe darstellen, d. h. um diesen Betrag vom schwarzen Zeichnungsstrich entfernt sein.

8) Teilt sich ein Gesamtlängen- oder ein Breitenmaß in einzelne Maße, so ist stets das letzte Einzelmaß wegzulassen. (Dies veranlaßt den Arbeiter, wie sichs gehört, von der Richtkante aus zu messen.)

Beispiel:

9) Die Maßzahlen müssen, wenn irgend möglich, ins Freie, nicht in dunkel angelegte Flächen und nicht dicht nebeneinander geschrieben werden, so daß jede einzelne Zahl deutlich lesbar ist.

10) Bei kleinen Entfernungen die Maßpfeile stets nach außen, damit Raum für die Zahl ist!

Beispiel:

11) Die Maßpfeile nicht so ⟶, als verdickte Linie, sondern so ⟶ oder so ⟶⟵, als deutliche Dreieckspitze (damit die Pfeilspitze das Maßende sicher angibt).

12) Die Maßlinien nicht durch die Maßzahlen durchziehen!

Die deutschen technischen Schulen erwerben sich ein Verdienst, wenn sie mithelfen, ihre Hörer schon in solchem Sinne zu erziehen. Jeder Vorstand eines technischen Bureaus wird ihnen dankbar dafür sein.

Die Meßmittel der maßstäblichen Einstellung.

Die Bearbeitungs-Fluchtmaße können an der Werkzeugmaschine entweder durch frei bewegliche oder durch fest mit der Maschine verbundene Meßmittel festgelegt werden. Das geeignetste frei bewegliche Meßmittel ist das Tiefmaß, d. h. eine mit nur einem, und zwar verschiebbaren, Querstück versehene Schublehre, deren Länge bei kleinsten Ausführungen nur etwa 30 mm, bei mittleren 500 mm und bei großen Ausführungen in der Regel 1 m beträgt.

Das Verwendungsgebiet des Tiefmaßes ist weit über seine Namensbedeutung hinaus gewachsen; denn es dient nicht nur zum Messen von Vertiefungen, sondern ebensogut für Längen-, Breiten- und Höhenmessungen.

Die beiden beim Messen zur Anlage kommenden Querflächen a und o, Fig. 286, sind zweckmäßig zu härten oder mit gehärteten Stahlplatten zu belegen. Die als käufliche

Fig. 286.

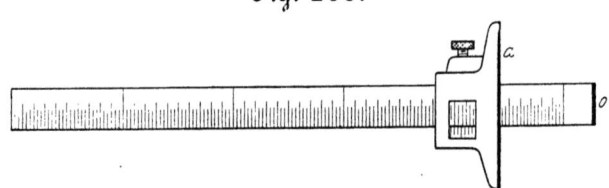

Zutat zu Wagerecht-Bohrmaschinen von der Werkzeugmaschinenfabrik Union gelieferten Tiefmaße haben ein Querstück aus Aluminium, sind daher nur wenig schwerer als der einfache Maßstab.

Die Einstellmaße beim freibeweglichen und beim festliegenden Meßmittel durch einen einfachen Meßstrich abzulesen, ist nur noch bei rückständigen Konstruktionen üblich. Das durchgängig angewendete Ablesmittel der Neuzeit ist der Nonius.

Mit fortschreitender Erhöhung der Genauigkeit der Maschinenausführung entfernt sich der Begriff »Nonius« mehr und mehr von seiner ursprünglichen Bedeutung. Man wendet für feinere Messungen und Ablesungen statt der Zehntelteilung von 9 mm bereits die Zwanzigstelteilung von 19 bis hinauf zur Fünfzigstelteilung von 49 mm an. Zur Ablesung gehört dann ein scharfes Auge oder eine Lupe; letztere ist zum notwendigen Bestandteil jeder neuzeitlichen Werkzeugstube geworden.

Die einfache Anwendung des Tiefmaßes besteht in dessen Anlegung an die senkrechten oder wagerechten Endflächen der Schlittenschieber, wie Fig. 287 zeigt. Bei geeigneter Wahl des Ortes der Anschlagkante a läßt sich die Entfernung m_1 unmittelbar am Maß m des Tiefmaßes ablesen. Voraussetzung für die genaue Messung ist, daß die Endflächen des Maschinenteiles genau winkelrecht sind. Eine Vorsichtsmaßregel besteht in der stetigen Benutzung eines bestimmten Stückes der Endflächen. Letzteres ergibt sich

Fig. 287.

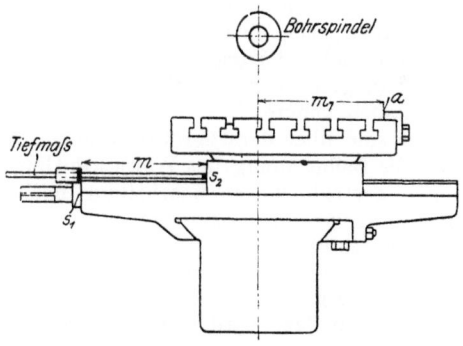

oft von selbst in Gestalt des für die Ablesung bequemsten, d. h. sichtbarsten Stückes. Bringt man bei s_1 und s_2 gehärtete Stahlplatten als Anstoßflächen des Tiefmaßes an, so ist dies eine weitere Unterstützung für genaue Messung und Ablesung.

Das Tiefmaß wird überflüssig, sobald feste Meßmittel an der Werkzeugmaschine angebracht sind. Als solche können dienen:

an der Maschine vorhandene Schraubspindeln,
an der Maschine vorhandene Zahnstangen und
an der Maschine angebrachte Maßstäbe.

Maßstäbliche Einstellung mittels Schraubspindel.

Um zurückgelegte Schlittenwege zu messen, ist die Ausführung aller Schlittenspindelgewinde nach metrischem Maß zu einer Anforderung der neuzeitlichen deutschen Werkzeugmaschine geworden. Gegenüber dieser notwendig gewordenen Einführung des Metermaßes für die Bewegungsspindeln hat die Einführung des metrischen Gewindesystems bei den Befestigungsschrauben keine Eile. Es kann ruhig damit gewartet werden, bis England und Amerika zum metrischen Maßsystem übergehen.

Interessant und zum Teil belustigend ist zurzeit der Widerstreit der Meinungen über die Nützlichkeit des metrischen Systems gegenüber dem Zollsystem in den amerikanischen Fachzeitschriften. Es ist eine Art Genugtuung für uns Deutsche, daß wir diesmal früher aufgestanden sind als die smarten Yankees.

Was man da alles für Gegengründe gegen das Metersystem zu lesen bekommt! Das Vorhandensein von überaus vielen Lehrzeugen nach dem Zollsystem spielt eine Hauptrolle. Es werden allerlei Vorschläge gemacht, wie man diese teuern Einrichtungen auch künftig neben den metrischen Maßen beibehalten könnte.

Nun, wir sind über derartige Erörterungen hinaus. Wir wissen, daß die Beibehaltung des Whitworth-Gewindes neben der sonstigen ausschließlichen Bearbeitung nach Millimetern mittels guter geeigneter Lehrzeuge ohne jegliche Unbequemlichkeit durchführbar ist. Wir betrachten aber diese Beibehaltung nicht als den letzten Schritt. Das S. I.-Gewinde muß einst zu allgemeiner Einführung kommen, aber der praktische Zeitpunkt dazu wird erst dann da sein, wenn das englische Zollsystem in der ganzen industriellen Welt auf Aussterben gesetzt sein wird. Vereinzelte frühere Einführung würde die in Jahrzehnten erreichte, jetzt bestehende Einheitlichkeit stören, ohne dafür Nutzen zu bringen.

Die gebräuchlichsten metrischen Steigungen für Bewegungs-Schraubspindeln der Werkzeugmaschinen sind 4, 5, 6, 8, 10 usw. mm. Versieht man den Bund der Schraubspindel mit einer Anzahl von Teilstrichen, die ein Vielfaches der Gewindesteigung ausmacht, am besten das Zehnfache, so ist das einfache Mittel gegeben, das Gewinde der Spindel als Millimetermaßstab für Messungen bis herab zu $^1/_{10}$ mm zu benutzen.

Um mehrere Messungen nacheinander mit erhöhter Sicherheit gegen Irrtum ausführen zu können, wendet man für jede geschehene Messung ein sichtbares Merkmal an. Eine Einrichtung dafür ist z. B. die folgende:

Der Bund der Schraubspindel erhält eine etwa 1 mm tiefe Umfangseindrehung, Fig. 288 bis 290, die durch einen federnden Ring aus Bandstahl wieder ausgefüllt wird. Der

Ring hat nur einen Teilstrich a. Stellt man diesen, bevor die maßstäbliche Einstelldrehung der Spindel erfolgt, dem festen Teilstrich b am Schlittenkörper gegenüber, so zeigt er nach geschehener Drehung die zurückgelegte Weggröße an, freilich nur als Unterschied der beiden, durch den beweglichen und den festen Strich angezeigten Maßzahlen.

Unmittelbar als Zahleneinheit, daher bequemer für den Arbeiter, geben die Einrichtungen Fig. 291 bis 294 die erfolgte Einstellgröße an.

Die Teilstriche sind hier nicht auf einem festen Bund der Schraubspindel, sondern auf einem drehbaren Bundring, Meßring genannt, angebracht. So ist es möglich, vor jeder Einstellbewegung der Spindel den Ring so einzustellen, daß

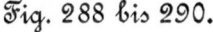

Fig. 288 bis 290.

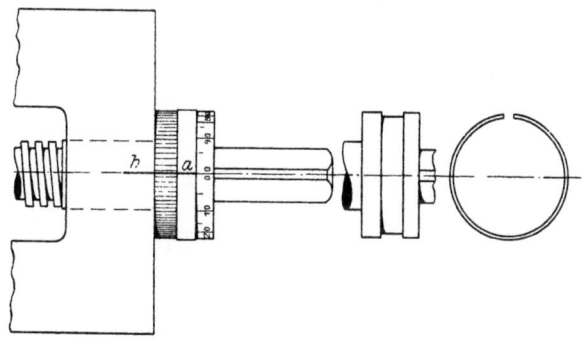

sein Nullstrich mit dem festen Strich am Schlitten übereinstimmt.

In Fig. 291 und 292 ist der Meßring c zylindrisch und wird in der Meßstellung durch eine kurze Spiralfeder d festgehalten, die sich gegen einen festen Stellring e stützt.

Einen kegeligen Meßring c zeigen Fig. 293 und 294. Für die Herstellung der Teilstriche auf solchen Ringen bauen die Wandrer-Fahrradwerke in Chemnitz-Schönau eine besondere Werkzeugmaschine. Derartige Meßringe vereinen deutliche Ablesbarkeit, gute Form und mittels der genannten Maschine hohe Genauigkeit.

Das in Fig. 294 sichtbare geringe Eingreifen des Ringes c in eine Aussparung g am Schlitten ist ein empfehlenswerter Kunstgriff, um für das Auge einen scharfen Anschluß der beiden maßgebenden Striche a und b aneinander herzustellen.

Der Meßring wird durch eine feingängige Mutter f mit gerauhtem Umfang festgestellt.

Die neuzeitliche Drehbank, die Hobelmaschine, die Fräsmaschine und das letztgeborne Kind des Werkzeugmaschinenbaues, die Schleifmaschine, sind heute nicht ohne maßstäb-

Fig. 291 und 292.

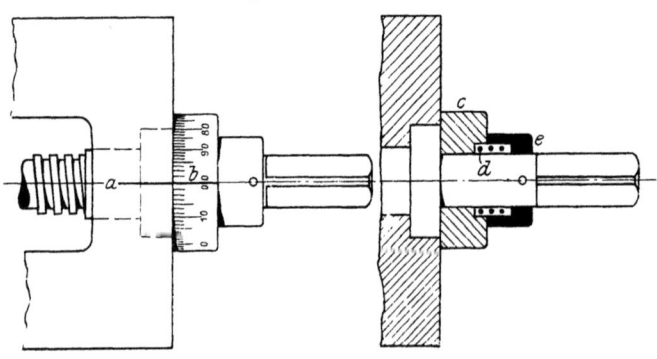

Fig. 293 und 294.

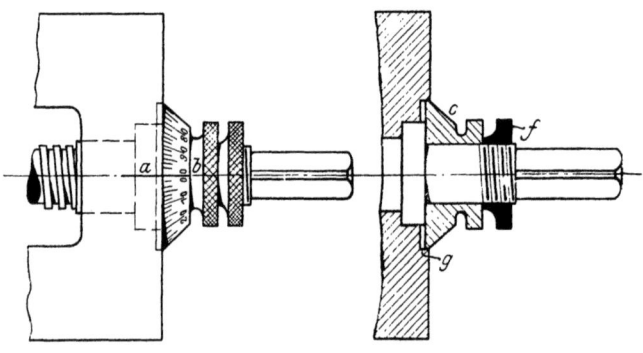

liche Einstellung durch Schraubspindel denkbar. Das Messen von $1/1000$ mm an der Schleifmaschine ist zur alltäglichen Gewohnheit geworden. Ein vor die Schraubspindel gelegtes Schneckengetriebe, welches das Meßrad trägt, ist das einfache Mittel, diese begrifflich unfaßbare Kleinheit dem Auge bequem sichtbar vorzuführen.

Maßstäbliche Einstellung mittels Zahnstange.

Ueber das Entstehen der ersten Ausführung einer solchen Einstellung sei folgendes gesagt:

Die Inhaltsordnung des vorliegenden Buches »Aufgaben und Fortschritte des deutschen Werkzeugmaschinenbaues« ist insofern zu der üblichen Art, die Bestandteile von Maschinen in Wort und Bild vorzuführen, gegensätzlich, als hier weniger Wert auf die Zugehörigkeit eines bestimmten Bestandteiles zu einer bestimmten Maschine gelegt wird, sondern der allgemeine und unmittelbare technische Zweck (Antrieb, Vorschub, Einstellung usw.) des geschilderten Bestandteiles dessen Rang und Reihenfolge in der Darstellung bestimmt. Während die Beschreibung von Einzelmaschinen mit ihren Bestandteilen den Konstrukteur hauptsächlich zur Nachbildung anregt, schafft die hier getroffene Ordnung der Einzelteile einen allgemeinen geistigen Vorrat von Urformen, der ein selbständiges konstruktives Schaffen gut unterstützt. Aber auch zur Mehrung der Urformen selbst kann diese Art der Ordnung der Maschinenteile beitragen.

So kam mir z. B. durch die Zusammenstellung der verschiedenen Beispiele des neuzeitlichen Ersatzes der Schraubspindel durch die Zahnstange zum Zwecke schneller Einstellung der Gedanke, daß die Zahnstange auch zur maßstäblichen Einstellung befähigt sein müsse, und zwar hervorragend zur schnellen maßstäblichen Messung größerer Längen. Der praktische Erfolg hat die Richtigkeit dieses Erfindungsgedankens erwiesen. Die Ausführung ist einfach. Sie wurde öffentlich zum erstenmal auf der Pariser Weltausstellung an der Drehbank Courier[1]) vorgeführt.

An Stelle einer beliebigen Modulteilung der am Bett der Drehbank angebrachten Zahnstange wird eine Millimeterteilung gewählt, die, mit der. Zähnezahl des eingreifenden Getriebes multipliziert, einen einfachen Teilbetrag des Meters ergibt, z. B.: Zahnstangenteilung 12,5 mm und Zähnezahl des Getriebes 16 gibt 200 mm. Ein Bundring an der Getriebewelle mit 200 Teilstrichen würde demnach sowohl bei selbsttätiger als von Hand erfolgender Vorschubbewegung des Drehbankschlittens jederzeit dessen auf der Wange zurückgelegten Weg anzeigen.

Die für das Auge zu große Anzahl von Teilstrichen kann durch Verlegen des eingeteilten Bundes an eine andre Welle,

---

[1]) s. Fig. 135.

die durch Räderübersetzung mit der ersten verbunden ist, verkleinert werden.

Da alle drei Vorbedingungen: Zahnstange, Getriebe und Räderübersetzung, am neuzeitlichen Drehbankschild vorhanden sind, so ist die allgemeine Einführung dieses bequemen Meßmittels für Drehlängen nur eine Frage der Zeit, zumal das bisher übliche Messen durch einen frei an das Drehstück gehaltenen Maßstab durch vorhandene Absätze oder Bunde am Drehstück oder durch vorspringende Teile des Reitstockes oft behindert wird.

Fig. 295.

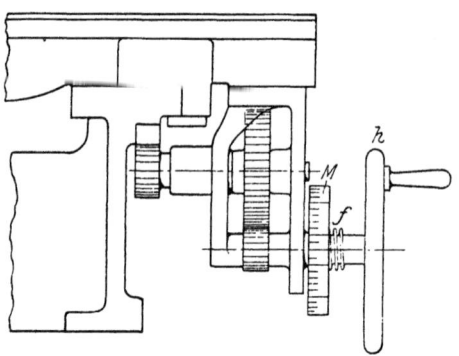

Die Deutlichkeit der Ablesung wird tadellos, wenn, wie bei dem vorgenannten Beispiel, der eingeteilteRing als Meßrad M von großem Durchmesser, Fig. 295, ausgebildet wird. Dieses Meßrad besitzt außerdem die Einrichtung von Fig. 292 zur Einstellung auf den Nullstrich vor Beginn jeder Messung und wird in jeder Einstellage selbsttätig durch die sich gegen die Nabe des Handrades h stützende Spiralfeder f festgehalten.

Maßstäbliche Einstellung nach festliegenden Millimeter-Maßstäben.

Auch bei dieser dritten Art maßstäblicher Einstellung ist der Ersatz der Fortbewegungs-Schraubspindel durch die Zahnstange ein Kennzeichen fortgeschrittener Konstruktion und von dem Erfolg begleitet, daß Messungen größerer Längen schnell ausführbar sind. Da sich aber schnelles Hingleiten des anzeigenden Nonius am Maßstab nicht mit hoher Genauigkeit der letzten Meßstellung verträgt, so erteilt man in vielen Fällen der Fortbewegungs-Zahnstange nur die Aufgabe der schnellen Grobeinstellung bis in die Nähe der beabsichtigten Endstellung. Ein schnell einzurückendes Schneckenrad mit Schnecke besorgt dann die letzte Feineinstellung.

Die Anwendung solcher Vereinigung von Grob- und Feineinstellung am Setzstock von Wagerecht-Bohrmaschinen ist in den früheren Figuren 274 und 275 (S. 227) dargestellt. Bei ausgerückter Kupplung erfolgt die schnelle Grobeinstellung durch unmittelbare Drehung des Getriebes g_1 längs der Zahnstange z_1. Nach der Einkupplung kommen Schnecke und Schneckenrad durch Drehung des Handrädchens als Bewegungsmittel des Getriebes g_1 zur Wirkung.

Übereinstimmende maßstäbliche Einstellungen.

Da Wagerecht-Bohrmaschinen mit verstellbarer Bohrspindel bei jeder Bohrung mit Bohrstange genaue Mittenübereinstimmung von Bohrspindel und Setzstocklager erfordern, so versieht man solche Maschinen mit einem Doppelsatz wagerechter und senkrechter Maßstäbe unter Anwendung der beschriebenen Grob- und Feineinstellungen.

Die Buchstaben a, b, c, d in Fig. 296 zeigen die Lage der 4 Maßstäbe an gut sichtbaren Stellen.

Die praktische Ausführung des Freibohrens nach maßstäblicher Einstellung.

Steht eine so ausgestattete, im übrigen peinlich genau gearbeitete Wagerecht-Bohrmaschine zur Verfügung, ist ferner das Werkstück mit bearbeiteter Richtkante versehen, und entsprechen endlich die Zeichnungen dem in Fig. 285 (S. 233) gegebenen Beispiel, so nimmt das Freibohrverfahren nach maßstäblicher Einstellung folgenden praktischen Verlauf:

Es ist nicht nötig, daß das Werkstück auf der Aufspannplatte der Maschine derart aufgespannt wird, daß seine Richtkante in die Ebene der Nullpunkte der beiden wagerechten Maßstäbe fällt. Dies verbieten oft Größe oder Form des Werkstückes, oder Rücksichten auf bequemes und sicheres Aufspannen. Es genügt, die Anschlagleiste für die Richtkante an die für das Aufspannen geeignete Stelle zu bringen.

Hierauf wird durch eine einmalige Genaumessung die Entfernung E der Richtkante von der Nullebene festgestellt,

Fig. 297. Diese Entfernung, beispielsweise 456,4 mm, ist zu allen wagerechten Zeichnungsmaßen von Fig. 285 hinzuzuzählen.

Fig. 296.

Ist diese rechnerische Arbeit auch einfach, so nimmt man sie doch dem Arbeiter zweckmäßigerweise ab und läßt sie durch einen zuverlässigen Rechner (Betriebstechniker oder

Bureautechniker) ausführen, derart, daß alsbald, nachdem die Größe E gemeldet worden ist, eine Freihandzeichnung wie Fig. 297 angefertigt wird, aus der alle wagerechten Einstellmaße unmittelbar ablesbar sind.

Nach diesem Verfahren lassen sich ohne Bohrformen und ohne besondere Bohrstangenführungen, Fig. 283 (S. 231), Bohrungen ohne Vorzeichnen der Mitten mit hohem Genauigkeitsgrade herstellen.

Voraussetzung ist dabei, wie schon oben erwähnt, ein hoher Genauigkeitsgrad der Ausführung der Bohrmaschine

Fig. 297.

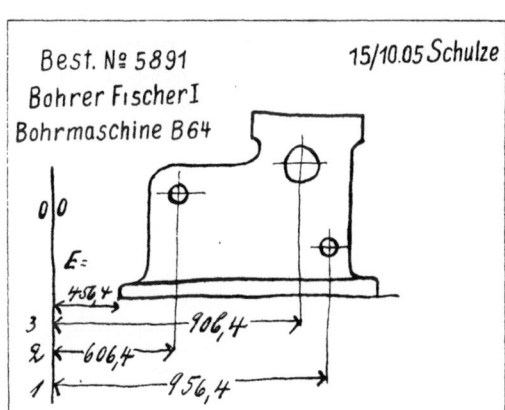

und ebenso sorgfältige Aufstellung am Verwendungsorte. Der noch vielfach übliche Zusammenbau solcher Maschinen nach Winkel und Lineal ist ungenügend und veraltet. Nur der von unten beginnende Aufbau auf sicherem Montiergrund unter fortwährender Benutzung von hochempfindlichen Wasserwagen, Feinmeßblocks, Fühlhebel- und Mikrometer-Feinmeßwerkzeugen ist als das neuzeitliche Montierverfahren zu bezeichnen. Gute Schulung der ausführenden Arbeiter, wie sie nur in Fabriken erreicht wird, die den Bau solcher Wagerecht-Bohrmaschinen als Sonderzweig betreiben, sind ferner Bedingung: 0,04 bis 0,02 mm gelten als erreichbare Fehlergrenzen der die Genauigkeit der Bohrungen bestimmenden Hauptteile bester Bohrmaschinen.

Maßstäbliche Tiefeneinstellung.

Auch zum Vorausbestimmen der Tiefe zu bohrender Löcher wird die maßstäbliche Einstellung benutzt.

Ein Beispiel davon an einer Senkrecht-Bohrmaschine zeigen die früher gebrachten Figuren 37 und 38. Der mit der Bohrspindel zugleich abwärts bewegte verschieb- und feststellbare Millimetermaßstab a bewirkt durch das Auftreffen seines unteren Endes auf eine Auslösklinke das Ausschalten des selbsttätigen Niederganges der Bohrspindel und bestimmt so die Tiefe der Bohrung.

Maßstäbliche Einstellung nach Meßblock, Einstellehre und Meßbolzen.

An Hobel- und Fräsmaschinen kommt sehr häufig der Fall vor, daß die herzustellende Dicke des Werkstückes gleich dem Abstand der Werkzeugschneide von der Oberfläche des Maschinentisches oder Schraubstockes ist. Dann besteht die einfachste Art, die künftige Dicke des Werk-

Fig. 298.

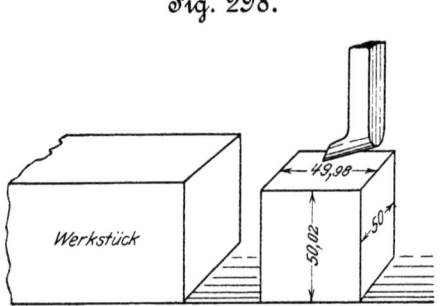

stückes im voraus maßstäblich zu bestimmen, im Einstellen der Werkzeugschneide auf die Oberfläche eines Meßblockes, Fig. 298. Die Würfelgestalt der auf Schleifmaschinen mit bis $1/100$ mm und mehr Genauigkeit herstellbaren Meßblöcke gibt die bequeme Möglichkeit, sich außer dem Normalmaß ein Unter- und ein Uebermaß zu verschaffen und es durch Abstempelung zu bezeichnen.

Das Uebermaß kann so bestimmt werden, daß es der nachträglichen Bearbeitungsabnahme durch Schlichten mit der Feile oder Schaben mit dem Schaber entspricht; das Untermaß so, daß es den wünschenswerten Spielraum zwischen zwei gehobelten oder gefrästen, keiner weiteren Bearbeitung unterliegenden Flächen ergibt.

Der Meßblock wird zur Einstellehre, wenn er in fester Verbindung mit einer Hobel- oder Fräsform steht. Ein Beispiel zeigt Fig. 299. Eine solche Hobel- oder Fräsform hat drei Hauptbestandteile:

1) die nötigen Auflageflächen, welche die für die Bearbeitung geeignetste Lage des Werkstückes bestimmen;

2) die nötigen Festspannvorrichtungen für das Werkstück, die mannigfachster Art sein können (Spanneisen, Spannschrauben, Schraubstockbacken, Druckstücke usw.);

Fig. 299.

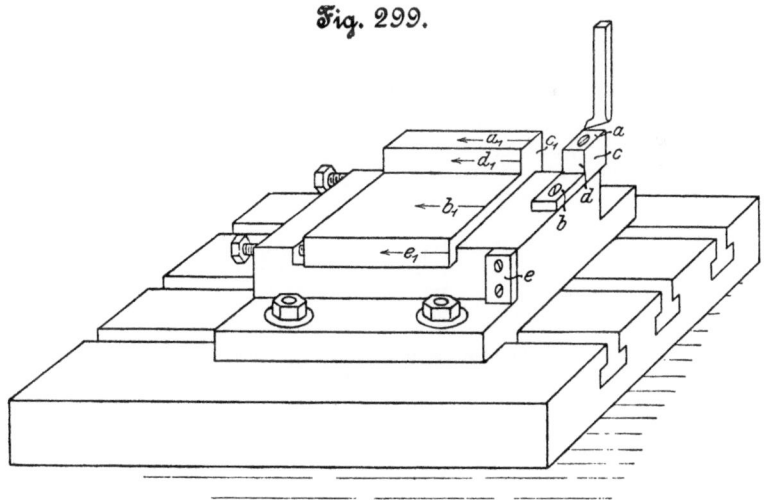

3) bearbeitete feste Flächen, am besten in Form gehärteter Stahlplatten, deren Ober-, Seiten- oder Unterflächen in gleicher Weise wie beim Meßblock benutzt werden, um die Werkzeugschneide in maßstäbliche Entfernung zum Werkstück einzustellen.

In Fig. 299 bestimmen die beiden wagerechten Flächen a und b der Stahlblöcke die Stellung der Hobelstahlschneide für maßgerechtes Hobeln der beiden wagerechten Flächen a_1 und b_1 des Werkstückes, die drei senkrechten Flächen c, d und e der Stahlblöcke die Stellung der Stahlschneide eines später einzuspannenden Seitenhobelstahles für maßgerechtes Hobeln der drei Seitenflächen c_1, d_1 und e_1 des Werkstückes.

Nur bei der Einstellung während des Stillstandes der Maschine berührt die Stahlschneide den Block; dann wird der Hub des Werkzeuges oder Maschinentisches so gestellt, daß während der Hobelarbeit die Schneide den Stahlblock nicht berührt. Diese Verstellung des Hobelweges kann auch durch Verschiebbarkeit des Einstellblockes ersetzt werden.

Bei der Revolverdrehbank erfolgt die maßstäbliche Einstellung der einzelnen Werkzeuge am einfachsten nach einem Meßbolzen; das ist ein in den Zentrierspannkopf der Drehbank eingespanntes Probestück, Fig. 300, das genau die Form der herzustellenden Werkstücke besitzt, aber zum Zwecke des Einspannens mit einem Endstück *e* versehen ist, das den Durchmesser des für die Herstellung des Werkstückes benutzten Stangenmateriales hat.

Fig. 300.

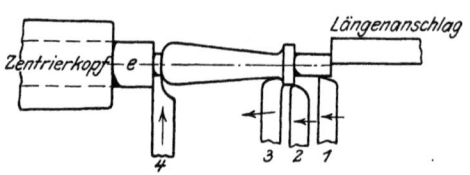

Die Längenmessung der künftigen fertigen Stücke wird durch einen am Revolverschlitten vorhandenen einstellbaren Längenanschlag ausgeführt.

Maßstäbliche Genaueinstellung des Parallelreißers.

Trotz Lehren-Bohrarbeit und Freibohrverfahren verbleibt dem Vorzeichnen mittels Parallelreißers noch ein weites Feld. Deshalb ist der Parallelreißer selbst und das Anreißverfahren mit ihm nicht ohne Fortschritte geblieben.

Der frühere plumpe Parallelreißer, dessen Nadelspitze nur durch Stoßen und Klopfen in die beabsichtigte Endstellung zu bringen war, ist dem Parallelreißer mit Mikrometerschraube zum Feineinstellen der Nadel gewichen.

Wie man den Ursachen kleinster Genauigkeitsfehler nachspüren und sie beseitigen kann, dafür ist der Parallelreißer amerikanischen Ursprunges, Fig. 301 bis 303, ein auch für Konstruktionen von Werkzeugmaschinenteilen nachahmenswertes Beispiel. Die eingebauten Spiralfedern zeigen ohne erläuternde Worte, wie die zu ungenauen Einstellungen beitragenden toten Gänge der Gewinde auf gute Weise zu beseitigen sind.

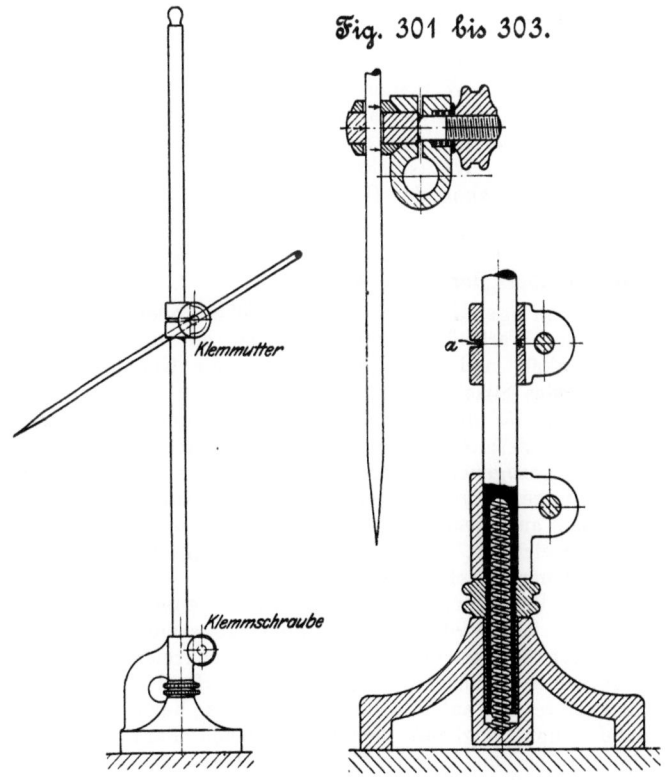

Fig. 301 bis 303.

Das Anreißen auf der Reißplatte
als vollständige Parallelprojektion nach den drei Ebenen des Raumes, System Fr. Ruppert.

Wohl lassen sich mit der Reißnadelspitze des Parallelreißers bequem **wagerechte** Anreißstriche in den gewollten Höhenlagen über der ganzen Fläche einer Anreißplatte ziehen; das Ziehen von **senkrechten** Anreißstrichen zur Herstellung des für die Bezeichnung eines Lochmittelpunktes nötigen Kreuzungspunktes oder der zur Bezeichnung einer senkrechten Arbeitsfläche erforderlichen Grenzlinie ist jedoch verhältnismäßig umständlich.

Zwei Verfahren dazu sind möglich:

1) Das Umkanten des Werkstückes um 90^0, nachdem daran alle wagerechten Anreißstriche verzeichnet sind, unter Wiederholung des Strichziehens mit dem Parallelreißer an dem gekanteten Werkstück.

Solches Umkanten ist namentlich bei größeren Werkstücken umständlich und zeitraubend. Es erfordert erneutes Ausrichten des Werkstückes und bei schweren Stücken die doppelte Benutzung des Hebekranes.

2) Das Anlegen eines auf der Reißplatte aufgestellten Winkels, an dessen senkrechtem Schenkel unter Verzicht des Parallelreißers der Strich gezogen wird.

Vorspringende Warzen oder Flächen oder die sonstige Form des Werkstückes verhindern oft ein dichtes Anlegen des Winkels und beeinträchtigen so die Genauigkeit und Schärfe des Strichziehens. Ferner fehlt bei diesem zweiten Verfahren die genaue maßstäbliche Bestimmung der wagerechten Entfernungen von einem zum andern mit Hülfe des Winkels gezogenen senkrechten Strich. Das Verfahren, diese Entfernungen durch eingekratzte Striche auf der Reißplatte und dem auf dieser liegenden wagerechten Winkelschenkel zu kennzeichnen, ist ungenügend und nicht ordnungsgemäß für eine neuzeitliche Werkstatt.

Die Benutzung des Parallelreißers zum Ziehen senkrechter Striche wird durch den Reißwinkel ermöglicht. Dieses Werkzeug kennzeichnet sich als eine senkrechte Ebene mit wagerechter Fußfläche. Während eine Hand des Arbeiters die letztere fest auf die Reißplatte drückt, bewegt die andre Hand einen möglichst leicht gehaltenen Parallelreißer (s. Fig. 301 bis 303) seiner Fußplatte längs der senkrechten Ebene zum Zwecke des Strichziehens auf oder nieder.

Der freien Aufstellung des Reißwinkels an beliebigem Orte der Reißplattenfläche mangelt die Eigenschaft, eine ortsbekannte senkrechte Projektionsebene darzustellen. Letzteres wird dadurch erreicht, daß auf der Reißplatte ein Netz von Strichquadraten eingeritzt wird. Jede solche Quadratseite wird zum Grundriß der senkrechten Reißwinkelfläche, sobald man diese genau über ihr aufstellt. Auf solche Weise wird die Entfernung der Reißnadelspitze von der Reißwinkelfläche zur Abszisse in bezug auf die durch die Reißwinkelfläche dargestellte Projektionsebene des Raumes.

Diese Art der praktischen Herstellung der beiden wagerechten Fluchtmaße des Raumes (Langmaß und Breitmaß) leidet an dem Fehler, daß die vorbeschriebene freie Aufstellung des Reißwinkels weder vom Beginn des Anreißens zuverlässig genau, noch während der Ausführung des Anreißens zuverlässig unverrückbar ist.

Fig. 304 stellt eine Ausführungsweise des Senkrecht-Anreißens dar, die allen Anforderungen an Genauigkeit,

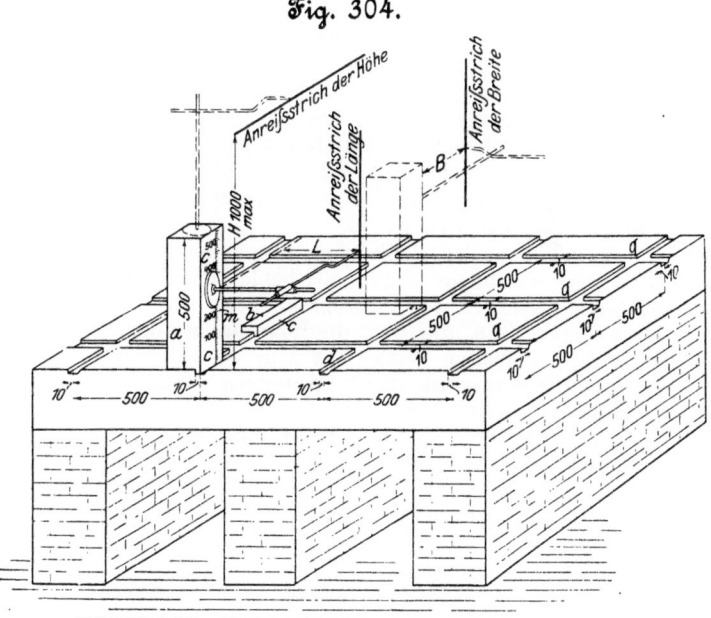

Fig. 304.

Schnelligkeit und Handlichkeit des Anreißens, sowohl für kleine wie für große Werkstücke, entspricht.

Die Oberfläche der Reißplatte zeigt eine Anzahl rechtwinklig zueinander liegender Längs- und Quernuten von etwa 8 mm Tiefe. Die linksseitig bezw. vorn gelegenen Seitenflächen der Nuten sind senkrecht und sowohl in sich genau gerade justiert, wie gegeneinander genau parallel und in gleicher, zweckmäßig 500 mm betragender Entfernung voneinander. Die gegenüberliegenden Seiten der Nuten sind unter ungefähr 60° abgeschrägt, zum Zeichen, daß sie nicht als Anlegfläche der in die Nuten eingreifenden 10 mm breiten Feder der Reißwinkel-Unterfläche benutzt werden dürfen. Der Grund der Nuten ist einige Millimeter breiter als die Feder. Das sagt dem Arbeiter: Du mußt beim Anreißen mit einer Hand den Reißwinkel stets fest an die senkrechte Nutfläche andrücken, damit seine Vorderfläche eine stets 10 mm vor der senkrechten Nutseite liegende, daher ortsbekannte Projektionsebene darstellt.

Der nur etwa 500 mm hohe, daher handliche Parallelreißer beherrscht so, einmal durch Aufstellen seines Fußes auf die Reißplatten-Oberfläche, das andremal durch seitliches Andrücken seines Fußes an die senkrechte Reißwinkel-Oberfläche, alle Punkte einer senkrechten Ebene von 500 mm Länge und 500 mm Höhe.

Durch Weitersetzen des Reißwinkels in die nächste Parallelnute, d in der Figur, wächst diese Fläche auf 1000 mm Länge usw., je nach der Länge der Reißplatte und der Anzahl der eingehobelten Nuten.

Macht man den Reißwinkel genau 500 mm hoch und formt ihn, wie in der Figur, als hohles Parallelogramm, so ist durch Aufsetzen des Parallelreißers auf die obere Fläche das einfache Mittel gegeben, die Höhe der mit der Reißnadelspitze bestreichbaren Fläche auf 1 m zu vergrößern. Eine weitere Erhöhung ist durch Aufsetzen eines 1 m hohen Parallelreißers ausführbar.

Das Umsetzen des Reißwinkels von den Längsnuten in die Quernuten qqq oder umgekehrt ergibt die zweite senkrechte Projektionsebene des Raumes, deren sämtliche Punkte ebenso wie vorbeschrieben mit dem verhältnismäßig kleinen Parallelreißer bestrichen werden können.

Versieht man noch den Reißwinkel mit einem senkrechten Maßstab m, so ist dadurch das Mittel gegeben, die Reißnadelspitze schnell und sicher sowohl für die wagerechten wie die senkrechten am Werkstück aufzutragenden Flächenmaße maßstäblich einzustellen.

Das allgemein angewandte Mittel, zum besseren Sichtbarmachen der Reißstriche die Fläche des Werkstückes mit angerührter Schlemmkreide oder Rötel zu bestreichen, wird für vorgearbeitete (gehobelte oder gefräste) Flächen weit vollkommener, weil feinkörniger und haltbarer, durch eine mit Fuchsin rot gefärbte dünne Lösung von Schellack in 96 prozentigem Spiritus (also in dünner Tischlerpolitur) ersetzt.

Auf diesem harten roten Untergrund treten die metallglänzenden Reißstriche scharf und deutlich hervor.

Schlußwort zum vorstehenden Abschnitt.

Das Gesagte hatte ich seinerzeit bei einem mündlichen Vortrage nur kurz gefaßt. Durch die schriftliche Ausarbeitung ist der Inhalt zu einem kleinen Stück Betriebswissenschaft angewachsen. Zu den »Aufgaben und Fortschritten des deutschen Werkzeugmaschinenbaues« gehört es, die Betriebswissenschaft noch mehr als bisher zu pflegen; das erfordert Techniker mit tüchtiger Praxis. So ergibt sich immer wieder die Mahnung an die jungen Techniker, mehr und eingehender als bisher praktisch zu lernen. Wir haben in Deutschland bereits eine viel zu große Zahl von Technikern, die nur auf Grund ihrer Schulkenntnisse glauben, ein zufriedenstellendes Fortkommen zu finden. Durch das große Angebot solcher, die am Reißbrett konstruieren wollen, ist deren Entlohnung während der Anfangsjahre nach und nach unglaublich gedrückt worden, so daß heute jeder gute Arbeiter besser bezahlt wird.

Demgegenüber besteht Mangel an geeigneten Technikern für die Betriebsbureaus.

Die Tätigkeit eines Betriebsbureaus zerfällt in dieselben drei Hauptabteilungen, in welche die vorliegende Arbeit »Aufgaben und Fortschritte« eingeteilt ist, nämlich:

Abteilung 1 für Erhöhung der unmittelbaren Leistungen der Werkzeugmaschinen und Werkzeuge der Werkstatt:

a) durch Einführung und Ausbildung der Schnellbearbeitung, wesentlich mittels Ausnutzung der neueren Schnellarbeitsstähle, Schnellbohrer und Schnellfräser. Durchgreifende Veränderungen an bisher vorhandenen Arbeitsgeschwindigkeiten, Riemenscheiben, Uebersetzungen usw., sowie Neubeschaffungen ergeben ein reichhaltiges Arbeitsprogramm;

b) durch Einführung und Ausbildung erhöhter Genaubearbeitung. Die möglichst vollständige Bearbeitung nach Lehren und Lehrformen ist das Endziel, das nur durch umfassende, auf gründlicher praktischer Erfahrung beruhende Tätigkeit einigermaßen vollkommen erreichbar ist.

Der Abteilung 2 des Betriebsbureaus liegt die Aufgabe ob, die toten Arbeitszeiten in der Werkstätte tunlichst zu vermindern.

Dieses Ziel wird wesentlich erreicht durch Konstruktion von Aufspannformen, welche das vergeudende Suchen und Aufbauen von Spannwinkeln, Unterlagen, Spanneisen, Spannschrauben usw. überflüssig machen, dafür sicheres Einlegen und schnelles Festspannen der Werkstücke ohne andre Hülfsmittel gestatten.

Vielfach werden sich die Zwecke 1b und 2 in einer Aufspann- und zugleich Lehrform vereinigen lassen. Ein Beispiel einfachster Art gab Fig. 299.

Die Arbeiten von Abteilung 3 des Betriebsbureaus sind wirtschaftlicher Natur. Es gehört hierher:

das Berechnen bezw. Nachrechnen und Vergleichen der Akkordsätze;

das Herausschreiben der dazu und zur Kalkulation nötigen Stücklisten;

das Herausschreiben der Werkstatt-Bestellzettel.

Zu all solchen Arbeiten gehört praktisches technisches Verständnis, so daß sich der Techniker am besten dazu eignet; aber sie sind den jungen Ingenieuren meist nicht ideal genug.

Ferner fehlen Techniker, die fremde Sprachen beherrschen, um fremdsprachliche Geschäfte erledigen zu können. Es fehlen aber auch Techniker, die in ihrer deutschen Muttersprache so zu Haus sind, daß sie einen guten deutschen, für schnelles und klares Verständnis des Kunden geeigneten Angebotbrief schreiben können, und solche, die verstehen, eine Druckschrift oder ein ganzes Preisbuch über die Erzeugnisse der Fabrik in klarem einfachen Deutsch und in folgerichtiger Darstellung der für den Käufer wichtigen Einzelheiten zu verfassen.

An ihre Stelle tritt meist der Kaufmann mit seinem brieflichen Sonderdeutsch, dem sogenannten »kaufmännischen Stil«. Als ob ein »besonderes« Deutsch nötig wäre, um brieflich jemandem etwas anzubieten, bei jemandem etwas zu kaufen, an jemanden etwas zu bezahlen!

Den jungen Technikern aber sei die Lebenserfahrung vor Augen gehalten, daß die Fächer: »deutsche Sprache«, »Literatur«, mit dem vorbildlichen Deutsch unsrer großen Dichter, »kaufmännische Wissenschaften« und »fremde Sprachen«, die erfreulicherweise an vielen technischen Schulen als Wahlfächer gelehrt werden, für das künftige Fortkommen des Technikers mehr gute Früchte tragen, als er ihnen im voraus zutraut.

Als ferneren erfreulichen Beginnens sei der Tatsache gedacht, daß an einzelnen Schulen jetzt Vorlesungen über »Betriebslehre« gehalten werden, z. B. an der Technischen Hochschule Berlin von Prof. Dr.-Ing. Schlesinger. Die noch jnnge Wissenschaft verlangt Lehrer, die sich in jahrelanger praktischer geschäftlicher Tätigkeit bewährt haben.

Solchen Vorlesungen ist doppelter Wert zuzusprechen, einmal weil sie unmittelbar praktische Kenntnisse bringen, das andremal, weil sie den jungen Enthusiasten, die glauben, auf Grund ihrer Schulleistungen und ihres lithographierten Ingenieur-Diploms alsbald nach dem Verlassen der Schule einen einflußreichen Posten ausfüllen zu können, am vernehmlichsten sagen, daß es für den Ingenieur noch eine ganz anders geartete Welt gibt, in der er künftig zu handeln verpflichtet ist, als die gewiß schöne und der Jugend zu gönnende sonnige kleine Welt, in der neben dem Wissensstudium akademische Freiheit und studentische Taten eine wichtige Rolle spielen.

Selbsttätige Einstellbewegung (Eilbewegung).

Der letzte Schritt in bezug auf Zeitersparnis bei der Einstellung von Werkzeugmaschinenteilen in die künftige Arbeitstellung ist, die Einstellbewegung selbsttätig zu machen.

Fig. 305.

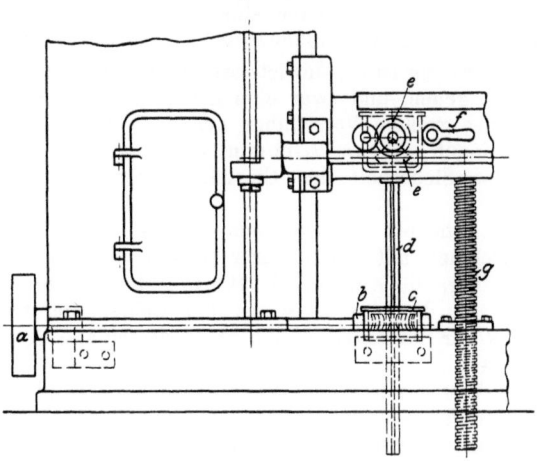

Sie heißt dann zum Unterschied von der Vorschubbewegung »selbsttätige Eilbewegung«.

Fig. 305 zeigt eine solche Bewegung für selbsttätige Hoch- und Tiefstellung des Bohrmaschinentisches an Wagerecht-Bohrmaschinen mit ruhend gelagerter Bohrspindel. Der Antrieb durch die Riemenscheibe a pflanzt sich durch Schnecke und Rad b, c und eine genutete Welle d auf drei Kegelräder e fort, die durch das bekannte Mittel einer zwischenliegenden zweiseitigen Klauenkupplung (die hier durch den Handgriff f betätigt wird) die Tischtragspindeln g in Rechts- oder Linksdrehung versetzen.

Unabhängigkeit der Eilbewegung.

Durch die einzelne Riemenscheibe a, die unmittelbar vom Deckenvorgelege der Maschine aus angetrieben wird, kommt der Grundsatz zum Ausdruck, daß jede selbsttätige Einstellung einen von wechselbaren Arbeits- oder Vorschubgeschwindigkeiten unabhängigen Antrieb haben soll.

Die früher und zum Teil auch jetzt noch übliche Benutzung der schnellsten an einer Maschine vorhandenen selbsttätigen Vorschubbewegung auch zur selbsttätigen Einstellung entspricht aus dem Grunde nicht den neuzeitlichen Forderungen, weil eine solche Bewegung nicht unter allen Umständen augenblicklich arbeitsbereit ist; denn sobald nicht der größte, sondern ein kleinerer Vorschub in Tätigkeit war, wird Riemenumlegung oder eine andre vorbereitende Hantierung nötig, um die Eilbewegung in Gang zu setzen.

Folgerichtig ist es, der letzteren eine stets gleichbleibende Größe zu geben, und zwar eine solche, welche die Geschwindigkeit des größten Vorschubes um ein Vielfaches übertrifft. $^1/_4$ bis hinauf zu etwa $^3/_4$ m/min sind praktisch erreichbare, dabei der Sicherheit der Einstellung genügende Eilbewegungen.

Die genannte Höchstgrenze wird z. B. an Wagerecht-Bohrmaschinen mit verstellbarer Bohrspindel durch die Einrichtung Fig. 306 erreicht (Ausführung der »Union«).

EE ist das eine Ende des den Bohrständer tragenden Bettes, S der Steuerkasten, innerhalb dessen alle Bewegungsteile liegen.

Die Welle a trägt an ihrem in der Figur nicht dargestellten entgegengesetzten Ende eine einzelne Riemenscheibe, die wie in der vorigen Figur unmittelbar vom Deckenvorgelege aus betrieben wird. Welle a treibt Kegelrad c_1 und dieses c_2 oder c_3, je nachdem die Kupplung k mittels des Handhebels h_2 eingestellt wird. Im gleichen Sinn dreht sich das Schraubenrad d und damit das in d eingreifende darüberliegende (punktiert gezeichnete) Schraubenrad d_1, welches lose auf der Welle f sitzt, die zugleich lose ein Schneckenrad e_1 und fest ein Stirngetriebe g trägt.

Zwischen d_1 und e_1 liegt auf der Welle f eine zweiseitige Kupplung ähnlich k, die durch einen Hebel h_3 zum Eingriff mit d_1 oder e_1 gebracht werden kann. Beim Eingriff mit d_1 ist die Eilbewegung hergestellt. Diese kann nach Belieben auf die

Fig. 306.

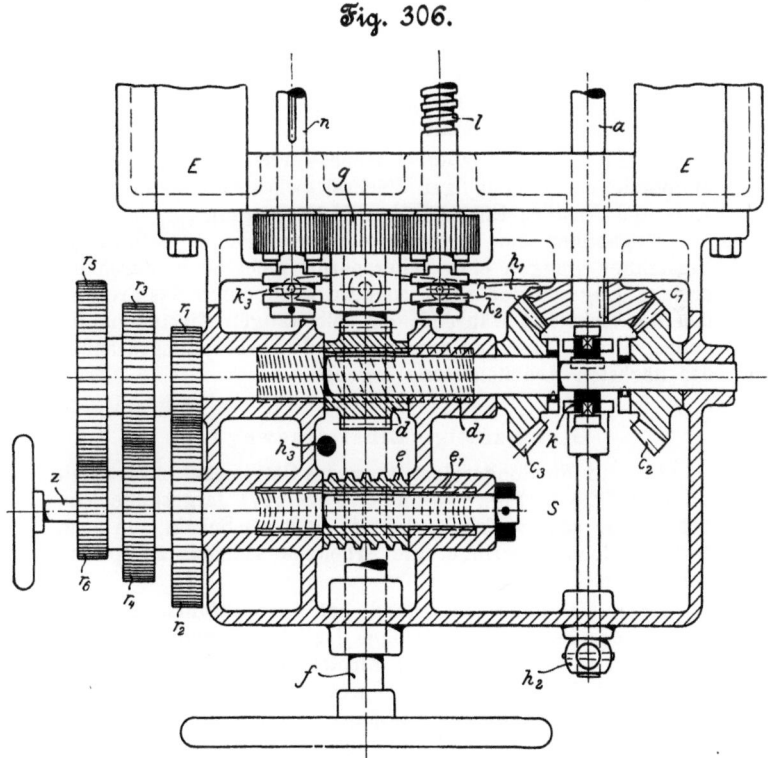

Leitspindel l zwecks wagerechter Einstellung des Bohrständers, oder auf die Nutwelle n zwecks senkrechter Einstellung der Bohrspindel übertragen werden. Die Mittel zum Wechsel sind die beiden Kupplungen k_2 und k_3 mit dem gemeinschaftlichen Doppelhebel h_1, der den genannten beiden verschiedenen Einstellbewegungen zugleich die Eigenschaft verleiht, sich gegenseitig auszuschließen.

Ruppert.

Die Mittelstellung des Handhebels h_3 ergibt augenblickliche Auslösung der Eilbewegung. Die Einrückung des durch h_3 bewegten Klauenmuffes in das Schneckenrad e_1 bewirkt ebenso schnell die Ingangsetzung eines der drei Fräsvorschübe, die durch die Uebersetzungsverhältnisse $\frac{r_1}{r_2}, \frac{r_3}{r_4}, \frac{r_5}{r_6}$ bestimmt sind. Durch Verschiebung der Zugspindel z kann ein Zugkeil von der Einrichtung der früheren Figuren 160 bis 163 (s. Seite 164) abwechselnd eines der Räder r_2, r_4 oder r_6 mit ihrer Welle und somit mit der Schnecke e kuppeln. r_1, r_3 und r_5 sind sämtlich fest auf die Welle des Schraubenrades d aufgekeilt.

Diese verhältnismäßig einfache Vorrichtung ergibt somit augenblicklichen beliebigen Wechsel zwischen Hin- und Her-, Auf- und Nieder-, Eil- und Vorschubbewegung.

Gegenüber den Handeinstellungen können selbsttätige Einstellbewegungen eine Zeitersparnis nicht allein durch die erzielte Eilgeschwindigkeit, sondern auch durch das Freiwerden des Arbeiters während der selbsttätigen Einstellung für andre, an der Maschine vorzunehmende Vorbereitungsarbeiten der nächsten Arbeitsleistung ergeben.

Gleichzeitige Einstellbewegung.

Die für die Sondereinstellung des Setzstockes nötige Zeit ist durch die in Fig. 274 und 275 (S. 227) dargestellte Einrichtung so sehr verkürzt, daß ein weiterer Schritt, die noch übrig bleibende geringe tote Arbeitzeit vollends zu sparen, unnötig erscheint.

Aber ein anderer Umstand hat dazu geführt, die Einstellung des Setzstocklagers ohne jeglichen Zeitverlust gleichzeitig und selbsttätig mit der Einstellung des Spindelstockes erfolgen zu lassen, und zwar weckte die Entwicklung des Großgasmotorenbaues das Verlangen nach einer Werkzeugmaschine, welche die Gestellrahmen der Gasmotoren bei einmaligem Aufspannen fertig bearbeitet.

Diese Bearbeitung teilt sich in drei Hauptarbeiten:

1) das Bearbeiten derjenigen ebenen Schwungradlagerflächen, die später zur Aufnahme der Lagerdeckel dienen,

2) das Bearbeiten derjenigen zylindrischen Flächen, welche später die Lagerschalen aufnehmen und

3) das Bearbeiten der großen ringförmigen Bohrungen, die später den Zylinder tragen und festhalten.

Die Arbeit 1) erfordert ein Senkrecht-Bohr- und Fräswerk, das vom Spindelstock bis zum Setzstock einer starken Wagerecht-Bohrmaschine reicht, Fig. 307. Dieses Bohr- und Fräswerk braucht wagerechte und senkrechte Einstellbewegung.

Wohl genügte es, vor Beginn der ersten Benutzung des Fräswerkes, Spindelstock und Setzstock in die geeignete übereinstimmende Mittenlage zu bringen und dann erst das Bohr- und Fräswerk einzuhängen; aber sobald eine folgende Arbeit damit vorgenommen werden sollte, war das Wiederabheben mit dem Kran und das erneute Einhängen nach erfolgter veränderter Einstellung von Spindel- und Setzstock der Maschine recht umständlich und zeitraubend. Auch das andre mögliche Mittel, durch zwei Arbeiter eine tunlichst gleichmäßige gleichzeitige Auf- und Nieder- oder Hin- und Herbewegung von Spindel- und Setzstock mit dem eingehängt gebliebenen Werk herbeizuführen, war ebenso anstrengend wie unzuverlässig und zeitvergeudend.

Deshalb habe ich an drei von der Werkzeugmaschinenfabrik Union gelieferten Maschinen zur Fertigbearbeitung von Gasmotorengestellen bis 150 PS eine gleichzeitige selbsttätige Bewegung eingeführt. Sie geht aus von den beiden in Fig. 307 vorn sichtbaren Querwellen, deren eine die gleichzeitige Wagerecht-, die andre die gleichzeitige Senkrechtbewegung von Spindel und Setzstock mit dem eingehängten Senkrecht-Bohr- und Fräswerk besorgt. Der Betrieb erfolgt mit derselben Einrichtung, wie in Fig. 306 dargestellt, von dem gleichfalls vorn sichtbaren Steuerkasten aus.

Der mitten aus dem Deckel des Steuerkastens herausragende Handhebel bewirkt augenblickliche Umwandlung der Einstell-Eilbewegung in Fräsbewegung oder umgekehrt.

Drei verschieden große Fräsvorschübe sind, wie in Fig. 306, so auch hier vorgesehen. Das wagerechte große Handrad dient zur letzten gleichzeitigen Feineinstellung von Spindel- und Setzstock. Die Handhebel links vorn betätigen den Geschwindigkeitswechsel des Stufenräderantriebes (Ruppert-Getriebe, s. Seite 142/44), der den an solchen Maschinen bisher üblich gewesenen Antrieb durch Stufenscheiben ersetzt. Dieses Stufenrädergetriebe ermöglicht, unmittelbar links vorn einen in der Figur nicht mit dargestellten Elektromotor anzuschließen, der abwechselnd den Arbeitsbetrieb oder mittels der am Steuerkasten sichtbaren Riemenscheibe die gleichzeitige Einstellbewegung besorgt. Letztere kann durch Lösen der rechts vorn sichtbaren Scheibenkupplungen

— 260 —

Fig. 307.

Maschine zur Bearbeitung von Gasmaschinenrahmen.

schnell, in getrennte, vom Setzstock unabhängige Einzelbewegungen der Bohrspindel umgewandelt werden. Die Buchstaben in der Abbildung geben weiteren Aufschluß über die Art und die Orte der einzelnen zur Bedienung der Maschine nötigen Handhebelumstellungen. Letztere sind sämtlich durch dicht beigesetzte Inschriftenschilder, wie: »Fräsgang—Eilgang«, »wagerecht—senkrecht«, »vor—zurück« usw., für den bedienenden Arbeiter leicht verständlich gemacht.

Erklärung zu Fig. 307.

I Horizontal-Bohr- und Fräsmaschine zur Bearbeitung aller Flächen der beiden Schwungradlager des Motorgestelles und etwaiger Seitenflächen an der Längsseite des Gestelles.

II Horizontal-Bohr- und Fräsmaschine zur Bearbeitung der Innen-Ringflächen des mit dem Motorgestell aus einem Stück gegossenen Zylindergehäuses sowie seiner Flanschflächen und Flanschlöcher.

a Antriebriemenscheibe von Maschine *I*. Die Achse der Antriebscheibe von Maschine *II* liegt parallel zur Achse von *a* und auch auf derselben Seite der Maschine, um bequemen Antrieb von einer Transmissionswelle aus zu erzielen.

b Stufenrädergetriebe (Ruppert-Getriebe) für 8 verschiedene Umlaufgeschwindigkeiten, erzielt durch verschiedene Stellung der drei sichtbaren Kugelhebel. Durch Ein- und Ausrücken des im Spindelkasten des Bohrständers angebrachten Rädervorgeleges werden die erreichbaren Bohrgeschwindigkeiten auf 16 erhöht. Sie umfassen eine Reihe von 2 bis 100 Umdrehungen der Bohrspindel.

c Steuerkasten mit 3 Kegelrädern für Vorwärts- und Rückwärtsvorschub der Bohrspindel.

d Schneckenbetrieb und Handrad des Vorschubes mit Reib-Ein- und Auskupplung.

e Rädervorgelege des Vorschubes zur Verdopplung der 4 Stufenscheiben-Vorschübe.

f Vertikal-Bohr- und Fräsapparat zwischen Bohrständer *I* und Setzstock *i*, selbsttätig vor- und rückwärts und senkrecht laufend, behufs Bearbeitung der zur Aufnahme der Lagerschalen und des Lagerdeckels dienenden Flächen und zum Bohren der Lagerdeckel-Schraubenlöcher.

g wagerecht und senkrecht einstellbares Setzstocklager des Bügel-Setzstockes *s s* der Maschine *II*.

h Spindelstock der Maschine *II* in ähnlicher Bauart wie der Spindelstock von Maschine *I*.

i Setzstock mit senkrecht verstellbarem Lager, das sowohl als Träger von *f* als auch von Bohrstangen dient.

k Steuerkasten für die gleichzeitige Bewegung von Spindelstock- und Setzstocklager der Maschine *I* mit eingefügtem Vertikal-Bohr- und Fräsapparat.

l lösbare Scheibenkupplungen zum Auskuppeln der Mitbewegung des Setzstockes *i*.

So ist es möglich, in kürzester Zeit den die Lagerdeckelflächen bearbeitenden Stirnfräser oder Seitenfräser in seine jeweilig nötige Arbeitstellung und dann zum entsprechenden Vorschub zu bringen.

Nach dem Fräsen dient die senkrechte Spindel als Bohrspindel für die Löcher der Lagerdeckelschrauben und dann unter Anwendung einer entsprechenden Vorrichtung zum Schneiden der Gewinde in den gebohrten Löchern.

Damit ist die Arbeit des Fräs- und Bohrapparates beendet. Er wird unter Benutzung der beiden in Fig. 307 sichtbaren Kettenösen mit dem über der Maschine laufenden Kran abgehoben, und die Arbeit der wagerechten Bohrspindel: Ausbohren der Schwungradlager und Abfräsen von deren vier Seitenflächen, beginnt.

Zu gleicher Zeit hat die zweite, am Stirnende der großen Aufspannplatte rechtwinklig zur ersten stehende Bohrmaschine die zylindrischen Innenführungen, die später zur Aufnahme des einsetzbaren Zylinders dienen, ausgebohrt; hiernach fräst sie den hinteren Flansch des Motorrahmens, bohrt dann die Schraubenlöcher in diesen Flansch und schneidet Gewinde in dieselben ein.

Auch diese zweite Maschine hat selbsttätige Eilbewegungen für schnelle Einstellung auf die nächste Bohrmitte.

Als letzte Arbeit sind etwa vorhandene Seitenflächen am Motorrahmen mittels eines Fräskopfes auf der Bohrspindel der ersten Bohrmaschine abzufräsen, womit die Gesamtbearbeitung bei einmaligem Aufspannen des Rahmens beendet ist.

Eine solche Maschine neuester Modellierung für Rahmen von Gasmotoren bis 150 und 180 PS wiegt angenähert 40 000 kg und kostet rd. 30 000 ℳ.

Für Gasmotoren von 800, 1000 und mehr PS, bei denen der Rahmen nicht mehr aus einem Stück gegossen wird, sondern sich aus zwei einzelnen Rahmenbalken, den Querverbindungen und dem Zylindergehäuse zusammensetzt, verwandelt sich die Bearbeitungsmaschine in eine Maschine, die nur einen der beiden Rahmenbalken bearbeitet und zu dem Zweck Hobelmaschine, Wagerecht-Fräs- und Bohrmaschine und Senkrecht-Fräs- und Bohrmaschine in sich vereinen muß.

Rund-Einstellbewegung.

Auch diese Einstellbewegung kann, wie die geradlinige, entweder dem Werkstück oder dem Werkzeug erteilt werden. Jede der beiden Arten teilt sich in 2 Unterarten.

Bei der Rundeinstellbewegung des Werkstückes, Fig. 308, kann dessen Drehachse parallel oder senkrecht zur Arbeitsrichtung des Werkzeuges liegen. Der erstere Fall stellt sich praktisch meist als Wechsel des Arbeitsortes auf derselben Fläche des Werkstückes dar, der zweite als Wechsel der verschiedenen Arbeitsflächen des Werkstückes in bezug auf die Arbeitstellung des Werkzeuges.

Fig. 308.

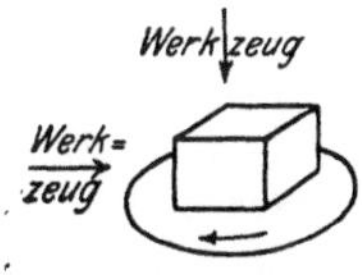

Bei der Rundeinstellbewegung des Werkzeuges kann ein Werkzeug an verschiedene Arbeitsorte des Werkstückes, oder nacheinander verschiedene Werkzeuge an einen Arbeitsort am Werkstück, oder endlich nacheinander verschiedene Werkzeuge an verschiedene Arbeitsorte des Werkstückes gebracht werden.

Schon aus diesen grundsätzlichen Verschiedenheiten erhellt die Mannigfaltigkeit der vorhandenen Ausführungen. Man kann sagen, daß auf dem Konstruktionsgebiet der Rundeinstellbewegung, namentlich wenn sie als Verbund-Einstellbewegung von rund- und geradliniger Einstellbewegung auftritt, ein großer Teil der Zukunftsentwicklung des Werkzeugmaschinenbaues und der praktischen Bearbeitung der Maschinenbaustoffen liegt (Bearbeitung auf Revolver- und Automatenmaschinen[1])).

Es ist nützlich, darauf hinzuweisen, daß unsre deutschen Konstrukteure neben der Beobachtung der Fortschritte andrer, namentlich der Amerikaner, ebenso aufmerksam die bestehenden theoretischen Möglichkeiten der Bearbeitungen studieren sollten. Aus diesen heraus ist der erfahrene Konstrukteur oft imstande, neuartige Formen zu schaffen.

Im folgenden seien einige praktische Ausführungsbeispiele für die vorgenannten Arten der Einstellbewegung gebracht.

Rund-Einstellbewegung des Werkstückes

ist gleichbedeutend mit Rundeinstellbewegung des Aufspanntisches oder Aufspannfutters.

Ein Beispiel des einfachsten Falles, einen bestimmten Arbeitsort einer Werkstückfläche in Arbeitstellung zum Werkzeug zu bringen, zeigte der Drehtisch der Senkrecht-Bohrmaschine, Fig. 264 bis 267 (s. Z. 1906 S. 570).

---

[1]) s. Teil I dieses Buches, Seite 53/58 und 65/73.

Der nächste Fall: verschiedene Arbeitsflächen eines Werkstückes nacheinander in Arbeitstellung zu einem Werkzeug zu bringen, findet weitverbreitete Anwendung an Wagerecht-Bohrmaschinen. Dabei handelt es sich fast stets um die Einstellung des Werkstückes bezw. des Aufspanntisches unter einem bestimmten Winkel. Deshalb ist eine Strichteilung von null bis 90° oder bis 180° oder 360° an einer sauber gedrehten Ringfläche des drehbaren Tisches vielfach zu finden. Die früher gebräuchliche feste Zeigerspitze am tragenden Unterschlitten des Drehtisches, Fig. 309, ist immer mehr dem festen Zeigerstrich, Fig. 310, gewichen, der für das beobachtende Auge die genauere Feineinstellung gewährleistet.

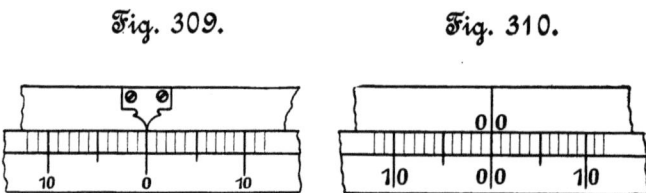

Fig. 309. *Fig. 310.*

Der Tisch wird bei kleineren und mittleren Ausführungen mit der Hand gedreht. Bei größeren Drehtischen, zumal wenn sie für schwere Belastung durch das Arbeitstück bestimmt sind, tritt die bei den Einstellbewegungen des Großwerkzeugmaschinenbaues bereits erwähnte Notwendigkeit ein, die Schnelligkeit der Einstellung zugunsten der Erleichterung der Bedienung zu vermindern. Dies geschieht hier durch einen am Drehtisch angebrachten Schneckenkranz mit Handkurbelung einer eingreifenden Schnecke.

Selbsttätige Rund-Einstellbewegung des Werkstückes.

Diese Bewegung kann für sehr starke Tischbelastungen in Frage kommen. Ein Beispiel für einen Tisch, der bestimmt ist, Werkstücke bis 20000 kg Gewicht aufzunehmen, zeigt Fig. 311 in der Ausführung an einer Wagerecht-Bohrmaschine der Werkzeugmaschinenfabrik »Union«. Der Tisch von 2 m Dmr. kann nach beiden Richtungen gedreht werden, und zwar mittels offenen und geschränkten Riemens, die vom Arbeitstandort aus zur Wirkung gebracht werden. Da die an den Werkstücken auszuführenden Bohrungen im vorliegenden Falle nicht groß waren, so tritt, wie aus der Abbildung ersichtlich, die Bohrmaschine in ihren Abmessungen verhältnismäßig gegen den Tisch zurück.

Fig. 311.
Selbsttätige Rund-Einstellbewegung für schwer belastete Tische.

Schnelleinstellung des Werkstückes im rechten Winkel.

Die am häufigsten vorkommende Rundeinstellung des Aufspanntisches ist dessen Drehung um 90°. Das schnelle Auffinden der gesuchten Winkelstellungen von 90, 180, 270 und 360° ist daher zu einer notwendigen zeitsparenden Einrichtung geworden. 4 keilförmige Einschnitte im Drehtisch und ein durch Federkraft in einen derselben hineingetriebener schlanker Keil a an einem Schieber k im festen Untertisch sind das einfache Mittel dazu. Fig. 312 und 313 zeigen eine neuzeitliche Ausführung. Der Schraubenfeder b soll man bei

Fig. 312 und 313.
Schnelleinstellung im rechten Winkel.

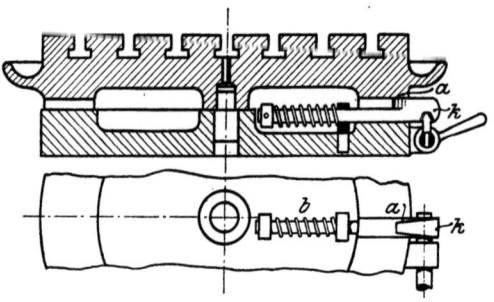

einigermaßen schweren Tischen nicht zutrauen, die letzte Feineinstellung stets zuverlässig selbsttätig auszuführen. Eine Zusatzprüfung der Rechtwinkellage des Tisches nach dem Nullstrich der Gradeinteilung ist unerläßlich und ein Hinweis darauf für den bedienenden Arbeiter durch eine Inschriftplatte am Drehtisch daher zweckmäßig.

Teildrehung der Rundbewegung des Werkstückes.

Diese Bewegung ist am Tisch der Universalfräsmaschine allgemein in Anwendung. Die Tischteile zur Ausführung der Teildrehung zeigen die geschichtliche Entwicklung von Fig. 314 und 315 zu Fig. 316 und 317.

Die Rundführung und Feststellung durch ein Rundprisma t mit Feststellschieber s, Fig. 314, ist zur Rundführung in Fig. 316 mit größerer Grundfläche c und besserer Feststel-

— 267 —

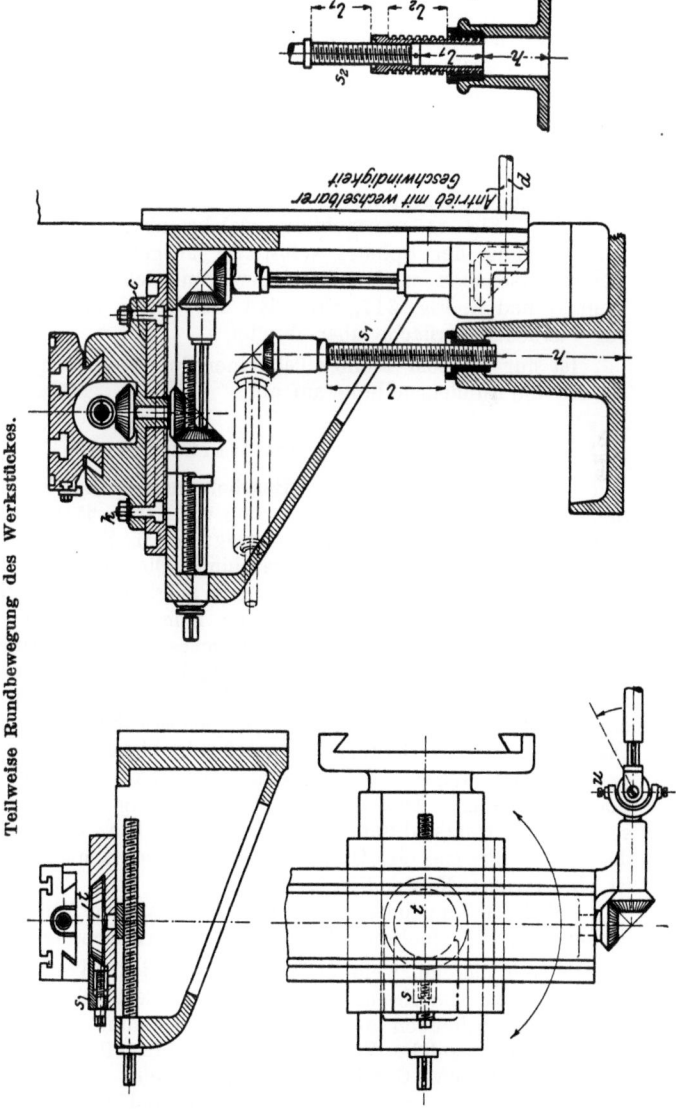

Fig. 314 und 315. Fig. 316 und 317.
Teilweise Rundbewegung des Werkstückes.

lung durch 2 oder 4 Schrauben k geworden. Zugleich weicht der Außenantrieb der Längsbewegung des Obertisches, Fig. 315, mehr und mehr dem Innenantrieb in Fig. 316. Dadurch verschwindet das Universalgelenk u, Fig. 315, und macht dem Vorschub durch Nutwellen und Kegelräder, Fig. 316, als dem stärkeren, gleichmäßiger wirkenden Platz.

Die bei Tiefstellung des Tisches durch oder in den Fußboden ragende Tragspindel s_1, Fig. 316, wird als Teleskopspindel s_2, Fig. 317, ausgebildet, welche durch Rechts- oder Linksdrehung der Spindel selbsttätig ausgezogen oder zusammengeschoben wird. So summieren sich die Schraubwege l_1 und l_2, Fig. 317, ohne daß die Höhe h das Maß bis zur Fußbodenoberfläche überschreitet.

Ist nur ein sehr kleiner Teil einer Rundbewegung nötig, so tritt die Rundeinstellung auf als

Kippeinstellung des Werkstückes.

Diese dient meist nicht der Bearbeitung mehrerer Flächen nacheinander, sondern der Erzeugung von Schrägflächen oder Keilflächen. Ein Beispiel hierfür zeigt der in Fig. 318 dargestellte Tisch einer Querhobelmaschine. Die Kippbewegung des Tisches ist nach zwei Richtungen möglich. Durch den Kurbelzapfen a wird eine Schnecke zum Kippen des als Winkeltisch ausgebildeten Aufspanntisches betätigt. Durch Kurbel b, welche der durch a hervorgebrachten Drehbewegung folgt, und durch Kegelräder, Schraube und Mutter wird eine Kippbewegung rechtwinklig zur eben erwähnten erzeugt. Da solche Tische verhältnismäßig großes Gewicht haben, muß dafür gesorgt werden, daß sie eine genügend sichere Stützführung erhalten. Das ist durch Verbreiterung der unteren, senkrechten Querschlittenfläche c erreicht. Die Ausbildung des oberen Prismas des Querschlittens als Rechtwinkelprisma ist eine fernere Notwendigkeit.

Aehnliche Kippeinstellungen finden sich an den Aufspanntischen von Flügelbohrmaschinen (Radialbohrmaschinen).

Es ist genügend, wenn einige Maschinen jeder Werkstätte eine derartige Einrichtung haben; für die dem allgemeinen Bedarf entsprechenden Ausführungen ist sie unnötig, und es entsteht durch solche Vielseitigkeit der Einstellung in gewissem Grade die Gefahr, daß die zumeist verwendeten Hauptlagen der Aufspannfläche: wagerecht und senkrecht, an dauernder Genauigkeit einbüßen.

Fig. 318.

Querhobelmaschine mit Mehrfacheinstellung des Tisches.

Rund- und Kipp-Einstellbewegung des Werkzeuges.

Diese Einstellung kommt bei den sogenannten Universal-Flügelbohrmaschinen vor. In Fig. 319 ist außer der Rund-Einstellbewegung des Bohrarmes um seine senkrechte Achse noch eine Rund-Einstellbewegung um seine wagerechte Achse und ferner eine Kippbewegung der Bohrspindel in der Ebene ihrer Achse dargestellt.

Auf diese Weise können, einschließlich der beiden Kippeinstellungen des Tisches, an einer Maschine fünf Rund-Ein-

Fig. 319.

Bohrspindel und Arm der Radialbohrmaschine der
Davis & Egan Machine Tool Co.

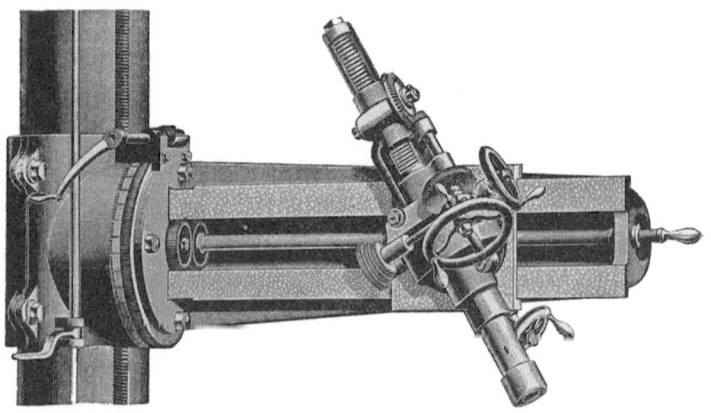

stellbewegungen vereint vorkommen. Auch dies ist keine allgemein notwendige Einrichtung.

Die Kippeinstellungen des Werkzeuges an der Hobelmaschine und der Wagerecht-Planbank zeigen die bemer-

Fig. 320 bis 324.   Schieber des Hobelmaschinen-Werkzeugschlittens.

Fig. 320.   Aeltere Form.

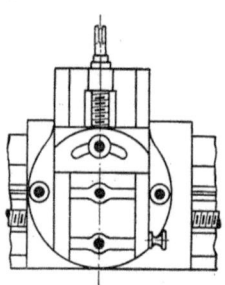

kenswerte Tatsache, daß sich deren in verschiedenen Jahrzehnten und aus verschiedenen Arbeitsbedürfnissen entstandene Anordnungen nach und nach einander immer mehr nähern.

Der kurze, schwache, aus mehr als 50 jähriger Vergangenheit stammende Schieber des Hobelmaschinen-Werkzeugschlittens, Fig. 320 (meist kurz Lyraschieber genannt), der aus der Anforderung, wagerechte Flächen zu hobeln, entstand, ist nach und nach zum langen Schieber mit kräftigem Querschnitt geworden, der auch fähig ist, starken Spanabnahmen an senkrechten Flächen standzuhalten, wobei der untere Teil des Schiebers frei hängt; s. Fig. 321 und 322. Anderseits

Fig. 321 und 322.

Neuere Form.

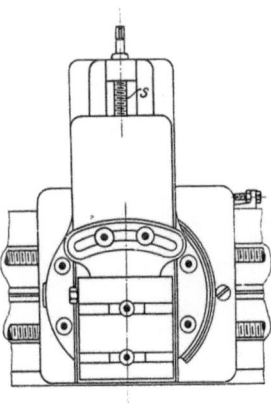

streift das Erzeugnis der Neuzeit: der Werkzeugschlitten der Wagerecht-Planbank, Fig. 323, der aus der Anforderung, senkrechte Löcher zu bohren, hervorgegangen ist, nach und nach seinen zylindrischen oder achteckigen Querschnitt und die Zutat eines Handrades ab und erhält die Schlittenschieberform Fig. 324. Prof. Schlesinger hat in seinem Bericht über die Lütticher Ausstellung in der Zeitschrift des Vereines deutscher Ingenieure bereits diese auffällige Wandlung hervorgehoben.

Infolge dieser Wandlung gibt die Wagerecht-Planbank immer mehr ihren ursprünglichen Charakter einer Senkrecht-Bohrmaschine auf und nimmt immer deutlicher die Mittelstellung zwischen Hobelmaschine und Schlittendrehbank ein.

Fig. 323.
Werkzeugschlitten der Wagerecht-Planbank.

Während die Gegenüberstellung der beiden auf Seite 274 und 275 abgebildeten Figuren 325 und 326, welche eine stehende und eine liegende Wagerecht-Planbank darstellen, die Verwandtschaft mit einer Revolverdrehbank zum Ausdruck bringt, unterscheidet sich die Anordnung des Ständers der stehenden Maschine mit seinem wagerechten und senkrechten Schlitten fast nur noch durch die Form der Werkzeugköpfe von der Ständer- und Schlittenanordnung einer einständrigen Hobelmaschine mit Seitensupport. Größere Ausführungen der Wagerecht-Planbänke zeigen eine gleichartige Verwandtschaft mit der zweiständrigen Hobelmaschine.

Auch der Umstand, daß die in Fig. 323 und 324 sichtbare Schnellbewegung des Lyraschiebers mittels Zahnstange in

Fig. 324. Schlittenschieber.

Fig. 325 und 326 der Bewegung des Lyraschiebers durch eine Schraubspindel gewichen ist, bildet ein weiteres Merkmal der sich vollziehenden Umbildung des Wesens dieser Maschine von der Senkrecht-Bohrmaschine einesteils zur Hobelmaschine für Gegenstände mit räumlich begrenztem Halbmesser (im Gegensatz zur Hobelmaschine für geradlinige, d. h. für Gegenstände mit unendlich großem Halbmesser) und andernteils zur Drehbank mit senkrecht stehender Arbeitspindel.

Fig. 325.

Drehbank mit wagerechter Planscheibe der Bullard Machine Tool Co.

Die Figuren 325 und 326 bilden zugleich den Uebergang zum folgenden Abschnitt.

Die Rund-Einstellbewegung mehrerer Werkzeuge ist das Hauptkennzeichen der Drehbänke mit Revolver-Werkzeugträger.

— 275 —

Fig. 326. Drehbank der Bullard Machine Tool Co., in die wagerechte Lage umgekippt.

Der jetzige Stand der Entwicklung und Verwendung dieser Bänke ist folgender:

Die schon seit Jahrzehnten bekannte und in Anwendung befindliche Klein-Revolverdrehbank geht immer mehr in die Form des Automaten über, daneben entsteht aus der einfachen

18*

Drehbank von größeren Abmessungen immer mehr die Groß-Revolverdrehbank. Anfänge, auch letztere zum Groß-Automaten auszubilden, sind bereits vorhanden.

Beim Automaten verliert die Rund-Einstellbewegung ihre Eigenschaft, ein notwendiger Bestandteil zu sein, wieder. Wo die Möglichkeit vorliegt, die einzelnen Werkzeuge durch wechselweise wirkende geradlinige Ausweichbewegungen der Reihe nach an die Arbeitstelle heranzubringen, wird man diese Art der Einstellbewegung als die meist einfachere wählen.

Beim Revolver-Werkzeugträger tritt die Rundbewegung niemals für sich allein auf, sondern sie erfolgt stets nach einer vorausgegangenen geradlinigen Bewegung, und zwar nach der Rückwärtsbewegung des Werkzeughalters aus seiner

Fig. 327 und 328.

Einspannkopf für Drehstähle.

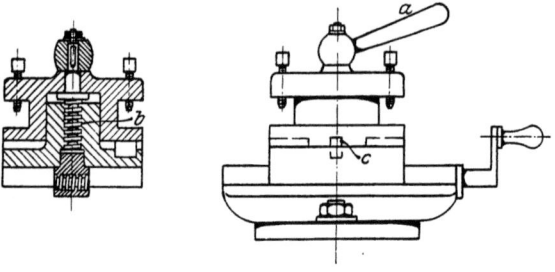

End- in die Anfangs-Arbeitstellung. Zwischen der geradlinigen und der Rundbewegung ist eine dritte Bewegung nötig: das Auslösen der Feststellvorrichtung des Drehkopfes. Die einfachste Art, diese drei Bewegungen auszuführen, ist die, sie einzeln nacheinander mit der Hand vorzunehmen; s. Fig. 327 und 328. Bei diesem für Drehstähle mit dem üblichen rechteckigen Querschnitt eingerichteten Kopf wird, nachdem die Anfangsarbeitstellung erreicht ist, durch Drehen des Handgriffes a samt der Schraubspindel b der Drehkopf aus der Rast c ausgehoben, dann die Drehung freihändig ausgeführt und darauf durch Niederdrehen von b der Eingriff und die Feststellung des Kopfes in der nächsten Rast bewirkt. Durch mehr als 4 Rasten lassen sich Schräglagen des Drehstahles zwischen den 4 Winkellagen erreichen.

Verbund-Einstellbewegungen.

Von den vorgenannten drei Einstellbewegungen: geradliniger Rückwärtsbewegung, Auslösen der Feststellvorrichtung des Drehkopfes und Drehen des letzteren, lassen sich zwei oder auch alle drei derart vereinigen, daß eine durch die andre vorausgegangene selbsttätig ausgeführt wird. Hierfür drei Beispiele in **geschichtlicher Reihenfolge**. Fig. 329 bis 331 zeigen ein Beispiel eines Drehkopfes mit wagerecht liegender Drehachse. Die Abbildung wird durch die früheren Figuren 166 und 167[1]) ergänzt, in denen die Einrichtung zur Längsbewegung des Schlittens auf dem Bett dargestellt war. Der Drehkopf k ist zum Einspannen von 8 Werkzeughaltern mit zylindrischem Schaft eingerichtet; diese werden mittels Spannschrauben s, Fig. 329, festgehalten, die eine Büchse mit Halbrund-Ausschnitt auf den Schaft des Halters drücken. Die Zahl der Halterlöcher o beträgt an solchen Drehköpfen 5 bis 10. Der Kopf k ist mit dem schmiedeeisernen Anzugbolzen a und der Gußbüchse g dicht laufend im Gehäuse p gelagert. Ein mit seitlichen Zähnen oder Klauen d versehener Ring f ist auf g aufgekeilt.

Die beiden Gegenzähne ee am Schieber c bilden die Feststellvorrichtung. c wird durch 2 Schraubenfedern nn stets nach oben gedrückt. Die Auslösung mit unmittelbar folgender selbsttätiger Drehung des Kopfes geschieht wie folgt:

Durch Bewegen des Handgriffes h in der Pfeilrichtung wird zunächst der von den Gabeln am unteren Handhebelende umfaßte Bolzen b und dadurch der Schieber c nach unten gedrückt. Dadurch ist der Zahnkranz d freigegeben. Da der Drehpunkt q des Handhebels nicht am Gehäuse p fest gelagert, sondern am beweglichen Ring l angebracht ist, so bewirkt das Weiterschieben des Handgriffes h in der Pfeilrichtung unmittelbar nach Aufhören des Zahneingriffes de eine Drehung des Kopfes k, indem nämlich Ring l durch den Federbolzen r und dessen Eingriff in die Schrägrasten m_1, m_2, m_3 zeitweilig mit Ring f, somit auch mit Kopf k verbunden ist. Im nächsten Augenblick der Weiterbewegung des Handgriffes h gelangt aber b an das Ende des langen Gabelendes t und schnappt, durch die Schraubenfedern nn getrieben, nach oben, so den Zahneingriff de wieder herstellend. Schnelle Rückwärtsschwingung von h bringt den Federbolzen r

---

[1]) s. Seite 167.

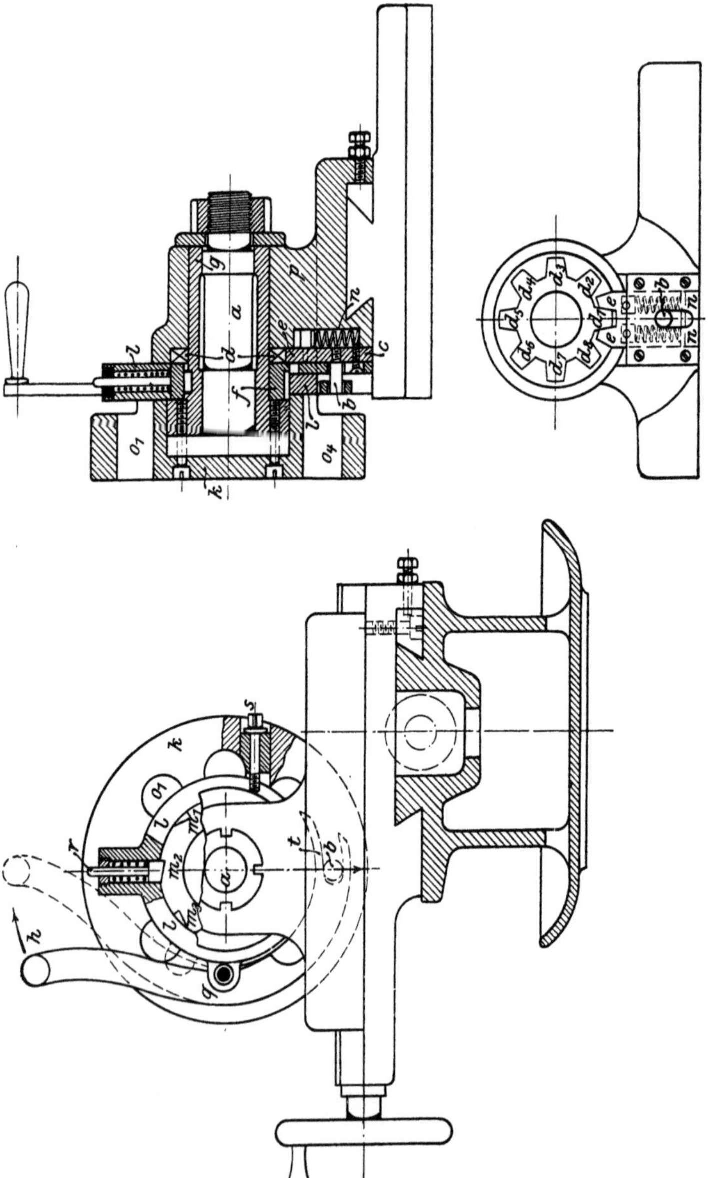

— 278 —

Fig. 329 bis 331. Drehkopf mit wagerecht liegender Drehachse.

in die nächste Schrägrast m_2, womit alles für die nächste Drehkopfeinstellung bereit ist. All diese aneinander gereihten Bewegungen vollziehen sich im Verlauf von etwa zwei Sekunden.

Nur wenig mehr Zeit gebraucht die dreifache Verbundbewegung nach Fig. 332 bis 338. Hier löst die Rückwärtsbewegung des Drehkopfes aus der Endarbeitstellung in die nächste Anfangsarbeitstellung selbsttätig die Feststellvorrichtung aus und dreht den Werkzeugkopf.

Fig. 332 bis 338. Revolverköpfe mit dreifacher Verbundbewegung.

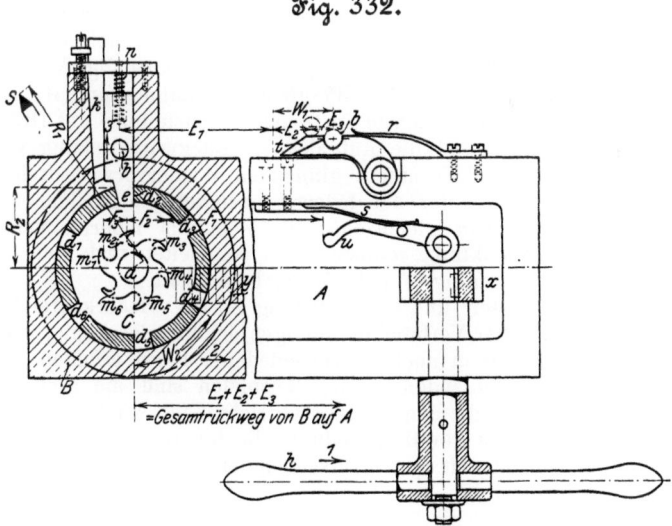

Fig. 332.

Die Figuren sind zeitgeschichtlich geordnete Beispiele. Alle drei stellen Revolverköpfe mit senkrechter Drehachse, als der weitaus gebräuchlichsten Art, dar.

In Fig. 332 ist A ein Teil des Unterschiebers, B ein Teil des auf diesem in Schlittenprismen laufenden Oberschiebers, C die Rundführung des Drehkopfes im Oberschieber des Gesamt-Revolverschlittens. Durch Rückwärtsdrehen des Handkreuzes h in der Pfeilrichtung 1 wird mittels des Getriebes x und der Zahnstange y auch Oberschieber B auf Unterschieber A rückwärts gezogen. Dadurch legt der mit dem Festhaltezahn e verbundene Ausrückbolzen b den Weg

E_1 und der an der Unterseite des Drehkopfes befestigte Stern m_1 bis m_6 den gleichen Weg F_1 zurück.

Bei Fortsetzung der Rückwärtsbewegung macht b den Weg E_2 und wird hierbei durch die Keilfläche t gezwungen, unter Ueberwindung des Druckes der Schraubenfeder n eine Seitenbewegung nach Pfeil 3 auszuführen, während gleichzeitig die federnde Anstoßklinke u durch Zurücklegen des Weges F_2 zum Eingriff mit Zahn m_2 kommt. Es sind hier 6 Werkzeuge, demnach auch 6 Zähne m_1 bis m_6 angenommen. Noch weitere Rückwärtsdrehung von h veranlaßt b zum Zurücklegen von Weg E_3, wodurch t den Zahn m_2 in die dem Wege F_3 entsprechende Lage m_1 bringt. Sobald dies geschehen, hat b das Ende von t erreicht und wird nun plötzlich durch den Druck der Feder n in die nächste Zahnlücke d_3 des Drehkopfes hineingetrieben. Notwendige Voraussetzung ist, daß $E_2 + E_3 = W_1$ gleich der Zahnteilung W_2 ist.

Damit ist die nächste Fest- und Arbeitsstellung des Drehkopfes erreicht und die Aufgabe der Rückwärtsdrehung von h erfüllt. Bei dem nun beginnenden Wiedervorwärtsdrehen von h gleitet b unter der federnd nachgiebigen Keilfläche t hinweg, während gleichzeitig die ebenfalls federnd nachgiebige Anstoßklinke u über Zahn m_3 gleitet und sich so zum künftigen Eingriff mit diesem bereitstellt.

Diese Unter- und Uebergleitung ist ein wiederkehrender Bestandteil aller Verbundbewegungen der Revolverköpfe, mag die Ausführung in noch so verschiedener Form erfolgen.

In den folgenden beiden Beispielen sind die gleichen Buchstaben für die den gleichen Vorrichtungen wie in Fig. 332 dienenden Teile gewählt, wodurch die innere Verwandtschaft aller äußerlich oft grundverschiedenen Konstruktionen am besten klar wird.

In Fig. 333 bis 335 sind der Nutenring $d_1 d_2$ usw. und der Festhaltzahn e von Fig. 332 durch Löcher mit gehärteten und geschliffenen Stahlbüchsen und durch den konischen, gleichfalls gehärteten geschliffenen Bolzen e ersetzt. Auch hier laufen 2 Bewegungen mit gleichen Weglängen wie in Fig. 332 nebeneinander.

Durch Rückwärtsdrehen von h kommt die Hebelnase b in Berührung mit der Keilfläche des Kippkeiles t, während Federklinke u zum Eingriff mit Zahn m_2 gelangt. Bei der Weiterdrehung von h klettert Nase b über den Kippkeil t, während $u m_2$ in die Stellung m_3 schiebt. Bei der nun folgenden Vorwärtsdrehung von h kippt Nase $b\,t$ um, während u über Zahn m_3 gleitet.

Es ist ersichtlich, daß bei den bisher besprochenen Konstruktionen die Rückwärtsbewegung des Schlittenschiebers mittels des Handrades und der Zahnstange stets bis zu einem durch die Eingriffpunkte von t und u bestimmten Ort erfolgen muß, gleichviel ob dieser ganze Rückweg zurückgelegt zu werden braucht, um die Bewegung des Drehkopfes ausführen zu können.

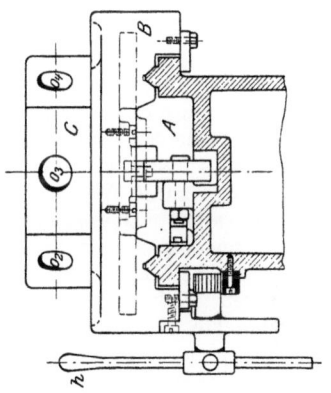

Da das einzige Hindernis für die Drehbewegung nur darin bestehen kann, daß Form und Größe des Werkstückes der Drehung im Wege sind, wenn das eine Werkzeug aus und das nächste in die Arbeitstellung gebracht werden soll, so kann eine Zeitersparnis erreicht werden, wenn man den Endpunkt der Rückwärtsbewe-

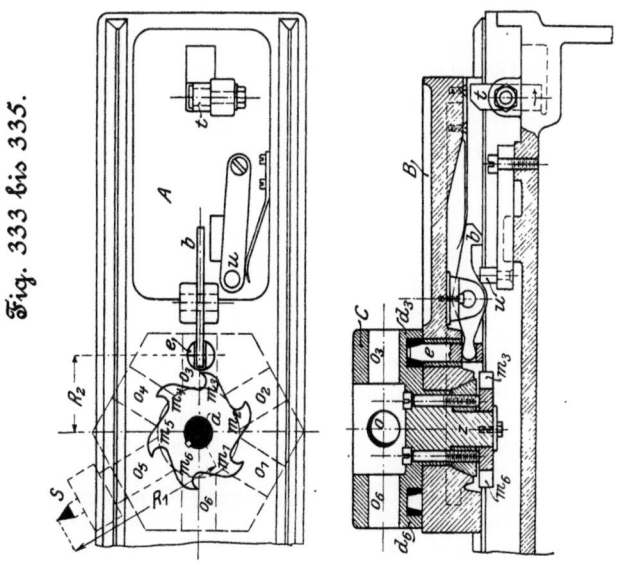

Fig. 333 bis 335.

gung des Werkzeugschlittens veränderlich einrichtet. Dann ist die Möglichkeit da, die Größe des Rückweges des Drehkopfes der Länge und sonstigen Form des Werkstückes anzupassen und somit auf das kleinstmögliche Maß zu beschränken.

Eine solche Einrichtung zeigen Fig. 336 bis 338. Auf dem Bett der Maschine ist eine Klemmhülse v befestigt, in der der Anstoßbolzen w der Länge nach verschiebbar und feststellbar ist. Er packt bei der Rückwärtsbewegung des Revolverschlittens nach Pfeil 1, die hier wie vorher mit Handrad und Zahnstange bewirkt wird, das Ende der Anstoßschiene b mit den beiden seitlich angeschraubten Bandfedern w_1, die mit je einer Nase versehen sind. Vorläufig bringen diese Federn keine andre Wirkung hervor, als die beiden Nasen von b zu umfassen. Durch den Anstoß von b und u schiebt sich b gegenüber dem Schlitten A vorwärts, wodurch gleichzeitig die beiden bereits in den vorhergehenden Fällen dargestellten Wirkungen erzielt werden. Die am Ende von b angebrachte Kippnase t drückt den um den festliegenden Drehpunkt u_2 schwingenden, durch Schraubenfeder n nach oben geförderten Hebel u mittels seiner Seitennase u_1 nieder, wodurch der Festhaltbolzen e aus seinem wie vorher kegelig ausgebüchsten Rastloch d_1, d_2 usw. ausgehoben wird. Während dies geschieht, setzt die seitlich gezahnte Schiene b das lose Getriebe z in eine Teildrehung um den Winkel α. Die obere Stirnfläche des Getriebes ist in soviel Rasten m_1, m_2 usw. geteilt, wie der Drehkopf Werkzeuge besitzt. Die Rasten sind durch einen schräg gestellten Stirnfräser erzeugt, stellen also ein Sperrad mit hohlzylindrischen Zähnen dar. Durch die erwähnte Teildrehung ist die Wandung von Rast m_2 zur Anlage an den mit dem Drehkopf nach oben federnd verbundenen Anstoßbolzen r gekommen. In Fig. 336 ist B die Grundfläche des Drehkopfes. Fortgesetzte Rückwärtsbewegung des Schlittens A nach Pfeil 1 bewirkt nun eine Drehbewegung von r und damit die Drehbewegung des Revolverkopfes so lange, wie die Kippnase t auf dem Seitenanschlag u_1 hingleitet. Sobald aber t u_1 verläßt, wird Hebel u nicht mehr niedergehalten, und die Feder n treibt den Festhaltbolzen e in das sich jetzt darbietende kegelige Loch d_1, d_3 . . ., womit der Drehkopf festgestellt ist.

Die nun folgende Vorwärtsbewegung des Schlittens A nach Pfeil 3 hat außer der Aufgabe, das jetzt bereitgestellte Werkzeug an seinen Arbeitsort zu bringen, noch die Neben-

— 283 —

Fig. 336 und 337.

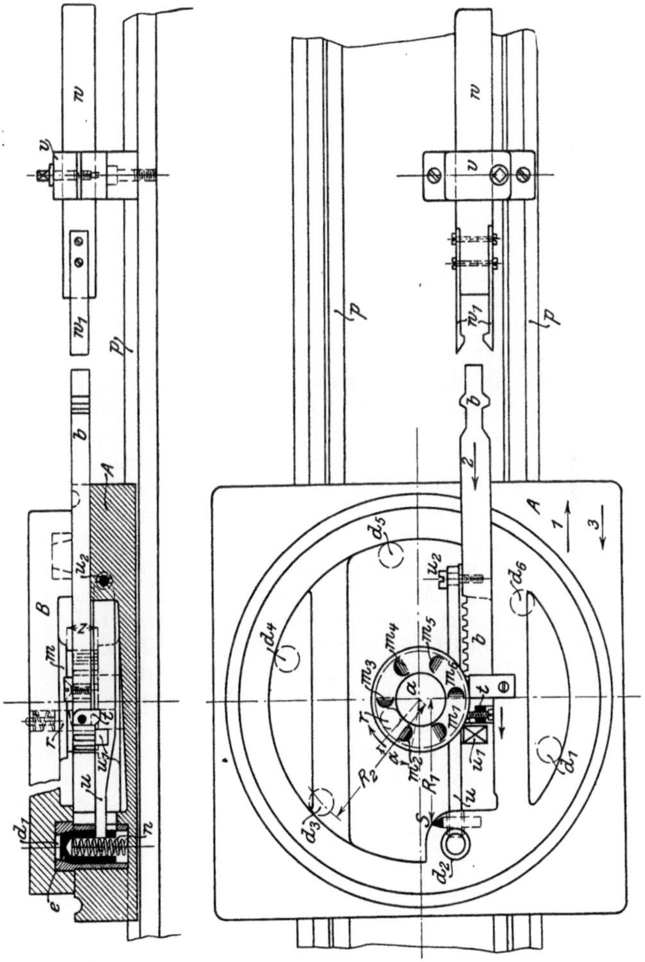

Fig. 338.

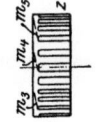

aufgabe, das Getriebe z samt seinen Rasten m_1 bis m_6, das in Fig. 338 gesondert dargestellt ist, wieder soweit rückwärts zu drehen, daß m_3 in dieselbe relative Lage zu r kommt wie jetzt m_2 in Fig. 337, damit das ganze beschriebene Spiel der Bestandteile nach Beendigung der Arbeit des jetzt tätigen Werkzeuges wieder beginnen kann. Dieses Zurückdrehen des Getriebes wird durch die von den federnden Nasen w_1 festgehaltene Zahnstangenschiene b bewirkt. Ein kräftiger Ruck am Handkreuz überwindet nun die Strecklage der Federn w_1, Schlitten A samt Schiene b ist jetzt freigegeben und gleitet auf seinen Dachprismen p leicht weiter bis in die gewollte Arbeitstellung. Letztere wird bestimmt durch die in den früheren Figuren 31 und 32[1]) dargestellten einstellbaren Anschläge.

Es ist ohne weiteres klar, daß die Arbeitsgüte oder die Arbeitsgenauigkeit, die mit einem in einem Drehkopf eingespannten Werkzeug erreicht werden kann, wesentlich abhängig ist von der dauernd guten Wirksamkeit der Festhaltvorrichtung e. Um diese Wirkung zu erzielen, ist in Fig. 332 ein nachstellbarer Keil k vorgesehen, während die Beschreibungen von Fig. 333 bis 338 das Härten des Bolzens e und seiner kegeligen Stahlbüchsen erwähnten.

Aber auch durch die Lage von e zur Werkzeugschneide S ist ein größerer oder minderer Genauigkeitsgrad der zu erzielenden Bearbeitung gewährleistet; er drückt sich zahlenmäßig durch das Verhältnis der beiden Halbmesser R_1 und R_2 von Werkzeugschneide S und Festhaltkegel e aus.

In den Figuren 332 bis 335 ist das Verhältnis $R_1 : R_2$ größer, in Fig. 337 dagegen kleiner als 1. Die Festhaltung des Drehkopfes in seinen Arbeitstellungen ist daher bei diesem in Fig. 336 bis 338 dargestellten sogenannten Flachteller Drehkopf günstiger als bei den in den vorhergehenden Figuren dargestellten Köpfen mit Drehung um einen Zapfen, wobei die Werkzeuge verhältnismäßig weit über ihre Unterstützungsfläche ragen.

Erleichterung der senkrechten Einstellbewegung durch den Gewichtausgleich der senkrecht bewegten Massen.

Es ist erklärlich, daß in dem Maße, wie der Wert der zeitsparenden Einrichtungen erkannt wurde, auch die Anwendung dieses Ausgleiches wesentlich zugenommen hat.

---

[1]) s. Seite 55.

Im ersten Augenblick erscheint es natürlich und richtig, den Ausgleich bis zur theoretischen Grenze zu treiben, d. h. das Gewicht des auf und nieder zu bewegenden Maschinenteiles vollkommen durch ein gleichschweres Gegengewicht auszugleichen, so daß die notwendige Arbeitsleistung für die Auf- und Niederbewegung beider auf das erreichbar kleinste Maß gebracht wird.

Das in der Praxis fortwährende Zutagetreten kleinster schädlicher Nebenbewegungen bei den gewollten Hauptbewegungen an Werkzeugmaschinen in Gestalt der gefürchteten und doch unvermeidlichen toten Gänge hat aber bald dahin geführt, daß man sich im Unter- und Ueberausgleich der senkrecht bewegten Massen ein vorzügliches, einfaches Mittel geschaffen hat, um neben der Erleichterung der Bedienung auch noch die toten Gänge unschädlich zu machen.

Bestimmt man den Betrag des Gegengewichtes beim Unterausgleich um 10 bis 20 vH niedriger, beim Ueberausgleich um ebensoviel höher als das Gewicht des zu bewegenden Maschinenteiles, so wird ein beständiges Aufruhen des bewegten Maschinenteiles auf dem ortbestimmenden Maschinenteil (Schraubengewinde, Zahnflanke einer Zahnstange) erreicht. Der Unterschied ist nur der, daß dieses Aufruhen beim Unterausgleich auf der tragenden Fläche, beim Ueberausgleich unter der tragenden Fläche erfolgt. Das Aufruhen kennzeichnet sich somit entweder als Niederhalten auf die tragende Fläche oder als Hochhalten bis an die tragende Fläche.

Die Grenze der Wegstrecke, für welche nicht das die Einstellbewegung bewirkende Triebmittel (Schraubengewinde oder Verzahnung), sondern ausschließlich das Gegengewicht als Triebmittel auftritt, ist die Größe des toten Ganges im Triebmittel der Einstellbewegung.

Beispiele des Unterausgleiches.

Der Unterausgleich findet überall Anwendung, wo der Arbeitsdruck auf das Werkzeug in neutraler (also wagerechter) Richtung gegenüber dem Druck des Gegengewichtes stattfindet. Das Hauptbeispiel bilden die Wagerecht-Bohrmaschinen mit senkrecht beweglicher Bohrspindel.

Es ist ohne weiteres klar, daß hier nur das früher übliche völlige Fehlen eines Gegengewichtes mit seinem Nachteil: schwieriger Aufwärtsbewegung des Maschinenteiles, oder der neuzeitliche Unterausgleich zuverlässige Genauigkeit der maßstäblichen Senkrechteinstellung ergeben kann. Sobald man hier vollkommenen Gewichtausgleich anwenden wollte, würde der am Maßstab abgelesene Einstellpunkt die wirkliche Einstellung der Bohrspindelmitte um den Betrag des toten Ganges im Bewegungsgewinde oder in der Bewegungsverzahnung nach auf- oder abwärts falsch anzeigen können.

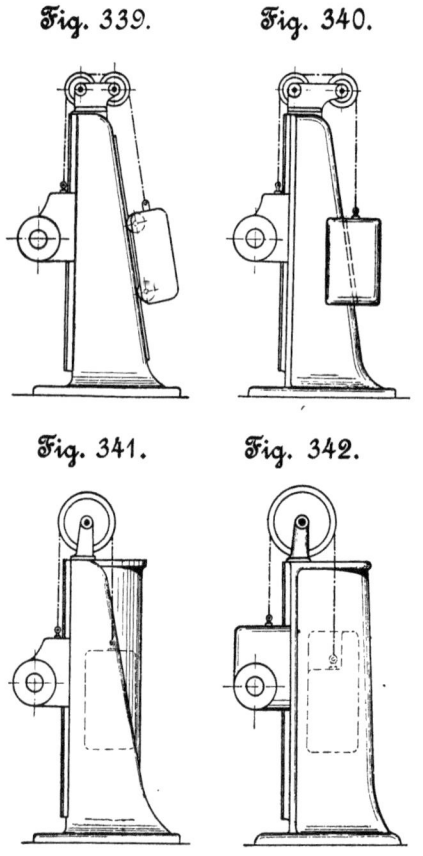

Fig. 339. Fig. 340. Fig. 341. Fig. 342.

In bezug auf die Unterbringung der Gegengewichte für den Unterausgleich an der Maschine tritt das Bestreben nach Herstellung verdeckter oder geschützter Lage des Gewichtes deutlich hervor, und in Verbindung damit verschwinden frühere Sonderformen für die ausgleichenden und für die arbeitenden bezw. widerstandleistenden Teile zugunsten einer Einheitsform, und zwar in der Weise, daß sich der das Werkzeug und den Aufhängepunkt (Kettenrolle) des Gewichtes tragende Ständer in seiner Form dem Nebenzweck, als Hülle für das Gegengewicht zu dienen, anpaßt.

So ist z. B. die früher häufige Benutzung der Rückwand des Ständers als Lauffläche für das Gegengewicht, Fig. 339, außer Gebrauch gekommen. Statt dessen hängt man das Gegengewicht frei auf. Falls sich seine Breite größer berechnete als die Ständerbreite, umfaßt es den Ständer

U-förmig, Fig. 340. Später wurde das Gegengewicht in das Innere einer sich an die Seitenwände des Ständers anschließenden, als selbständige Form auftretenden Hülle verlegt, Fig. 341. Schließlich sind Ständer und Gewichthülle in der Neuzeit völlig zur konstruktiven Einheit verschmolzen worden, Fig. 342.

Ferner wird der Wahl des Angriffpunktes des ausgleichenden Gewichtes an dem zu hebenden Maschinenteil größere Sorgfalt zugewendet.

Die äußerliche Symmetrie der Lage des Angriffpunktes am bewegten Maschinenteil ist nicht mehr bestimmend, sondern die Aufhängung des Maschinenteiles annähernd im Schwerpunkt wird mit Recht bevorzugt. Bei Anwendung nur einer Tragrolle findet sich daher jetzt häufig die Schrägstellung der Rolle, die man früher als Schönheitsfehler der Maschine bezeichnet haben würde.

Beispiele des Ueberausgleiches.

Ueberausgleich wird angewendet, wo der Arbeitsdruck senkrecht bewegter Werkzeugträger nach unten gerichtet ist, mit andern Worten, wo das Werkzeug von oben schneidet. In diesem Falle soll das Gegengewicht um so viel schwerer als der Werkzeugträger sein, daß sein Uebergewicht die Reibung an der senkrechten Anlagefläche (Schlittenfläche, Werkzeugspindel) dauernd überwindet, daß also die das Werkzeug tragende Zahnflanke oder das Gewinde stets an der unteren Zahnflankenseite bezw. Fläche des widerstandleistenden Gewindes anliegt. Selbstverständlich müssen diese widerstandleistenden Teile gegen Verschiebung nach oben gesichert sein, während dies bei den vorher ausgeführten Beispielen des Unterausgleiches meist nicht nötig ist.

Der Querschlitten großer amerikanischer Langfräsmaschinen mit beweglichem Tisch wird durch 2 Gegengewichte ausgeglichen, Fig. 343, die im unteren kastenförmigen Teile der beiden den üblichen Hobelmaschinen ähnlichen Ständer untergebracht sind und bei höchstem Stand des Querschlittens in eine Vertiefung des Fußbodens sinken. Neuere deutsche Anordnungen vermeiden das Eindringen in den Fußboden dadurch, daß die Ständer die Form einer Hohlsäule erhalten, wobei die Gegengewichte in größerer Höhe aufgehängt werden können (Beispiel: Langfräsmaschinen der Wanderer-Fahrradwerke in Schönau-Chemnitz). Die Tragketten oder Drahtseile laufen da, wo sie in die Ständer eindringen, über je eine große oder mehrere kleinere Leitrollen.

Gleiches ist der Fall bei schweren Senkrecht-Fräsmaschinen, Fig. 344. Die Zapfen a und b sind die Drehzapfen der Kettentragrollen. Wie die früheren Figuren 274 und 275[1]) zeigen, werden jetzt auch schon kleine Massengewichte ausgeglichen, wenn, wie bei der Senkrechtbewegung des Setz-

Fig. 343.

Querschlittenausgleich an einer großen amerikanischen Langfräsmaschine.

stocklagers der Wagerecht-Bohrmaschine, Zeit damit erspart wird.

Zu den kleineren Gewichtausgleichen gehört auch der Ausgleich der Werkzeugträger (Werkzeugschlitten, Bohrspindel) an Wagerecht-Planbänken und an Senkrecht-Bohrmaschi-

---

[1]) s. Seite 227.

Fig. 344.

Gewichtausgleich an einer schweren Senkrecht-Fräsmaschine.

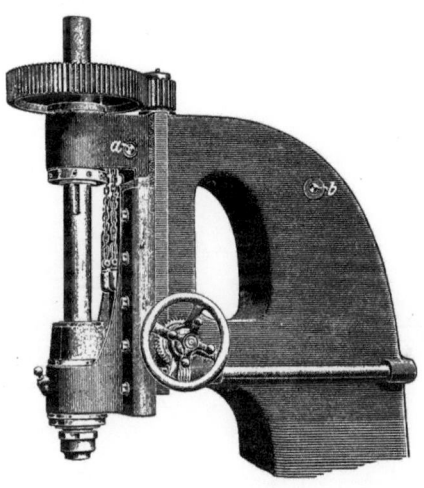

Fig. 345. Gewichtausgleich an einer Wagerecht-Planbank.

nen. Bei ersteren muß die Aufhängung des Gegengewichtes auch Schrägstellungen des Werkzeugträgers w gestatten, Fig. 345. Die freihängende sperrige Lage des Gegengewichtes g wird als kleines Uebel meist in den Kauf genom-

Fig. 346.

Aufhängung einer Senkrecht-Bohrspindel.

Fig. 347.

Gewichtausgleich für Bohrspindel und Bohrspindellager.

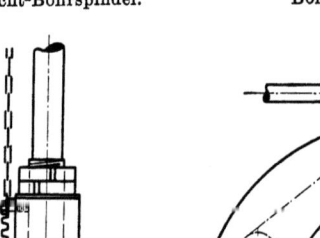

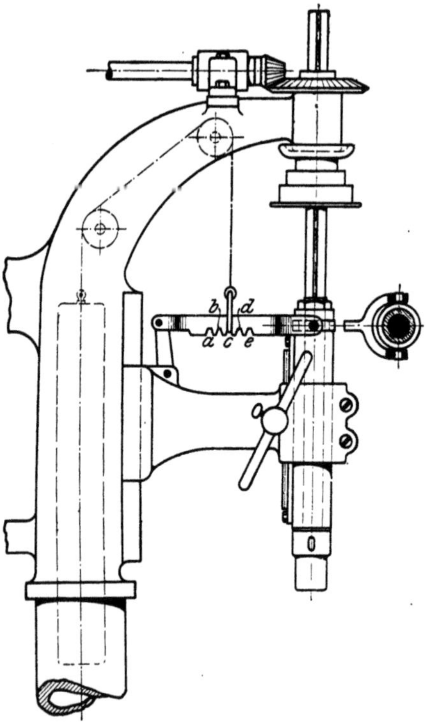

men. Wo es die örtlichen Verhältnisse gestatten, führt man die das Gegengewicht tragenden Drahtseile oder Ketten $s\,s$ nach einer Wand oder Säule des Gebäudes, wo eine Schutzhülle für das Gewicht angebracht werden kann.

Ganz allgemein geworden ist der Gewichtausgleich bei der Bohrspindel der Senkrecht-Bohrmaschine; ohne solchen steht eine Senkrecht-Bohrmaschine nicht mehr auf der Höhe der Zeit. Das ist erklärlich, denn hier begegnen wir einem vervielfachten Nutzen des Ausgleiches. Neben der unmittelbaren Zeit- und Kraftersparnis beim Aufwärtsbewegen der Spindel wird durch Vermeidung des toten

Ganges im Zahnstangenvorschub der Spindel noch eine mittelbare Zeitersparnis herbeigeführt in Gestalt der

Schonung der Werkzeugschneide.

Beim umlaufenden Werkzeug mit senkrechter Achse, dem Spiralbohrer oder Bohrmesser der Senkrecht-Bohrmaschine, bringt der Augenblick, wo die Bohrerspitze oder Messerschneide

Fig. 348.

Zentraler Gewichtausgleich bei einer mehrspindligen Bohrmaschine.

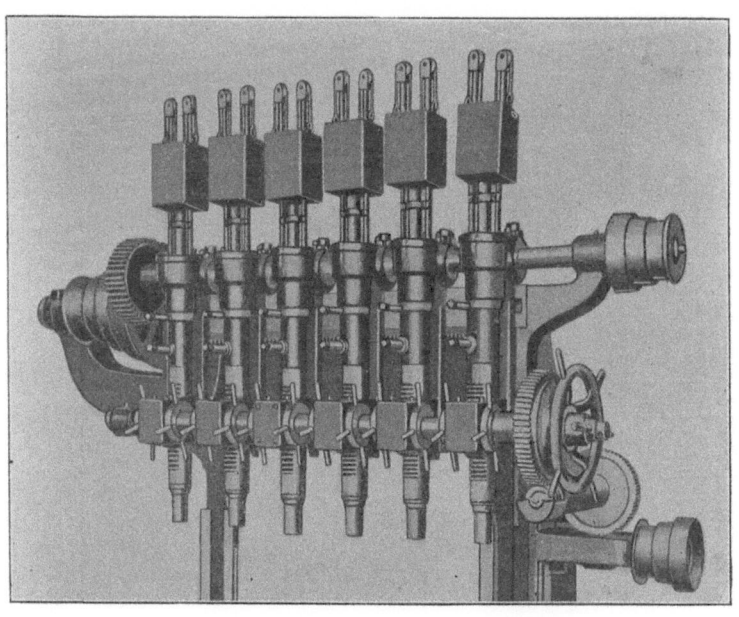

das Werkstück durchdringt, die Gefahr des Abbrechens der Bohrerspitze oder der Messerschneide, wenn nicht das Eigengewicht der Bohrspindel, das beim Bohren durch den Bohrdruck aufgehoben, beim Durchdringen des Werkzeuges aber plötzlich frei wird, durch ein Uebergewicht ausgeglichen ist. Die meist übliche Art der Aufhängung der Senkrecht-Bohrspindel mittels eines Gegengewichtes zeigt Fig. 346.

Wie durch ein Gegengewicht der eben beschriebene Zweck und außerdem der Gewichtausgleich des unteren beweglichen Bohrspindellagers erreicht werden kann, zeigt Fig. 347. In geschickter Weise ist durch die verschiedenen Rasten *a*, *b*, *c*, *d*, *e* erreicht, daß man für beide Zwecke den richtigen Gewichtanteil durch einen praktischen Versuch finden kann. Diese gute Anordnung findet sich z. B. an Senkrecht-Bohrmaschinen von Gould & Eberhardt.

Fig. 349.
Gewichtausgleich bei einer Stoßmaschine.

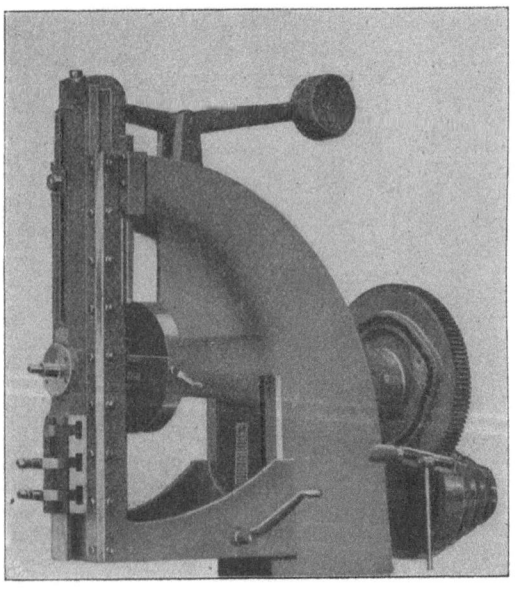

Auch zentrale Aufhängung des Gegengewichtes der Bohrspindel wird angewendet, und zwar bei einspindligen und auch bei mehrspindligen Bohrmaschinen, Fig. 348.

Beim geradlinigen senkrechten Werkzeugschnitt (Stoßmaschine), Fig. 349, wird ein dreifacher Nutzen durch den Gewichtausgleich erreicht: der Aufwärtsgang wird erleichtert, und es wird erstens vermieden, daß sich die Werkzeugschneide beim Anschnitt aufsetzt, zweitens, daß sie beim Durchschneiden des Werkstückes um den Betrag des toten Ganges in den Triebteilen schnell herabfällt. Das Aufsetzen gibt bekanntlich eine abgerundete Anfangsschnittstelle a, das schnelle Durchbrechen eine ausgebrochene Endschnittstelle b, Fig. 350.

Fig. 350.

Beim geradlinigen wagerechten Werkzeugschnitt (Hobelstahl) ist der Doppelzweck: Aufheben des toten Ganges im Vorschubmittel und Schonung der Stahlschneiden, weder gleichzeitig noch durch ein und dasselbe Mittel (Gegengewicht) wie bei der Senkrecht-Bohrmaschine erreichbar, sondern beide notwendigen Verrichtungen verlangen Sondermittel.

Aufhebung des toten Ganges in der senkrechten Schraubspindel des Hobelmaschinenschlittens.

Jede Spindel eines Werkzeugschlittens, daher auch die senkrechte Spindel im Werkzeugschlitten der Hobelmaschine, ist — auch kaum in der ersten Zeit ihrer Benutzung — ganz frei von totem Gang. Mit der Benutzung wächst letzterer bis zu hohen Prozenten der Gewindeganghöhe, und zwar wird das Uebel um so lästiger, wenn, wie es meist der Fall ist, die Abnutzung der Gewindegänge an gewissen Stellen der Spindel durch die dort häufigere Benutzung größer als an andern Stellen wird. Daher bedürfen von rechtswegen alle, mindestens aber alle senkrechten, das Werkzeug nach unten drückenden Schlittenspindeln stets einer Ausgleichvorrichtung für den toten Gang.

Bei der senkrechten Schlittenspindel (Lyraspindel) der Hobelmaschine macht sich der tote Gang sogar durch Mindergüte der erzeugten Hobelfläche bemerkbar. Nur der von jedem Hobler angewandte Kunstgriff, mindestens beim letzten Schlichtspan nach geschehener Spaneinstellung die Leistenschrauben des Lyraschiebers fest anzuziehen, macht eine vielgebrauchte Hobelmaschine noch fähig, guten, glatten Hobelschnitt zu liefern.

Lediglich die Sperrigkeit der Anordnung hat wohl bisher verhindert, das Gegengewicht der Wagerecht-Planbank, die man ebensogut eine Rundhobelmaschine nennen könnte, auf die Hobelmaschine zu übertragen.

Die in Fig. 351 und 352 dargestellte Vorrichtung zum Ausgleich toten Gewindes an Schlittenspindeln, die von einem mir unbekannten Erfinder herrührt (der sich vielleicht durch diese

Fig. 351 und 352.

Ausgleichvorrichtung für den toten Gang an Schlittenspindeln.

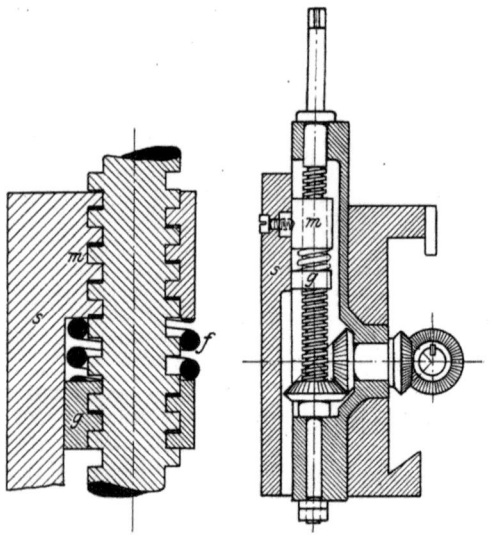

Veröffentlichung veranlaßt fühlt, seinen Namen zu nennen), ist ein gutes und einfaches Mittel, das Gewicht senkrecht bewegter Werkzeugschlitten ohne Gegengewicht auszugleichen. Mutter m und Schieber s sind fest miteinander verbunden. Die Gegenmutter g ist nicht mit s verbunden, sondern hat nur eine ebene Fußfläche, die durch ihre Anlage an s die Drehung von g verhindert. Demnach kann sich g um den Betrag des toten Ganges in den Gewinden gegen s verschieben. Diese Verschiebung wird durch die kräftige kurze Schraubenfeder f ständig erhalten und dadurch m samt s von g getragen. Die Stärke und Spannung der Feder muß so berechnet sein, daß sie das Gewicht der Teile $astuz$, s. Fig. 353, übertrifft. Fig. 352 zeigt diese Federwirkung deutlich durch die mit kräftigen schwarzen Linien dargestellte Verteilung der toten Gewindegänge auf die beiden Muttergewinde von

Fig. 353. Ausgleichvorrichtung beim Rückgang des Werkzeuges.

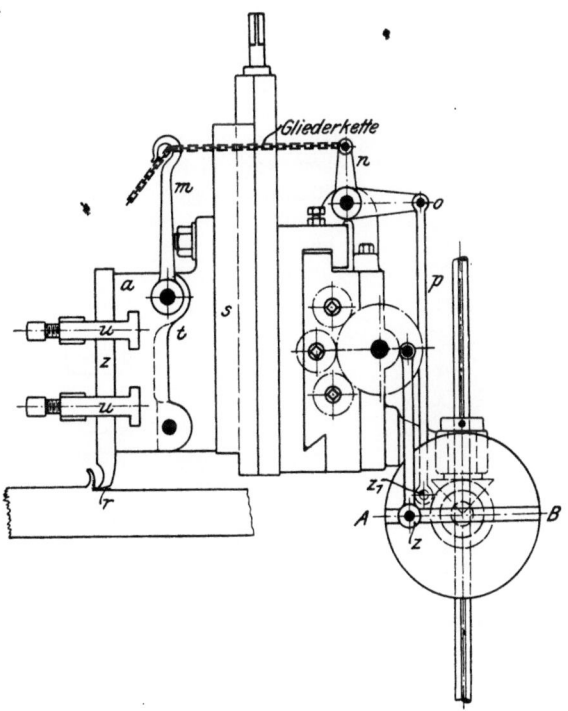

m und g. Der einzige Nachteil dieser Einrichtung besteht darin, daß sich durch ihren Einbau der senkrechte Einstellweg des Schlittens vermindert. Doch die immer größer gewordene Länge des Lyraschiebers, vergl. die früheren Figuren 316 und 318, kommt der Anwendung dieses Mittels neuerdings sehr zustatten.

Die zweite bei Hobelmaschinen nötige Vorrichtung,

nämlich die zur Schonung der Stahlschneide (Meißelhub), kennzeichnet sich als

zeitweilig wirkender Gewichtausgleich,

und zwar handelt es sich hier um den Ausgleich des verhältnismäßig kleinen Gewichtbetrages, mit dem der Rücken der Hobelstahlschneide beim Rücklauf des Hobelmaschinentisches auf der Schnittbahn gleitend aufliegt. Wäre diese Schnittbahn ein Schleifmittel, so würde dabei die Hobelstahlschneide geschärft, so aber geschieht das Gegenteil, sie wird stumpf. Und dies ist der Grund, die Stahlhalterklappe a, Fig. 353, kurz vor Beginn des Tischrücklaufes ein wenig anzuheben, so daß der Rücken r der Stahlschneide beim Rücklauf frei schwebt.

Die Abstumpfung der Schneide ist nur geringfügig, wenn der Rücken auf der eben vollendeten Schnittbahn gleitet. Fast alle Werkzeugschlittenschaltungen haben aber die unangenehme Eigenschaft, daß nur bei einer der beiden möglichen Klinkenlagen 1 und 2, Fig. 354, das Werkzeug zur

Fig. 354. Fig. 355 und 356.

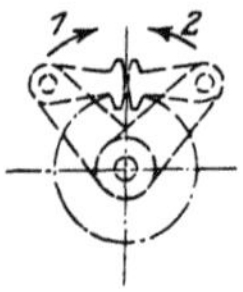

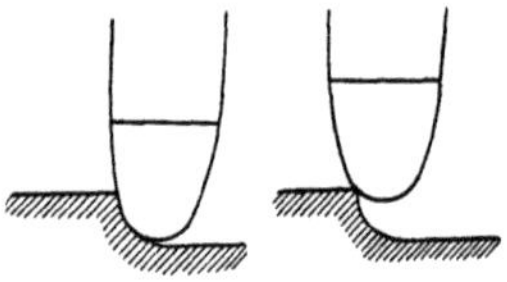

richtigen Zeit weitergeschaltet wird, d. h. nach Beendigung des Tischrücklaufes, unmittelbar vor Beginn des nächsten Schnittes. Legt man die Klinke zum Richtungswechsel des Vorschubes in die andre Lage um, so wird das Werkzeug nicht mehr in diesem günstigen Zeitpunkt, sondern zu früh, d. h. schon vor Beginn des Tischrücklaufes, weitergeschaltet.

Infolge dieser zu frühen Schaltung gleitet der Rücken der Hobelstahlschneide nicht in der soeben gehobelten, also verhältnismäßig glatten Schnittbahn, Fig. 355, sondern auf der Kante des vorigen Schnittes, also auf roher Kruste, Fig. 356. Selbstverständlich leidet dadurch die Schneide des Stahles viel mehr. Diese ungünstige Schaltung richtig zu stellen, dienen die in den früheren Figuren 205 bis 207 (s. Seite 181) und auch in Fig. 353 dargestellten Umstelleinrichtungen des Hubzapfens z von der Seite A nach der Seite B der Schaltscheibe.

Mit dieser Einrichtung begnügen sich jetzt durchschnittlich alle neueren amerikanischen und deutschen Hobelmaschinen. Mehr als heute wurde früher die in Fig. 353 dargestellte Meißelhubvorrichtung mit den Hubteilen $mnop$ angewendet. Da die Größe des senkrechten Abhubes der Stahlschneide vom Werkstück von der Spantiefe abhängig ist, nicht aber von der Größe der Spanbreite (Vorschub), so ist es nicht richtig, den Abhub in Verbindung mit dem verstellbaren Hubzapfen z des Vorschubes zu bringen, wie es in bequemer Weise vielfach geschieht. Richtiger ist eine unabhängige Bewegung, wie sie z. B. in Fig. 353 durch den Sonderhubzapfen z_1 hervorgebracht wird. Letzterer kann unverstellbar sein, wenn der von ihm hervorgebrachte Klappenhub etwas größer als die vorkommende größte Spantiefe gewählt wird.

Mehrere Umstände haben zusammen gewirkt, daß man solche Meißelhubvorrichtungen jetzt weniger anwendet. Es sind dies:

1) die jetzige Betätigung der Schaltung durch eine senkrechte Zahnstange, s. die früheren Figuren 211 und 212 (s. Seite 184), wobei die Einrichtung eines von der Schaltgröße unabhängigen Anhubes umständlich wird;

2) das unschöne und bei Schräglagen des Schlittens unvollkommen wirkende Zwischenglied einer einzuhängenden Gliederkette, Fig. 353;

3) die Einführung widerstandsfähiger Stahlsorten für die Werkzeuge.

Alle diese Gründe sind indes nicht ausschlaggebend, sobald es sich um Feinhobelei handelt. Bei dieser ist jedes praktische Mittel zur Schonung der Stahlschneide am Platz.

Das oben über das Gleiten des Stahlrückens beim Tischrücklauf Gesagte führt fast von selbst zu der Ueberlegung, daß eine Einrichtung für die Werkzeugumschaltung, die unter allen Umständen, d. h. in beiden möglichen wagerechten Vorschubrichtungen stets vor Beginn des Schnittes, niemals vor Beginn des Tischrücklaufes wirkt, auch ohne Meißelhubvorrichtung die schädliche Rückgleitwirkung in einfacher Weise auf ein kleinstes Maß herabzudrücken geeignet ist.

Eine solche Hobelmaschinenschaltung ist die Schaltung des Verfassers, die von der Werkzeugmaschinenfabrik Union gebaut wird und sich bereits an mehreren hundert gelieferten Maschinen als dauernd tadellos wirkend bewährt hat. Fig. 357 bis 359 stellen den Schaltantrieb dar. Zur Gegenüberstellung des nach amerikanischem Vorbild jetzt meist üblichen Schaltantriebes dient Fig. 360.

In beiden Einrichtungen geht der Antrieb von der Welle w aus. w ist die zweite Getriebewelle der Hobelmaschine, s. Fig. 361, und in beiden wird die hin- und hergehende Schwingbewegung der Kurbelscheibe k, welche die nach dem Schaltklinkenhebel führende Zugstange z auf und nieder be-

Fig. 357 bis 359. Hobelmaschinenschaltung von Fr. Ruppert.

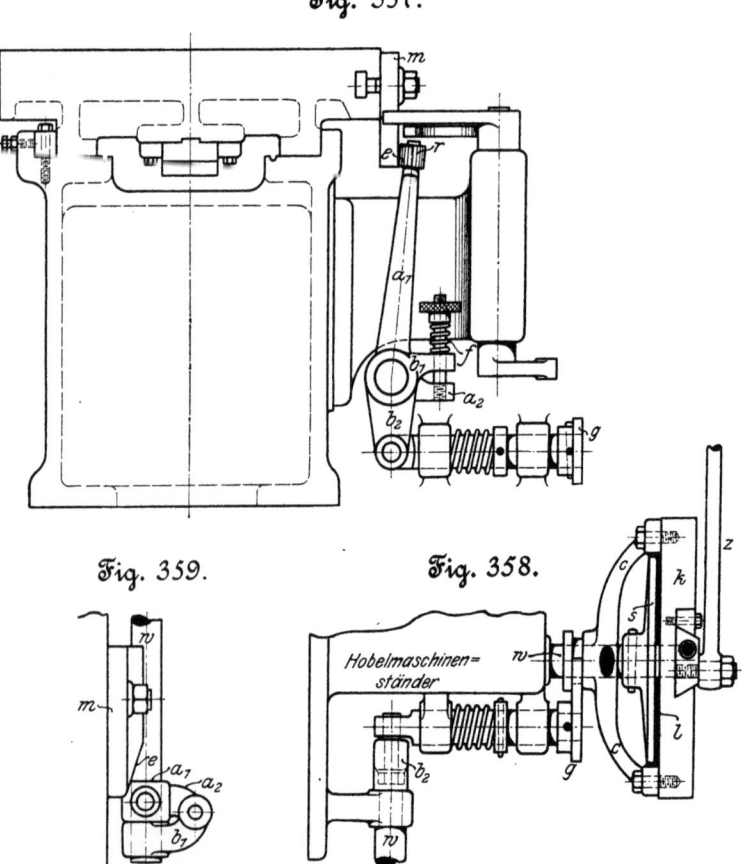

wegt, durch Reibung erzeugt. Die Reibung wird nach Fig. 360 durch 2 Lederscheiben $l_1 l_2$, nach Fig. 358 durch eine Lederscheibe l hervorgebracht. Die Lederscheibe ist in Fig. 358 mit der gußeisernen Tellerscheibe s verbunden.

Nach Fig. 360 werden die Lederscheiben durch mehrere Federn f dauernd an die Kurbelscheibe gepreßt.

So lange sich die Welle w nach der einen Richtung (also z. B. beim Vorwärtsgang des Hobelmaschinentisches) dreht, ist die Reibung bestrebt, die Kurbelscheibe k beständig

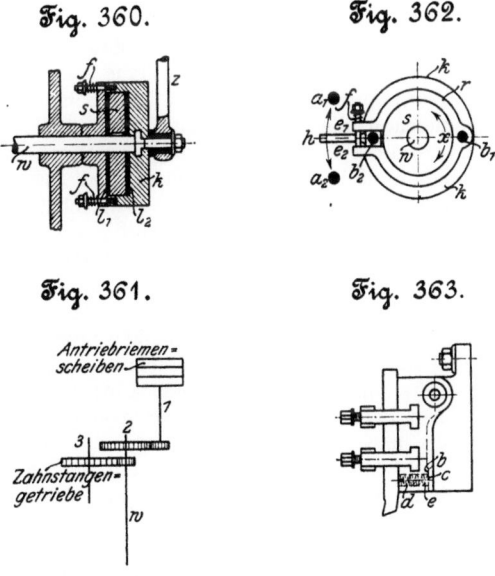

Fig. 360.   Fig. 362.

Fig. 361.   Fig. 363.

in einem Sinn umzudrehen. Die Scheibe würde sich daher im Kreise drehen, wenn nicht ein Anschlagstift ihre Drehung begrenzte. Sobald die Weiterdrehung behindert wird, wirkt natürlich die Reibung nutzlos weiter, und zwar so lange, bis der Hobelmaschinentisch ans Ende seines Weges gekommen ist. Hier erfolgt durch die früher in Fig. 54 und 55 (s. Seite 83) dargestellten Riemensteuerungen der Umlaufwechsel. Nun dreht sich die Welle w im andern Sinne, und es entsteht eine kurze Nutzwirkung der Lederscheibenreibung, so lange, bis der Rücklauf der Kurbelscheibe k durch einen zweiten Anschlag begrenzt wird. Von da ab findet wieder eine nutzlose Dauerwirkung der Lederscheibenreibung an der Kurbelscheibe statt, bis der Hobelmaschinentisch ans andre Ende seines Weges gelangt ist. Die eben geschilderte, auf $3/4$ bis $9/10$ des Tischweges nutzlose Reibung muß so stark sein, daß sie ausreicht, die Schaltklinke des Schlittens in Schwingung zu versetzen. Das ist aber nur möglich durch Ueberwindung der Reibung, die der Hobelmaschinenschlitten auf seiner Führung (Querschlitten oder Lyraschlitten) bei der Fortschaltung verursacht.

Die dazu erforderliche Arbeitsleistung ist, namentlich bei größeren Schaltungen (man verwendet z. B. beim Schlichten Schaltungen bis zu 20 mm) und beim gleichzeitigen Arbeiten mit mehreren Schlitten so groß, daß ein beständiges Warmlaufen der Kurbelscheibe k beinahe die Regel bildet. Da dieses Warmlaufen aber sonst keinen Schaden anrichtet und sich niemand die Mühe nimmt, den ständigen kleinen unnützen Verbrauch an Triebkraft mit der Anzahl der arbeitenden Hobelmaschinen und der Anzahl der Arbeitstage im Jahre zu multiplizieren, so findet die Kundschaft diese Einrichtung ganz zufriedenstellend, namentlich, weil sie amerikanischen Ursprunges ist; und auch der Fabrikant ist zufrieden damit, da sie in der Herstellung einfach und billig ist. Ich bin daher genötigt, meine in der Herstellung etwas teurere Erfindung einer Kurbelscheibenbewegung ohne nutzlose Dauerreibung einerseits mit meinem technischen Idealismus, anderseits mit meiner kritischen Ader auch gegenüber amerikanischen berühmten Mustern vor dem geneigten Leser zu entschuldigen.

Vorher eine kurze Geschichte, wie ein findiger Kopf die unnütze Reibung in der amerikanischen Hobelmaschinenschaltung auf einfache Weise hat beseitigen wollen. Fig. 362 zeigt die Kurbelscheibe k mit einem gespaltenen Bremsring r durch die beiden Bolzen b_1, b_2 verbunden. Der Bremsring ersetzt die Lederscheiben l. Er wird auf den Umfang der auf der Welle w sitzenden Bremsscheibe s durch zwei hinter einander liegende, einen Hebel zwischen sich habende Schraubenfedern f gepreßt. Der Hebel endet in eine quadratische Nabe. Findet er bei der Umdrehung von s seine Ausschlagbegrenzung an einem der beiden Anschlagbolzen a_1 oder a_2, so — schließt nämlich der Erfinder dieser Einrichtung — wird die Reibung zwischen s und r aufgehoben. Diese Behauptung ist in ernsten technischen Zeitschriften, auch in technischen Büchern nachgesprochen und -gedruckt worden; es ist sogar dem Kaiserlichen Patentamt untergelaufen, diese unmögliche Reibungsaufhebung patentiert zu haben.

Statt des Gewollten bewirkt diese Einrichtung weiter gar nichts als einen etwas sanfteren ersten Anschlag von h gegen a_1 und a_2. Der Federdruck von f könnte durch Hebel h nur dann überwunden werden, wenn die Reibung zwischen s und r an der Stelle x unverändert bestehen bliebe. Jede Schwingung von h zwischen den beiden parallelen Enden e_1, e_2 des Bremsringes r müßte aber augenblicklich die Reibung zwischen s und r aufheben. Daraus würde sofort die Wirkung folgen, daß sich s gegen r relativ um einen entsprechenden Betrag drehte, wodurch augenblicklich die Parallellage von e_1, e_2 und die frühere Reibung zwischen s und r wieder hergestellt würde.

Dieser Vorgang bedeutet daher keine Aufhebung der Reibung während der Drehung von s, sondern nur das beständige Zurückführen der durch kleinste Augenblickschwingungen der vierkantigen Nabe von h erhöhten Federspannung auf ihren vorherigen Betrag bei Parallellage von e_1, e_2. Wer dieser Erklärung nicht glaubt beistimmen zu können, mache einfach den praktischen Versuch, an einer mit dieser garnicht seltenen Einrichtung ausgestatteten Hobelmaschine den Hebel h mit der Hand zum Ausschwingen zu bringen. Dabei müßte sich doch nach der Theorie des Erfinders die Reibung zwischen s und r aufheben. Sie tut es aber nicht, sondern s wird durch r mit in Drehung versetzt, oder, wenn man s festhält, muß die durch die Federn erzeugte Reibung zwischen s und r im vollen Betrag überwunden werden, um r und k in Umdrehung versetzen zu können.

Der Kern des in Fig. 357 bis 359 dargestellten neuen Schaltantriebes ist eine nur zeitweilig wirkende Reibung zwischen Lederscheibe l und Kurbelscheibe k. Daneben ist die Zeit dieser kurzen Reibung so zu begrenzen, daß die Umkehr des Umlaufs der Welle w vor Beginn des Hobelschnittes benutzt wird, um gleichzeitig die Schwingung der Kurbelscheibe umzukehren. Die Anpressung von k an l muß also in dem Augenblick und so lange erfolgen, wie der Tisch das letzte Stück (etwa 100 mm) seines Rücklaufes und das erste ebenso lange Stück seiner Vorwärts- (Schnitt-) bewegung zurücklegt. Der am Tisch angebrachte hintere stellbare Laufbegrenzungsschieber m wird zur Erfüllung dieser Aufgabe befähigt, wenn er eine seitliche schiefe Ebene e erhält, die eine Rolle r mitsamt einem Winkelhebel $a_1 a_2$ zum Ausschlag bringt. a_2 nimmt dabei einen andern Winkelhebel $b_1 b_2$ mit sich, und zwar federnd infolge der Zwischenschaltung einer spannbaren Schraubenfeder f; b_2 zieht die Gabel g und damit unter Vermittlung des Armkreuzes cc die Kurbelscheibe k gegen die von dem Gußteller s gestützte Lederscheibe l, und so ist der zur Bewegung der Schaltklinkenzugstange z nötige zeitweilige Antrieb hergestellt. Sobald einer der Arme c an einen festen Anschlag antrifft, ist die Schwingung der Schaltscheibe zu Ende. Gleich darauf ist aber auch die Rolle r am höchsten Punkt der schiefen Ebene e angelangt, und unterdes ist auch der Riemenwechsel und damit der Umlaufwechsel von Welle w vollzogen, der Hobelmaschinentisch beginnt zurückzulaufen, Kurbelscheibe k schwingt rückwärts bis zum Anschlag an den Arm c, Rolle r gleitet die schiefe Ebene e wieder herab, und nun ist die Reibung zwischen Kurbelscheibe k und Lederscheibe l wieder aufgehoben.

Der sofort sichtbare Unterschied zwischen der amerikanischen und der Ruppert-Schaltung besteht in der durch den Tischweg getrennten Zeitfolge der Vor- und Rückschwingung der Kurbelscheibe k bei der ersteren und in der unmittelbaren Zeitfolge von Vor- und Rückschwingung der Kurbelscheibe k bei der letzteren. Diese unmittelbare Zeitfolge macht das Umlegen der Schaltklinke zwecks Richtungswechsels des Werkzeugvorschubes einflußlos, derart, daß die Fortschaltung des Werkzeuges stets unmittelbar vor Beginn des Schnittes erfolgt, gleichviel, ob die Schaltklinke nach rechts oder nach links, Fig. 354, steuert. Der kleine Zeitunterschied der Schaltung ist nur noch als letzter Rest des Tischrücklaufes oder als erstes Stück des Tischvorlaufes wahrnehmbar. Bei beiden befindet sich die Schneide des Hobelstahles im Freien vor dem Beginn der Anschnittstelle.

Um auch noch fast den letzten Rest des Gleitdruckes der Hobelstahlschneide beim Rücklauf des Tisches ohne Benutzung einer Meißelhubeinrichtung zu beseitigen, wird neuerdings in der »Union« der billige Kunstgriff angewendet, in die Stahlhalterklappe eine oder zwei Federn e mit Stellschrauben d einzulassen, Fig. 363, welche die Komponente des Eigengewichtes der Klappe, die als Druck auf die Schnittbahn auftritt, bis auf einen letzten kleinsten Rest aufheben, der als Sicherheit für gute Anlage der Klappenfußfläche b an die Schieberfußfläche c beibehalten wird.

Bei der Querhobelmaschine (Shapingmaschine) läßt sich der Meißelhub mit einfachsten Mitteln herstellen. Das Vorbild dazu ist der Bilgram-Kegelräder-Hobelmaschine (deutsche Lizenz, J. E. Reinecker, Chemnitz-Gablenz) entnommen und in Fig. 364 dargestellt. Eine auf der Schubstange s verstellbare Klemme k trägt gelenkartig eine Stoßstange a. Durch den Kurbelausschlag und den Höhenunterschied h ergibt sich ein Längenunterschied l gegen l_1 bei der oberen und unteren Stellung der Kurbel. Infolge dieses Längenunterschiedes stößt die Stange a zeitweilig an die Zahnhalterklappe z, derart daß letztere unmittelbar bei Beginn des Werkzeugrücklaufes ein wenig angehoben wird.

Fig. 364. Meißelhub für eine Querhobelmaschine.

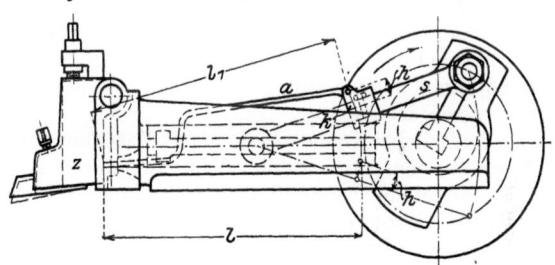

Hiermit schließen die beiden Hauptteile dieses Aufsatzes, welche behandelten:

1) **Einrichtungen zur unmittelbaren Erhöhung der Leistungen der Werkzeugmaschinen durch verbesserte Schnitt- und Vorschubbewegungen,**

2) **Einrichtungen zur mittelbaren Erhöhung der Leistung derselben durch zeitsparende Einrichtungen, oder durch Verminderung der toten Arbeitzeiten.**

Der dritte Hauptteil und zugleich der Schluß des Ganzen soll sich in gedrängter Kürze befassen mit der

Zusammenstellung der Einrichtungen für Antrieb, Vorschub und Einstellung zur ganzen Maschine.

Die neuzeitliche Art dieser Zusammenstellung wird beherrscht von 2 Grundsätzen;

der erste lautet:

Bedienung der Maschine vom Arbeitsorte aus;

der zweite:

Konstruktive Vereinigung des Arbeitzweckes der Maschine mit dem gesetzlich verlangten Schutz.

Hierbei werden wir einem für viele überraschenden tiefgreifenden Einfluß der deutschen Arbeiterschutzgesetzgebung begegnen[1]).

Die Bedienung vom Arbeitsort als ausgesprochener Grundsatz für die Anordnung der Betriebsteile der Werkzeugmaschine war dem Whitworth-Zeitalter, das man als das erste klassische Zeitalter des Werkzeugmaschinenbaues bezeichnen kann, unbekannt. Sie ist mit der Entwicklung der neuzeitlichen zeitsparenden Einrichtungen zu einer immer strenger auftretenden Konstruktionsforderung geworden.

Das äußerliche Kennzeichen einer Maschine, die noch ohne Kenntnis oder ohne Berücksichtigung dieser Forderung gebaut ist, bildet die Zerstreuung der Bedienungsteile (Handgriffe, Hebel, Kupplungen, Stufenscheiben usw.) über die ganze Maschine. Der Konstrukteur hat diese Teile einfach dahin gebracht, wo er sie am besten zur Erfüllung ihres Arbeitzweckes gebrauchen kann, unbekümmert darum, ob der bedienende Arbeiter tagüber fortwährend an seiner Maschine hin- und herlaufen muß. Selbstverständlich wachsen die damit verbundenen Uebelstände und Zeitverluste mit der Größe der Maschine, während sie bei kleineren Ausführungen weniger störend auftreten. Noch auf der Pariser Weltausstellung von 1900 konnte man selbst an Erzeugnissen guter Fabriken vielfach ein planloses Durcheinander der Betriebsteile sehen. Seitdem sind in der kurzen Spanne weniger Jahre, die in früheren Zeiten des Werkzeugmaschinenbaues kaum bemerkbare Fortschritte zeitigten, grundlegende Ver-

---

[1]) Ich benutze die Gelegenheit, darauf hinzuweisen, daß ich bei einem Vortrag über diesen Gegenstand einen von mir verbesserten Lichtbildwerfer mit Einrichtung für Bilderdarstellung nach Zeichnungen und Abbildungen aus Zeitschriften benutzt habe, der gute, scharfe Wandbilder erzeugte. In diesen Bildwerfer können Zeitschriften bis zum üblichen größten Format wagerecht eingelegt und um soviel längs und quer verschoben werden, wie nötig ist, um jede Stelle einer Seite in den Beleuchtungskreis zu bringen. Die Texte der Bilder erscheinen nicht als Spiegelbild, sondern lesbar in Urstellung. Die Größe der Bilder beträgt $1\frac{1}{4}$ m bis $1\frac{1}{2}$ m im Geviert. Solche Bildwerfer sind von der Fabrik optischer Apparate Ed. Liesegang in Düsseldorf für 500 bis 600 ℳ zu beziehen.

änderungen in den Gesamtanordnungen vieler Werkzeugmaschinen geschaffen worden, namentlich durch die Fabriken mit neuzeitlicher Sondererzeugung.

Bei den praktischen Ausführungen des Grundsatzes der Bedienung vom Arbeiterstande macht sich besonders eine Erscheinung bemerklich: die Vereinigung der Bedienungsteile an der Maschine in einigen wenigen Gruppen. Der Vorgang hat Aehnlichkeit mit dem fortschreitenden Siege des elektrischen Gruppenantriebes, als dem goldenen Mittelweg zwischen Transmissionsantrieb und Einzelantrieb. Weder die frühere Zerstreuung der Bedienungsorte noch auch deren vollkommene Zusammenfassung an einem einzigen Standort, sondern der Mittelweg zwischen beiden erweist sich bei größeren Maschinen als der nach allen Richtungen wirtschaftlichste.

Eines der überzeugendsten Beispiele hierfür dürfte die Wagerecht-Bohrmaschine mit wanderndem Bohrort darstellen.

Es gibt heute noch Maschinen dieser Art, bei denen von einer Zusammenfassung der Bedienungsteile in Gruppen nicht die Rede ist; es gibt auch das Gegenstück, wo alle Bedienungsteile an den Spindelstock des wandernden Ständers verlegt sind. Aus dieser Einheitlichkeit des Bedienungsortes hat sich bei sehr großen Maschinen schließlich die Notwendigkeit des wagerecht mitwandernden Arbeitstandes ergeben, und als die letzte Schlußfolgerung hat man diesen wandernden Arbeitstand nicht nur wagerecht, sondern auch senkrecht beweglich gemacht, so daß der Arbeiter bei der Bedienung der Maschine auf einer kleinen, mit der Bohrspindel selbsttätig hin und her und auf und ab fahrenden Galerie steht, die mit einem Schutzgeländer umgeben ist, s. Fig. 365. Ein solches Bild erweckt schnell den Anschein bedingungsloser technischer Vollkommenheit.

Vor der tiefer gehenden Kritik hält diese Vollkommenheit aber in den meisten Fällen nicht Stand. Einesteils ergibt die notwendige Kleinheit der Galerie eine ständig hinderliche Beengung des Bedienungsraumes, anderntheils darf man nicht vergessen, daß, bevor das Bild des oben auf der Galerie stehenden Arbeiters in die Erscheinung treten kann, dieser selbe Arbeiter von seinem erhabenen Standpunkt herunterklettern muß, um Bohrer, Bohrstangen, Fräser usw. in die Bohrspindel und in das entfernte Gegenlager einzuführen, und daß er, nachdem die oft nur kurze Zeit der Benutzung vorüber ist, wiederum mit Hülfe einer an der Galerie hängenden Leiter herab- und emporklettern muß.

Diese praktischen Gründe lassen den auf- und abwärts beweglichen Arbeitstand nur in den besondern Fällen, wo längere Zeit andauernde Bohr- und Fräsarbeiten in großer Höhe über dem Aufspanntisch auszuführen sind, als berechtigt und richtig erscheinen.

In der Mehrzahl der Fälle ist bei großen Maschinen der

Fig. 365. Bedienungsbühne an einer Wagerecht-Bohrmaschine.

Mittelweg, nämlich der nur wagerecht mitfahrende Arbeitstand, das Richtige. Ein solcher Stand kann schnell bestiegen und verlassen werden, und selbst wenn die Bohrhöhe über den Bereich der Armhöhe des Arbeiters steigt, so ist eine auf den wagerecht mitfahrenden Stand aufgesetzte Stufentreppe das einfachste Mittel, welches gleichzeitig die erforderliche größere Bedienungshöhe und den schnellen Wechsel des Standortes des Arbeiters zum Zweck des Werkzeugwechsels ermöglicht.

Ein nur wagerecht mitfahrender Arbeitstand war in Fig. 311 (s. Seite 265) dargestellt. Die dort am Bett des Bohrständers sichtbaren, in einer Gruppe vereinigten vier Handhebel bewirken alle an der Maschine nötigen Ortsveränderungen des Werkzeuges, also Hin- und Herbewegung, Auf- und Niederbewegung, Eil- oder Fräsgang und Ein- und Ausschaltung dieser Bewegungen.

Die zweite Gruppe der Bedienungsteile befindet sich am auf- und abwärts beweglichen Spindelstock des Bohrständers und dient dem selbsttätigen Vorschub der Bohrspindel und seiner Größenveränderung sowie der letzten Feineinstellung auf Bohrmitte vor Beginn jeder Bohrarbeit.

Aehnliche Gruppierungen sind an den neuzeitlichen Senkrecht-Bohrmaschinen, Schlittendrehbänken, Wagerecht-Planbänken, Hobelmaschinen usw. augenfällig wahrnehmbar. Sie erfüllen in vielen Fällen zugleich einen der erzeugenden Fabrik zugute kommenden Nebenzweck, denn sie ermöglichen die Errichtung von Teilmontagen, d. h. von Arbeitstellen in der erzeugenden Fabrik, in denen nur diese oder jene Gruppe von Bewegungsteilen unabhängig von der Hauptmontage soweit fertiggestellt wird, daß sie von hier aus auf Lager gelegt werden kann, bevor der Zusammenbau der ganzen Maschine in der Hauptmontage beginnt.

Mit dieser Art der Erzeugung verschwindet zugleich mehr und mehr das eine Zeitlang besonders in Chemnitz nach dem Vorgange Zimmermanns gepflegte grundsätzliche Angießen aller Lager und Lagerarme an den Hauptkörper der Maschine, das zwar meistens eine Ersparnis in den Herstellkosten der Maschine herbeiführt, aber in vielen Fällen nicht ermöglicht, die neuzeitlichen Genauigkeitsgrenzen, d. h. nur um wenige Hundertstel eines Millimeters betragende Fehlergrenzen, für die Lage der Betriebsteile sicher einzuhalten.

Außerdem wird durch das grundsätzliche Angießen aller Lagerstellen an den Hauptlagern oft die Möglichkeit genommen, später eintretende Abnutzung durch Nachstellen wieder auszugleichen. Auch in dieser Beziehung dürfte die goldne Mitte das Richtige sein: Angießen oder Anschrauben der Lager usw., wie es im Einzelfalle dem besondern Zweck am besten entspricht.

Der zweite neuzeitliche Hauptgrundsatz für die Zusammenstellung der Betriebs-, Vorschub- und Einstellbewegungen: »Rücksichtnahme auf den persönlichen Schutz des Arbeiters«, sei im folgenden Schlußkapitel besprochen.

Der Einfluß der deutschen Arbeiterschutzgesetze auf die Konstruktion der Werkzeugmaschinen.

Eine Kleinigkeit ist es, von welcher der nachstehende Abschnitt ausgeht, ein Streifen Blech, den man als Schutz um ein Zahnrad anbrachte, oder ein Brettstück, das zu gleichem Zwecke vor einen laufenden Riemen gesetzt wurde, beide nicht wert, daß sich ein Maschinenkonstrukteur darum kümmert.

Und was war die Ursache, diese beiden Dinge anzubringen? Ein deutsches Gesetz, das Haftpflichtgesetz. Dieses Gesetz bestimmt, daß der Besitzer einer Maschine entschädigungspflichtig für die Verletzung ist, die sein Eigentum, die Maschine, einem andern Menschen an dessen Körper zufällig verursacht. Das Verhältnis des eigentlichen Ausübers der Verletzung, also der Maschine, zu ihrem Besitzer ist juristisch ähnlich gedacht, wie im Bürgerlichen Gesetzbuch das Verhältnis eines Unmündigen zu seinem Vater oder Vormund.

Es war erklärlich, daß zunächst dieser neue gesetzliche Zusammenhang zwischen der Maschine und ihrem Eigentümer einerseits und fremden Personen anderseits den Erzeuger der Maschine nicht berührte, noch viel weniger aber ihren Erfinder und Konstrukteur. Heute dagegen wissen wir, daß der Konstrukteur in einzelnen Fächern des Maschinenbaues, zum Beispiel des Aufzugbaues, in weitgehendem Maße durch gesetzliche Vorschriften nach ganz bestimmten Richtungen beeinflußt wird.

Beim Werkzeugmaschinenbau ist dies nicht unmittelbar der Fall; aber mittelbar hat sich allmählich ein ungeschriebenes Gesetz gebildet, dessen Entstehung und dessen von Jahr zu Jahr immer tiefer greifender Einfluß, der manchem noch nicht ganz klar vor Augen getreten sein mag, im folgenden geschildert werden soll.

Daß das Haftpflichtgesetz auf dem Gebiete des Baues von Arbeitsmaschinen, also auch der Werkzeugmaschinen, begann, sich bemerklich zu machen, zeigten zuerst öffentlich die früher öfter veranstalteten Ausstellungen für Unfallverhütung. Die Leitung jeder derselben erließ die Vorschrift, daß alle schützende Hüllen, Wände usw. mit roter Farbe anzustreichen seien, also sinnbildlich mit der Farbe des Feuers, des Blutes, die dem Beschauer deutlich sagen sollen: Dieser besondere Teil ist vom eigentlichen technischen Zwecke der Maschine unabhängig; er ist dasjenige, was solche Ausstellung als Fortschritt, als Neuheit, als Wohltat für den Arbeiter und als Wirkung des neuen Gesetzes vorführen soll, während das Ganze, die Maschine selbst, Nebensache ist. Höchstens soll sie zeigen, wie bei ihrer Ingangsetzung die Schutzvorrichtungen wirken.

Auf die Dauer hat sich eine solche Kennzeichnung der Schutzteile natürlich nicht erhalten können; denn fortschreitend findet eine innigere Verschmelzung des technischen Zweckes mit dem Schutzzweck in den ruhenden, tragenden, Widerstand leistenden Bauteilen der Maschinen statt. Diese Vereinigung von Arbeits- und Schutzzweck in einer Einheitsform ist aber nur erst zum Teil gut durchgebildet; zum Teil sucht sie noch nach den Formen der letzten Vollendung. Im folgenden wird daher die Aufmerksamkeit des Lesers nicht nur durch etwas Geschehenes, der technischen Geschichte Angehörendes in Anspruch genommen, sondern es handelt sich auch um neueste Tageserscheinungen und um Zukunftsbestrebungen, die in einzelnen Fabriken noch wenig, in andern wesentlich weiter fortgeschritten sind.

Mehr noch als durch die genannten Ausstellungen für Unfallverhütung ist diese tiefgreifende Wirkung auf die Gestaltung der Maschinen durch ein zweites deutsches Gesetz befördert worden. Die dem Erlaß des Haftpflichtgesetzes bald folgende Vorschrift der Errichtung von Berufsgenossenschaften brachte die Abwälzung des Schadenersatzes vom einzelnen betroffenen Maschinenbesitzer auf die Gesamtheit der Inhaber eines Industriezweiges. Bei der Verwaltung einer solchen gemeinschaftlich haftbar gemachten Gesellschaft trat naturgemäß die Häufigkeit der Unfälle lebhafter in die Erscheinung als vorher in den vereinzelten Fällen. Dadurch wurden die Verwaltungen veranlaßt, auf Verminderung der für die Schäden zu leistenden Geldausgaben zu sehen, und so kamen im Interesse der Gesamtheit der an der Genossenschaft Beteiligten verschärfte bindende Schutzvorschriften zustande. Das Hauptverlangen derselben war die Umhüllung der als wiederkehrend gefährlich erkannten Maschinenteile. Wer die Umhüllung unterließ, auf den fiel die an die Genossenschaft durch das Gesetz übertragene Verantwortlichkeit wieder zurück. Das war durchgreifend; wohl oder übel mußte jeder Besitzer von Maschinen auf seine eignen Kosten Schutzhüllen, Wände und Schirme ersinnen und anfertigen lassen.

Die nächstliegenden Baustoffe für diese schützenden Teile waren Holz, Eisenblech, Walzeisenschienen usw. Die Anfertigung geschah aus freier Hand, und die Anpassung an die Maschine war eine örtliche Einzelarbeit, so gut und so schlecht es bei den nicht für solche Nachträge geformten Maschinenteilen eben ging. Rund-, Flach- und Winkeleisenstützen, oft in merkwürdig gewundener und gekrümmter Form, dienten meist als Verbindungsstücke zwischen Schutzteil und benachbartem Maschinenteil. Derart entstandene Formen sind heute schon reif für die Sammlungen von Altertumsmuseen.

Einige Beispiele rufen jene Zeit dieser nachträglichen Anbringung von Schutzhüllen in den Maschinenfabriken er-

Fig. 366. Schutzhülle für ein Rädervorgelege.

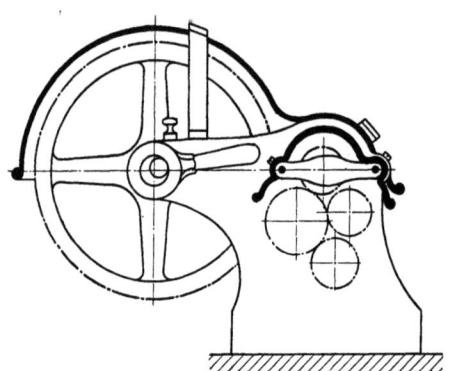

heiternd ins Gedächtnis zurück. Fig. 366 zeigt den Schutz des bekannten Rädervorgeleges und der Vorschubräder an den Spindelstöcken der Drehbänke durch Blechstreifen mit angenieteten Flacheisenstützen, Fig. 367 eine gründlichere Ueberdeckung der Vorschubräder durch eine Blechschürze und damit zugleich eine gründlichere Verunstaltung der Maschine, Fig. 368 ein Beispiel nachträglicher Umhüllung von Kegelrädern durch einen L-förmigen Blechkasten, der mit Flacheisenstützen an die Zylinderfläche der Wellenlager angeschraubt ist. Nicht nur der gezahnte Radumfang kann gefährlich werden, auch die Speichen rasch laufender Schwungräder. Die Abhülfe: Einschrauben eines Blechdeckels, ist eines der Mittel, die sich bis heute erhalten haben.

Derartige dicht am Maschinenteil angebrachte Schutzeinrichtungen lassen sich allgemein als Nahschutz bezeichnen. Auch ein an einer Maschine vorüberführender Gang kann Gefahren bergen. Das gab Anlaß zur Anbringung von Schutz-

Fig. 367. Blechschürze zum Schutz der Vorschubräder.

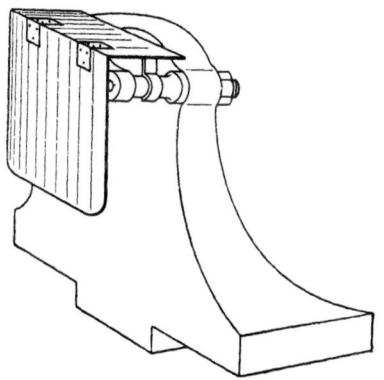

Fig. 368. Schutzkasten für Kegelräder.

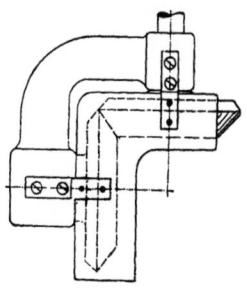

geländern innerhalb der Werkstätten, meist vom Hauszimmermann aus Latten oder Brettern gefertigt. Riementriebe, die im Bereich der Menschengröße lagen, erhielten ähnliche Holzumbauten, hier meist als geschlossene, $1^{1}/_{2}$ bis 2 m hohe Kasten. Solchen Schutz kann man im Gegensatz zum vorigen Fernschutz nennen. Er bildet oft eine der schlimmsten Verunstaltungen der Maschinenformen.

In die Ferne wirken kann das Zerplatzen eines schnell laufenden Körpers, wie z. B. einer Schmirgelscheibe. Ein die Scheibe umhüllender Blechstreifen dient daher gleichzeitig als Nah- und Fernschutz. Diese Hüllen sind im Laufe der Zeit durch Stellbarkeit nach dem abnehmenden Durchmesser der Schleifsteine verbessert worden.

Die für die industriellen Betriebe unangenehme Zeit der gesetzlich erzwungenen nachträglichen Ausstattung der Maschinen und Maschinensäle mit solchen aus dem Stegreif zusammengebauten Schutzvorrichtungen nahm endlich ein Ende. Wenn nunmehr neue Maschinen anzuschaffen waren, konnte man es dem Käufer nicht verdenken, daß er nicht mehr gewillt war, durch eignes Nachdenken und auf eigne Kosten Zutaten anzubringen, ohne die er nicht wagen durfte, die neue Maschine in Betrieb zu nehmen. Dieser natürlichen Abneigung des Käufers kam der Wettbewerb der Maschinenfabriken untereinander zu Hülfe. Einzelne Werkzeugmaschinenfabriken begannen, die Schutzschirme an besonders gefährlichen oder in die Augen springenden Stellen der Maschine mitzuliefern, und hoben den Vorteil dieser Zugabe in ihren Preisbüchern hervor; die übrigen mußten, wenn sie nicht in Nachteil kommen wollten, das Gleiche tun.

So gelangte die Schutzhülle in den Bereich der Tätigkeit des Maschinenkonstrukteurs. Bald fand dieser, daß das für jeden Einzelfall in die geeignete Form zu bringende Walzmaterial: Flacheisen, Winkeleisen oder Blech, nicht das richtige Material für die Schutzhülle sei. Der nach Modellen geformte gußeiserne Schutzschirm trat fast ausnahmslos an die Stelle des schmiedeeisernen. Zunächst wurde damit sparsam gewirtschaftet. In der Regel wurde nur die gefährlichste Stelle, bei Zahnrädern also nur die Eingriffstelle, überdeckt, s. Fig. 369.

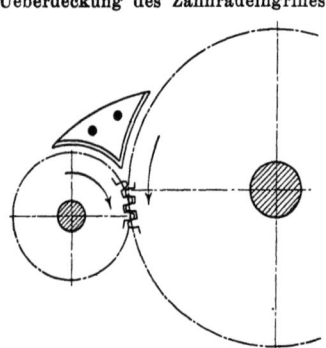

Fig. 369.
Ueberdeckung des Zahnradeingriffes.

Die Sprödigkeit des Materials führte von selbst auf den Winkelquerschnitt oder den U-Querschnitt und damit zugleich auf den Fortschritt des seitlichen Schutzes, entweder nur für eine oder für beide Seiten der Zahnflanken.

Allmählich wurde der Schutz noch weiter ausgedehnt. Man überlegte, daß der Schutzschirm bequem einen Doppelnutzen gewähren könne, und zwar neben dem Schutze des Arbeiters auch den Schutz des Maschinenteiles selbst gegen mechanische Beschädigungen. Die Sorge, das Auffallen von Fremdkörpern auf Zahnräder oder sonstige bewegte Maschinenteile zu verhindern, führte zur Verlängerung der Schutzhüllen über die ganze obere Hälfte der bewegten Teile. Ein Bei-

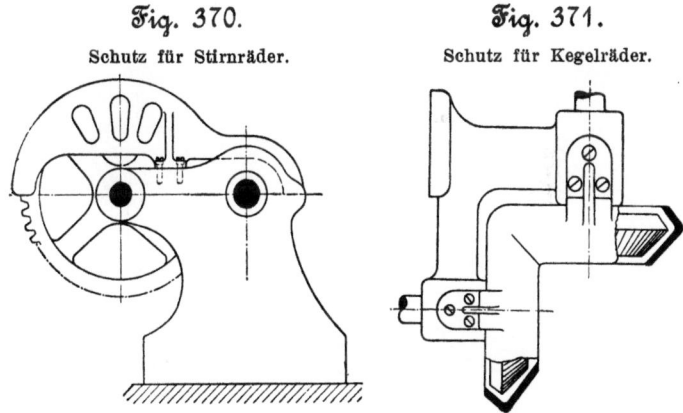

Fig. 370.
Schutz für Stirnräder.

Fig. 371.
Schutz für Kegelräder.

spiel solchen Stirnradschutzes, wie er heute noch zuweilen zu finden ist, zeigt Fig. 370.

Im Gegensatz zu der einfachen Modellherstellung für Stirnradschutz gestaltete sich die Modellierung des Kegelradschutzes schwieriger. Meist kam man nicht ohne Kernkasten aus, denn man hatte es dabei mit der Durchdringung kegeliger Teile und im rechten Winkel zueinander stehender Verbindungsarme zu tun. Die günstigste Stelle für letztere geriet hier oft in Widerspruch mit der besten Schmierstelle für die Lager der Arme, an denen der Schutzschirm befestigt werden mußte. Ein das Auge befriedigendes Aussehen war selten zu erreichen. Ein Beispiel zeigt Fig. 371.

Die allmählich strenger werdenden Untersuchungen vorgekommener Unglücksfälle brachten eine Steigerung der Verantwortung für Unvollkommenheiten der Schutzhüllen. Solche bestanden aber bei den bisherigen Formen des Radschutzes, denn auch die nicht ineinander greifenden Zähne konnten Gefahr herbeiführen, konnten einen menschlichen Körperteil nach der Eingriffstelle hinziehen. Derartige Vorkommnisse brachten in einzelnen Fällen auch eine neue, weder beabsichtigte noch erwünschte Wirkung des Schutzschirmes zutage, nämlich die Quetschung des Körperteiles zwischen bewegtem Teil und Schutzschirm, die unter Umständen ebenso schlimm war wie das unmittelbare Hineingeraten in die Zahneingriffstelle. Dies führte zu ungünstigen Meinungen über

Fig. 372 bis 375. Geschlossener Schutzschirm für Zahnräder.

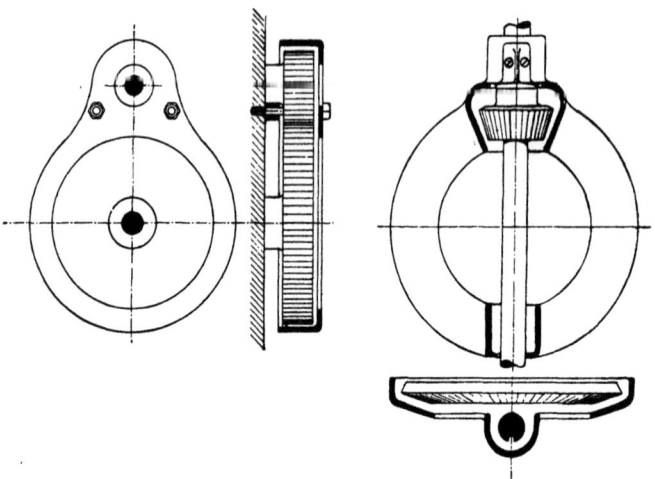

die Schutzhüllen überhaupt, aber auch zur Abhülfe, und zwar durch den vollständig geschlossenen Schutzschirm, Fig. 372 bis 375. Diese vollständige Schließung verlangte in manchen Fällen die Teilung des Schutzschirmmodelles und das Zusammenschrauben der Abgüsse. Bestrebungen, die Teil- und Schraubstellen möglichst unauffällig zu machen, sind in Fig. 376 deutlich erkennbar.

Den Einbau geschlossener Schirme in das Maschinengestell zeigt beispielsweise Fig. 377. Man sieht deutlich das Bestreben, die Formen des Gestelles durch die Schutzschirme c und d und ihre Befestigung a und b unberührt zu lassen.

Bis hierher ist ein Einfluß auf die Konstruktion der Werkzeugmaschine selbst, wie ihn der Titel dieses Abschnittes anzeigt, noch nicht wahrnehmbar. Ein geringer Anfang dazu ist höchstens in der Anbringung von ebenen Arbeitsleisten

Fig. 376.

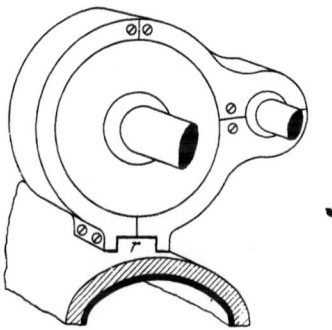

Fig. 377.

Einbau eines geschlossenen Schutzschirmes in das Maschinengestell.

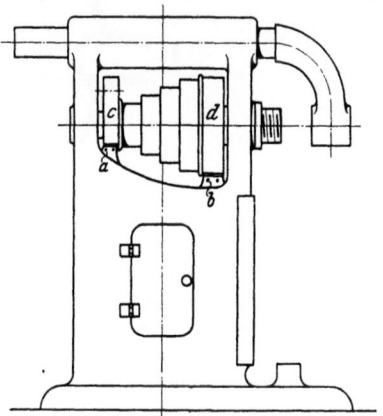

oder Vorsprüngen auf gekrümmten Lagerarmen oder Flächen, auf denen sich die Schutzschirme leichter anbringen lassen, zu erkennen; s. z. B. die Vorsprünge a und b, Fig. 377, und die Rippe r in Fig. 376.

Mit so einfachen Befestigungsmitteln, wie sie bei Stirnradschutz möglich waren, kam man bei Kegelrädern selten aus. Hierzu waren neue Formen nötig.

Diese befriedigten erst, nachdem man sich dazu entschlossen hatte, die Form von Armen für die mit dem Schutzschirm auszustattenden Lager völlig fallen zu lassen und statt dessen zwei das Lager tragende Wandungen auszubilden, deren Fortsetzung den Schutzschirm ergab. So verschmolz Lagerwandung und Schutzschirm zu einer Einheit, welche die Eigenschaft der Tragfähigkeit für die laufenden Wellen besaß.

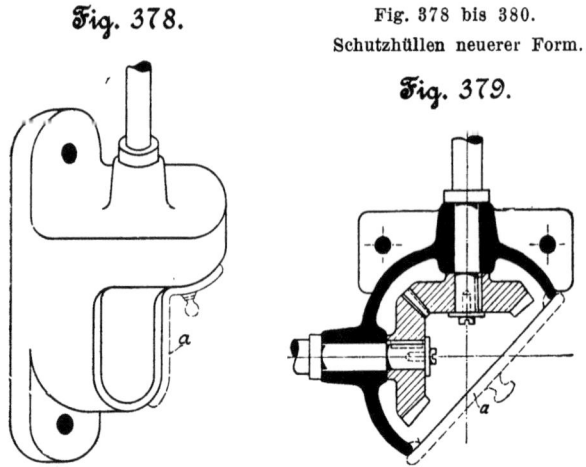

Fig. 378.

Fig. 378 bis 380.
Schutzhüllen neuerer Form.

Fig. 379.

Die hierfür am nächsten liegende konstruktive Lösung war die Form der Durchdringung zweier zylindrischer Schutzhüllen mit Boden, wie beispielsweise in Fig. 378 dargestellt.

Die auf den Werkstattzeichnungen oft vorkommenden Querschnitte der Kegelräder luden förmlich dazu ein, eine andre Form, nämlich die Kugelform, für den Doppelzweck der Lagerung und des Schutzes zu versuchen. So wurden auch Boden und Umfang der Wandungen verschmolzen, und es entstand die Einheitsform der Kugelwandung mit angegossenen Lagerwarzen, die noch heute eine beliebte und für das Auge angenehme Schutzkonstruktion der Kegelradlagerung darstellt. Ein Beispiel zeigt Fig. 379.

Nicht immer ist die nach oben geschlossene Form, die

zugleich verhindert, daß Fremdkörper auf den Maschinenteil fallen, möglich. Um der Unzulänglichkeit der oben offenen Form in dieser Beziehung abzuhelfen, griff man zu der weiteren Zutat des abnehmbaren Deckels a, Fig. 378/379 (die beiden Figuren auf den Kopf gestellt), als letzter Ergänzung.

Diese vollständig geschlossenen Formen, die zugleich die Eigenschaft tragender Teile hatten, waren nicht nur eine Ergänzung früherer Formen, sondern der Anfang eines neuen Konstruktionsgrundsatzes; es ist der wichtige neuzeitliche Grundsatz:

Geschützte Innenlage der Betriebsteile der Werkzeugmaschinen

unter Wahrung der Zugänglichkeit. Dieser Grundsatz ist berufen, einen tief eingreifenden Einfluß auf die gesamte Bauart ganzer Gattungen von Werkzeugmaschinen auszuüben.

Die noch verhältnismäßig wenigen deutschen Werkzeugmaschinenfabriken, welche mit dem alten Verfahren, alle

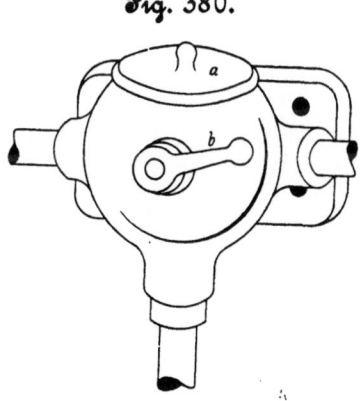

Fig. 380.

möglichen Arten von Werkzeugmaschinen zu bauen, gebrochen und das neue wirtschaftlich richtigere Verfahren, alle ihre Mittel zur .Erzeugung einer engbegrenzten Zahl von Maschinensorten zu verwenden, eingeführt haben, sind als Bahnbrecher auf dem Wege der Einführung des neuen Gedankens bereits ein gutes Stück vorwärts geschritten. Die Entwicklung vollzog sich wie folgt:

Die durch Verdrängung der Lagerarme entstandenen widerstandsfähigen Wandungen waren wie geschaffen, außer dem Arbeiterschutz und dem Selbstschutz der Betriebsteile noch andern mechanischen Zwecken zu dienen; denn sie boten größere, bei den früheren Lagerarmen nicht vorhanden gewesene Flächen für die Anbringung weiterer Lagerwarzen,

Fig. 381.
Neuzeitliche Form einer Hobelmaschine mit Riemenvorgelege.

für Gleitflächen usw., so daß der Schutzschirm allmählich zum Träger von allerlei Hebelwerk und andern beweglichen Teilen wurde.

Dafür drei Beispiele:

1) Im Innern von Fig. 380 sei eine Klauenkupplung

zwischen 3 Kegelrädern gedacht. Sie läßt sich bequem von außen durch einen das Kugelgehäuse durchdringenden Hebelbolzen mit Handgriff *b* ein- und ausrücken. Der abnehmbare Deckel *a* macht die innenliegenden Teile zwecks Oelung usw. zugänglich.

2) Die Verbindung zweier, je ein Kegelräderpaar umfassender Kugelwandungen mit Hohlgußlagerarmen, Fig. 381, gibt eine einfache, formenschöne Lösung der Aufgabe, auf den Ständern einer Hobelmaschine ein Riemenvorgelege anzubringen. Damit ist zugleich eine einfache Lösung für die Anbringung elektrischen Einzelantriebes an der Hobelmaschine gegeben; denn von der gleichzeitig als Schwungrad dienenden Antriebscheibe (oben rechts) kann unmittelbar ein Riemen nach einem auf einem Konsol am Ständer der Ma-

Fig. 382.

Innenlage der Rädervorgelege im Spindelstock.

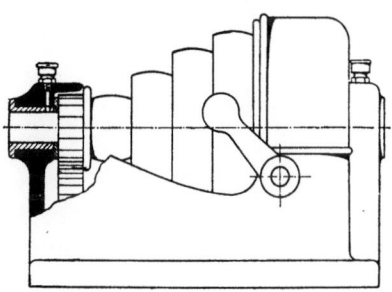

schine stehenden Motor geführt werden. Die Figur zeigt zugleich die Ausführung der Ruppert-Schaltung nach dem Grundsatz der Innenlage der Betriebsteile (Mitte des Bettes).

3) Das Anbringen besonderer Schutzschirmformen über den Rädern der Rädervorgelege an den Spindelstöcken der Drehbänke erledigt sich durch die Innenlage des ganzen Rädervorgeleges im Spindelstock, Fig. 382. Dieselbe wird ermöglicht durch die Anwendung einer der in den früheren Figuren 108 bis 118 (s. Seite 124 bis 129) dargestellten Schnell-Ein- und Auskupplungen des Rädervorgeleges. Die gleiche Innenlage läßt sich auf Fräsmaschinen und Wagerecht-Bohrmaschinen mit ruhend gelagerter Arbeitspindel übertragen.

Ein weiterer Fortschritt in gleicher Richtung entstand durch folgende Erkenntnis:

Die aus der Blütezeit der verflossenen Whitworth-Periode des Werkzeugmaschinenbaues stammende, ein unantastbares

Fig. 383.
Supportdrehbank (1. Stufe der Konstruktion).
Ohne Kenntnis des Grundsatzes der Innenlage der Betriebstelle.

Vermächtnis für alle künftigen Zeiten bildende Hohlgußform der Maschinengestelle ladet förmlich dazu ein, ganze Gruppen von Betriebsteilen, die früher am Gestell hingen, in dessen Inneres zu verlegen. So traten bei der von Whitworth in

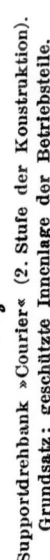

Fig. 504.
Supportdrehbank »Courier« (2. Stufe der Konstruktion).
Grundsatz: geschützte Innenlage der Betriebstelle.

den 50er Jahren zuerst eingeführten Hohlform zu den Vorzügen der Stabilität und ruhigen äußeren Schönheit die beiden wichtigen neuzeitlichen Vorzüge des vollständigen Selbstschutzes bei Antrieben und Selbstgängen und des denkbar

Fig. 385.
Supportdrehbank »Courier« (3. Stufe der Konstruktion).
Grundsätze: a) geschützte Innenlage der Betriebsteile
b) Schnellbetrieb und Geschwindigkeitswechsel ohne Riemenumlegung mittels Stufenräderantrieb (Ruppert-Getriebe).

vollkommensten Arbeiterschutzes hinzu.

Eine vollkommen nach außen abgeschlossene Lage der Teile bringt noch zwei weitere Vorzüge mit sich, nämlich das Abhalten von Staub und Schmutz und damit die Möglich-

Supportdrehbank »Bulldogg« (4. Stufe der Konstruktion).

Grundsätze:
a) geschützte Innenlage der Betriebsstelle
b) Steckschnellbetrieb und Geschwindigkeitswechsel für Antrieb und Vorschub durch Stufenrädergetriebe (Ruppert-Getriebe)
c) Teilung der Dreharbeit in Schruppen bezw. Vordrehen auf der Drehbank und Fertigmachen bezw. Feinschlichten auf der Schleifmaschine.

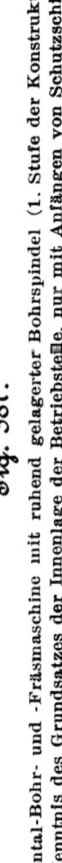

Fig. 387.

Horizontal-Bohr- und -Fräsmaschine mit ruhend gelagerter Bohrspindel (1. Stufe der Konstruktion). Ohne Kenntnis des Grundsatzes der Innenlage der Betriebstelle, nur mit Anfängen von Schutzschirmen.

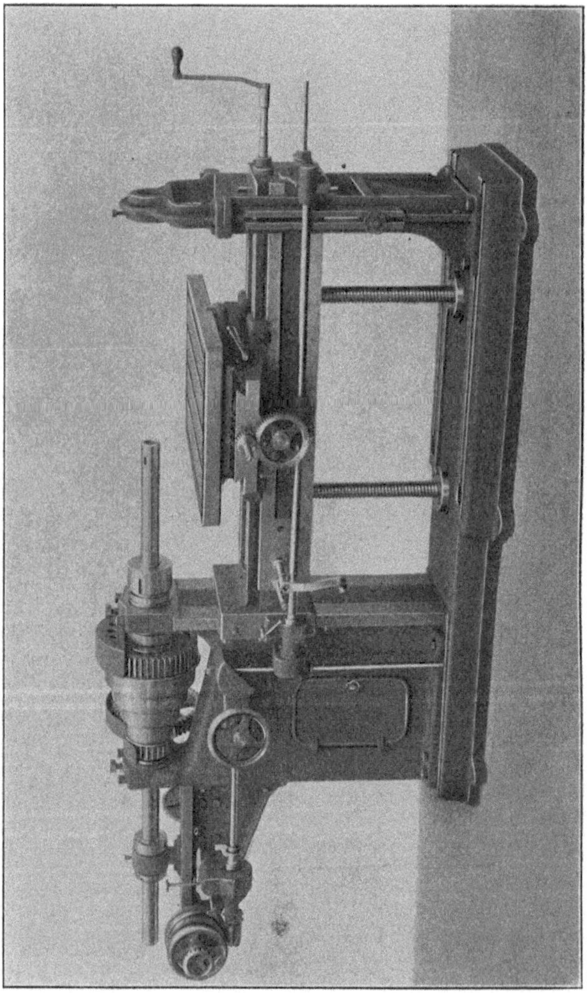

keit dauernd reinlicher Oelung der gleitenden Flächen. Die letztere kann in manchen Fällen zur Tauchölung gestaltet werden, wenn zu den vorhandenen Seitenwandungen des Gehäuses an geeigneter Stelle ein Boden hinzugefügt wird.

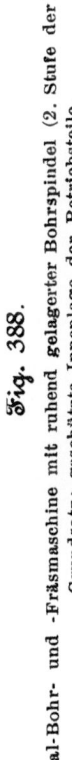

Fig. 388.
Horizontal-Bohr- und -Fräsmaschine mit ruhend gelagerter Bohrspindel (2. Stufe der Konstruktion).
Grundsatz: geschützte Innenlage der Betriebstelle.

Die notwendige Zugänglichkeit zu derartig in das Innere von Gehäusen verlegten Teilen läßt sich durch Türen an geeigneter Stelle leicht bewerkstelligen.

Der durch die neue Innenlage hervorgebrachte Umsturz

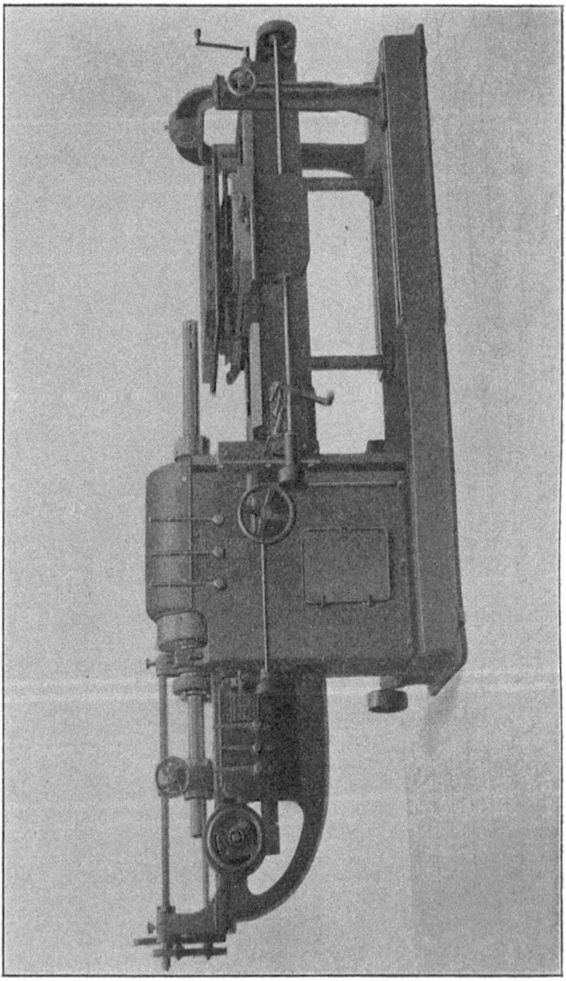

Fig. 389.

Horizontal-Bohr- und -Fräsmaschine mit ruhend gelagerter Bohrspindel (3. Stufe der Konstruktion).
Grundsätze: a) geschützte Innenlage der Antriebteile
 b) Schnellbetrieb und Geschwindigkeitswechsel für Antrieb und Vorschub ohne Riemenumlegung mittels Stufenrädergetriebe (Ruppert-Getriebe).

Die Figur zeigt ferner die wahlweise Zutat einer Gewindeschneideinrichtung für die Bohrspindel.

in der Anordnung der Triebteile der Werkzeugmaschinen wird überzeugend zum Ausdruck gebracht durch die Gegenüberstellung von Ausführungen aus der Zeit vor dem Durchbruch dieses Konstruktionsgrundsatzes und von solchen aus

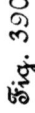

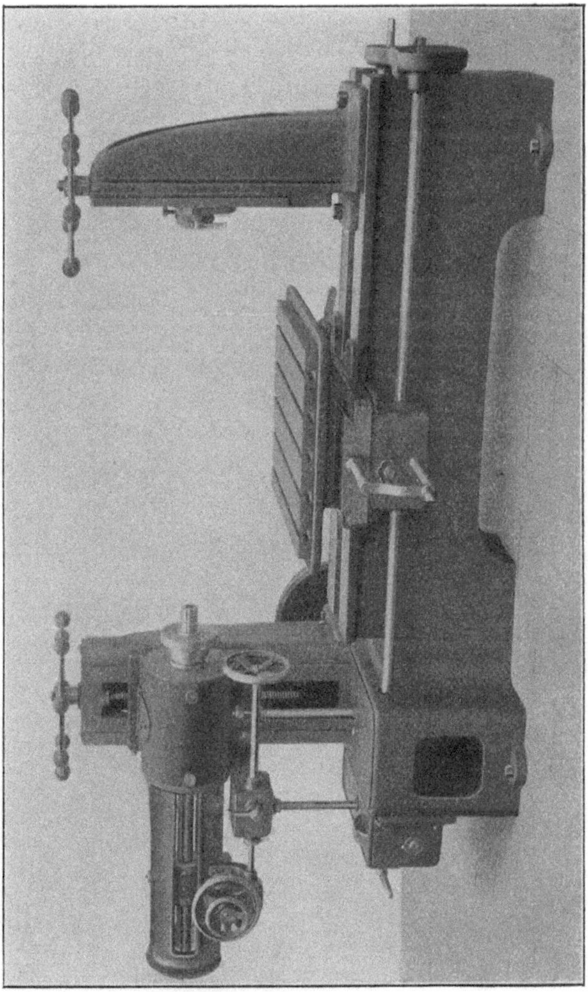

Fig. 390.

Horizontal-Bohr- und -Fräsmaschine mit senkrecht verstellbarer Bohrspindel und wagerecht verstellbarem Drehtisch, kleines Modell (70 mm Spindeldurchmesser). Grundsatz: geschützte Innenlage der Betriebstelle.

der allerneuesten Zeit, wie die Figuren 383 bis 394 als Beispiele zeigen. Dieselben stellen sämtlich Ausführungen der Werkzeugmaschinenfabrik »Union« (vormals Diehl) in Chemnitz dar.

Auch der Fernschutz, wesentlich für herabführende Rie-

Fig. 391.

Wagerecht-Bohr- und Fräsmaschine mit senkrecht beweglicher Bohrspindel und wagerecht beweglichem Drehtisch (1. Stufe der Konstruktion).
Ohne Kenntnis des Grundsatzes der geschützten Innenlage der Betriebsteile.

men oder für abnehmbare Zahnräder (Wechselräder) bestimmt, hat neue Formen gesucht. Die alten unschönen Bretterwände verschwinden aus den Fabrikräumen und machen eisernen Schutzgeländern Platz. Zwei Formen der letzteren zeigen die

Fig. 392. Wagerecht-Bohr- und Fräsmaschine mit wagerecht und senkrecht beweglicher Bohrspindel und wagerecht beweglichem Drehtisch (2. und 3. Stufe der Konstruktion). Grundsätze: a) geschützte Innenlage der Betriebsteile b) Schnellbetrieb und Geschwindigkeitswechsel für Antrieb und Vorschub ohne Riemenumlegung mittels Stufenrädergetriebe (Ruppert-Getriebe).

Figuren 395 und 396. In Fig. 395 sind die wagerechten Flacheisenstäbe verstellbar eingerichtet, so daß vorrätig gehaltene Einzelteile von Schutzgeländern je nach dem örtlichen Bedürfnis verschiedenartig zusammengestellt werden können.

Fig. 393.
Wagerecht-Bohr- und Fräsmaschine mit wagerecht und senkrecht beweglicher Bohrspindel (1. Stufe der Konstruktion).
Ohne Kenntnis des Grundsatzes der Innenlage der Betriebsteile.

Schlußwort.

Das auf den vorstehenden Seiten Gesagte dürfte überzeugend erwiesen haben, daß es in der ganzen Zeit des Bestehens des deutschen Werkzeugmaschinenbaues kaum eine

Wagerecht-Bohr- und Fräsmaschine mit wagerecht und senkrecht beweglicher Bohrspindel (2. und 3. Stufe der Konstruktion).
Grundsätze: a) geschützte Innenlage der Betriebsstelle
b) Schnellbetrieb und Geschwindigkeitswechsel für Antrieb und Vorschub ohne Riemenumlegung mittels Stufenrädergetriebe (Ruppert-Getriebe).

tiefer gehende Umwälzung gegeben hat als die, welche die letzten technischen Schlußfolgerungen aus den deutschen Arbeiterschutzgesetzen hervorgerufen haben. Dieser Einfluß der deutschen Gesetzgebung beginnt, sich auch schon über die Grenzen des Deutchen Reiches hinaus bemerklich zu machen. Die fortwährende Berührung der Nordamerikaner mit dem für sie wichtigen deutschen Absatzgebiet bringt ihnen auch die Kenntnis der Anforderungen, welche die deutsche Kundschaft zu stellen gezwungen ist, um ihren gesetzlichen Fürsorgeverpflichtungen für den deutschen Arbeiter nachzukommen. Daß sich zudem die Erfüllung dieser gesetzlichen Verpflichtungen und neue technische Vorteile so vorzüglich vereinigen lassen, konnte auch dem Scharfsinn der Amerikaner nicht lange verborgen bleiben.

Fig. 395. Schutzgeländer.

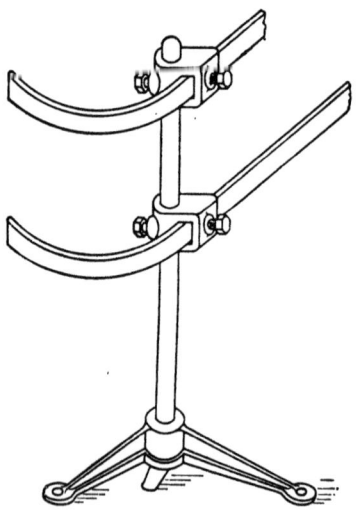

Wer den Inhalt der tonangebenden nordamerikanischen technischen Zeitschriften auf dem Gebiete des Werkzeugmaschinenbaues verfolgt, der muß erkennen, daß sich die hier geschilderte Umwandlung der Bauart der Werkzeugmaschinen schrittweise auch in einzelnen Fabriken Nordamerikas zu vollziehen beginnt. Nur bestehen dort als Folge des Fehlens eines gesetzlichen Zwanges heute noch Bauarten mit gänzlich ungeschützt liegenden Betriebsteilen und solche mit mehr oder weniger vollkommenen Schutzhüllen neben einander. Zwei Beispiele hierfür aus einem und demselben Jahre

(1907) und aus einem und demselben Orte (Cincinnati) zeigen die Figuren 397 und 398.

Und nun zum Schluß eine Frage an die Zukunft und eine solche an die Vergangenheit!

Die erste Frage lautet:

Wohin wird der dargelegte Konstruktionsweg führen?

Die Antwort darauf ist:

Bei rechter Benutzung der gewonnenen technischen neuen Werte zu einem zweiten Zeitabschnitt des Werkzeugmaschinenbaues, der den Namen »klassisch« verdient, wie ihn einst der Zeitabschnitt der Whitworth-Konstruktionen mit Recht führte; denn die neuen Werkzeugmaschinen mit der »geschützten zugänglichen Innenlage der Betriebsteile« werden trotz ihrer

Fig. 396. Schutzgeländer.

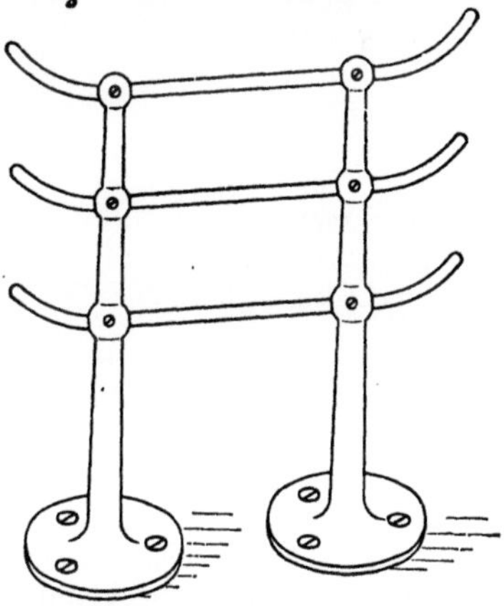

gegen früher vervielfachten Betriebseinrichtungen nach außen wieder dieselbe vornehme Ruhe und gediegene einheitliche Schönheit zeigen, wie sie die nur mit den notwendigsten Betriebsteilen für die Ausführung einfachster geometrischer Flächenbearbeitungen ausgestatteten Whitworth-Konstruktionen einstmals hatten.

Diese äußere Ruhe und einfache Schönheit drohte in der Zeit des ersten Eindringens der amerikanischen Bauweisen auf dem deutschen Markt unter einem regellosen Wust von Rädern, Riemenscheiben, Hebeln, Rippen, Flanschen, Wülsten und krummen Gestellteilen zu ersticken. Es gehörte eine

Fig. 397.
Spindelstock mit ungeschützten Betriebsteilen.

gewisse Reihe von Jahren dazu, um zu erkennen, daß nicht die Nachahmung dieses Gemisches von brauchbarem Neuen und neu aufgetauchtem, in Deutschland längst abgetanem altem Gerümpel das künftige Ideal des Werkzeugmaschinenbaues sei.

Die zweite Schlußfrage, die an die Vergangenheit, lautet:

Wem ist der erste Anstoß für die begonnene Läuterung und für den Anfang eines neuen klassischen Zeitabschnittes des Werkzeugmaschinenbaues im letzten, tiefsten Grunde der Dinge zu danken?

Die Antwort darauf verdichtet sich zu einem Hinblick auf vergangene Gestalten, auf die großen deutschen Männer, welche die deutsche Einheit schufen und unmittelbar nach ihr die praktische Erfüllung eines der größten sozialen Probleme in die Wege leiteten, nämlich die gesetzliche Unter-

Fig. 398.

Spindelstock mit geschützten Betriebsteilen.

stützung des Hauptgrundzuges unsrer christlichen Lehre — der Liebe zum Nächsten — in der Gestalt der Fürsorge für den wirtschaftlich Schwachen.

Der belebende Wellenschlag dieser Tat reicht, wie wir gesehen haben, bis in die Technik des heutigen Tages und der nächsten Zukunft hinein.

Ueber selbständige Konstruktion von Werkzeugmaschinen.

Der viel begangene Weg der Nachahmung irgend einer vorhandenen Werkzeugmaschinen-Konstruktion ist nicht in allen Fällen geeignet, die Anforderungen der Kundschaft oder die Anforderungen des eigenen Fabrikationsprogrammes vollständig zu erfüllen.

Noch weniger kann auf diesem Weg ein Zweig des Werkzeugmaschinenbaues oder eine besondre Gattung von Werkzeugmaschinen auf eine höhere Stufe der Vollkommenheit gebracht werden, oder, wenn dies durch die Nachahmung bester Vorbilder dennoch in einzelnen Fällen geschieht, so ist der dadurch erzielte Fortschritt ein Spätling, und die Fabrik, welche dieses System der Nachahmung als ausschließliches Programm ihrer Konstruktion betreibt, kann sich nie den Ruf erwerben, an der Spitze des Fortschrittes zu stehen und die erste in ihrem Fache zu sein.

In erweitertem Maß ist solches der Fall, wenn sämtliche oder die überwiegende Mehrzahl der Fabriken eines Landes dem Prinzip der Nachahmung der Produkte eines andern Landes huldigen.

Der damit erreichte Vorteil der Erlangung guter Konstruktionen ohne die Notwendigkeit eigner, unter Umständen kostspieliger Versuche kann niemals den moralischen Nachteil aufwiegen, daß der Ruf, die vollkommensten Maschinen eines Faches zu erzeugen, nicht dem eigenen Lande, sondern dem Auslande zufällt. Das ist aber gleichbedeutend mit einem Verlust an Vertrauen der Konsumenten zur eigenen Industrie und aus diesem bildet sich der noch schwerer wiegende Nachteil eines blinden Vertrauens zu der sich durch kühne Fortschritte auszeichnenden Auslandsindustrie heraus.

Der selbständige Fortschritt, also auch die selbständige Konstruktion, wird somit mehr und mehr eine nationale Forderung jedes industriellen Landes. Mit dieser Erkenntnis bricht sich auch die Erkenntnis Bahn, daß es im internationalen Wettkampf der Industrien nicht allein auf den Fortschritt selbst, sondern ebenso auf das Zeitmaß ankommt, in dem sich die Reihe der Fortschritte vollzieht. Nur das schnellere Zeitmaß gewährleistet auf die Dauer die Stellung an der Spitze des Fortschrittes. Der größte Feind des schnellen Fortschrittes aber ist die Zersplitterung der Kraft. Daraus folgt mit Notwendigkeit die Forderung steigender Spezialisierung der einzelnen Fabriken eines Industriezweiges. Dadurch, daß eine Spezialfabrik mit allen Mitteln bestrebt ist, in ihrem Sonderfache das Beste zu leisten, wird es ihr nach und nach gelingen, daß irgendwo in weitestem Umkreise, sei es im eigenen Lande, sei es weit über dessen Grenzen hinaus, vorhandene Bedürfnis anzulocken, so daß zuerst vermehrte Anfragen, dann vermehrte Bestellungen im Bereiche des erwählten und durch geeignete Reklame der Kundschaft wieder und immer wieder vorgeführten Sonderfaches einlaufen. Dadurch entsteht nach und nach für die betreffende Fabrik der Vorteil, daß das einzelne Modell bezw. die einzelne Konstruktion im Lauf eines Geschäftsjahres weit öfter zur Ausführung kommt, als in einer andern Fabrik, die infolge großer Reichhaltigkeit ihres Modell- und Zeichnungsbestandes sich nicht dazu entschließen kann, dem Kundenkreise der ganzen Welt nur einige wenige Arten von Erzeugnissen fortwährend in Erinnerung zu bringen. Daß letztere Fabrik mit diesem System der Vielheit der Erzeugnisse nicht aus dem Einzelbau ihrer Erzeugnisse herauskommen wird und nie dessen viele wirtschaftliche Nachteile abschütteln kann, ist klar. Die Spezialfabrik erringt sich dagegen nach und nach den Vorteil des Massenbaues und kommt dadurch in die Lage, sich für die häufig wiederkehrenden Ausführungen besondre Fabrikationseinrichtungen zu beschaffen, die gleichzeitig erhöhte Güte der Erzeugnisse und Billigkeit derselben ermöglichen. Und das allein kann den Weltmarkt erobern und sichern.

An solcher Spezialisierung nimmt aber naturgemäß auch das technische Bureau einer solchen Fabrik teil und damit gelangen wir wieder zu unserem Thema, mit dem wertvollen Erfahrungssatz, daß nicht nur die gesteigerte materielle Spezialisierung der Fabrikation, sondern auch die mittelbar dadurch herbeigeführte geistige Spezialisierung des Ingenieurs eines der wesentlichsten Mittel für selbständigen Fortschritt und für ein schnelles Zeitmaß desselben ist.

Das Vorurteil, daß die Arbeit in einem nur auf wenige Spezialitäten beschränkten Konstruktionsbureau eine abstumpfende Einförmigkeit erzeugen müsse, die eine solche Art der Tätigkeit dem strebenden Ingenieur als wenig zusagend erscheinen läßt, beruht auf völliger Verkennung der Wirklichkeit. Im Gegenteil wird der in einem solchen technischen Bureau tätige Konstrukteur sehr bald zu der Ueberzeugung kommen, daß seine früheren Leistungen vor der Zeit seiner technischen Spezialisierung verhältnismäßig recht oberflächliche und minderwertige gewesen sind. Die, mit Lust und Liebe und einem für jeden Techniker unbedingt notwendigen gewissen Grade von Begeisterung für sein Fach nach und nach ausgeführten Konstruktionen einer und derselben Art von Maschinen führen schrittweis zu einem immer tieferen Eindringen in alle irgend in Betracht kommenden Verhältnisse und Umstände, die früher entweder ganz unbekannt blieben oder als nebensächlich oder auch als unmöglich wegzuschaffender Uebelstand betrachtet und behandelt wurden.

Der Rahmen eines Aufsatzes in einem Buche bietet nicht die Möglichkeit, jemandem Anleitung zu geben, ein selbständiger Konstrukteur zu werden. Das muß in andauerndem Studium selbst erstrebt und erreicht werden und ohne eine gewisse natürliche Begabung wird es überhaupt ein Techniker nie dazu bringen. Aber einige auf langjähriger Praxis und Erfahrung beruhende Winke über den besten einzuschlagenden Weg für selbständige Konstruktionen werden sicher den Lesern dieses Buches willkommen sein.

Bevor für eine selbständige Neukonstruktion irgend einer Werkzeugmaschine an Reißbrett, Zeichenpapier und Zeichnen zu denken ist, gilt es, sich die technische Aufgabe der zu konstruierenden Maschine völlig klar zu machen und diese Aufgabe als Konstruktionsprogramm festzulegen. Ich habe in langer Praxis gefunden, daß der schriftlichen Festlegung der technischen Aufgabe vor Beginn jeglicher Konstruktionstätigkeit im allgemeinen zu wenig Beachtung geschenkt wird. Zwar werden der zeichnerischen Tätigkeit stets einige Berechnungen von Geschwindigkeiten usw. als unbedingt nötig vorausgehen, aber an die Aufstellung eines vollständigen Programmes für alle theoretisch und praktisch wünschenswerten, von der künftigen Maschine zu erfüllenden Ansprüche wird nur selten gedacht. Aber gerade eine solche schriftliche Aufstellung ist für den Erfolg selbständiger Konstruktionstätigkeit von größter Bedeutung. Diese schriftliche Festlegung aller nach dem neuesten Stand der Technik als wünschenswert zu bezeichnenden Leistungen und Eigenschaften der künftigen Maschine muß zunächst ohne jegliche Rücksichtnahme auf irgend welche Schwierigkeiten, die sich aus der Häufung der Anforderungen ergeben könnten, erfolgen.

Nach erfolgter Zusammentragung aller selbst aufgestellten oder von andrer Seite gegebenen Wünsche ist deren sach- und fachgemäße Ordnung vorzunehmen. Die so erhaltene Reihe von Anforderungen ist als feststehende, mit allen geistigen Mitteln der Erfüllung zuzuführende Aufgabe für die folgende, oft Wochen und Monate dauernde Konstruktionstätigkeit täglich vor Augen und im Gedächtnis zu behalten. Ob in der Folge sich die Unmöglichkeit der Vereinigung aller auf diese Weise gestellter Anforderungen ergibt, so daß schließlich doch ein Teil des Programmes unausgeführt bleiben muß, ist vorläufig gleichgültig. Wenn auch der letztere Fall eintritt, so lehrt doch die Erfahrung, daß sich aus dieser Arbeitsteilung: »erst alle Anforderungen unbekümmert um die Ausführungsmöglichkeit zu sammeln und dann erst mit zäher Ausdauer an die Erfüllung der Aufgabe zu gehen«, oft wesentlich vollkommenere, auch vorher kaum für möglich gehaltene Ausarbeitungen sowohl von einzelnen Maschinenbestandteilen (Triebwerken, Vorschubmechanismen, Einstellbewegungen usw.) als auch von Gesamtanordnungen ergeben, als wenn nur nach einem Gedächtnisprogramm gearbeitet wird. Die Erklärung dafür liegt in der Versuchung, von einem bloßen Gedächtnisprogramm weit eher einen Punkt fallen zu lassen, weil sich im Augenblick nicht gleich der rechte Gedanke zur Erreichung der Ausführungsmöglichkeit einstellt.

Die Aufstellung eines schriftlichen Konstruktionsprogrammes hat aber auch noch einen andern Wert. Durch die schriftliche Neben- und Nacheinanderreihung von Anforderungen wird der kritische Blick für das bisher Bestandene in hohem Grade gestärkt. Man beginnt Fehler und Unvollkommenheiten an Sachen und an Stellen zu finden, wo sie bisher noch niemand empfunden hat.

Ein einfaches Beispiel dafür. Durch die Frage des Konstruktionsprogrammes einer Drehbank: Was wird aus den abfallenden Drehspänen? und die sich anschließende Forderung unschädlicher Auffangung derselben ist der Verfasser dieses auf die Erfindung der geschützt liegenden Drehbank-Supportbahn gekommen. Jede Fabrik, die Drehbänke baut, wendet zwar in der Erkenntnis, daß von einer genau bearbeiteten Drehbankwage zum guten Teile die Genauigkeit der erzielten Dreharbeit abhängt, alle Sorgfalt an, um die den Support der Bank führenden Flächen recht genau gerade, eben und glatt auszuführen, aber, an die Beseitigung des Uebelstandes, daß vom ersten Augenblick der Benutzung jeder

Drehbank an die Drehspäne (grobe und feine), ferner, wenn gefeilt oder geschmirgelt wird, alle Abfälle schonungslos auf die sauber bearbeiteten Flächen herabfallen und von dem gleitenden Support zum Teil vor sich her, zum Teil gar unter seiner Unterfläche längs der Wange fortgeschoben werden müssen, hat sich seit den fünfzig und mehr Jahren, in denen man von einem eigentlichen Werkzeugmaschinenbau reden kann, noch niemand gedacht. Ebensowenig daran, daß alles Einölen der offen liegenden Wangenflächen durch eben dieses Auffallen der Arbeitsabfälle zwecklos wird und nur das Ergebnis eines breiartigen Gemisches hat, welches fast noch schlimmer als der trockene Abfall zerstörend auf die Genauigkeit der Wange wirkt. Es ist daher erklärlich, daß sich die in diesem Buche in ihren Einzelteilen schrittweis beschriebene und abgebildete Supportdrehbank »Courier« mit geschützter Supportbahn, ausgeführt von der Werkzeugmaschinenfabrik Union in Chemnitz immer mehr Eingang verschafft. Diese geschützt liegende Supportbahn ist auch der in Aufnahme gekommenen Dreieckbahn überlegen, denn der kritische Blick, des Konstrukteurs sowohl, als des praktischen Werkstattmannes, findet bald heraus, daß die Arbeitsabfälle durchaus nicht alle an den geneigten Flächen der Dreieck-Supportbahn herabgleiten, wie es die Absicht des amerikanischen Konstrukteurs war, sondern, insbesondere was die feinen, wie Schmirgel wirkenden Späne anbelangt, daran haften bleiben. Dazu kommt die, eine Abnutzung fördernde Kleinheit der Dreieckfläche, deren das Gewicht des Supportes tragende und den Arbeitsdruck aufnehmende Horizontalprojektion kaum ein Viertel bis ein Drittel der tragenden Fläche der geschützten Supportbahn beträgt. Dies nur als eins von vielen Beispielen für den möglichen Nutzen der Aufstellung eines ausführlichen Konstruktionsprogrammes.

Wie ein solches im ganzen beschaffen sein soll, möge das folgende vollständige Konstruktionsprogramm derselben Drehbank »Courier« zeigen.

Konstruktionsprogramm der Supportdrehbank »Courier«.

Die allgemeine technische Aufgabe ist: die Konstruktion einer sowohl für allgemeine Arbeiten als zur Ausführung gewisser Spezialarbeiten geeigneten, dauernd leistungsfähigen Supportdrehbank.

Die selbstgestellten Sonderanforderungen, welche von der künftigen Drehbank erfüllt werden sollen und welche in der Tat sämtlich von ihr erfüllt werden, sind folgende:

lfd. Nummer	Sachbetreff	Programmforderungen und Bemerkungen über die Art deren schließlicher Erfüllung	Vergleich mit der bisher üblichen Drehbank-Konstruktion
1	Schnittgeschwindigkeiten	16 bis 20 verschiedene Schnittgeschwindigkeiten und schneller Rücklauf (sind überraschend einfach durch Hinzufügung einer einzigen Riemenscheibe am Deckenvorgelege und einer veränderten Ein- und Ausrückung erzielt worden) s. Fig. 17.	8—10 Schnittgeschwindigkeiten und schneller Rücklauf
2	Vorschübe	mehrere, geeignet für Feindreherei, gewöhnliche Schrupparbeit und Breitschlichtarbeit (erzielt ca. 0,25, 0,35, 0,7 und 4 mm, wovon 2 bis 3 stets augenblicklich zur Verfügung stehend).	nur eine
3	Selbstgang	durch Zahnstange für das Drehen, durch Leitspindel für das Gewindeschneiden (daher Schonung der Leitspindel) s. Fig. 229/30.	nur durch Leitspindel
4	Anstellung des Drehzahnes	meßbar für den Durchmesser, erzielt durch graduierten Bund an der Quersupportspindel s. Fig. 291/92.	nach Gutdünken
5	Wechsel der Schnittbewegungen	soll schnell erfolgen (erzielt durch neuartige, durch einen Handgriff auszuführende Ein- und Ausrückung des Rädervorgeleges am Spindelstock und ferner durch doppelte augenblicklich zu benutzende Ein- und Ausrückung der zwei verschiedenen Arbeitsgeschwindigkeiten des Deckenvorgelege) s. Fig. 110.	durch das übliche exzentrisch ein- und ausrückbare Rädervorgelege, das zum Wechsel der Geschwindigkeit fünf nacheinander auszuführende Handgriffe nötig hat
6	Sicherungen	Gegenseitige Sicherung (Blockierung) aller Selbstgänge, derart, daß Einrückung eines derselben die Einrückung der andern unmöglich macht s. Fig. 35.	nicht vorhanden
7	Stärken	Vermeidung leichter schwacher Teile, wie solche so oft an amerikanischen Konstruktionen vorkommen. Im besonderen: Breite Grundfläche des Spindelstockes, dementsprechend Bettverbreiterung und vollständig auf dem Fundament aufruhender Kastenfuß unter dem Spindelstock, selbst bei der kleinsten Spitzenhöhe von 200 mm s. Fig. 135	

lfd. Nummer	Sachbetreff	Programmforderungen und Bemerkungen über die Art deren schließlicher Erfüllung	Vergleich mit der bisher üblichen Drehbank-Konstruktion
8	Dauergenauigkeit	Diesem Punkte ist ganz besondere Sorgfalt bei der Konstruktion zuzuwenden, denn gerade bei vielen neueren amerikanischen Konstruktionen ist wohl der Konstruktionsgedanke bestechend und den Käufer anlockend, aber der hinkende Bote in Gestalt schneller Abnutzung kommt hinterher.	
	Was wird aus den abfallenden Drehspänen?	Auf Grund solcher häufig gemachten unliebsamen Erfahrungen mit amerikanischen Werkzeugmaschinen soll die moderne deutsche Werkzeugmaschine ihren Ruf darin suchen und sich dadurch auszeichnen, daß sie die gleichen leistungserhöhenden und zeitsparenden Einrichtungen besitzt, aber in solcher Konstruktion, daß die höchstmögliche Dauerbetätigung derselben von vornherein gewährleistet ist.	
		Die Supportdrehbank »Courier« nennt in dieser Beziehung als einen ihrer Hauptvorzüge die bereits oben erwähnte vollständig geschützt liegende Supportbahn.	
		Ferner: Die Vermeidung der Abnutzung der Reitstock-Parallelführung, erzielt durch selbsttätige Parallel-Anpressung des Reitstockunterteils an eine Wangenfläche.	
		Ferner: Der Leistenanzug des Supportschlittens mit Hülfe einer Keil-Leiste. Diese Leiste liegt stets mit Vorder- und Rückfläche an und wird durch Feinanzug einer einzigen Schraube eingestellt.	Gewöhnlicher Leisten-Nachzug durch einzelne Stellschrauben
		Ferner: Rechtwinklige Seitenflächen am Bett, nicht dreieckige. Vorzug: leichte und genaue Justierung und spätere, leicht auszuführende Nachjustierung.	
9	Ordnung	Unterbringung der Wechselräder auf einem Ständer, » » Mutterschlüssel in einem Konsol, » » Werzeuge in einem Werkbehälter im hohlen Kastenfuß, Unterbringung von benutzten Werkzeugen in einer Schüssel am Support.	nichts von alledem

lfd. Nummer	Sachbetreff	Programmforderungen und Bemerkungen über die Art deren schließlicher Erfüllung	Vergleich mit der bisher üblichen Drehbank-Konstruktion
10	Schutz	Anwendung des Grundsatzes der geschützten Innenlage der Betriebsteile, und zwar für die Räder des Vorgeleges am Spindelstock, Selbstgangräder am Spindelstock, s. Fig. 243, Selbstgangräder am Support, s Fig. 229.	nur halb-geschlossene Räder-schütze am Spindelstock
	Einführung des Zutaten-Systems	Es sollen als abnehmbare bezw. jederzeit nach-lieferbare Zutaten konstruiert werden:	
11	Konisch-drehwerk	Ein Konischdrehwerk (Konuslineal). Unteraufgabe: möglichst keine verlorenen Teile für die Fälle, wo die Bank ohne das Konischdrehwerk geliefert wird (erzielt durch eine vom Support-schlitten, nicht, wie meist üblich, vom Bett getragene Führung des Konuslineals). Im Laufe der Konstrukttonstätigkeit wurde ferner als Unterzutat ermöglicht:	Alles nicht vorhanden
12	Ballig-drehwerk	Ein Balligdrehwerk (aus zwei dem Konisch-drehwerk anzugliedernden Teilen bestehend).	
13	Meßrad	Ein Millimeter-Meßrädchen (erzielt durch die Benutzung der metrisch geteilten Zahnstange am Bett der Drehbank als Maßstab), s. Fig. 295.	
14	Gewindeuhr	Eine Gewindeschneiduhr. — Bei solchen zu schneidenden Gewinden, deren Steigung in ein-fachem Verhältnis zum Leitspindelgewinde steht, kann das Zurücklaufen des Supports mittels Deckenvorgelege erspart und durch schnelles Zurückkurbeln des Supports ersetzt werden. Das richtige Wiedereinsetzen des Gewindeschneid-zahnes zeigt die Gewindeuhr an, s. Fig. 84.	
15	Selbsttätige Auslösung	Ursprüngliche Forderung: Selbsttätige Auslösung an einem beliebig ein-gestellten Punkte. Im Laufe der Konstruktionstätigkeit wurde erzielt: Selbsttätige Auslösung an fünf nacheinander beliebig eingestellten Punkten, und zwar sowohl beim Drehen vorwärts (nach dem Spindelstock zu) als beim Drehen rückwärts (nach dem Reit-stock zu), s. Fig. 38	

lfd. Nummer	Sachbetreff	Programmforderungen und Bemerkungen über die Art deren schließlicher Erfüllung	Vergleich mit der bisher üblichen Drehbank-Konstruktion
16	Steiles Gewinde	Es sollen durch eine einfache Vorrichtung auch möglichst steile Gewinde geschnitten werden (erzielt Steigungen bis 6″ englisch bezw. entsprechende Millimetersteigung). Die Einrichtung dazu besteht in einer kleinen Vorrichtung, welche die Uebersetzung des Rädervorgeleges zum Zwecke der Minderung der relativen Umdrehungszahl der Leitspindel benützt.	nicht vorhanden
17	Elektrischer Antrieb	Derselbe ist durch die Benutzung des Stufenräder-Antriebes (Ruppert-Getriebe) in einfachster Weise mittels eines Elektromotors von gleichbleibender Umdrehungszahl erzielt, s. Fig. 130 und 135.	war bisher nur durch umständliche und unschöne Anbauten erreichbar.

Druck von A. W. Schade, Berlin N.

Verlag von Julius Springer in Berlin.

Die Dampfkessel. Ein Lehr- und Handbuch für Studierende Technischer Hochschulen, Schüler Höherer Maschinenbauschulen und Techniken sowie für Ingenieure und Techniker. Bearbeitet von **F. Tetzner**, Professor, Oberlehrer an den Königl. vereinigten Maschinenbauschulen zu Dortmund. Dritte, verbesserte Auflage. Preis in Leinwand geb. M. 8,—.

Die Herstellung der Dampfkessel. Von M. Gerbel, behördlich autorisierter Inspektor der Dampfkessel-Untersuchungs- und Versicherungs-Gesellschaft in Wien. Mit 60 Textfiguren. Preis M. 2,—.

Entwerfen und Berechnen der Dampfmaschinen. Ein Lehr- und Handbuch für Studierende und Konstrukteure. Von **Heinrich Dubbel**, Ingenieur. Mit 427 Textfiguren. Zweite, verbesserte Auflage. In Leinwand geb. Preis M. 10,—.

Hilfsbuch für Dampfmaschinen-Techniker. Herausgegeben von **Joseph Hrabák**, k. u. k. Hofrat, emer. Professor, an der k. und k. Bergakademie zu Příbram. Vierte Auflage. In 3 Teilen. Mit Textfiguren, In 3 Leinwandbände geb. Preis M. 20,—.

Theorie und Berechnung der Heißdampfmaschinen. Mit einem Anhange über die Zweizylinder-Kondensations-Maschinen mit hohem Dampfdruck. Von **Joseph Hrabák**, k. u. k. Hofrat, emer. Professor an der k. u. k. Bergakademie zu Příbram. In Leinwand geb. Preis M. 7,—.

Die Steuerungen der Dampfmaschinen. Von Carl Leist, Professor an der Kgl. Technischen Hochschule zu Berlin. Zweite, sehr vermehrte und umgearbeitete Auflage, zugleich als fünfte Auflage des gleichnamigen Werkes von Emil Blaha. Mit 553 Textfiguren. In Leinwand geb. Preis M. 20,—.

Die Thermodynamik der Dampfmaschinen. Von Fritz Krauss, Ingenieur, behördlich autorisierter Inspektor der Dampfkessel-Untersuchungs- und Versicherungs-Gesellschaft in Wien. Mit 17 Textfiguren. Preis M. 3,—.

Technische Untersuchungsmethoden zur Betrieskontrolle, insbesondere zur Kontrolle des Dampfbetriebes. Zugleich ein Leitfaden für die Übungen in den Maschinenlaboratorien technischer Lehranstalten. Von **Julius Brand**, Ingenieur, Oberlehrer der Königl. vereinigten Maschinenbauschulen zu Elberfeld. Zweite, vermehrte und verbesserte Auflage. Preis in Leinwand geb. M. 8.—.

Zu beziehen durch jede Buchhandlung.

Verlag von Julius Springer in Berlin.

Die Werkzeugmaschinen. Von Hermann Fischer, Geh.
Regierungsrat und Professor an der Königl. Technischen Hochschule in Hannover.
I. Die Metallbearbeitungsmaschinen. Zweite, vermehrte und verbesserte Auflage. Mit 1545 Textfiguren und 50 lithogr. Tafeln.
In zwei Leinwandbände geb. Preis M. 45,—.
II. Die Holzbearbeitungsmaschinen. Mit 421 Textfiguren.
In Leinwand geb. Preis M. 15,—.

Die Werkzeugmaschinen und ihre Konstruktionselemente.
Ein Lehrbuch zur Einführung in den Werkzeugmaschinenbau. Von **Fr. W. Hülle**, Ingenieur, Oberlehrer an der Königl. höheren Maschinenbauschule in Stettin. Mit 326 Textfiguren. In Leinwand geb. Preis M. 8,—.

Die Werkzeugmaschinen auf der Weltausstellung in Lüttich 1905.
Von Professor Dr.-Ing. G. Schlesinger. Mit einem Vorbericht von Paul Möller. Mit 228 Textfiguren.
Preis M. 3,—.

Die Hebezeuge.
Theorie und Kritik ausgeführter Konstruktionen mit besonderer Berücksichtigung der elektrischen Anlagen. Ein Handbuch für Ingenieure, Techniker und Studierende. Von **Ad. Ernst**, Professor des Maschinen-Ingenieurwesens an der Königl. Technischen Hochschule in Stuttgart. Vierte, neubearbeitete Auflage. Drei Bände. Mit 1486 Textfiguren und 97 lithogr. Tafeln.
In 3 Leinwandbände geb. Preis M. 60,—.

Hilfsbuch für den Maschinenbau.
Für Maschinentechniker sowie für den Unterricht an technischen Lehranstalten. Von **Fr. Freytag**, Professor, Lehrer an den technischen Staatslehranstalten in Chemnitz. Zweite, vermehrte und verbesserte Auflage. Mit 1004 Textfiguren und 8 Tafeln.
In Leinwand geb. Preis M. 10,—; in Ganzleder geb. M. 12,—.

Das praktische Jahr des Maschinenbau-Volontärs.
Ein Leitfaden für den Beginn der Ausbildung zum Ingenieur. Von Dipl.-Ing. **F. zur Nedden**. Mit 4 Figuren.
Preis M. 4,—; in Leinwand geb. M. 5,—.

Werkstattstechnik.
Zeitschrift für Anlage und Betrieb von Fabriken und für Herstellungsverfahren. Herausgegeben von Dr.-Ing. G. Schlesinger, Professor an der Technischen Hochschule zu Berlin. Monatlich ein Heft von 48—64 Seiten Quart. Probehefte stehen gerne zur Verfügung.
Preis des Jahrgangs M. 15,—.

Zu beziehen durch jede Buchhandlung.

Verlag von Julius Springer in Berlin.

Die Regelung der Kraftmaschinen. Berechnung ud Konstruktion der Schwungräder, des Massenausgleichs und der Kraftmaschinenregler in elementarer Behandlung. Von **Max Tolle**, Professor und Maschinenbauschuldirektor. Mit 372 Textfiguren und 9 Tafeln. In Leinwand geb. Preis M. 14,—.

Kondensation. Ein Lehr- und Handbuch über Kondensation und alle damit zusammenhängenden Fragen einschließlich der Wasserrückkühlung. Für Studierende des Maschinenbaues, Ingenieure, Leiter größerer Dampfbetriebe, Chemiker und Zuckertechniker. Von **F. J. Weiß**, Zivilingenieur in Basel. Mit 96 Textfiguren. In Leinwand geb. Preis M. 10,—.

Verdampfen, Kondensieren und Kühlen. Erklärungen, Formeln und Tabellen für den praktischen Gebrauch. Von **E. Hausbrand**, Oberingenieur. Dritte, durchgesehene Auflage, Mit 21 Figuren im Text und 76 Tabellen.
In Leinwand geb. Preis M. 9,—.

Das Entwerfen und Berechnen der Verbrennungs- Motoren. Handbuch für Konstrukteure und Erbauer von Gas- und Ölkraftmaschinen. Von **Hugo Güldner**, Oberingenieur, Direktor der Güldner-Motoren-Gesellschaft in München. Zweite, bedeutend erweiterte Auflage. Mit 800 Textfiguren und 30 Konstruktionstafeln. In Leinwand geb. Preis M. 24,—.

Zwangläufige Regelung der Verbrennung bei Verbrennungs-Maschinen. Von Dipl.-Ing. **Karl Weidmann**, Assistenten an der Technischen Hochschule zu Aachen. Mit 35 Textfiguren und 5 Tafeln. Preis M. 4,—.

Die Dampfturbinen, mit einem Anhange über die Aussichten der Wärmekraftmaschinen und über die Gasturbine. Von Dr. **A. Stodola**. Professor am Eidgenössischen Polytechnikum in Zürich. Dritte, bedeutend erweiterte Auflage. Mit 434 Textfiguren und 3 lithogr. Tafeln.
In Leinwand geb. Preis M. 20,—.

Thermodynamische Rechentafel (für Dampfturbinen). Mit einer Gebrauchsanweisung. Von Dr.-Ing. **Reinhold Proell**.
In einer Rolle Preis M. 2,50.

Die Pumpen. Berechnung und Ausführung der für die Förderung von Flüssigkeiten gebräuchlichen Maschinen. Von **Konrad Hartmann** und **J. O. Knoke**. Dritte, neubearbeitete Auflage bearbeitet von **H. Berg**. Professor an der Technischen Hochule in Stuttgart. Mit 704 Textfiguren und 14 Tafeln.
In Leinwand geb. Preis M. 18,—.

Zu beziehen durch jede Buchhandlung.

Verlag von Julius Springer in Berlin.

Zur Theorie der Zentrifugalpumpen. Von Ingenieur Dr. techn. **Egon R. v. Grünebaum.** Mit 89 Textfiguren und 3 Tafeln. Preis M. 3,—.

Zentrifugalpumpen mit besonderer Berücksichtigung der Schaufelschnitte. Von Dipl.-Ing. **Fritz Neumann.** Mit 135 Textfiguren und 7 lithogr. Tafeln.
In Leinwand geb. Preis M. 8,—.

Die Turbinen für Wasserkraftbetrieb. Ihre Theorie und Konstruktion. Von **A. Pfarr**, Geh. Baurat, Professor des Maschinen-Ingenieurwesens an der Großherzoglichen Technischen Hochschule zu Darmstadt. Mit 496 Textfiguren und einem Atlas von 46 lithogr. Tafeln.
In zwei Bände geb. Preis M. 36,—.

Neuere Turbinenanlagen. Auf Veranlassung von Prof. E. Reichel und unter Benutzung seines Berichtes »Der Turbinenbau auf der Weltausstellung in Paris 1900«, bearbeitet von **Wilhelm Wagenbach**, Konstruktionsingenieur an der Kgl. Technischen Hochschule Berlin. Mit 48 Textfiguren und 54 Tafeln. In Leinwand geb. Preis M. 15,—.

Turbinen und Turbinenanlagen. Von **Viktor Gelpke**, Ingenieur. Mit 52 Textfiguren und 31 lithogr. Tafeln.
In Leinwand geb. Preis M. 15,—.

Wasserkraftmaschinen. Ein Leitfaden zur Einführung in Bau und Berechnung moderner Wasserkraft-Maschinen und -Anlagen. Von **L. Quantz**, Dipl.-Ing., Oberlehrer an der Königl. höheren Maschinenbauschule zu Stettin. Mit 130 Textfiguren. In Leinwand geb. Preis M. 3,60.

Der Fabrikbetrieb. Praktische Anleitung zur Anlage und Verwaltung von Maschinenfabriken und ähnlichen Betrieben sowie zur Kalkulation und Lohnverrechnung. Von **Albert Ballewski**. Zweite, verbesserte Auflage.
Preis M. 5,—, in Leinwand geb. M. 6,—.

Einführung in die Festigkeitslehre nebst Aufgaben aus dem Maschinenbau und der Baukonstruktion. Ein Lehrbuch für Maschinenbauschulen und andere technische Lehranstalten sowie zum Selbstunterricht und für die Praxis. Von **Ernst Wehnert**, Ingenieur und Lehrer an der Städtischen Gewerbe- und Maschinenbauschule in Leipzig. Mit 231 in den Text gedruckten Figuren.
In Leinwand geb. Preis M. 6,—.

Zu beziehen durch jede Buchhandlung.

MIX
Papier aus verantwortungsvollen Quellen
Paper from responsible sources
FSC® C105338

If you have any concerns about our products,
you can contact us on
ProductSafety@springernature.com

In case Publisher is established outside the EU,
the EU authorized representative is:
**Springer Nature Customer Service Center GmbH
Europaplatz 3, 69115 Heidelberg, Germany**

Printed by Libri Plureos GmbH
in Hamburg, Germany